全国高职高专教育土建类专业教学指导委员会规划推荐教材

建筑设计基础

（建筑装饰工程技术专业适用）

本教材编审委员会组织编写

杨青山　崔丽萍　主编
季　翔　主审

中国建筑工业出版社

图书在版编目（CIP）数据

建筑设计基础/本教材编审委员会组织编写. —北京：中国建筑工业出版社，2010.6（2022.8重印）
（全国高职高专教育土建类专业教学指导委员会规划推荐教材. 建筑装饰工程技术专业适用）
ISBN 978-7-112-12207-3

Ⅰ.①建… Ⅱ.①本… Ⅲ.①建筑设计-高等学校：技术学校-教材 Ⅳ.①TU2

中国版本图书馆CIP数据核字（2010）第123172号

责任编辑：朱首明 杨 虹
责任设计：张 虹
责任校对：刘 钰 关 健

全国高职高专教育土建类专业教学指导委员会规划推荐教材
建筑设计基础
（建筑装饰工程技术专业适用）
本教材编审委员会组织编写
杨青山 崔丽萍 主编
季 翔 主审
*
中国建筑工业出版社出版、发行（北京西郊百万庄）
各地新华书店、建筑书店经销
北京嘉泰利德公司制版
北京建筑工业印刷厂印刷
*
开本：787×1092毫米 1/16 印张：21¾ 字数：560千字
2011年1月第一版 2022年8月第四次印刷
定价：39.00元
ISBN 978-7-112-12207-3
（19466）

序　　言

全国高职高专教育土建类专业教学指导委员会建筑类专业指导分委员会是建设部受教育部委托，由建设部聘任和管理的专家机构。其主要工作任务是，研究如何适应建设事业发展的需要设置高等职业教育专业，明确建设类高等职业教育人才的培养标准和规格，构建理论与实践紧密结合的教学内容体系，构筑“校企合作、产学结合”的人才培养模式，为我国建设事业的健康发展提供智力支持。

在建设部人事教育司和全国高职高专教育土建类专业教学指导委员会的领导下，自成立以来，全国高职高专教育土建类专业教学指导委员会建筑类专业指导分委员会的工作取得了多项成果，编制了建筑类高职高专教育指导性专业目录，在重点专业的专业定位、人才培养方案、教学内容体系、主干课程内容等方面取得了共识；制定了“建筑装饰技术”等专业的教育标准、人才培养方案、主干课程教学大纲，制定了教材编审原则，启动了建设类高等职业教育建筑类专业人才培养模式的研究工作。

全国高职高专教育土建类专业教学指导委员会建筑类专业指导分委员会指导的专业有建筑设计技术、室内设计技术、建筑装饰工程技术、园林工程技术、中国古建筑工程技术、环境艺术设计等6个专业。为了满足上述专业的教学需要，我们在调查研究的基础上制定了这些专业的教育标准和培养方案，根据培养方案认真组织了教学与实践经验较丰富的教授和专家编制了主干课程的教学大纲，然后根据教学大纲编审了本套教材。

本套教材是在高等职业教育有关改革精神指导下，以社会需求为导向，以培养实用为主、技能为本的应用型人才为出发点，根据目前各专业毕业生的岗位走向、生源状况等实际情况，由理论知识扎实、实践能力强的双师型教师和专家编写的。因此，本套教材体现了高等职业教育适应性、实用性强的特点，具有内容新、通俗易懂、紧密结合实际、符合高职学生学习规律的特色。我们希望通过这套教材的使用，进一步提高教学质量，更好地为社会培养具有解决工作中实际问题的有用人才打下基础。也为今后推出更多更好的具有高职教育特色的教材探索一条新的路子，使我国的高职教育办的更加规范和有效。

全国高职高专教育土建类专业教学指导委员会建筑类专业指导分委员会

2007年6月

前　言

本书是高职高专教育建筑类专业系列教材之一，由高职高专教育土建类专业教学指导委员会委托，根据建筑装饰工程技术专业人才培养目标、人才培养规格和相关国家规范规定编写而成。全书主要包括民用建筑设计原理、建筑构造、识读建筑施工图等内容，是"装饰设计"、"装饰工程施工"等课程的前导课。

本教材以建筑设计及建筑构造的基本原理为主要内容，以培养学生掌握基本原理和专业技能实训相结合为目标，教学过程的设计充分体现项目实训教学的改革思路。

本教材主要是为了满足高职建筑装饰工程技术专业的教学要求，同时也能适应建筑设计技术、城镇规划、古建筑工程技术等相关专业主要的专业技能教材。

本书由杨青山、崔丽萍任主编，韩秀华任副主编，负责全书的统稿、定稿；徐州建筑职业技术学院季翔主审。具体分工为内蒙古建筑职业技术学院杨青山（第1章　绪论、第2章　民用建筑设计概论、第5章　建筑造型设计、第8章　中小学建筑设计等内容）；内蒙古建筑职业技术学院崔丽萍（第12章　墙体、第13章　楼地层等内容）；内蒙古工业大学韩秀华（第3章　建筑平面设计、第4章　建筑剖面设计、第11章　民用建筑构造概述等内容）；内蒙古建筑职业技术学院刘鹰岚（第6章　建筑防火与安全疏散、第7章　住宅建筑设计、第10章　办公建筑设计等内容）；内蒙古建筑职业技术学院何晓宇（第17章　变形缝、第18章　识读建筑施工图等内容）；黑龙江建筑职业技术学院李晓嵩（第9章　旅馆建筑设计、第14章　楼梯、电梯与台阶等内容）；山西建筑职业技术学院陈晟（第15章　门与窗、第16章　屋顶等内容）。本书着重介绍建筑设计的基本内容，阐述民用建筑构造原理和构造方法。每章后有小结和实训课题，便于学习与巩固所学知识。

本书根据职业能力及教学特点，力求与建筑行业的岗位相对应，体现新的国家标准和技术规范；注重能力培养，内容精选翔实，文字叙述简练，图示直观。既可作为高职高专的技能教学用书，也可以作为自学考试、岗位技术培训的教材，还可以作为土建管理人员、建筑设计人员和建筑施工技术人员的阅读参考用书。

在教材策划和编写的过程中，得到了全国高职高专土建类专业教学指导委员会建筑类专业指导分委员会各位专家的大力支持，在此表示衷心感谢。

目　　录

第一篇　建筑设计部分

第二篇 建筑构造部分

第一篇

建筑设计部分

第1章 绪 论

1.1 课程的基本内容和学习方法建议

1.1.1 课程的基本内容

课程主要包括一般民用建筑设计原理；中小型民用建筑设计的方法；建筑设计规范的一般规定；建筑通用构造原理和做法；建筑施工图识读等内容。

1.1.2 学习方法建议

在学习过程中，要熟练掌握建筑设计原理和建筑构造要求，理论联系实际，经常深入生产一线，多看、多练。注意培养建筑空间想象能力，通过学习具有建筑平面及空间理解和设计的基本能力。

1.2 建筑和构成建筑的基本要素

1.2.1 建筑的概念

建筑物是人们利用物质技术条件，运用科学规律和美学法则而创造的能从事生活、工作、学习、娱乐及生产等各种社会活动的场所。如住宅、办公楼、学校、剧院、厂房等。

1.2.2 建筑物的构成要素

建筑物的构成要素是建筑功能、建筑技术和建筑形象等。

1.2.2.1 建筑功能

建筑功能是指建筑在物质和精神方面的具体表现，也是人们建造房屋的目的，如：住宅是为了满足人们生活起居的需要；学校是为了满足教学活动的需要，商店是为了满足商品买卖交易的需要。随着科学技术的不断发展和人们物质文化生活水平的不断提高，对建筑使用功能的要求也日益复杂化、多样化，新的建筑类型也不断应运而生。

1.2.2.2 建筑技术

建筑技术是实现建筑功能的技术手段和物质基础，包括建筑材料、建筑结构、建筑设备和建筑施工技术等要素。建筑材料是构成建筑物的物质基础。建筑结构是运用建筑材料，通过一定的技术手段构成建筑的空间骨架，形成建筑的空间实体。建筑设备是保证建筑能够正常使用的技术条件，如：建筑的给水排水、暖通、空调、电气等。建筑施工技术则是实现建筑生产的方法和手段。

1.2.2.3 建筑形象

建筑物是一种具有实用性和艺术性的物质产品。它以不同的空间组合、建筑造型、立面效果、细部处理等，构成一定的建筑形象，如雄伟壮观、生动活泼、简洁明快、朴素大方，从而反映出建筑物的时代风采、地方特色、民族风格等。建筑物被艺术家形容为无声的诗、立体的画、凝固的音乐。

建筑的使用功能、技术和物质条件、建筑的艺术形象三者是辩证统一的。建筑的使用功能是建筑的目的，是主导因素。技术和物质条件是实现建筑使用功能的手段，而建筑的艺术形象则是建筑功能、技术和艺术内容的综合体现。

理论知识训练

1. 建筑物的构成要素有哪些？
2. 建筑的使用功能、技术和物质条件、建筑的艺术形象三者的关系如何？

实践课题训练

1. 观察你身边的建筑物，说出其使用功能、技术和物质条件及建筑的艺术形象。
2. 你所在的城市中哪些建筑物能反映出民族特色和地方特征？

本章小结

本课程是高职建筑设计类专业课程的前导课。主要包括一般民用建筑设计原理；中小型民用建筑设计的方法；建筑设计规范的一般规定；建筑通用构造的原理和做法；建筑施工图识读等内容。

课程基本内容为建筑设计的一般知识，了解使用功能、技术和物质条件、建筑的艺术形象是建筑物的构成基本要素。

第 2 章　民用建筑设计概论

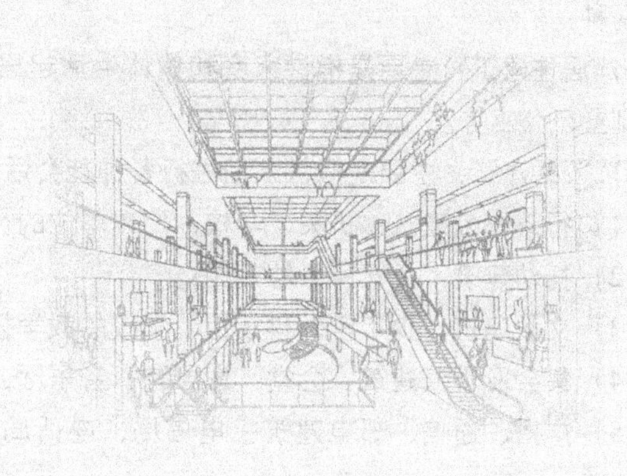

建筑设计基础

2.1 建筑的分类与等级

2.1.1 建筑的分类

2.1.1.1 按建筑的使用功能分类

建筑按照使用性质分为民用建筑、工业建筑、农业建筑。

1. 民用建筑

民用建筑指的是供人们工作、学习、生活、居住等类型的建筑，一般分为以下两种：

1）居住建筑：主要是指供家庭和集体生活起居用的建筑物，如住宅、宿舍、别墅、公寓等。

2）公共建筑：主要是指供人们进行各种社会活动的建筑物。

（1）行政办公建筑：机关、学校、厂矿单位的行政办公楼等；

（2）托幼建筑：托儿所、幼儿园；

（3）文教建筑：少年宫、科技馆、学校的教学楼、图书馆、实验室等；

（4）集会及观演建筑：会堂、影剧院、音乐厅、体育场馆、杂技场等；

（5）广播、通信、邮电建筑：电信局、电话局、广播电视台、卫星地面转播站等；

（6）医疗卫生建筑：卫生站、门诊所、专科医院、综合医院、疗养院等；

（7）展览建筑：展览馆、美术馆、博物馆、陈列馆、民俗馆等；

（8）旅馆建筑：酒店、宾馆、旅馆、招待所等；

（9）交通建筑：汽车站、火车站、地下铁道站、轻轨站、航空港、船码头、收费站等；

（10）商业建筑：商场、购物中心、菜市场、浴室等；

（11）餐饮建筑：餐馆、茶馆、快餐店、咖啡厅等；

（12）园林建筑：公园游廊、植物园、动物园、亭台楼榭等；

（13）纪念建筑：纪念碑、纪念堂、陵园等。

随着社会和科学技术的发展，建筑类型正发生着转化，呈现出功能综合化、规模大型化趋势，如深圳火车站是一个集车站、购物、餐饮、办公等诸多功能于一体的大型综合体，又如一些城市的购物中心是集购物、餐饮、娱乐、办公等于一体的大型商业中心。

2. 工业建筑

工业建筑指的是各类工业生产用房和为生产服务的附属用房，按层数可分为以下三种：

（1）单层工业厂房：主要用于重工业类的生产企业；

（2）多层工业厂房：主要用于轻工业类、IT 业类的生产企业；

（3）单、多层混合的工业厂房：主要用于化工、食品类的生产企业。

3. 农业建筑

农业建筑指的是各类供农业生产使用的房屋，如：温室、种植大棚等。

2.1.1.2 按照建筑结构所用的材料分类

建筑物按照结构所使用的材料分为：木结构、混合结构、钢筋混凝土结构、钢结构等。

1. 木结构

木结构是用木材作为主要承重构件的建筑。由于木材的强度低、防火性能差，浪费森林资源、不利于环保，在现代建筑中很少采用。只有在盛产木材的地区还在使用。

2. 混合结构

混合结构是用两种或两种以上材料作为主要承重构件的建筑。如砖砌墙体，钢筋混凝土楼板和屋顶的砖混结构建筑。由于这种结构形式较好，造价又相对较低，在大量性多层住宅中被广泛应用。

3. 钢筋混凝土结构

钢筋混凝土结构是用钢筋混凝土柱、梁、板作为承重构件的建筑。由于它具有坚固耐久，防火性和可塑性强等优点，是在当今建筑领域中应用最为广泛的一种结构形式。

4. 钢结构

钢结构建筑是以型钢作为主要承重构件的建筑。钢结构便于制作和安装，结构自重轻、弹性好、强度高，多用在超高层和大跨度建筑中。

5. 其他结构建筑

如生土建筑、充气建筑、塑料建筑、覆膜建筑等。

2.1.1.3 按照建筑的层数或总高度分类

（1）住宅建筑1~3层为低层，4~6层为多层，7~9层为中高层，10层及10层以上为高层；

（2）公共建筑及综合性建筑总高度大于24m为高层（不包括高度超过24m的单层建筑）；

（3）建筑物层数超过40层或高度超过100m时为超高层。

建筑物层数的划分主要是依据我国现行建筑设计规范、防火设计规范、结构形式、建筑使用性质来确定的。各国对高层建筑的界限和界定不尽相同。

2.1.1.4 按照施工方法分类

建筑物按照施工方法分为现浇整体式、预制装配式、装配整体式。

1. 现浇整体式

现浇整体式是指主要承重构件均在施工现场浇筑。其优点是整体性好、抗震性能好。缺点是现场施工的工作量大，需要大量的模板。

2. 预制装配式

预制装配式是指主要承重构件均在预制厂制作，在现场通过焊接等方法拼装成整体。其优点是施工速度快、效率高。但整体性差、抗震能力差。

3. 装配整体式

装配整体式是指一部分构件在现场浇筑（大多为竖向构件），一部分构件在预制厂制作（大多为水平构件）。它兼有现浇整体式和预制装配式的优点，但节点区现场浇筑混凝土施工复杂。

2.1.2 建筑的等级

民用建筑的等级划分应符合有关标准或行业主管部门的规定，包括设计使用年限、耐火等级、建筑等级三个方面。

2.1.2.1 建筑的设计使用年限

建筑设计使用年限主要根据建筑物的重要性和建筑物的质量标准确定，它是建筑投资、建筑设计和结构构件选材的重要依据。在现行《民用建筑设计通则》中对建筑物的设计使用年限作了如下规定：

一类：设计使用年限为5年，适用于临时性建筑。

二类：设计使用年限为25年，适用于易于替换结构构件的建筑。

三类：设计使用年限为50年，适用于普通建筑和构筑物。

四类：设计使用年限为100年，适用于纪念性建筑和特别重要的建筑。

2.1.2.2 建筑的耐火等级

耐火等级取决于房屋的主要构件的耐火极限和燃烧性能。耐火极限是指对任一建筑构件按时间—温度标准曲线进行耐火试验，构件从受到火的作用时起，到失去支持能力或完整性破坏或失去隔火作用（即背火一面的温度升到220°）时止的这段时间，以小时（h）为单位。现行《高层民用建筑设计防火规范》规定，高层建筑的耐火等级分为一、二两级，其建筑构件的燃烧性能和耐火极限不应低于表2-1中的规定。现行《建筑设计防火规范》规定，建筑物的耐火等级分为一、二、三、四级（表2-2）。

2.1.2.3 材料的耐火极限

1. 不燃烧体

不燃烧体是指用不燃烧材料做成的建筑构件。此类构件在空气中受到火烧或高温作用时，不起火、不碳化、不燃烧，如砖、石、混凝土等。

2. 难燃烧体

难燃烧体是指用难燃烧材料做成的建筑构件。此类材料在空气中受到火烧或高温作用时难燃烧、难碳化，火源移开后微燃立即停止，如沥青混凝土、石膏板、钢丝网抹灰等。

3. 燃烧体

燃烧体是指用容易燃烧的材料做成的建筑构件。此类材料在空气中受到火烧或高温作用时立即起火或燃烧，火源移开后继续燃烧或微燃，如木材、纤维板、胶合板等。

高层民用建筑构件的燃烧性能和耐火等级　　表2-1

构件名称 ＼ 燃烧性能和耐火极限（h）		耐火等级	
		一级	二级
墙	防火墙	不燃烧体　3.00	不燃烧体　3.00
墙	承重墙、楼梯间、电梯井和住宅单元之间的墙	不燃烧体　2.00	不燃烧体　2.00
墙	非承重墙、外墙、疏散走道两侧的隔墙	不燃烧体　1.00	不燃烧体　1.00
墙	房间隔墙	不燃烧体　0.75	不燃烧体　0.50
柱		不燃烧体　3.00	不燃烧体　2.50
梁		不燃烧体　2.00	不燃烧体　1.50
楼板、疏散楼梯、屋顶承重构件		不燃烧体　1.50	不燃烧体　1.00
吊顶		不燃烧体　0.25	难燃烧体　0.25

建筑构件的燃烧性能和耐火极限　　表2-2

构件名称 ＼ 燃烧性能和耐火极限（h）		耐火等级			
		一级	二级	三级	四级
墙	防火墙	不燃烧体 3.00	不燃烧体 3.00	不燃烧体 3.00	不燃烧体 3.00
墙	承重墙、楼梯间、电梯井的墙	不燃烧体 3.00	不燃烧体 2.50	不燃烧体 2.00	难燃烧体 0.50
墙	非承重墙、外墙、疏散走道两侧的隔墙	不燃烧体 1.00	不燃烧体 1.00	不燃烧体 0.50	
墙	楼梯间的墙、电梯井的墙、住宅单元之间的墙、住宅分户墙	不燃烧体 2.00	不燃烧体 2.00	不燃烧体 1.50	难燃烧体 0.50
墙	疏散走道两侧的隔墙	不燃烧体 1.00	不燃烧体 1.00	不燃烧体 0.50	难燃烧体 0.25
墙	房间隔墙	不燃烧体 0.75	不燃烧体 0.50	难燃烧体 0.50	难燃烧体 0.25
柱		不燃烧体 3.00	不燃烧体 2.50	不燃烧体 2.00	难燃烧体 0.50
梁		不燃烧体 2.00	不燃烧体 1.50	不燃烧体 1.00	难燃烧体 0.50
楼板		不燃烧体 1.50	不燃烧体 1.00	不燃烧体 0.50	燃烧体
屋顶承重构件		不燃烧体 1.50	不燃烧体 1.00	燃烧体	燃烧体
疏散楼梯		不燃烧体 1.50	不燃烧体 1.00	不燃烧体 0.50	燃烧体
吊顶（包括吊顶搁栅）		不燃烧体 0.25	难燃烧体 0.25	难燃烧体 0.15	燃烧体

注：1. 除本规范另有规定者外，以木柱承重且以不燃烧材料作为墙体的建筑物，其耐火等级应按四级确定；
2. 二级耐火等级建筑的吊顶采用不燃烧体时，其耐火极限不限；
3. 在二级耐火等级的建筑中，面积不超过100m²。

2.1.2.4　工程等级

建筑物的工程等级以其复杂程度为依据，共分六级（表 2-3）。

建筑物的工程等级　　　　表 2-3

工程等级	工程主要特征	工程范围举例
特级	1. 国家重点项目或以国际活动为主的特高级大型公共建筑； 2. 有国家历史意义或技术要求高的中小型公共建筑； 3. 30 层以上建筑； 4. 高大空间有声、光等特殊要求的建筑物	国宾馆、国家大会堂、国际会议中心、国际体育中心、国际贸易中心、国际大型航空港、国际综合俱乐部、重要历史纪念建筑、国家级图书馆、博物馆、美术馆、剧院、音乐厅、三级以上人防建筑等
一级	1. 高级大型公共建筑； 2. 有地区性历史意义或技术要求特别复杂的中小型公共建筑； 3. 16 层以上、29 层以下或超过 50m 高的公共建筑	高级宾馆、旅游宾馆、高级招待所、别墅、省级展览馆、博物馆、图书馆、科学试验研究楼（包括高等院校）、高级会堂、高级俱乐部、300 床位以上的医院、疗养院、医疗技术楼、大型门诊楼、大中型体育馆、室内游泳馆、大城市火车站、航运站、邮电通信楼、综合商业大楼、高级餐厅、四级人防等
二级	1. 中高级、大型公共建筑； 2. 技术要求较高的中小型建筑； 3. 16 层以上、29 层以下住宅	学校教学楼、档案楼、礼堂、电影院、部、省级机关办公楼、300 床位以下的医院、疗养院、地、市级图书馆、文化馆、少年宫、中等城市火车站、邮电局、多层综合商场、高级小住宅等
三级	1. 中级、中型公共建筑； 2. 7 层以上（含 7 层）、15 层以下有电梯的住宅或框架结构的建筑	中、小学教学楼、试验楼、电教楼、邮电所、门诊所、百货楼、托儿所、1～2 层商场、多层食堂、小型车站等
四级	1. 一般中小型公共建筑； 2. 7 层以下无电梯的住宅、宿舍及砌体建筑	一般办公楼、单层食堂、单层汽车库、消防站、杂货店、理发室、蔬菜门市部等
五级	1～2 层单功能，一般小跨度结构建筑	同特征

2.2　建筑设计的内容和程序

2.2.1　建设基本程序

工程建设程序是指建设项目在整个建设过程中的各项工作必须遵循的先后次序，包括建筑工程项目的立项、选择评估、决策、设计、施工、竣工验收、投入使用等的先后顺序。目前我国基本建设程序的主要阶段是：项目建议书阶段、可行性研究阶段、设计文件阶段、建设准备阶段、建设实施阶段和竣工验收阶段。

2.2.2　建筑设计的内容

建造房屋前，通常有编制和审批计划任务书，选勘和征用基地，设计，施工，以及交付使用后的回访总结等几个阶段。建筑设计是建筑工程建设过程中关键的环节，通过建筑工程设计把计划任务书中的文字资料编制成或表达成一套完整的施工图设计文件，作为施工的依据。

建筑工程设计是指设计一个建筑物或一个建筑群体所做的全部工作过程，它一般包括建筑设计、结构设计、设备设计等几个部分，它们之间既有分工，又相互密切配合。

2.2.2.1 建筑设计

它主要是根据建设单位提供的设计任务书，综合考虑建筑、结构、设备等工种的要求以及这些工种之间的相互联系和制约，在此基础上提出建筑设计方案，通过方案进一步深化后进行施工图设计。建筑设计还应和城市规划、施工技术、材料供应及环境保护等部门密切配合，由建筑师来完成。

2.2.2.2 结构设计

它是在建筑设计的基础上选择结构方案，确定结构类型，进行结构计算与构件设计，完成建筑工程的“骨架”设计，绘制结构施工图，是由结构工程师来完成的。

2.2.2.3 设备设计

它包括给水排水、采暖通风、消防、电气照明、通信、燃气、动力等专业的设计，确定其方案类型、设备选型，并完成相应的设备施工图设计，是由设备工程师来完成的。

2.2.3 建筑设计的程序

2.2.3.1 设计前的准备阶段

1. 熟悉设计任务书

设计前，需要熟悉设计任务书，以明确建设项目设计目的与要求。设计任务书的内容有：

（1）建设项目总的要求和建造目的的说明；

（2）建筑物的具体使用要求、建筑面积以及各类用途房间的面积分配；

（3）建筑项目的总投资、单方造价，土建、设备、室外道路等费用情况说明；

（4）建筑基地范围、基地及周围原有建筑物、设施、环境、地形等情况说明；

（5）供电、供水、供气、采暖、空调等设备方面的要求；

（6）设计期限和建设进度要求。

2. 收集必要的原始设计数据

（1）气象资料：包括建筑项目所在地区的温度、湿度、日照、雨雪、风向、风速、冻土深度等；

（2）基地地形及地质水文资料：包括基地地形标高、土壤种类及承载力、地下水位、地震烈度等；

（3）设备管线资料：包括地下给水、排水、电缆、燃气等管线布置，地上的架空线的供电线路情况；

（4）设计项目的有关定额指标。

3. 设计前的调查研究

1）建筑物的使用要求

在了解建设单位对建筑物使用要求的基础上，走访、参观、查阅同类优秀建筑实例的实际使用情况，通过分析、研究、总结，使设计更加合理、完善。

2）建筑材料供应和施工等技术条件

了解当地建筑材料的特性、价格、品种、规格和施工单位技术力量等情况。

3）基地踏勘

根据城建部门划定的设计项目所在地的位置，进行现场踏勘，深入了解基地和周围环境的现状和历史沿革，核对已有资料与基地现状是否符合。通过建设基地的形状、方位、面积、周围建筑的道路、绿化等方面的因素，考虑与确定建筑的位置和总平面布局。

4）当地传统风俗习惯

了解当地传统的建筑形式、文化传统、生活习惯、风土人情，作为建筑设计的参考和借鉴，创造出符合基地环境和当地传统风格的建筑形式。

2.2.3.2　初步设计阶段

初步设计是建筑设计的最初阶段，内容包括设计图纸资料和文字资料两部分，作用是用来征求建设单位意见、报建设主管部门审查批准等。

1. 设计图纸部分包括

1）建筑总平面图

确定建筑物或建筑群总体布局与基地的关系，基地范围的绿地及道路，标出层数及设计标高，绘出指北针和风向频率玫瑰图（图2-1）。常用比例为1∶500、1∶1000等。

2）建筑各层平面图

确定房间的大小和形状、平面布局以及各空间之间的分隔与联系，标注建筑物各主要控制尺寸，注明房间的名称。常用比例为1∶100。

3）建筑立面图

综合考虑建筑物使用功能要求、内部空间组合、外部形体组合及材料质感、色彩的处理等。常用比例为1∶100。

4）建筑剖面图

确定房间各部分竖向高度和空间比例，考虑在空间竖向的组合，选择适当的剖面形式，满足使用和采光通风等方面的设计。常用比例为1∶100。

5）效果图

大型民用建筑及重要工程，应制作效果图或模型。

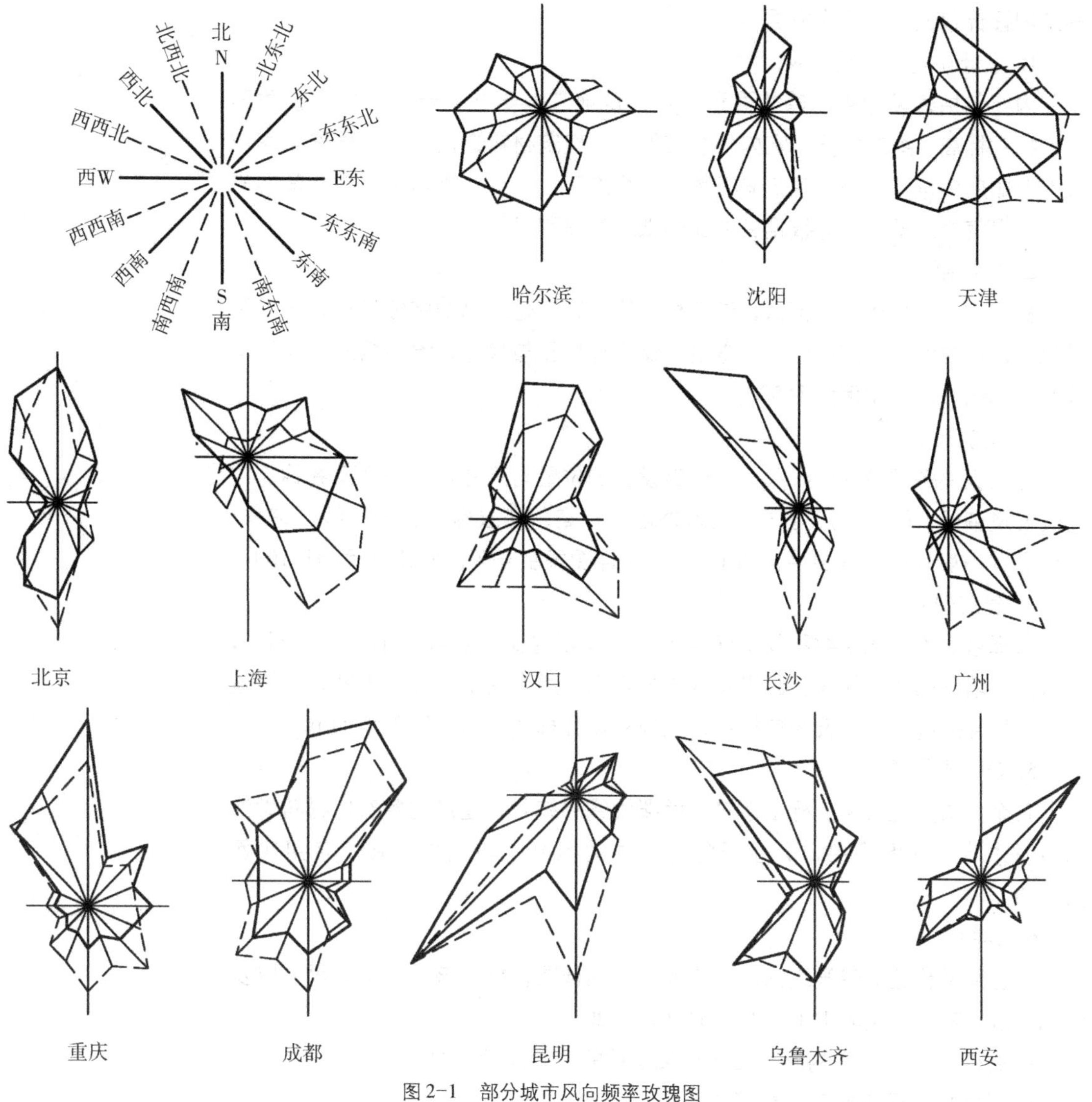

图 2-1　部分城市风向频率玫瑰图

2. 文字部分包括

1）设计说明

设计说明的内容为工程设计的依据与要求、方案构思与特点，各项指标（占地面积、总建筑面积、总用地面积、使用面积、使用系数等），建筑装修、建筑防火、建筑节能内容等。

2）主要材料及设备说明

3）根据设计方案编制工程概算书

2.2.3.3　施工图设计阶段

施工图设计是建筑设计的最后阶段，它是在建设主管部门审查批准后的初步设计基础上进行的。施工图设计原则是满足施工要求，解决施工中的技术措施、使用的材料及具体工程做法。要求施工图设计图样全面具体、准确无误。

施工图设计包括如下几个方面内容。

1. 设计说明、图纸目录

内容包括建设地点、建筑面积、建筑用地、主要结构选型、抗震设防烈度、相对标高、绝对标高、室内外装饰做法、建筑材料选用等；工程施工图应按专业顺序编排，一般为建筑施工图、结构施工图、给水排水施工图、暖通施工图、电气施工图等，并根据各专业图纸顺序编制目录。

2. 总平面图

标明测量坐标网、坐标值，详细标明建筑物、建筑物的定位坐标和相互关系尺寸，室内设计标高及层数，道路、绿化等位置与尺寸，绘出指北针和风向频率玫瑰图。常用比例为1∶500。

3. 建筑各层平面图

详细标注各部位的详细尺寸、固定设备的位置与尺寸，标注房间名称、门窗位置及编号、门的开启方向、室内外地面标高、楼层标高、剖切线及编号、指北针（一般只注在底层平面图上）、节点详图索引号等。常用比例为1∶100。

4. 建筑剖面图

选择层高不同或层数不同或建筑内部空间相对比较复杂的部位进行剖切，要求注明墙柱轴线及编号，画出剖视方向可见的所有建筑配件的内容，标明建筑物构配件的高度尺寸及相应标高、室内外设计标高。常用比例为1∶100。

5. 建筑立面图

各个方向的立面图。标出建筑物两端轴线的编号，建筑物各部位材料做法与色彩或节点详图索引，标注竖向各部位的标高并与剖面对应。常用比例为1∶100。

6. 详图

一些局部构造、建筑装饰做法应专门绘制详图，标注该构件细部尺寸以及详细做法。常用比例为1∶1、1∶5、1∶10、1∶20。

7. 各专业工种配套的施工图及相关设计的说明及计算书

8. 根据施工图编制工程预算书

2.3 建筑设计的依据

2.3.1 使用功能要求

建筑使用性质虽然不同，但设计时必须满足以下基本功能要求。

2.3.1.1 人体尺度及人体活动所需的空间尺度

为了满足人在使用活动中的需求，要了解人体尺度及人体活动所需空间尺度和人在各种活动中所需的心理空间尺度（图2-2）。

2.3.1.2 人的生理需求

主要包括对建筑物的朝向、保温、防潮、隔热、隔声、通风、采光、照明等方面的要求，设计要满足人们在生产和生活中的生理需求。

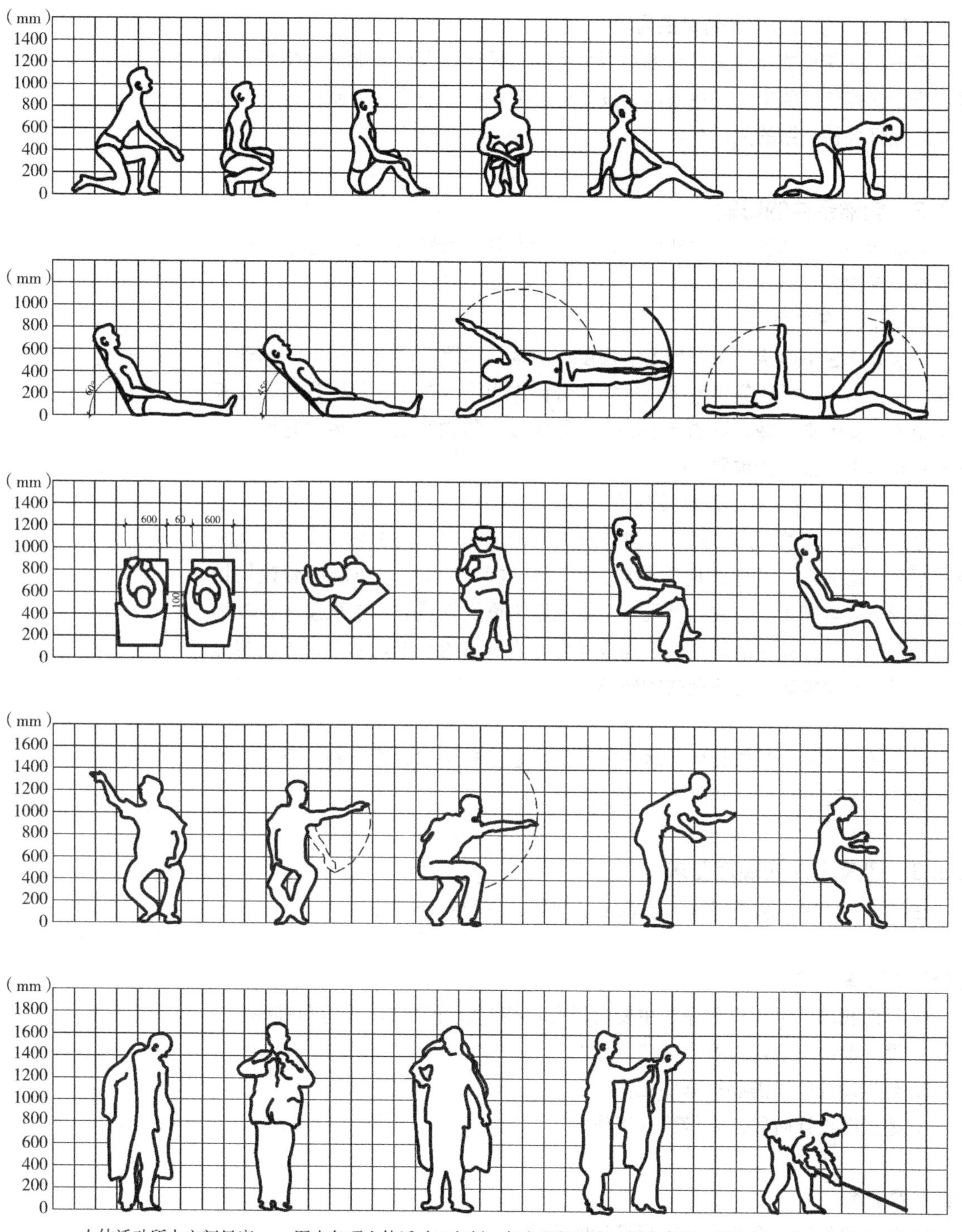

人体活动所占空间尺度　　图中各项人体活动已包括一般衣服的厚度、鞋的高度（各为20mm），寒冷地区应按冬衣的厚度适当增加（人体厚度和宽度个增加40mm）。在考虑人的组合间隔时采用：人与人间隔不小于40mm，人与墙的间隔不小于20mm。

图 2-2　人体尺度及人体活动所需的空间

2.3.1.3　使用过程和特点的需求

各类不同使用功能建筑具有各不相同特点，设计要充分考虑这些特点，使建筑符合功能使用要求，如观演建筑设计必须要解决好视线及音质；火车站设计要处理好各种流线的关系等。

2.3.2　自然条件的影响

建筑物处于自然界中，自然条件对建筑物有着很大影响，进行建筑设计时必须充分考虑自然条件。

2.3.2.1　气候条件

气候条件包括建筑物所在地区的温度、湿度、日照、雨雪、风向、风速等内容。设计时，必须收集当地有关的气候资料作为设计依据。日照是确定建筑物间距的主要因素，降雨量的大小决定着屋面坡度和构造设计，风向是城市总体规划和总平面设计的重要依据。

2.3.2.2　地形、地质及地震烈度

建筑平面、建筑体形、建筑造型与基地地形的起伏、周围环境及周边建筑特点都有一定关系。基地的地质构成、土壤特性和地耐力大小制约着建筑结构、基础类型与布置。地震烈度表示地面及建筑遭受地震破坏的程度。在基地的选择、建筑单体体形的确定时，均应考虑地震烈度的影响，采取合理的构造措施，以便减少地震对建筑造成的破坏。

2.3.2.3　水文

水文指地下水的性质和地下水位的高低，它直接影响到建筑物的基础、地下室构造。决定基础埋深和防水的构造措施。

2.3.3　建筑设计的规范要求

在建筑设计中必须遵守现行建筑设计规范、规程和通则等。

理论知识训练

1. 目前我国基本建设程序的主要阶段有哪些？设计文件阶段包括哪些？
2. 设计前准备阶段需要做哪些工作？
3. 初步设计阶段需要做哪些工作？
4. 施工图设计阶段需要做哪些工作？

实践课题训练

1. 深入建筑设计企业了解工程设计的程序。
2. 根据实际施工图案例了解建筑施工图的组成及内容。

本章小结

建筑物的构成要素是建筑的使用功能、技术和物质条件、建筑的艺术形象。

建筑物按照使用性质分为民用建筑、工业建筑、农业建筑；按照材料类型分为木结构、混合结构、钢筋混凝土结构、钢结构等建筑；按照施工方法分为现浇整体式、预制装配式、装配整体式。

建筑的等级包括设计使用年限、耐火等级、工程等级三个方面。设计使用年限主要根据建筑物的重要性和建筑物的质量标准确定，它是建筑投资、建筑设计和结构构件选材的重要依据。耐火等级取决于房屋的主要构件的耐火极限和燃烧性能。建筑物的工程等级以其复杂程度为依据，共分六级。

房屋的设计，一般包括建筑设计、结构设计、设备设计等几个部分，它们之间既有分工，又相互密切配合。

建筑设计程序包括设计前的准备阶段、初步设计阶段、施工图设计阶段三个阶段。依据是使用功能要求、自然条件的影响和建筑规范与技术水平要求等。

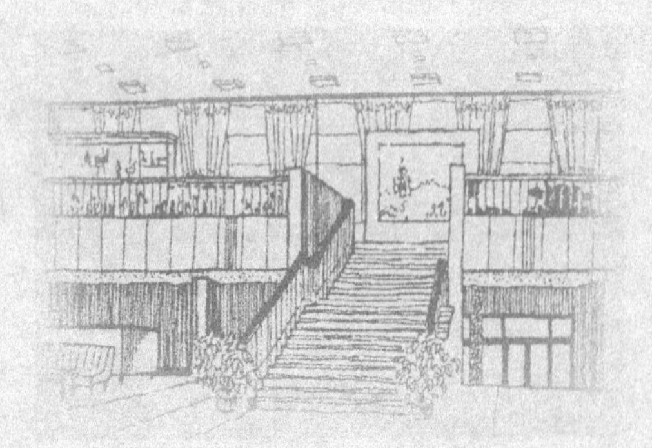

第3章 建筑平面设计

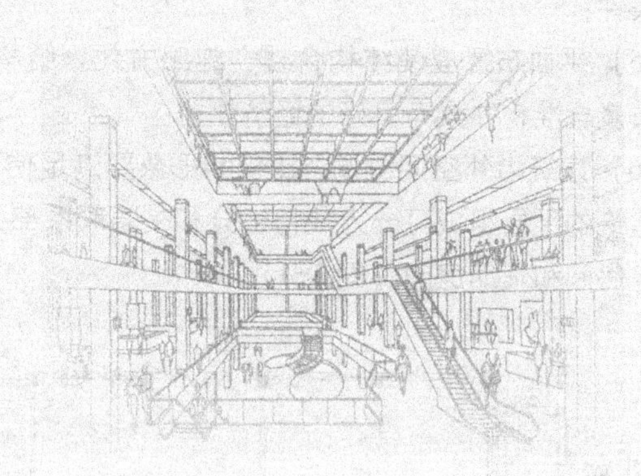

建筑平面设计的任务就是解决建筑的使用功能、各种流线组织、房间的特征及其相互关系，同时也要解决建筑结构类型、建筑材料、施工技术、建筑造价、节约用地和建筑造型等方面的问题。并应遵循以下原则：

(1) 与周围环境协调一致，布置紧凑、节约用地，节约能源；

(2) 结合建筑物的使用性质和特点，满足各类建筑的使用要求；

(3) 功能分区合理，合理组织交通，使人流、货流交通便捷、顺畅，避免交叉、迂回，保证良好的安全疏散条件及安全防火要求；

(4) 处理好建筑物的采光、通风，注意朝向的选择，保证室内有良好的卫生条件；

(5) 平面布置应使结构合理、施工方便，结构方案及建筑材料应符合相应的质量标准，并具有良好的经济效益；

(6) 建筑内外空间协调，比例和形象要满足使用要求及人们审美的要求。

建筑的平面组成可分为使用部分和交通联系部分。使用部分是指建筑的主要使用房间和辅助房间（图3-1）。

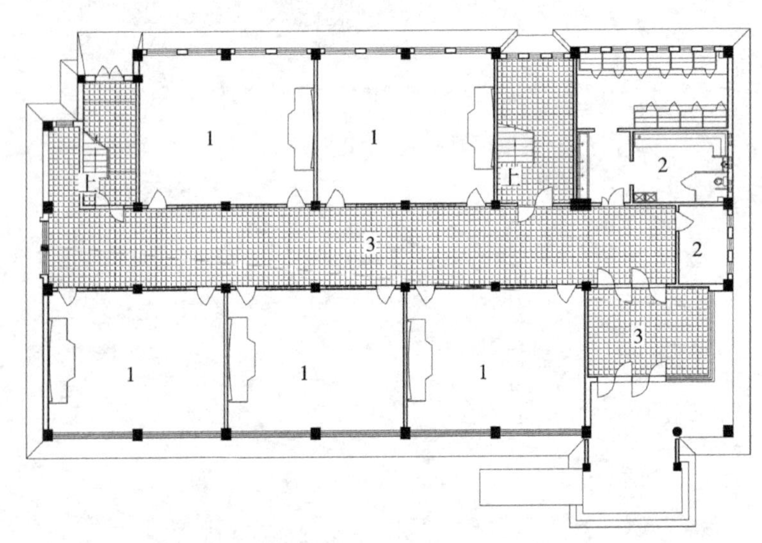

图3-1 某中学教学楼平面图
1—主要使用房间；2—辅助使用房间；3—交通联系部分

主要使用房间是建筑物的核心，根据使用要求不同，形成了不同类型的建筑，如住宅中的起居室、卧室；教学楼中的教室；商业建筑中的营业厅；影剧院中的观众厅等。

辅助房间是为满足建筑的主要使用功能而设置的，属于次要部分房间，如公共建筑中的厕所、贮藏室及其他服务性房间；如住宅建筑中的厨房、卫生间等。

交通联系部分是建筑中联系各房间之间、楼层之间和室内与室外之间的空间，如各类建筑中的门厅、走道、楼梯间、电梯间等。

3.1 主要使用房间的平面设计

主要使用房间是各类建筑的主要部分，是供人们工作、学习、生活、娱乐、生产的主要建筑空间部分。

(1) 生活用房间：住宅中的起居室、卧室，集体宿舍，公寓等；

(2) 工作学习用房间：教学楼中的教室、实验室等；

(3) 公共活动房间：影剧院中的观众厅、休息厅等。

不同建筑的使用功能不同，主要使用房间的要求也不同，如住宅中的卧室是满足人们休息睡眠用的，教学楼中的教室是满足教学用的，电影院中的观众厅是满足人们观看电影用的等，房间组合设计应考虑房间使用这个基本因素，即要求有适宜的尺度、足够的面积、恰当的形状、良好的朝向、采光和通风条件，有效地利用建筑面积以及合理的结构布局和便于施工等。

3.1.1 房间使用面积设计

3.1.1.1 房间的使用面积

房间的使用面积可以分为以下三部分：家具和设备所占用的面积；人的活动所需的面积；房间内部的交通面积。

3.1.1.2 影响房间面积的因素

房间的使用功能千差万别，影响因素很多，但归纳起来有以下几方面：

(1) 房间的使用特点和要求；

(2) 房间容纳人数；

(3) 家具、设备的数量及其布置方式；

(4) 室内交通组织和活动要求；

(5) 采光通风要求。

3.1.2 房间平面形状设计

民用建筑常见的房间形状有矩形、方形，也有多边形、圆形等。房间平面形状，要综合考虑房间的使用性质、结构形式与布置、空间效果、建筑体形及建筑环境等方面因素。在大量民用建筑中，如住宅、宿舍、办公、旅馆等，主要使用房间一般无特殊要求，数量较多且用途单一，房间形状常采用矩形。这种平面形状体形简单，便于家具和设备的布置，使用上有较大的灵活性；有利于平面及空间的组合；利于结构布置，便于施工。

民用建筑如影剧院的观众厅、体育馆的比赛大厅等房间，由于空间尺度大，平面形状应满足建筑的使用功能、视听要求及室内空间效果，平面形状一般有钟形、扇形、六边形、圆形等（图3-2）。

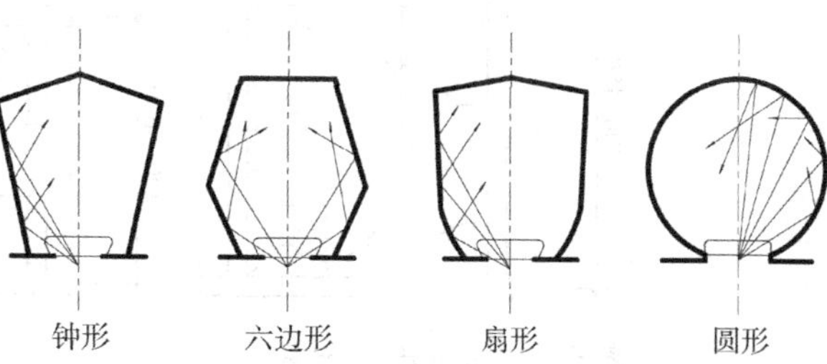

图3-2 观众厅平面形状

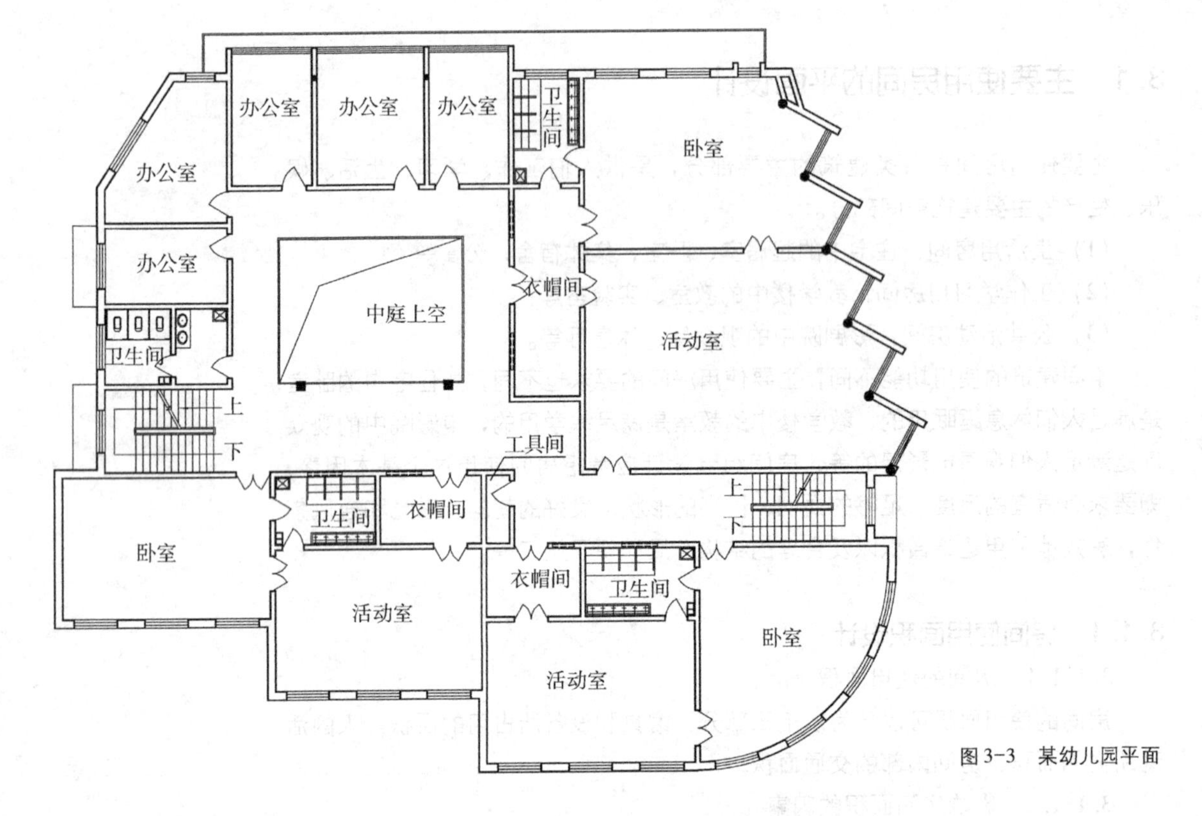

图 3-3　某幼儿园平面

有些小型公共建筑，结合空间所处的环境特点、建筑功能要求以及建筑艺术效果，房间平面常采用非矩形平面（图 3-3）。

3.1.3　房间平面尺寸设计

房间尺寸是指房间的开间和进深尺寸，而一个房间常常是由一个或多个开间组成。在同样面积的情况下，房间的平面尺寸可能多种多样，确定合适的房间尺寸，应从以下几方面进行综合考虑。

3.1.3.1　满足家具、设备布置及人们活动的要求

如卧室的平面尺寸应考虑床的大小、家具的相互关系，提高床位布置的灵活性（图 3-4）；医院病房主要满足病床的布置及医护活动的要求（图 3-5）。

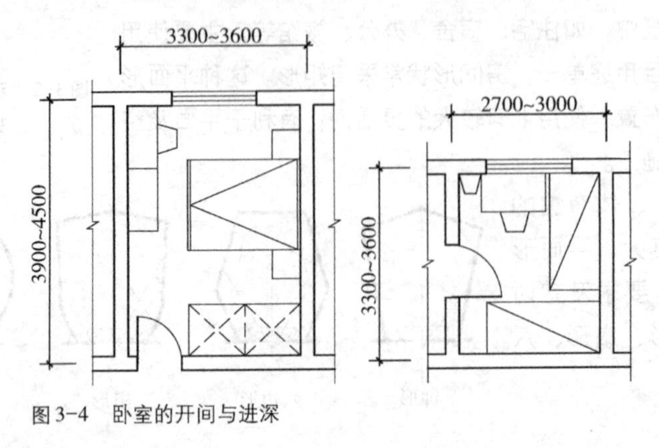

图 3-4　卧室的开间与进深

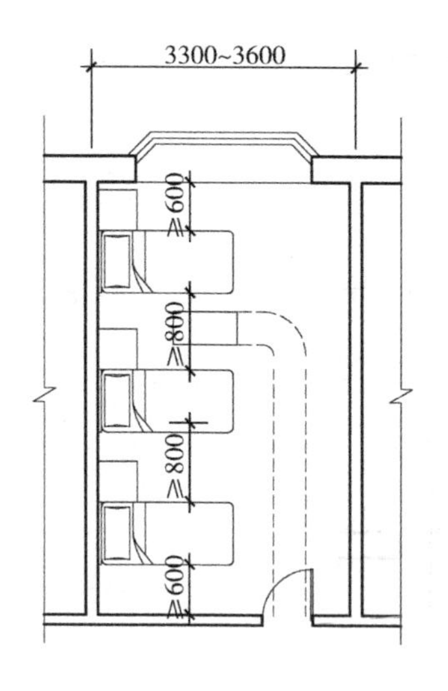

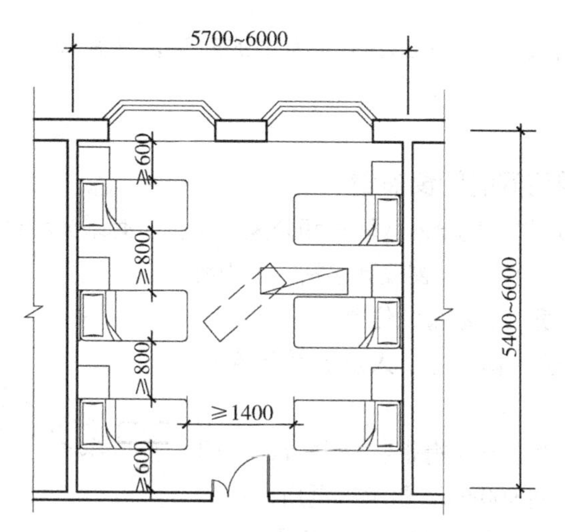

图 3-5 病房的开间与进深

3.1.3.2 满足视听要求

有的房间如教室、会堂、观众厅等的平面尺寸除满足家具设备布置及人们活动要求外，还应保证有良好的视听条件。如教室，确定适合的房间平面尺寸须根据水平视角、视距、垂直视角的要求进行座位排列，使前排两侧座位不致太偏，后面座位不致太远。

3.1.3.3 良好的天然采光

民用建筑除少数有特殊要求的房间如演播室、观众厅等以外，均要求有良好的天然采光。房间窗上口至地面距离称为采光高度，一般房间的进深受到采光高度的限制。当单侧采光时，房间进深不应大于采光高度的 2 倍，双侧采光时房间进深可增大一倍，混合采光时房间进深不限。采光方式对房间进深的影响如图 3-6所示。

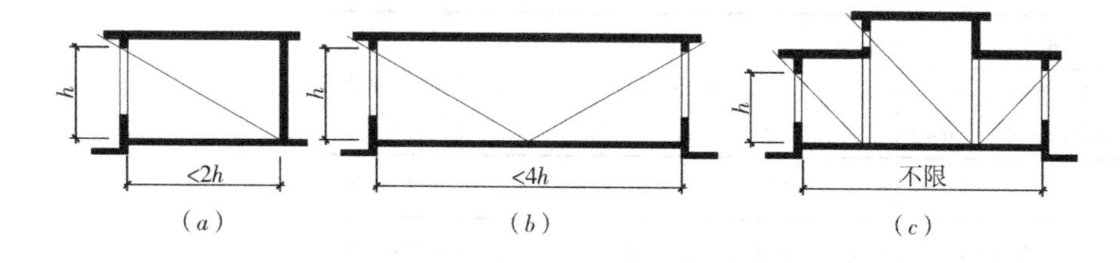

图 3-6 采光方式对房间进深的影响
(*a*) 单侧采光；(*b*) 双侧采光；(*c*) 混合采光

3.1.3.4 经济合理的结构布置

一般民用建筑常采用墙体承重的梁板式结构和框架结构体系。房间的开间、进深尺寸应尽量使梁板构件符合经济跨度，如梁板式结构较经济的开间尺寸不大于 4200mm，钢筋混凝土梁较经济的跨度是不大于 9000mm。

3.1.3.5 符合建筑模数协调统一标准的要求

为提高建筑工业化水平，要求房间的开间和进深尺寸采用统一的模数作为协调建筑尺寸的基本标准。按照现行《建筑模数协调统一标准》规定，房间的开间和进深一般采用水平扩大模数 3M 模数制，其相应的尺寸为 300mm 的倍数，如办公楼、宿舍、旅馆等以小房间为主的建筑，其开间尺寸常取3300、3600、3900mm。

3.1.4 主要使用房间的门窗设置

房间门的作用是供人们出入、联系和分隔空间，兼有采光和通风作用；窗的主要作用是采光、通风。门窗设计包括以下内容：

3.1.4.1 门的宽度、数量、位置

门的宽度取决于人体尺寸、人流股数及家具设备的大小等因素。

住宅中的门应考虑一人携带物品通行，户门宽1000mm，卧室门宽900mm；厨房、厕所、浴室等辅助房间的门一般为750～800mm，普通教室、办公室等公共建筑的门宽考虑一人正面通行，另一人侧身通行，常采用1000mm（图3-7）。

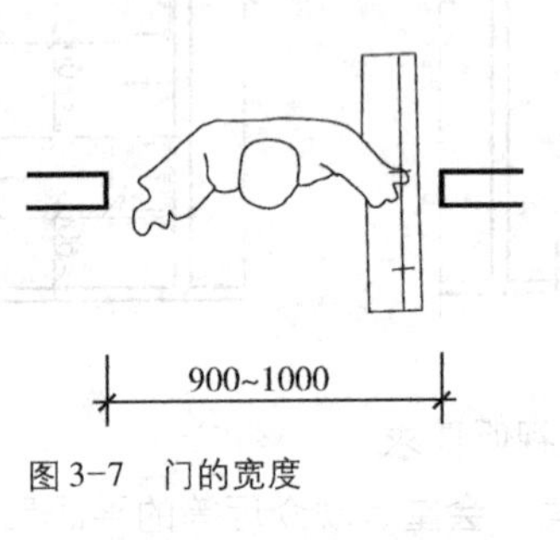

图3-7 门的宽度

当房间面积较大，使用人数较多时，采用双扇门、四扇门。双扇门的宽度可为1200～1800mm，四扇门的宽度可为2400～3600mm。

3.1.4.2 窗的大小和位置

窗的大小，应满足房间获取良好的天然采光和自然通风，对采光要求高的房间，开窗的面积应大些；采光要求低的房间，开窗的面积则小些。窗作为围护构件的一部分，是保温隔热的薄弱环节，开窗面积应满足民用建筑节能设计标准中规定的节能要求。

根据房间的使用性质，建筑采光标准分为五级（表3-1）。

民用建筑采光等级表 表3-1

采光等级	视觉工作特征		房间名称	窗地面积比
	工作或活动要求的精确程度	要求识别的最小尺寸（mm）		
Ⅰ	极精密	<0.2	绘图室、制图室、画廊、手术室	1/3～1/5
Ⅱ	精密	0.2～1	阅览室、医务室、健身房、专业实验室	1/4～1/6
Ⅲ	中精密	1～10	办公室、会议室、营业厅	1/6～1/8
Ⅳ	粗糙	～10	观众厅、居室、盥洗室、厕所	1/8～1/10
Ⅴ	极粗糙	不作规定	贮藏室、门厅、走廊、楼梯间	1/10以下

3.1.4.3 门窗的位置及开启方向

门窗位置应考虑室内交通路线、疏散和采光通风的要求，确定门窗的位置应遵循以下原则：

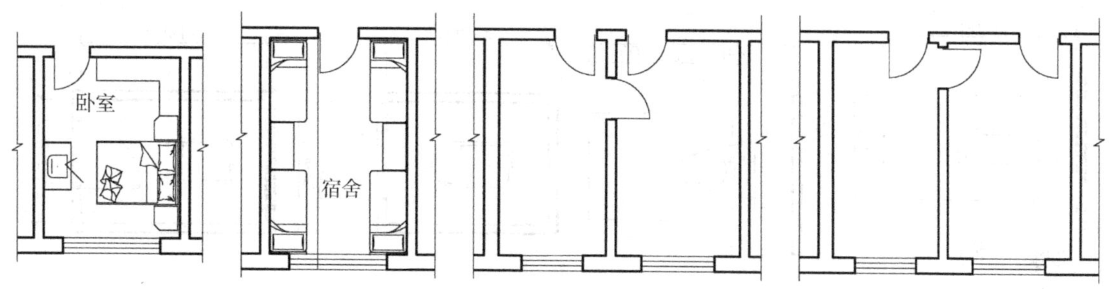

图 3-8　房间门的位置及开启方式

1. 门窗位置应尽量使墙面完整、造型美观，便于家具设备布置和充分利用室内有效面积；

2. 门窗位置应有利于采光、通风；

3. 门的位置应方便交通，有利于安全疏散。

门的开启方向一般有内开和外开，大多数房间的门均采用内开，开启时不会影响室外的人行交通。对于人流较多的公共建筑如影剧院、候车厅、体育馆、商店的营业厅，以及有爆炸危险的实验室等，为便于安全疏散，房间的门必须开向疏散方向。当房间内两个门紧靠在一起时，应防止门扇相互碰撞（图 3-8）。

3.2　辅助使用房间的平面设计

辅助房间平面设计方法，与主要使用房间平面设计基本相同，但辅助房间平面设计的大小及布置还要同时考虑设备及使用设备尺度及布置的需要。常见的辅助使用房间有厕所、盥洗室、浴室、厨房等。

3.2.1　厕所

厕所设计首先应了解各种设备及人体活动所需要的基本尺度，根据使用人数确定所需的设备数量以及房间的基本尺寸和布置形式。

3.2.1.1　厕所设备及数量

厕所卫生设备有大便器、小便器、洗手盆、污水池等。

大便器有蹲式和坐式两种。可根据建筑标准及使用习惯分别选用。一般公共建筑从使用卫生方面考虑多采用蹲式，而标准较高、使用人数少的厕所如宾馆、住宅等则采用坐式大便器；残疾人和老年人使用的应采用坐式大便器。

小便器有小便斗和小便槽两种。标准较高及使用人数较少的采用小便斗，使用人数较多的采用小便槽。厕所设备及组合所需的尺寸如图3-9所示。

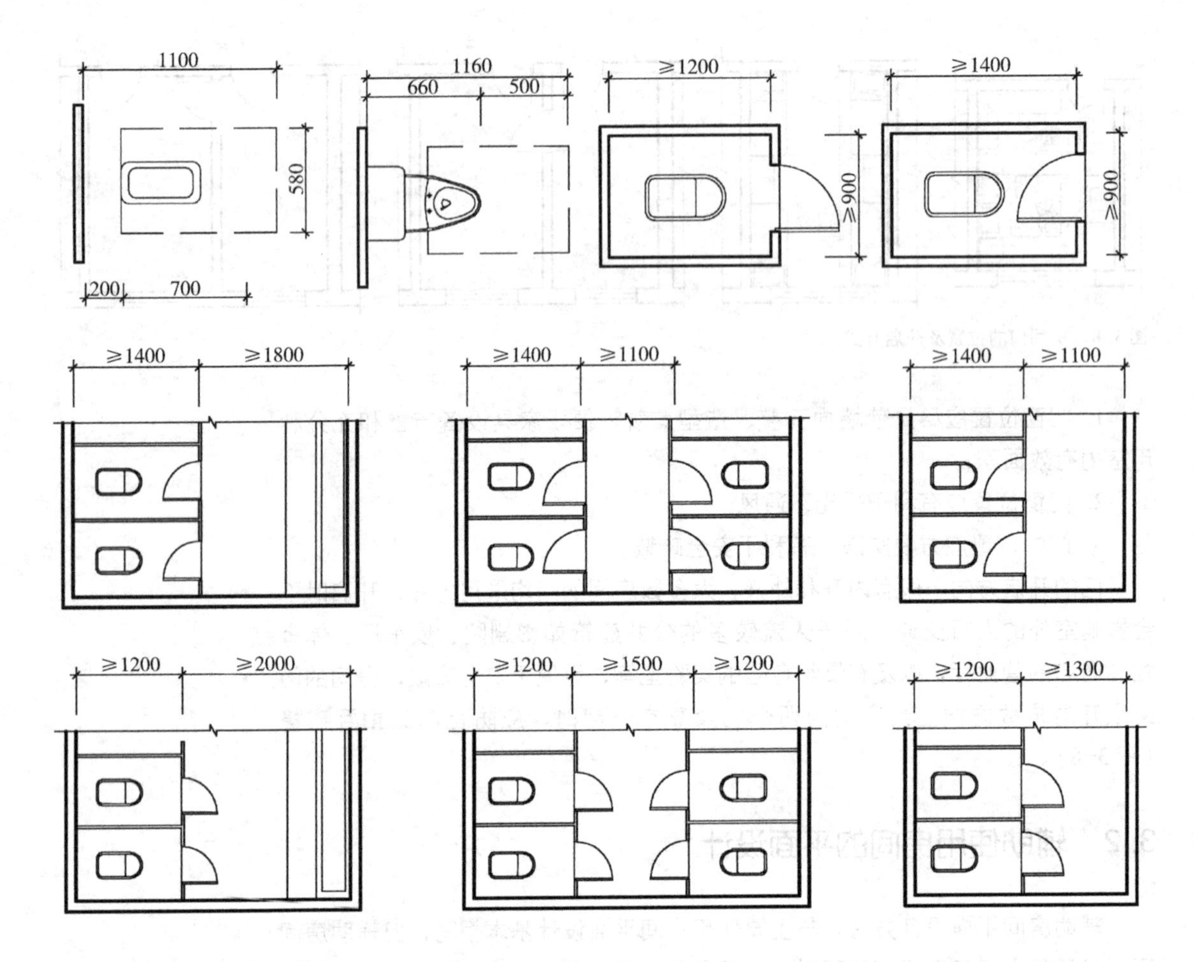

图 3-9 厕所设备及组合所需的尺寸

卫生设备的数量取决于使用人数、使用对象、使用要求。人流量大、集中使用的，卫生设备数量应适当多一些，如影剧院、学校等建筑。一般民用建筑每一个卫生器具可供使用的人数参考表 3-2。

部分建筑厕所设备数量参考指标 **表 3-2**

建筑类型	男小便器（人/个）	男大便器（人/个）	女大便器（人/个）	洗手盆（人/个）	男女比例
影剧院	35	75	50	140	2:1～3:1
火车站	80	80	50	150	2:1
中小学	40	40	25	100	1:1
办公楼	50	50	30	50～80	3:1～5:1
旅馆	20	12	12	15	按实际使用情况
宿舍	20	20	15		

注：一个小便器折合 0.60m 长的小便槽。

3.2.1.2 厕所布置

（1）厕所前室作为公共交通和厕所的缓冲空间，使厕位隐蔽。

(2) 厕所应有天然采光与自然通风，布置有困难时可采用间接采光，但必须有排气设施（如气窗、通风道等）。为保证主要使用房间能有良好的朝向，厕所布置在朝向较差的一侧。

(3) 厕所布置应避免管道分散，同层平面中男女厕所最好相邻布置（图 3-10*a*），多层建筑中应尽量上下位置对应以利于节约管道。

(4) 根据建筑的使用特点确定厕所的位置、面积及卫生洁具的数量。

(5) 公共厕所应有无障碍设计（图 3-10*b*）。

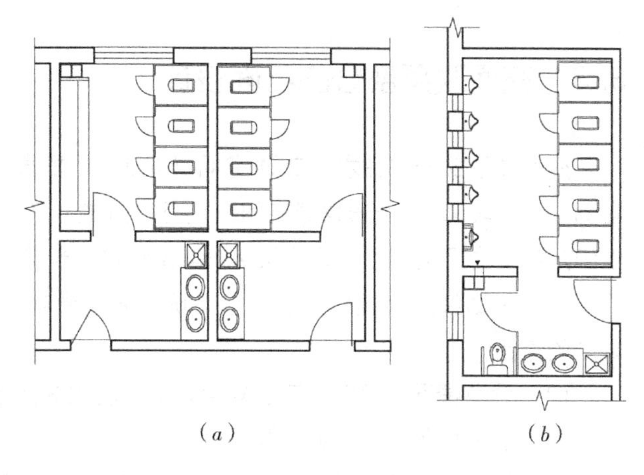

图 3-10　厕所平面

3.2.2　浴室、盥洗室

浴室和盥洗室的主要设备有洗脸盆（或洗脸槽）、污水池、淋浴器，有的设置浴盆等。公共浴室还有更衣室，其中主要设备有挂衣钩、衣柜、更衣凳等。设计时可根据使用人数确定卫生器具的数量，结合设备尺寸及人体活动所需的空间尺度进行房间布置。

浴室、盥洗室常与厕所布置在一起，称为卫生间，按使用对象不同，卫生间又可分为专用卫生间及公共卫生间，专用卫生间的几种平面布置如图 3-11 所示。

专用卫生间使用人数少，常用于住宅、标准较高的旅馆、医院等。在北方地区为获得天然采光，主要使用房间靠近外墙布置，而卫生间沿内墙布置，采用人工照明及管道通风。

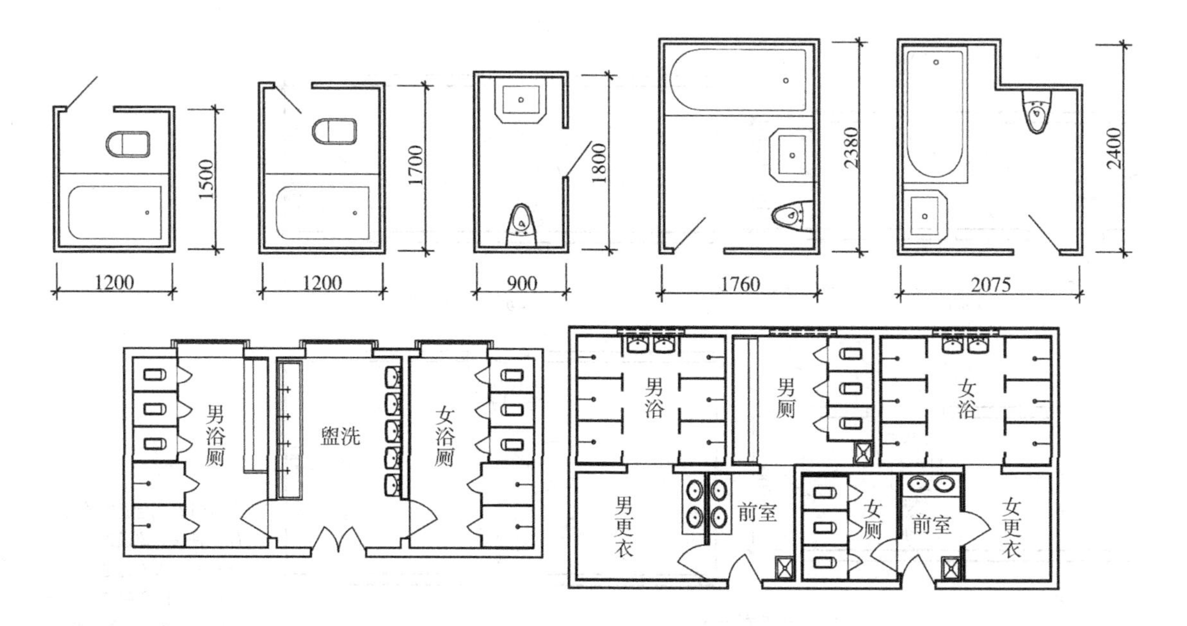

图 3-11　专用卫生间的平面布置

3.3 交通联系部分的平面设计

交通联系部分包括水平交通空间（走道）、垂直交通空间（楼梯、电梯、自动扶梯、坡道）、交通枢纽空间（门厅、过道）等。便捷、顺畅的交通流线组织是建筑合理使用的决定因素之一。交通联系部分应满足以下要求：

（1）交通线路简捷明确、指示明确、人流通畅、联系方便，对人流能起导向的作用；

（2）紧急情况下疏散迅速、安全，满足防火规范的要求；

（3）有良好的采光、通风和照明；

（4）在满足使用要求的前提下，平面布局紧凑，提高建筑的面积利用率；

（5）适当的高度、宽度和形式，并注意空间形象的完美和简洁。

3.3.1 走道

走道又称为过道、走廊。走道的作用主要是联系同层内各房间，有时兼有其他功能。按使用性质可将走道分为以下三种类型：

（1）单一功能的走道：完全为交通联系而设置的走道，一般不允许安排其他功能；如办公楼、旅馆、电影院、体育馆的疏散走道等都是供人流集散用的。

（2）双重功能的走道：主要作为交通联系同时也兼有其他功能的走道，如教学楼中的走道，除作为学生课间休息活动的场所外，还可布置陈列橱窗及宣传栏；医院门诊部走道可作为人流通行和候诊的用途。

（3）综合功能的走道：多种功能综合使用的走道，如展览馆的走道，应

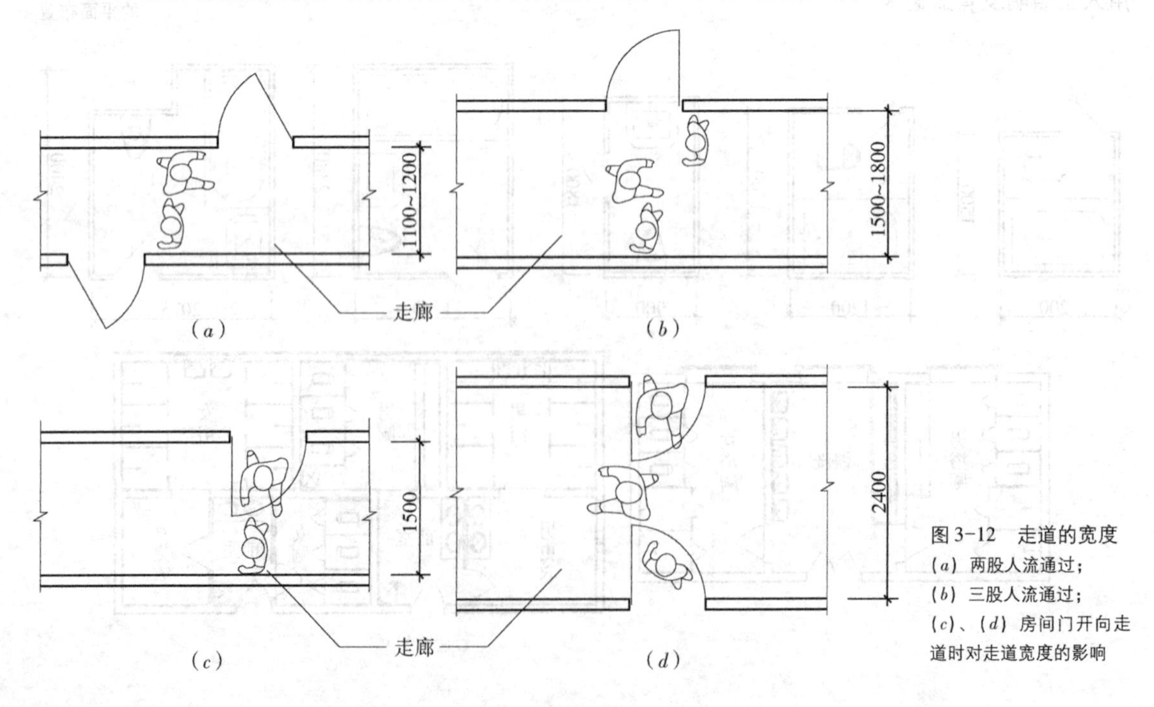

图 3-12 走道的宽度
(a) 两股人流通过；
(b) 三股人流通过；
(c)、(d) 房间门开向走道时对走道宽度的影响

满足边走边看的要求。

走道的宽度和长度主要根据人流通行、安全疏散、防火规范、走道性质、空间感受来综合考虑。

走道的宽度应符合人流通畅和防火疏散的要求，根据人流股数，并结合门的开启方向综合确定。一般按一股人流宽 550mm，两股人流宽 1100～1200mm，三股人流宽 1500～1800mm 来计算。疏散走道的宽度不应小于 1100mm（图 3-12）；并符合表 3-3的规定。

疏散走道、安全出口、疏散楼梯和房间疏散门每 100 人的净宽度（m）　表 3-3

楼层位置	耐火等级		
	一、二级	三级	四级
地上一、二层	0.65	0.75	10
地上三层	0.75	10	—
地上四层及四层以上各层	1.0	1.25	—
与地面出入口的高差不超过 10m 的地下建筑	0.75	—	—
与地面出入口的高差超过 10m 的地下建筑	1.0	—	—

走道的长度应根据建筑性质、耐火等级及防火规范来确定。按照现行《建筑设计防火规范》的要求，最远一点房间出入口到楼梯间安全出入口的距离必须控制在一定的范围内（表 3-4）。

直接通向疏散走道的房间疏散门至最近安全出口的最大距离（m）　表 3-4

名称	位于两个安全出口之间的疏散门			位于袋形走道两侧或尽端的疏散门		
	耐火等级			耐火等级		
	一、二级	三级	四级	一、二级	三级	四级
托儿所、幼儿园	25	20	—	20	15	—
医院、疗养院	35	30	—	20	15	—
学校	35	30	—	22	20	—
其他民用建筑	40	35	25	22	20	15

走道应有天然采光和自然通风。外走道可以获得较好的采光通风效果，内走道一般是通过走道尽端开窗；当走道较长时，可在中部适当部位设开敞空间或玻璃隔断；利用楼梯间、门厅或走道两侧房间设高窗来解决走道的采光和通风。

3.3.2　楼梯

楼梯是多层建筑中常用的垂直交通设施，也是建筑中安全疏散的重要通道。

楼梯设计的原则是：应根据使用要求选择合适的楼梯形式，布置于恰当的位置，确定合适的宽度、数量和舒适的坡度；每个梯段踏步不应超过 18 级，亦不少于 3 级。

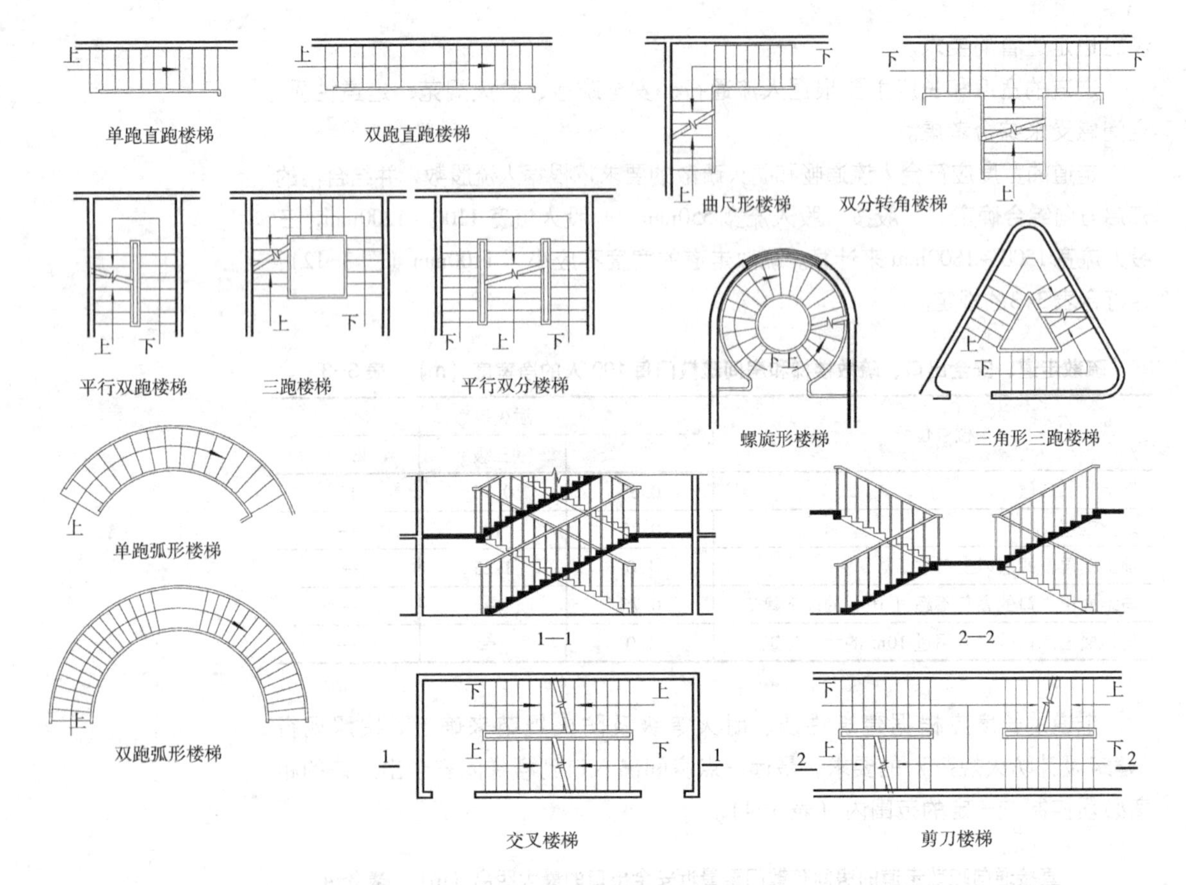

图3–13　楼梯的平面形式

3.3.2.1　楼梯的形式与位置

（1）直跑式楼梯：方向单一，引导性强，构造简单，能产生严肃向上的感觉。

（2）平行双跑楼梯：所占面积少，线路便捷，是民用建筑中最为常用的一种形式。

（3）三跑楼梯：空间灵活，造型美观，但梯井较大，常布置在公共建筑门厅和过厅中，有较好的空间效果。

此外，楼梯还有弧形、螺旋形、剪刀式等多种形式（图3–13）。

按照现行《建筑设计防火规范》的要求，一般民用建筑的安全疏散楼梯的数量不少于2个，所以楼梯的位置按其使用性质分为主要楼梯、次要楼梯、消防楼梯等。主要楼梯位置应明显，导向性强，易于疏散；次要楼梯配合主要楼梯共同起着人员通行、安全疏散的作用。

3.3.2.2　楼梯的宽度和数量

楼梯的宽度和数量主要根据使用性质、使用人数和建筑防火规范来确定。一般供单人通行的楼梯宽度应不小于900mm，双人通行为1100～1400mm，三股人流通行为1650～2100mm。一般民用建筑楼梯的最小净宽应满足两股人流疏散要求，但住宅户内楼梯可减小到900mm（图3–14）。楼梯梯段总宽度应按照建筑防火规范规定的最小宽度来确定（表3–5）。

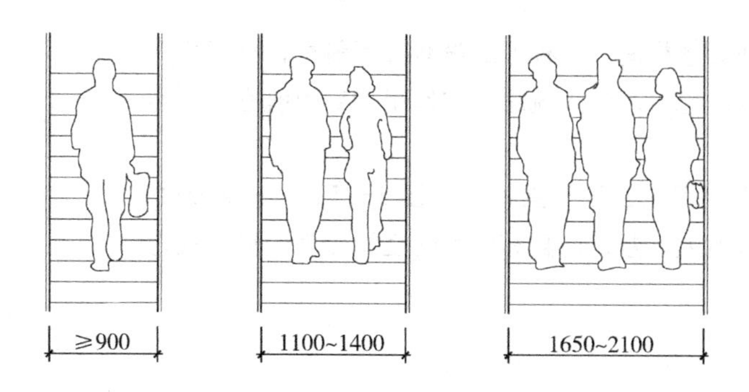

图 3-14　楼梯的宽度

楼梯的数量应根据使用人数及防火规范要求来确定。对于使用人数少或除幼儿园、托儿所、医院以外的二、三层建筑符合表 3-5的要求时，也可以设一个疏散楼梯。

公共建筑可设置 1 个安全出口的条件　　　　表 3-5

耐火等级	最多层数	每层最大建筑面积（m^2）	人数
一、二级	3 层	500	第二层和第三层的人数之和不超过 100 人
三级	3 层	200	第二层和第三层的人数之和不超过 50 人
四级	2 层	200	第二层人数不超过 30 人

3. 3. 2. 3　开敞与封闭楼梯间

民用建筑的楼梯间形式按其使用特点和防火要求，分为开敞式、封闭式、防烟楼梯间等几种形式（图 3-15）。标准不高、层数不多或公共建筑门厅的楼梯常采用开敞式，为了丰富建筑空间的艺术效果，室外疏散楼梯也可采用开敞式（图 3-15*a*）。

按照现行《建筑设计防火规范》的要求，医院、疗养院的病房楼、旅馆、超过 2 层的商店等人员密集的公共建筑；设置有歌舞娱乐放映游艺场所且建筑层数超过 2 层的建筑；超过 5 层的其他公共建筑的疏散楼梯应采用封闭楼梯间或室外疏散楼梯（图 3-15*b*）。

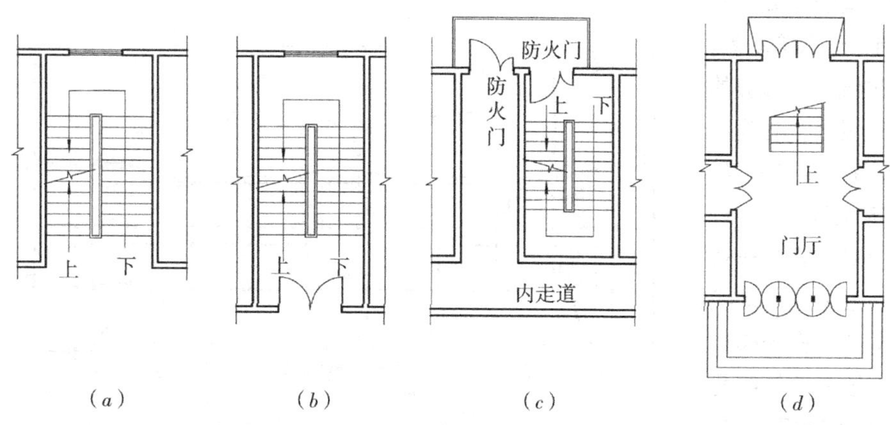

图 3-15　楼梯间的形式
(*a*) 开敞式楼梯间；(*b*) 封闭楼梯间；(*c*) 防烟楼梯间；(*d*) 底层扩大封闭楼梯间

高层建筑疏散楼梯应采用防烟楼梯间。这种形式设有排烟前室，不仅可以起到增强楼梯间的排烟能力，同时也可起到人流缓冲的作用。封闭前室也可用阳台或凹廊代替（图3-15*c*）。

扩大封闭楼梯间，就是将楼梯间的封闭范围扩大（图3-15*d*），一般公共建筑首层入口处的楼梯往往比较宽大开敞，而且和门厅的空间合为一体，使得楼梯间的封闭范围变大。

3.3.3 电梯

标准较高的多层建筑及高层建筑应设置电梯作为垂直交通设施。电梯按其使用性质可分为乘客电梯、载货电梯、客货两用电梯及杂物梯等几类。

确定电梯间的位置及布置方式时，应充分考虑以下几点要求：

（1）电梯间应布置在人流集中的地方，如门厅、出入口等。电梯前面应有足够的等候面积，以免造成拥挤和堵塞。

（2）按防火规范的要求，设置电梯时应配置辅助楼梯，供电梯发生故障时使用；可将两者靠近布置，以便灵活使用，并有利于安全疏散。

（3）电梯等候厅由于人流集中，最好有天然采光及自然通风。

电梯的布置形式一般有单面布置和双面布置等（图3-16）。

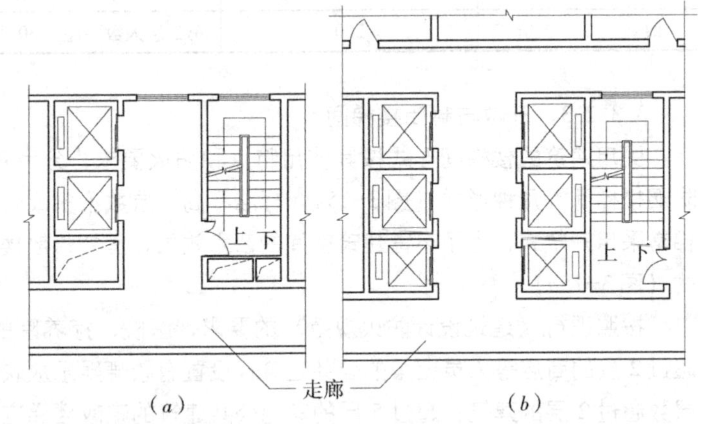

图3-16　电梯的布置形式
（*a*）单面布置；（*b*）双面布置

3.3.4 门厅

门厅是位于主要出入口处的交通枢纽空间，其主要功能除具有集散人流、室内外空间过渡及各方向交通（过道、楼梯等）的衔接外，一些公共建筑的门厅还兼有其他功能，如医院门厅常有挂号、收费、取药功能，旅馆门厅兼有登记、接待、休息等功能。门厅是建筑外部空间和内部空间过渡的非常重要的空间，对门厅空间的处理不同，可体现出不同的空间效果和气氛，如庄严、雄伟、小巧、亲切等。

门厅的布局可分为对称式与非对称式两种。对称式的布置常采用轴线的方法表示空间的方向感，将楼梯布置在主轴线上或对称布置在主轴线两侧，具有严肃的气氛（图3-17）；非对称式门厅布置灵活，室内空间富

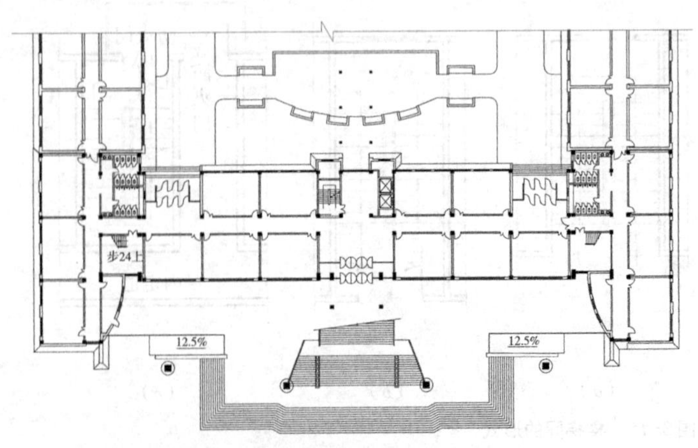

图3-17　对称布置的门厅（某图书馆）

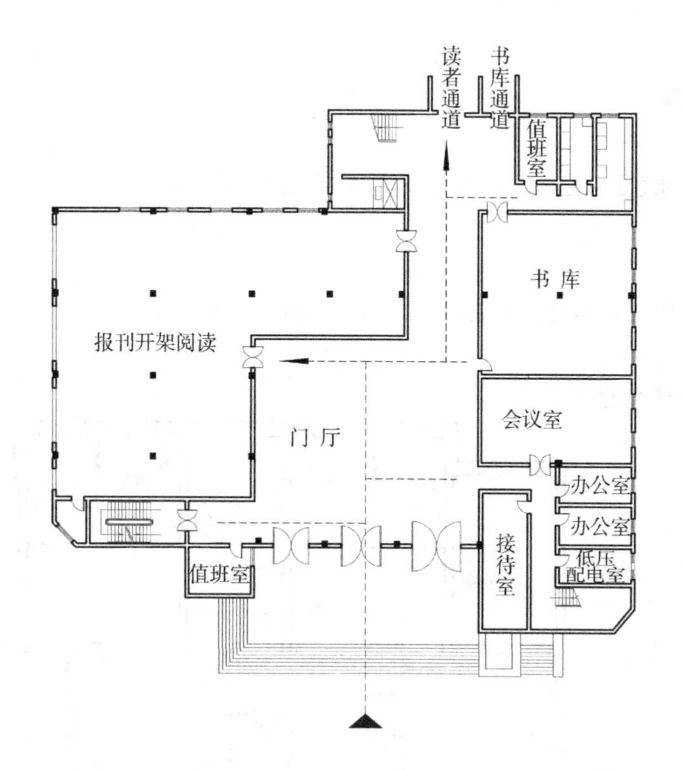

图 3-18 非对称布置的门厅

有变化（图 3-18）。

门厅设计的主要要求：

（1）位置突出，流线清晰，导向明确：门厅应设置在建筑平面明显而突出的位置，出入方便；交通组织便捷，导向明确。

（2）尺度适宜，利于疏散：门厅面积的大小，应根据建筑规模、使用性质、建筑特点、建筑标准等因素来确定，设计时可参考有关面积定额指标。表 3-6为部分建筑门厅面积参考指标。

部分建筑门厅面积设计参考指标 **表 3-6**

建筑名称	面积定额
中小学教学楼	0.06～0.08m^2/生
综合医院门诊楼	11m^2/d 百人次
旅 馆	0.2～0.5m^2/床
电影院	0.13m^2/座

3.4 建筑平面的组合设计

合理布置建筑各部分空间，使建筑的功能合理、使用方便、结构合理，并且使体形简洁、造型美观、造价经济。

3.4.1 影响平面组合的因素

3.4.1.1 平面使用功能

建筑平面组合设计的核心问题是合理的功能分区及明确的流线组织；同时满足采光、通风、朝向等要求。

1. 合理的功能分区

合理的功能分区是按房间的使用特征，将使用性质相同、联系密切的房间邻近布置或组合在一起，而使用中有干扰的房间适当分隔，做到分区明确。

1）主次关系

在平面组合时要主次空间合理安排。一般是将主要使用房间布置在朝向较好的位置，并有良好的采光通风条件；次要房间可布置在条件较差的位置（图3-19）。

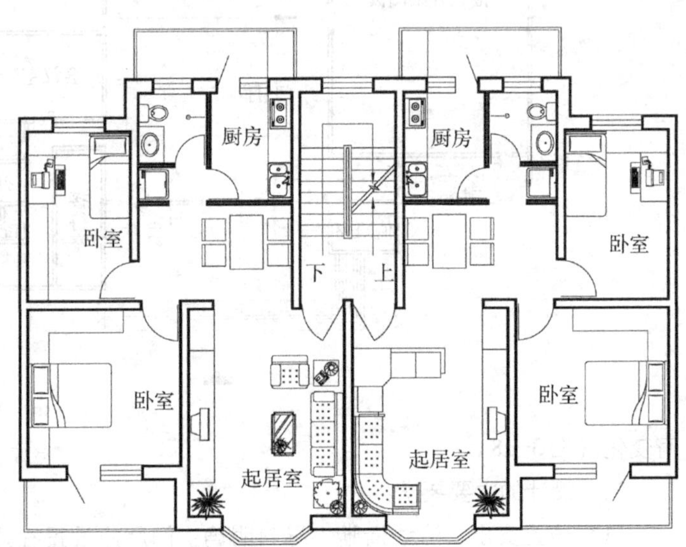

图3-19 住宅建筑房间的主次关系

2）内外关系

各类建筑的组成房间中，有的要求对外联系密切，直接为顾客服务，有的要求对内关系密切，供内部使用。一般是将对外联系密切的房间布置在便于直接对外较明显的位置上，而将对内性强的房间布置在较隐蔽的位置（图3-20）。

3）联系与分隔

根据房间的使用性质如“闹”与“静”、“洁”与“污”等方面反映的特性进行功能分区，使其既分隔而互不干扰、且又有适当的联系（图3-21）。

2. 明确的流线组织

民用建筑的流线，分为人流和货流两类。明确的流线组织，就是要使各种流线组织简捷、通畅，不迂回，不逆行，避免相互干扰和交叉（图3-22）。

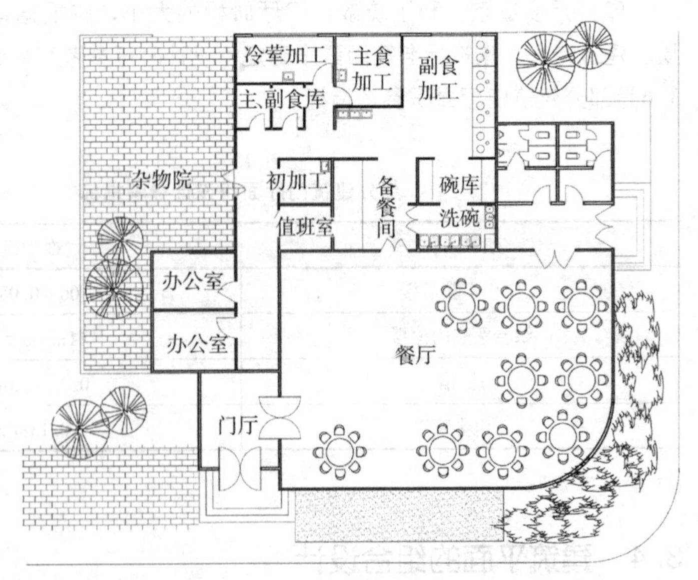

图3-20 餐饮建筑的内外关系

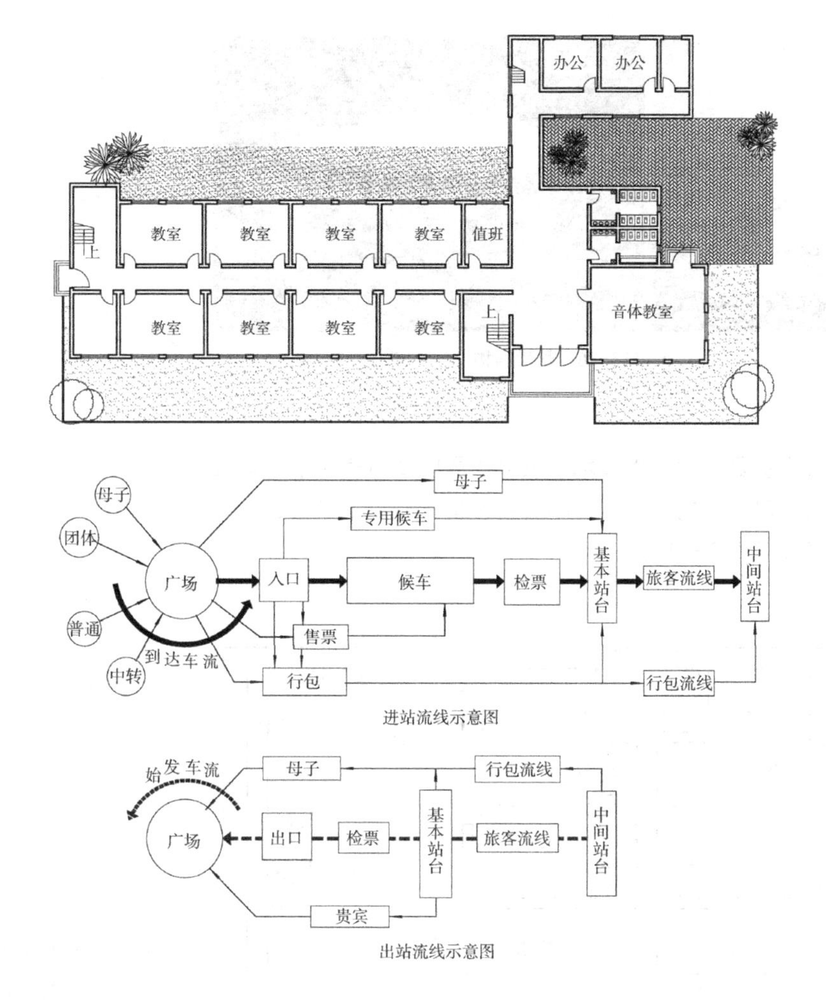

图 3-21 教学楼教室、音乐教室、办公室的分隔与联系

图 3-22 火车站流线示意

3.4.1.2 结构类型

建筑结构与材料是构成建筑物的物质基础，在很大程度上影响着建筑的平面组合。建筑平面组合应在满足使用要求的前提下，选择简单合理的结构方案。

民用建筑常用的结构类型有三种：混合结构（图 3-23）、框架结构（图 3-24）、空间结构（图 3-25、图 3-26）。

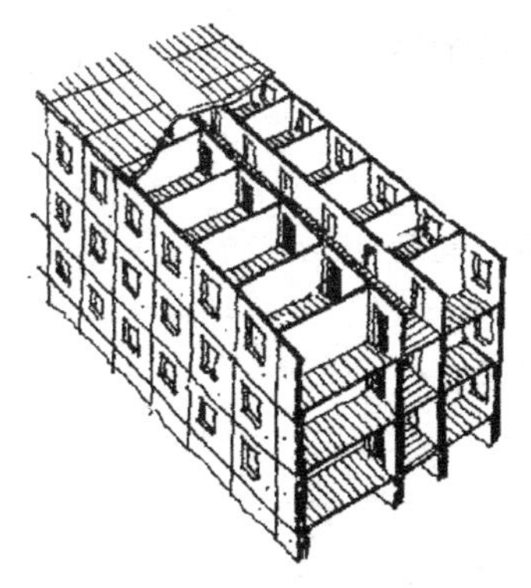

图 3-23 混合结构

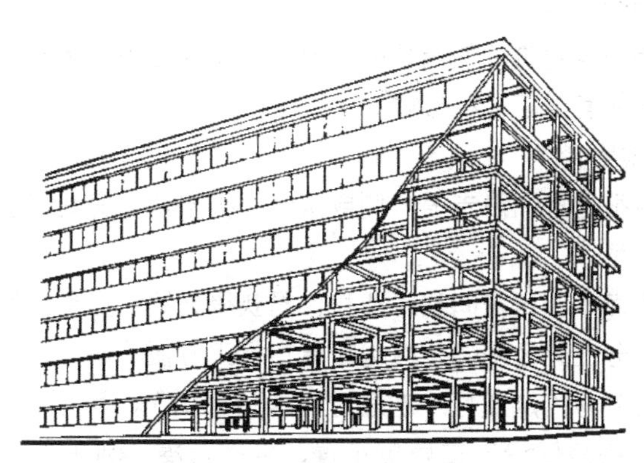

图 3-24 框架结构

图3-25 薄壳结构

图3-26 悬索结构

3.4.1.3 设备管线

民用建筑中的设备管线主要包括给水排水、供热通风以及电气照明等。在平面组合设计时，在满足使用要求的前提下，尽量将设备管线集中布置、上下对齐，利于施工和节约管线（图3-27）。

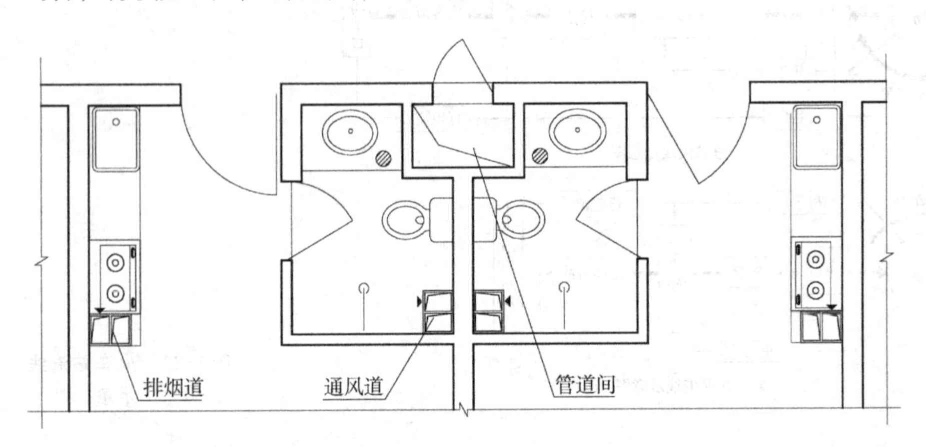

图3-27 公寓楼卫生间管线布置

3.4.1.4 建筑造型

建筑造型是内部空间、建筑使用性质的直接反映，但在一定程度上又会影响建筑的平面布局及平面形状。

3.4.2 平面组合形式

平面组合形式是根据建筑的使用功能、流线组织特征进行组合所形成的平面布局。平面组合一般有以下几种形式。

3.4.2.1 走道式组合

走道式组合的特征是房间沿走道一侧或两侧并列布置，房间门直接开向走道，通过走道相互联系。

走道式组合的优点是：各房间相对独立；易获得天然采光和自然通风，使用房间与交通联系部分应分区明确、结构简单、施工方便等。

走道式组合又可分为内走道与外走道两种（图3-28）。

（1）内走道式：各房间沿走道两侧布置，平面紧凑，利于节约用地和建筑节能；但部分使用房间的朝向较差，走道采光、通风较差。

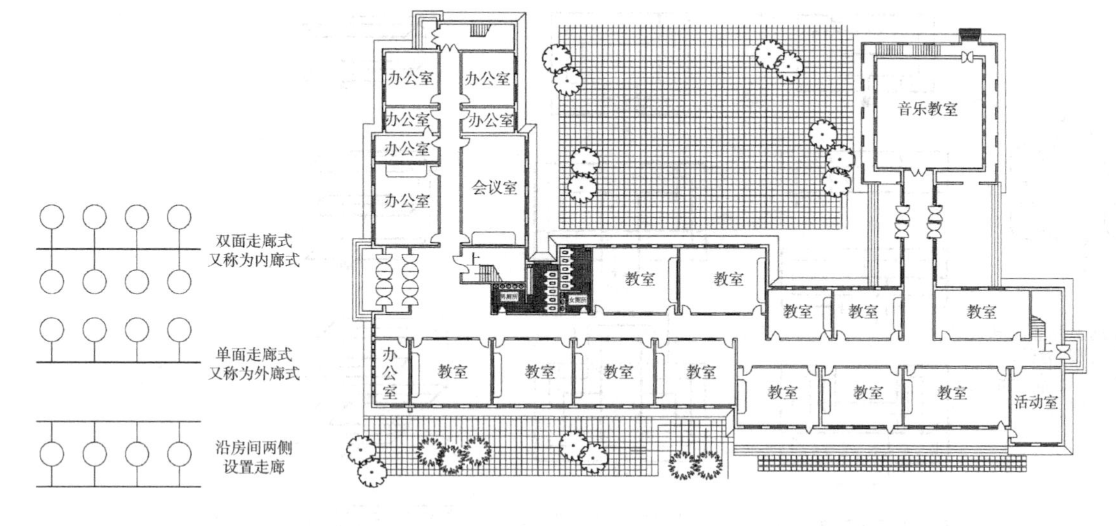

图 3-28　走道式组合

(2) 外走道（外廊）式：分为南侧外走道和北侧外走道两种，房间布置在走道一侧，北外廊房间有好的朝向，具有良好的天然采光和自然通风，不利于冬季保温，南外廊的走道可以起到遮阳作用。

3.4.2.2　套间式组合

套间式组合具有房间相互穿套、平面紧凑、面积利用率高、房间之间联系方便等特点；但是各房间相互干扰大，单独使用的灵活性差。

套间式组合按空间序列的不同又分为串联式和放射式。串联式是各房间相互穿套，使用灵活性较差，适用于使用时具有一定顺序、连续性较强的展览建筑；放射式是各房间围绕交通枢纽空间呈放射状布置，各房间联系方便，使用灵活（图 3-29、图 3-30）。

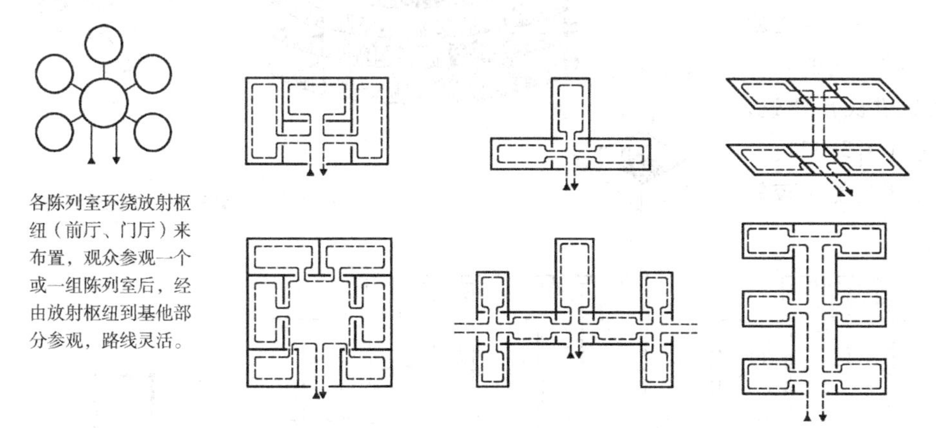

各陈列室环绕放射枢纽（前厅、门厅）来布置，观众参观一个或一组陈列室后，经由放射枢纽到基他部分参观，路线灵活。

图 3-29　放射式组合

3.4.2.3　大厅式组合

大厅式组合是以主要大厅空间为中心，环绕、穿插布置辅助房间，主次分明，流线便捷，使用方便。适用于有视听要求的大厅，如影剧院、体育馆等为大跨度的空间组合，而火车站、航空港、大型商场等为多层大厅空间组合（图 3-31）。

3.4.2.4　单元式组合

将关系密切的房间组合在一起，以楼梯、电梯间等垂直交通设施联系各个

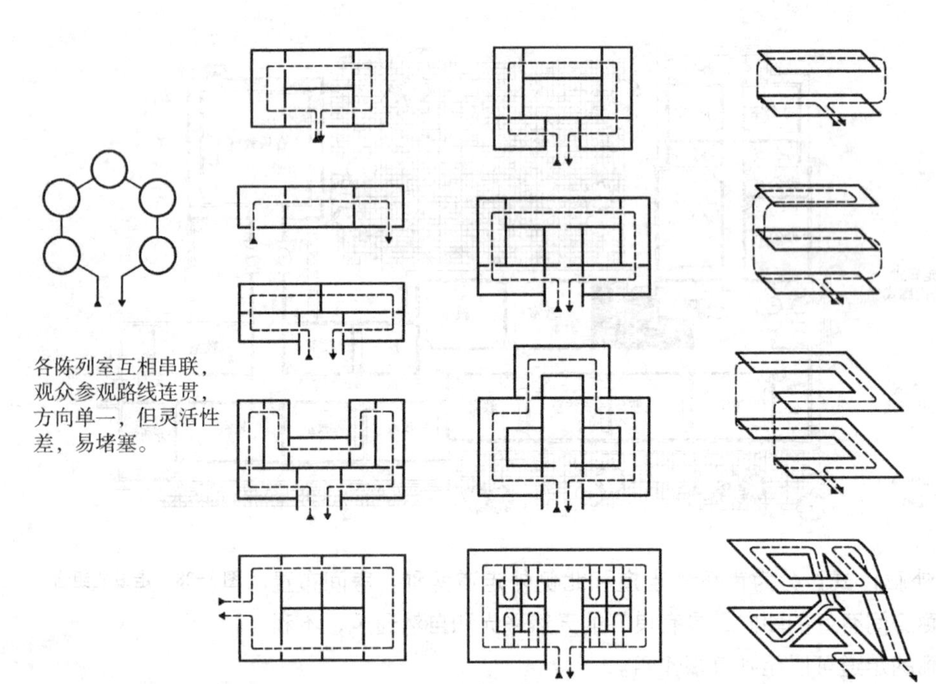

各陈列室互相串联，
观众参观路线连贯，
方向单一，但灵活性
差，易堵塞。

图 3-30　串联式组合

房间，成为一个相对独立的整体，称为单元。将一种或多种单元组合起来成为一幢建筑，这种平面组合方式称为单元式组合。

单元式组合的优点是单元与单元之间相对独立，互不干扰，平面布置紧凑，组合布局灵活，能适应不同的地形，形成多种不同的组合形式，广泛用于大量性民用建筑，如住宅、学校医院等（图 3-32）。

某些民用建筑由于功能比较复

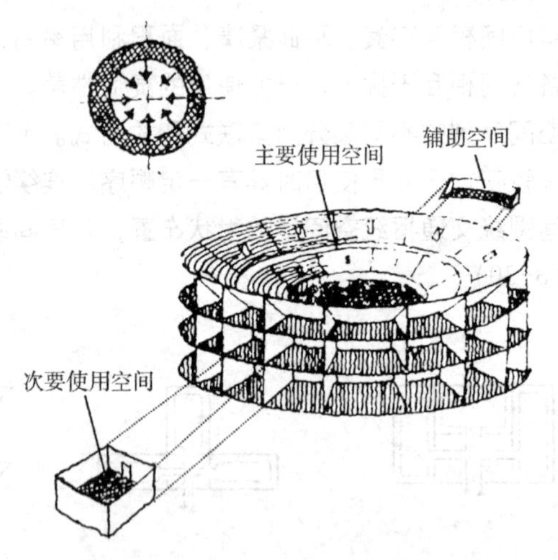

图 3-31　有视听要求的大厅式组合

图 3-32　单元式组合

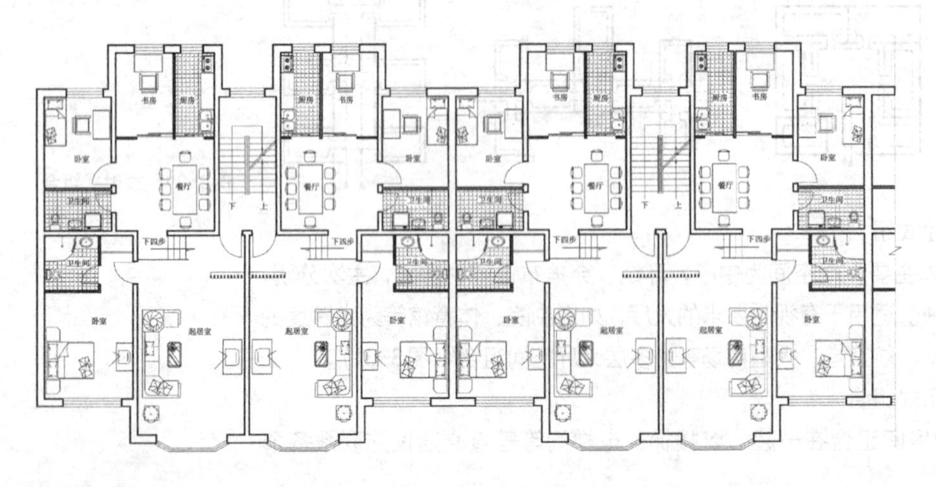

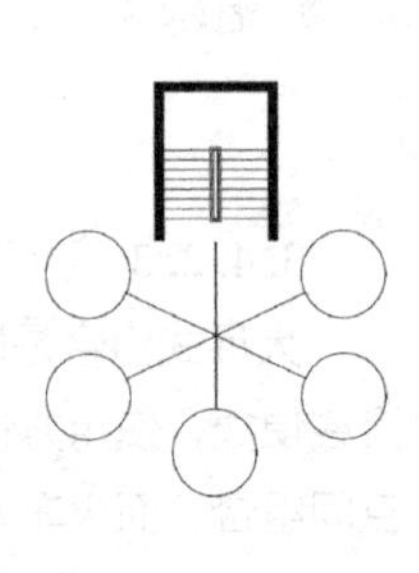

杂，往往不能局限于某一种组合形式，而必须采用多种组合形式。设计时必须深入分析各类建筑的使用特征，运用平面组合设计原理，创造自由灵活的建筑空间。

理论知识训练

1. 建筑平面设计包含哪些内容？
2. 确定房间尺寸应考虑哪些因素？
3. 试举例说明确定房间面积的因素有哪些？
4. 厕所的平面设计应满足哪些要求？
5. 交通联系空间按位置分哪三部分，每部分又包括哪些内容？
6. 走道宽度应如何确定？
7. 门厅的设计要求有哪些？
8. 影响建筑平面组合的因素有哪些？
9. 民用建筑平面组合的方式有哪些？
10. 建筑平面组合的基本形式有哪些？各有何特点？适用范围是什么？举例说明。

本章小结

民用建筑的平面组成可归纳为使用部分和交通联系部分。

主要使用房间设计包括房间面积、平面形状及尺寸的确定；争取良好的朝向、天然采光、自然通风，满足安全疏散要求，采用经济合理的结构方案等。辅助使用房间的设计方法与主要使用房间的基本相同，这类房间设备管线较多，应注意房间的布置和与其他房间的位置关系。

交通联系部分应具有满足通行顺畅、行走舒适、满足安全疏散的要求，具有合适的宽度和高度。

建筑平面组合设计时，首先要满足不同类型建筑的功能需求，功能分区合理，流线组织明确，平面布置紧凑，结构简单合理，设备管线布置集中。民用建筑平面组合方式常用的有：走道式、套间式与大厅式、单元式等。设计时应结合实际有所创新。

第4章　建筑剖面设计

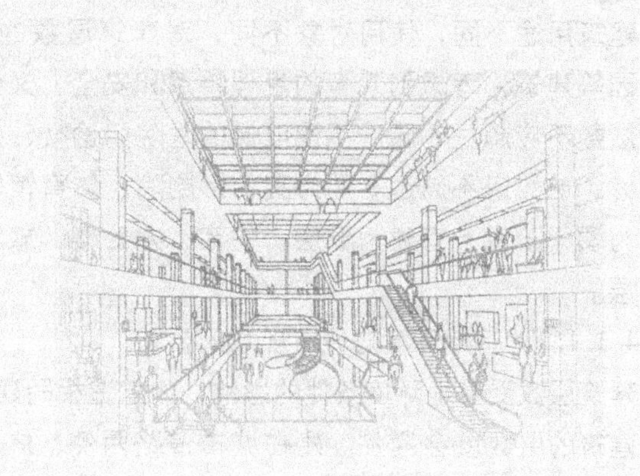

剖面设计的主要任务是根据建筑物的使用功能、建筑规模以及环境条件确定建筑竖向各空间形状、高度、层数以及空间的组合方式；并综合考虑结构构件及设备管线与建筑空间的关系。

4.1 建筑层数的确定

4.1.1 影响建筑层数的因素

4.1.1.1 建筑使用要求

建筑用途不同，使用对象不同，对建筑层数的要求也不同。如托儿所、幼儿园等建筑，考虑到儿童的生理特点和安全，又便于与室外活动场地的联系，层数不应超过3层；不设电梯的医院门诊楼、疗养院等建筑，为方便病人就诊，层数以不超过3层为宜；影剧院、体育馆等公共建筑，人流比较集中，为便于疏散，宜建为低层。住宅、办公楼、旅馆等大量性建筑可建多层或高层。

4.1.1.2 基地环境与城市规划的要求

建筑层数受基地环境条件的影响，如建造相同建筑面积时，如果基地面积小，建筑的层数就会增加。建在城市道路两侧、广场周围、风景园林区的建筑，应做到与周围建筑物、道路、绿化等相协调，建筑层数应符合当地城市规划的要求。

4.1.1.3 结构形式、建筑材料、施工技术的要求

建筑的结构形式和材料的不同，允许建造的层数也不同：砖混结构一般为多层；框架结构、框架剪力墙结构、剪力墙结构等结构形式可建造高层建筑；薄壳、网架、悬索等空间结构形式则适用于低层大跨度建筑。

4.1.1.4 建筑的经济条件

建筑层数与造价密切相关，如砖混结构的住宅，随着层数的增加，单方造价将有所降低。但是到了6层以上时，由于墙体厚度尺寸的增加，使单方造价显著上升。

4.1.1.5 节约土地

单体建筑的层数越多，越有利于节约用地。随着建筑层数的增多，结构形式、设备、设施等会发生改变，使建筑造价增加。

因此，在工程实践中，应综合考虑各个方面的因素，确定比较经济合理的建筑层数。

4.2 房间的剖面形状和建筑各部分高度的确定

4.2.1 房间的剖面形状

房间的剖面形状分为矩形和非矩形两类，矩形剖面简洁、规整，结构简单，施工方便，易于建筑空间的竖向组合和体形设计；空间结构体系或房间

有特殊要求的可采用非矩形剖面。房间的剖面形状应根据以下几个方面因素确定。

4.2.1.1　使用要求

绝大多数的民用建筑，对剖面形状无特殊的要求，如住宅的各种房间、学校的普通教室、旅馆的客房、办公室、商店营业厅等房间的剖面形状多采用矩形。而一些有视线、音质等特殊要求房间的剖面形状，需要根据使用要求和相关原理确定。

1. 有视线要求的房间

有视线要求的房间是指影剧院的观众厅、体育馆的比赛大厅、教学楼中合班教室等。这类房间应满足视距、视角、座位排列方式、排距等要求；剖面设计应保证舒适良好的视线，确定恰当的设计视点位置和视线升高值。

设计视点作为视线设计的主要依据，是指按设计要求所能看到的极限位置。电影院设计视点定在银幕底边中点；体育馆篮球场定在场地边线或边线上空300～500mm处；阶梯教室定在讲桌上方。设计视点愈低，视觉范围愈大，房间地面升起坡度愈大；设计视点愈高，视野范围愈小，地面升起坡度就愈平缓（图4-1）。

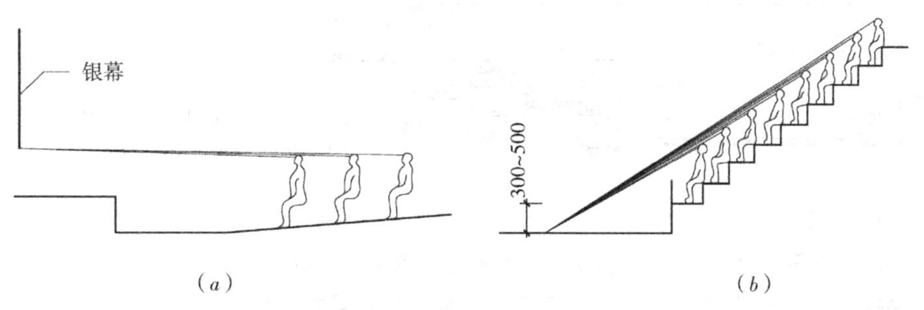

图4-1　设计视点与地面坡度的关系
(a) 电影院；(b) 体育馆

座位排列方式不同，视线升高 c 值也有差异。采用对位排列时，视线升高 c 值，一般为120mm。采用错位排列时，c 值取60mm。当地面坡度大于10%时，可做成台阶形（图4-2）。

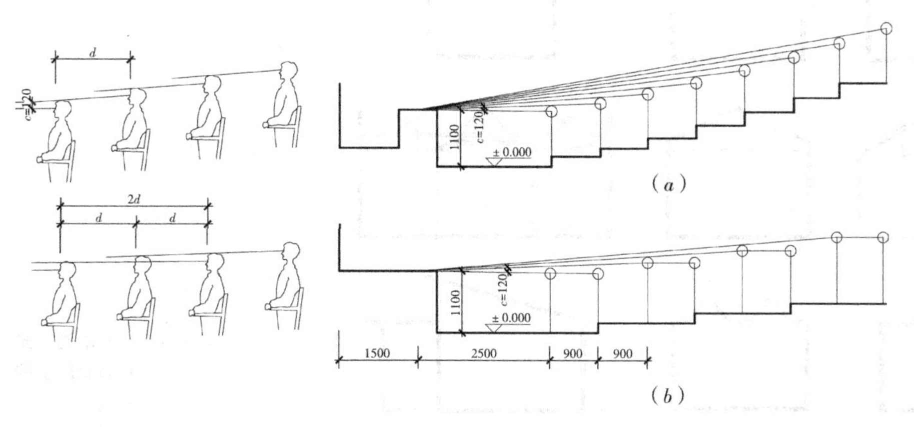

图4-2　视觉标准与地面升起的关系
(a) 对位排列，每排升高120mm；(b) 错位排列，隔排升高120mm

2. 有音质要求的房间

剧院、电影院、会堂等建筑的大厅，为保证室内声场分布均匀，防止出现空白区、回声和聚焦等现象，在剖面设计中要注意顶棚、墙面和地面的处理（图4-3）。

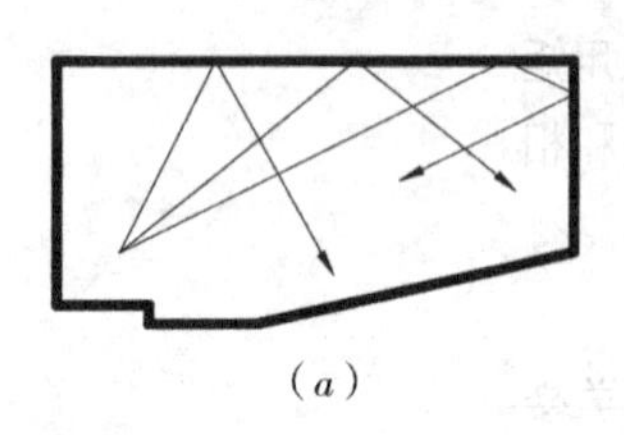

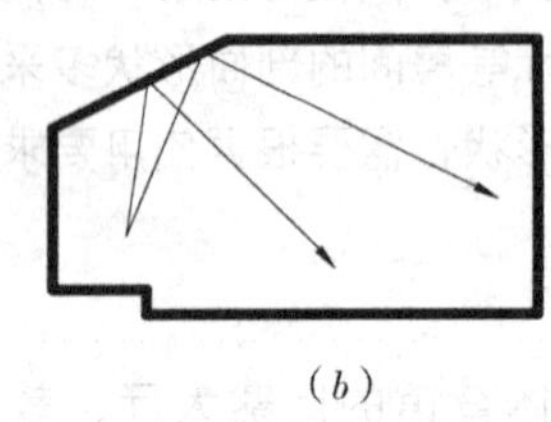

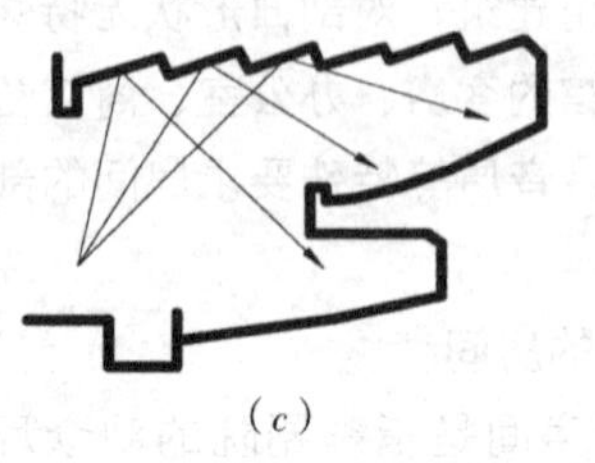

图4-3 观众厅的几种剖面形状示意
（a）平顶棚；（b）降低舞台口顶棚；（c）波浪形顶棚

4.2.1.2 结构、材料和施工的影响

不同的结构类型可形成不同的空间效果。梁板式结构的剖面形状多为矩形，形状规整、组合简单、施工简单，适用于大量性民用建筑。空间结构则具有独特的空间形状（图4-4）。

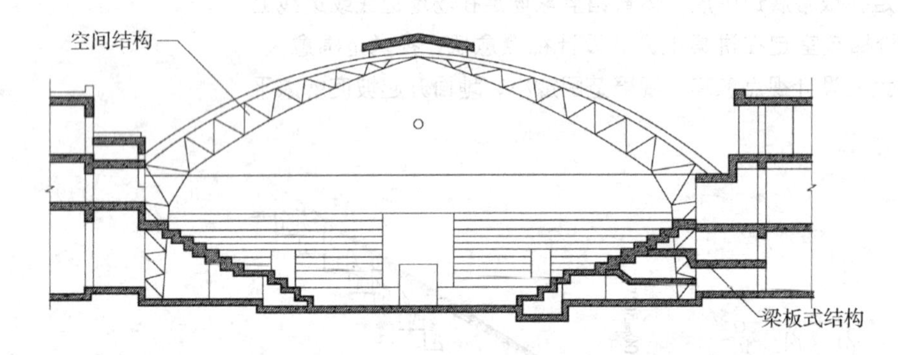

图4-4 北京体育馆比赛大厅

4.2.1.3 采光、通风的要求

一般使用功能的房间，进深不大时，采用侧窗其采光和通风就能够满足室内卫生要求；房间进深较大时，侧窗的采光和通风不能满足室内卫生要求，需设置天窗补充，天窗的形式有多种，也就形成了不同的剖面形状（图4-5）。

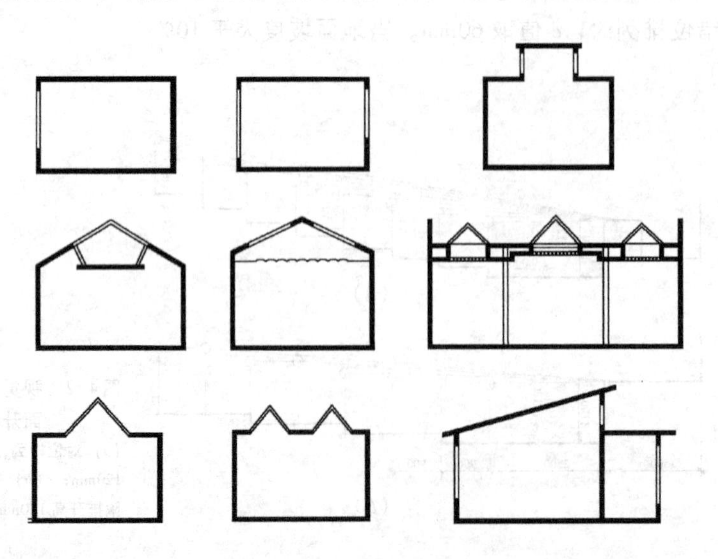

图4-5 不同采光方式对剖面形状的影响

一些特殊要求的房间，如展览馆中的陈列室，为避免直射阳光和眩光，使室内照度均匀、稳定，常设置天窗；大型厨房，由于在使用过程中会产生大量蒸汽、油烟，在顶部设置排气天窗可加速有害气体的排放（图4-6）。

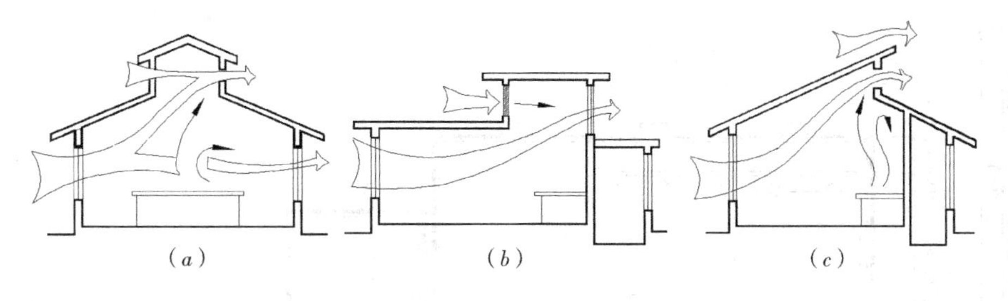

图4-6　设置顶部排气窗的厨房剖面形状
(a) 气楼天窗；(b) 局部提高天窗；(c) 直接排气窗

4.2.2　房屋各部分的净高和层高

4.2.2.1　房间的净高和层高

房间的净高是指楼地面到结构层（梁、板）底面或吊顶下表面之间的垂直距离。层高是指该层楼地面到上一层楼面之间的垂直距离（图4-7）。房间的净高应根据使用功能、人体活动要求、家具设备尺寸、采光、通风、室内空间比例以及技术经济条件等综合确定。

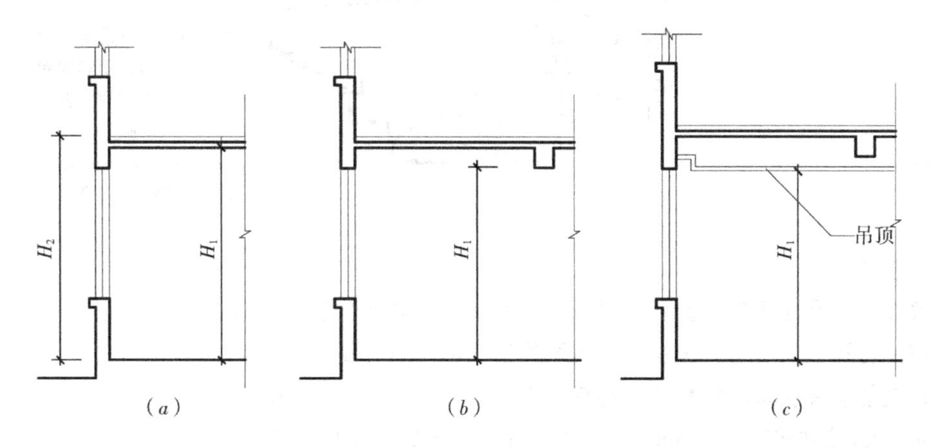

图4-7　净高与层高
H_1—净高；H_2—层高

1. 人体活动及家具设备的要求

房间的净高与人体活动尺度有很大关系，为保证人们的正常活动，一般情况下，室内最小净高应使人举手不接触到顶棚为宜。为此，房间净高应不低于2200mm（图4-8）。

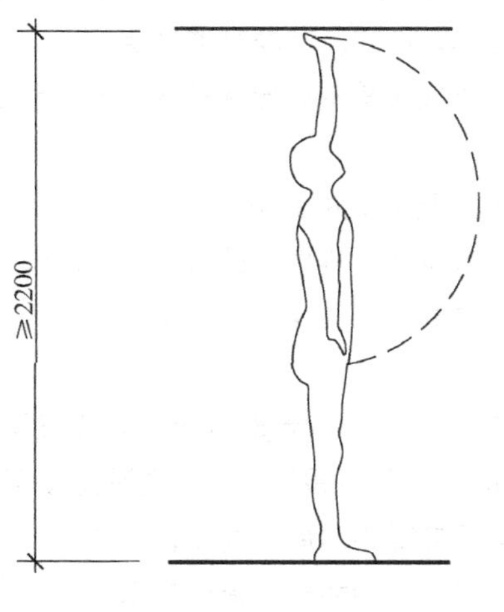

图4-8　房间的最小净高

不同用途的房间，使用人数、面积不同，对净高的要求也就不同。卧室、起居室的净高不应低于2400mm；小学教室净高不应低于3100mm；中学教室净高不应低于3400mm；舞蹈教室净高不应低于4500mm；

大型公共建筑的门厅是联系各部分的交通枢纽空间，人流量较大，其净高可适当提高。房间的净高还应考虑家具设备以及人们使用家具设备所需的必要空间（图 4-9）。

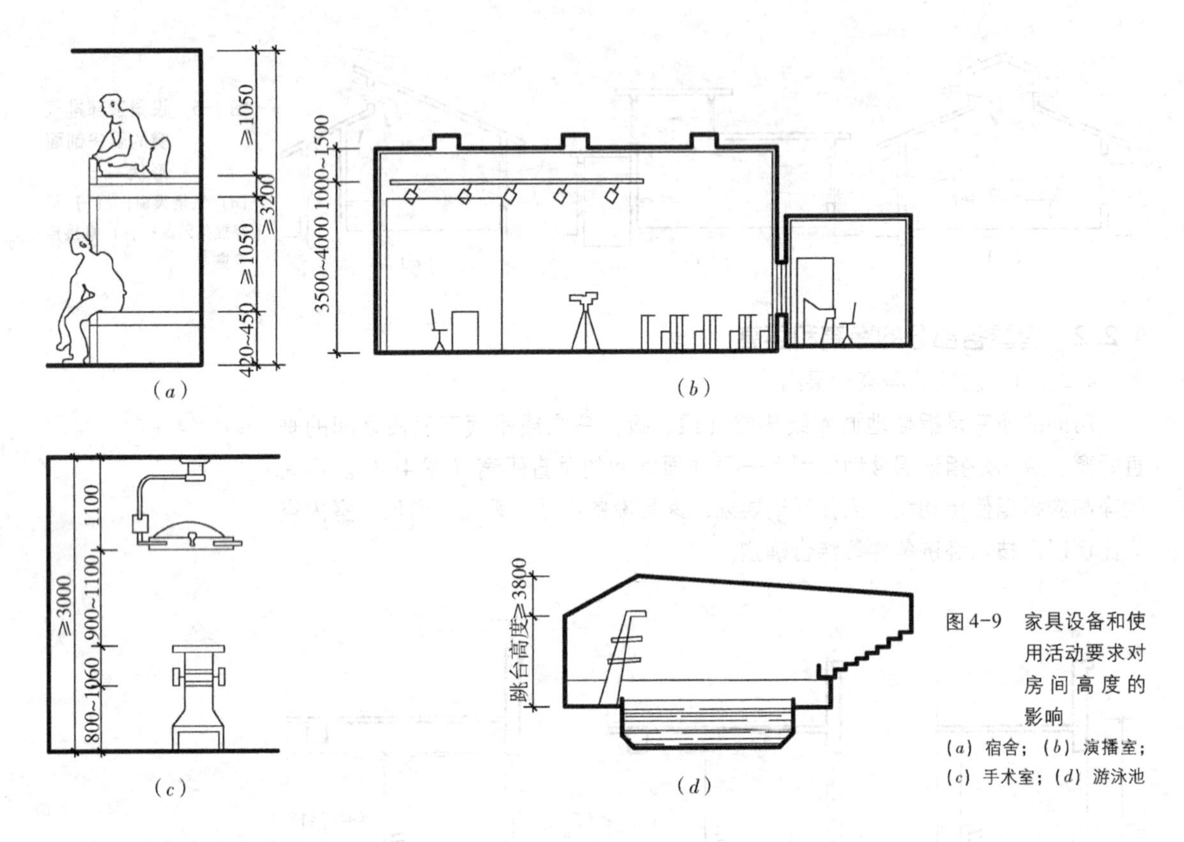

图 4-9 家具设备和使用活动要求对房间高度的影响
(a) 宿舍；(b) 演播室；(c) 手术室；(d) 游泳池

2. 采光、通风的要求

房间的净高越高就越有利于天然采光和自然通风。容纳人数较多的房间，为保证卫生条件，房间容积应满足每人占有一定体积的空气量（气容量），气容量取值与房间使用功能有关。如小学教室气容量为 3.50m^3/人，中学教室气容量为 3.50 ~ 4.00m^3/人，影剧院为 4 ~ 5m^3/人。房间容纳的人数、面积一定时，气容量的不同指标，影响房间净高的确定。

商店营业厅的净高应按其平面形状和通风方式确定，自然通风时最小净高为 3.20m。

3. 结构高度及其布置方式的影响

层高的确定，应考虑结构构件、通风、空调、消防、吊顶等所占的空间高度，以满足房间净高的要求（图 4-10）。

4. 建筑经济

层高是影响建筑造价的一个重要因素。实践表明，普通砖混结构的建筑物，层高每降低 100mm 可节省投资 1%。在满足使用要求和卫生要求的前提下，适当降低层高可相应减小房屋的高度，节约用地，减轻房屋自重，改善结构受力情况，节约材料、节约能耗、降低成本。

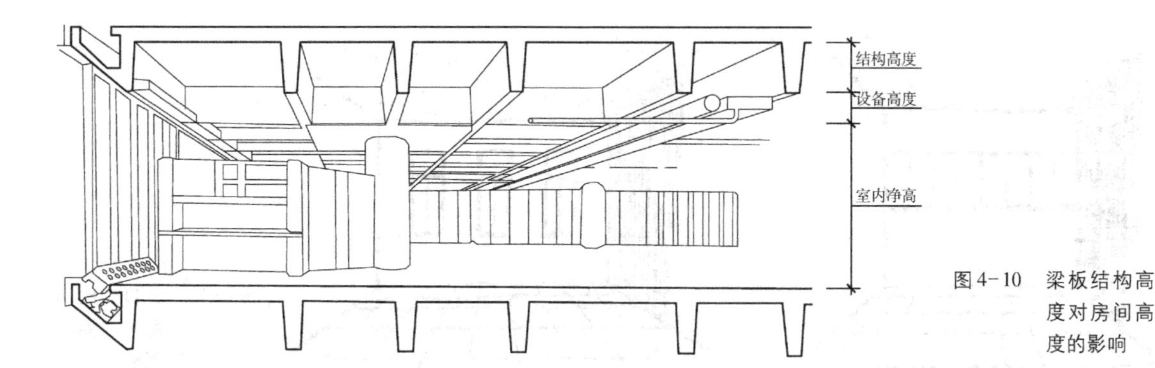

图 4-10　梁板结构高度对房间高度的影响

5. 室内空间比例

房间不同的高、宽比例会给人不同的心理感受。高而窄的比例具有庄严肃穆的感觉，使人产生激昂、向上的情绪，但过高就会感觉不亲切；宽而矮的空间使人感觉宁静、开阔、亲切，但过低又会使人产生沉闷、压抑之感（图 4-11）。通常在确定房间高度时，面积大的房间高度要高一些，面积小的房间高度可适当降低。

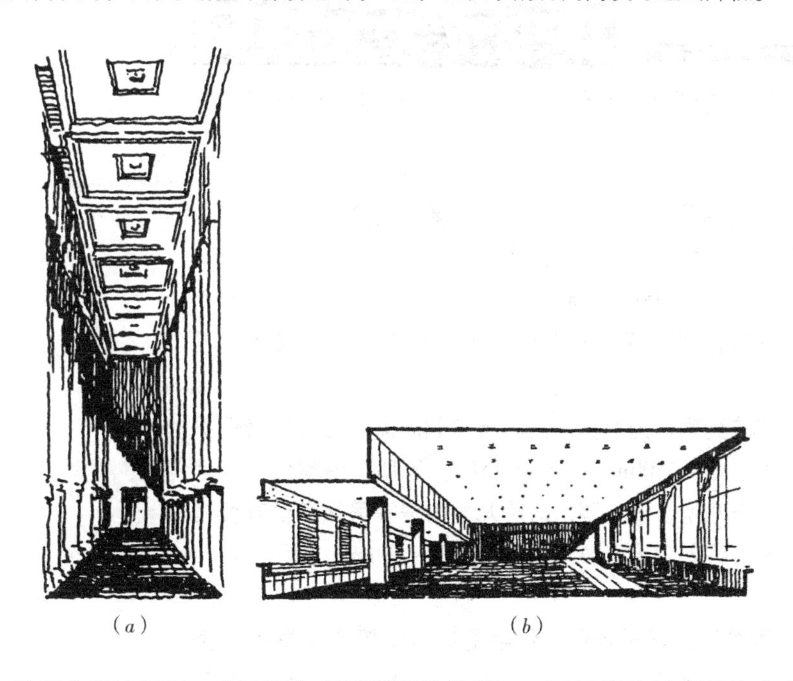

图 4-11　空间比例不同给人不同的感受
(a) 高而狭窄的空间比例；(b) 宽而较矮的空间比例

处理空间比例时，在不增加房间高度的情况下，可以借助以下手法来获得意想的空间效果。

(1) 利用窗户的造型来调节空间的比例。图 4-12 中细而长的窗户使房间感觉高一些，宽而扁的窗户，则感觉房间低一些。德国萨尔布吕根画廊门厅、宽而低矮的房间由于侧面开了一排落地窗，将窗外景色引入室内，增大了视野，起到了改变空间比例的效果（图 4-13）。

(2) 运用对比的手法，将次要房间的顶棚降低，从而使主要空间显得更加高大，次要空间感到亲切宜人。北京火车站中央大厅，以低矮的夹层空间衬托出中部高大的空间（图 4-14）。

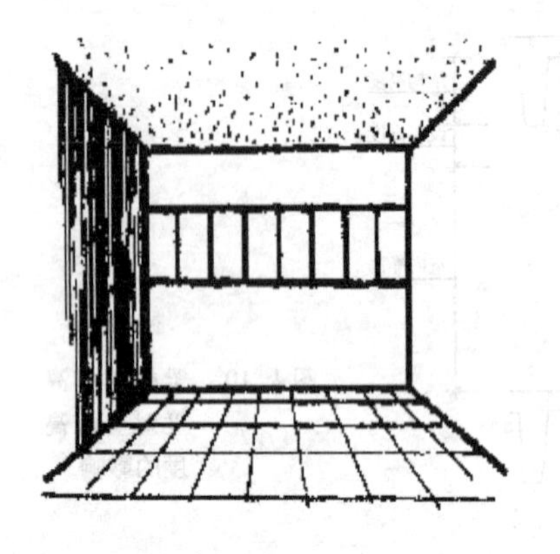

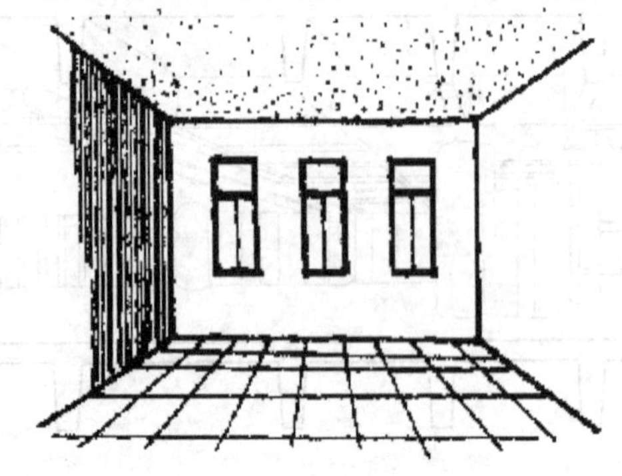

图4-12　窗口的比例影响房间高度感

图4-13　设大片落地窗来改变房间的比例效果

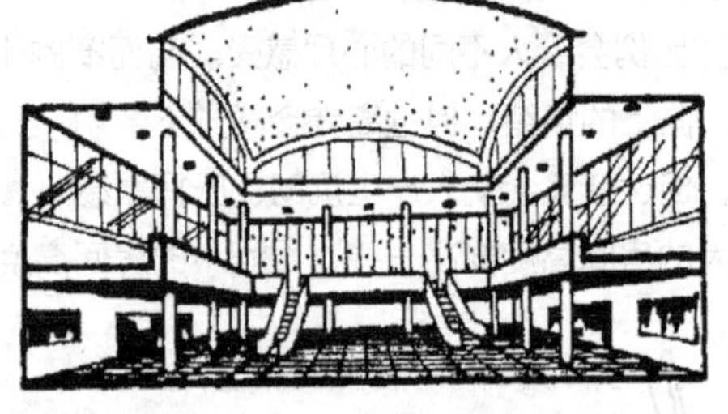

图4-14　不同采光方式对剖面形状的影响

4.2.2.2　窗台高度

窗台高度与使用要求、人体尺度、家具尺寸及通风要求有关。窗台高度应便于家具、设备设置，同时兼顾建筑造型、建筑安全。

民用建筑，窗台高度一般常取900～1000mm，这样窗台高度在人体重心之上，具有了安全感，视野开阔，同时便于家具布置（图4-15*a*），采暖地区常将暖气设置在窗台下。

有特殊要求的房间，如陈列室，为避免眩光，窗台到展品的距离应使保护角大于14°，一般窗台距地应大于2500mm（图4-15*b*）。厕所、浴室窗台距地大于1800mm（图4-15*c*）。托儿所、幼儿园、医院儿童病房等房间窗台高度应考虑儿童的身高及较小的家具设备，窗台高度一般为600～700mm（图4-15*d*、图4-15*e*）。

公共建筑，如餐厅、休息厅、娱乐场所、住宅的起居室等为丰富室内空间，可将窗台降低，甚至采用落地窗。临空的窗台低于800mm时，应采取防护措施。

4.2.2.3　室内外地面高差

为了防止室外雨水流入室内，并防止墙身受潮，一般民用建筑一层室内地面应高于室外地面150mm以上，通常为300～600mm。高差过大，室内外联系不方便，提高建筑造价；高差过小，不利于建筑防止雨水流入室内。位于山地和坡地的建筑物，应结合地形变化和室外道路布置等地形及环境条件，确定恰当的室内外高差，使其既方便内外联系，又有利于室外排水和减少土石方量。

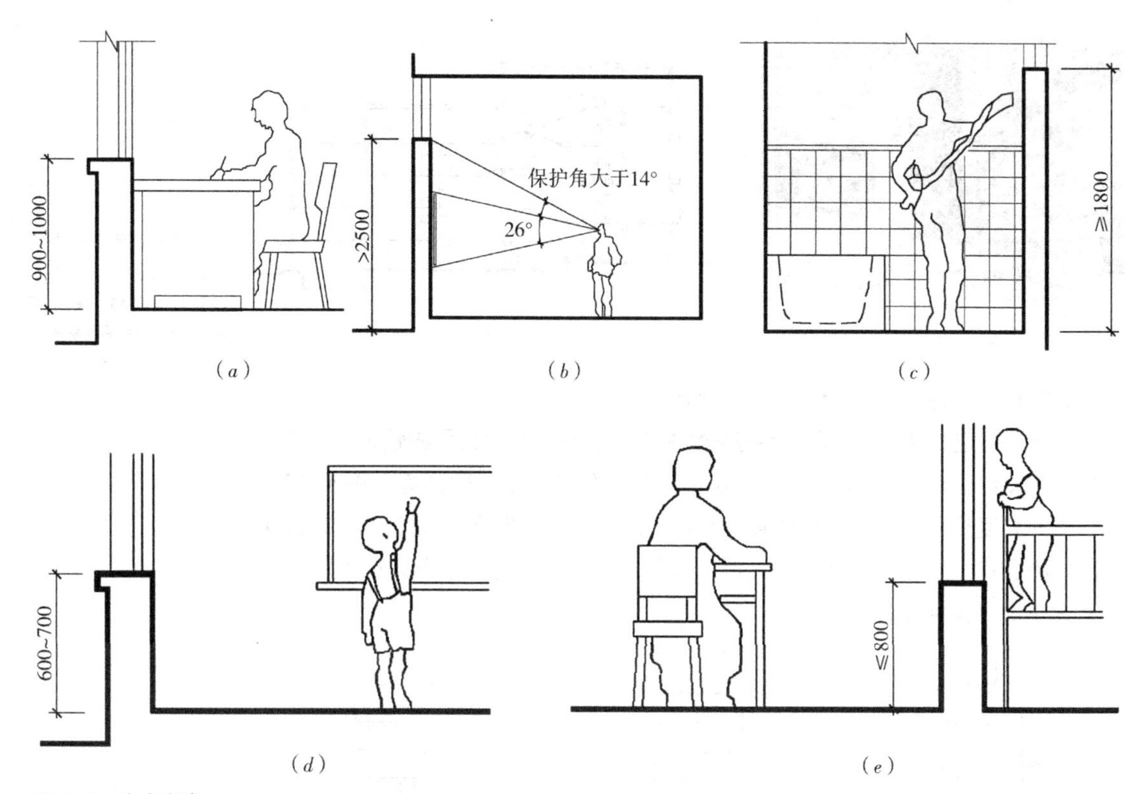

图4-15　窗台高度
(a) 一般民用建筑；(b) 展览馆陈列室；(c) 卫生间；(d) 托儿所；(e) 儿童病房

在建筑设计中，一般以一层室内地面的相对标高值为 ±0.000m，高于它的为正值，低于它的为负值。

4.3　建筑剖面组合设计

一幢建筑物包括许多空间，它们的用途、面积和高度各有不同，剖面组合设计应满足功能分区明确、结构合理、设备管线集中、空间利用合理、空间组织灵活的原则。

4.3.1　剖面组合

4.3.1.1　层高相同或相近的房间的组合

使用性质接近，层高相同的房间可以组合在同一层并逐层向上叠加。这种剖面空间组合有利于结构布置和便于施工。

层高相近的房间，相互之间的联系又很密切，考虑到结构布置、构造简单和施工方便等因素，在组合时需将这些房间的层高调整到该层主要房间的层高高度，并逐层叠加。

标准层面积较大，普遍调整层高不经济、不合理时，可采取分区分段调整层高，分别逐层叠加，在相邻有高差处，加设台阶或坡道（图4-16）。

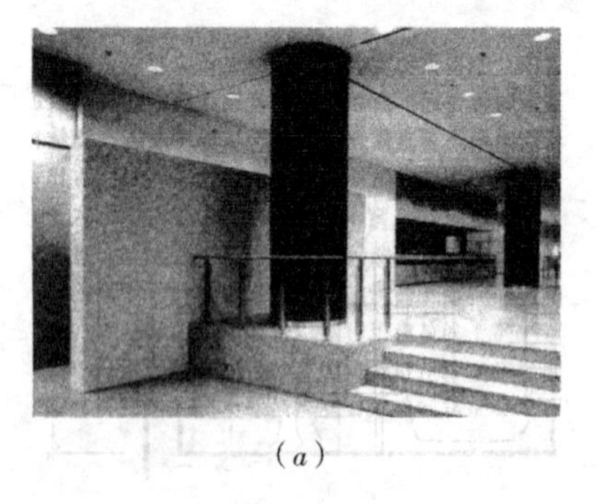

(a)

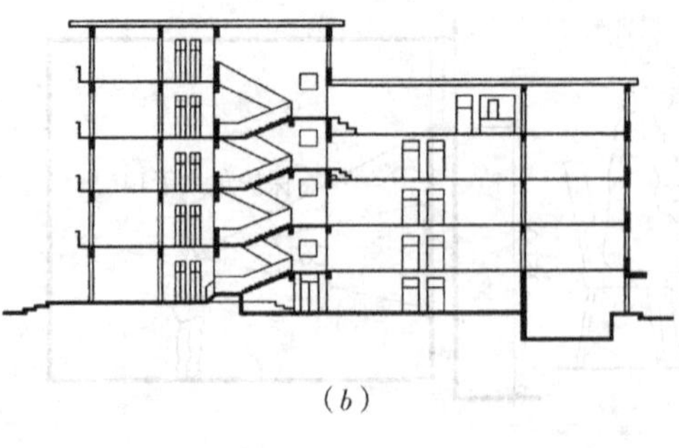

(b)

图4-16　错层部位的高差联系

(a) 以少量踏步联系高差；(b)以楼梯间联系高差

4.3.1.2　层高相差较大的房间的组合

在多高层建筑中，对于层高相差较大的房间，可以把少量面积较大、层高较高的房间设置在底层、顶层或作为裙房单独部分附设于主体建筑旁（图4-17）。对于房间高度相差特别大，如体育馆和影剧院建筑的比赛厅、观众厅与其辅助房间如办公室、厕所等空间，以大厅空间为中心，辅助用房可布置在大厅四周或看台下面（图4-18）。

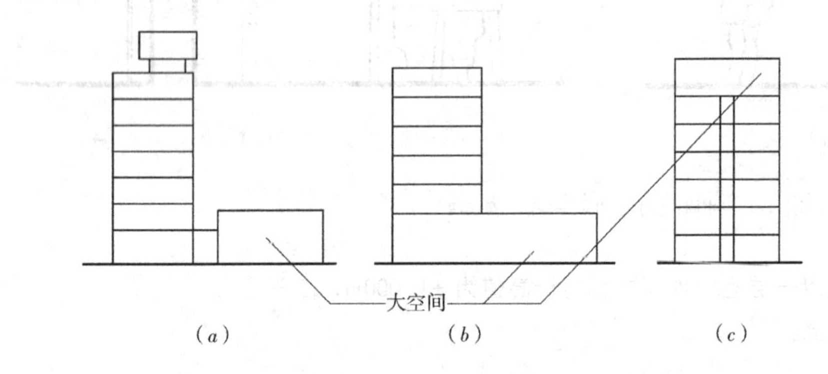

图4-17　大小、高低不同的空间组合

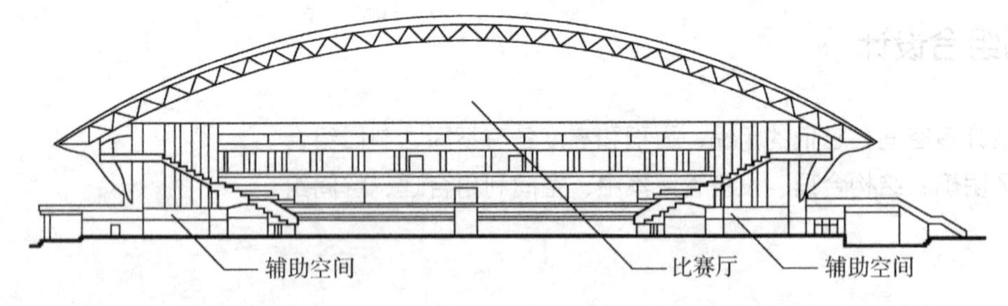

图4-18　某体育馆剖面

4.3.2　建筑空间的利用

4.3.2.1　夹层空间的利用

一些公共建筑如体育馆、影剧院、候机楼等，由于使用功能要求空间大小相差较大，采用大空间设夹层的方法来组合大小空间，从而达到利用空间及丰富室内空间的效果（图4-19）。

4.3.2.2　楼梯间的利用

底层楼梯间的休息平台下的空间可作仓库或作通向另一空间的通道，一些建筑常利用这一空间作出入口，并兼作门厅，如高度不够时，可适当抬高平台高度或降低平台下部地面标高，以保证通行净高要求（图4-20a）。

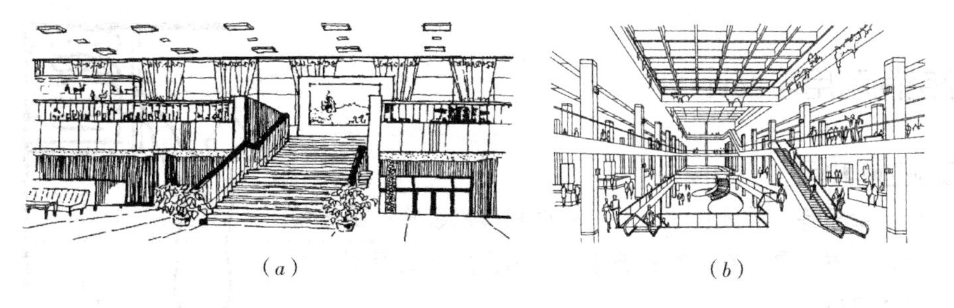

（a）　　（b）

图4-19　夹层空间的利用
（a）杭州机场候机大厅；（b）前苏联德罗拜莱夫"现代波兰"商店

顶层楼梯间上部的空间，通常可以用作贮藏间。利用顶层上部空间时，应注意梯段与贮藏间的净空应大于2200mm，以保证人们通过楼梯间时，不会发生碰撞（图4-20b）。

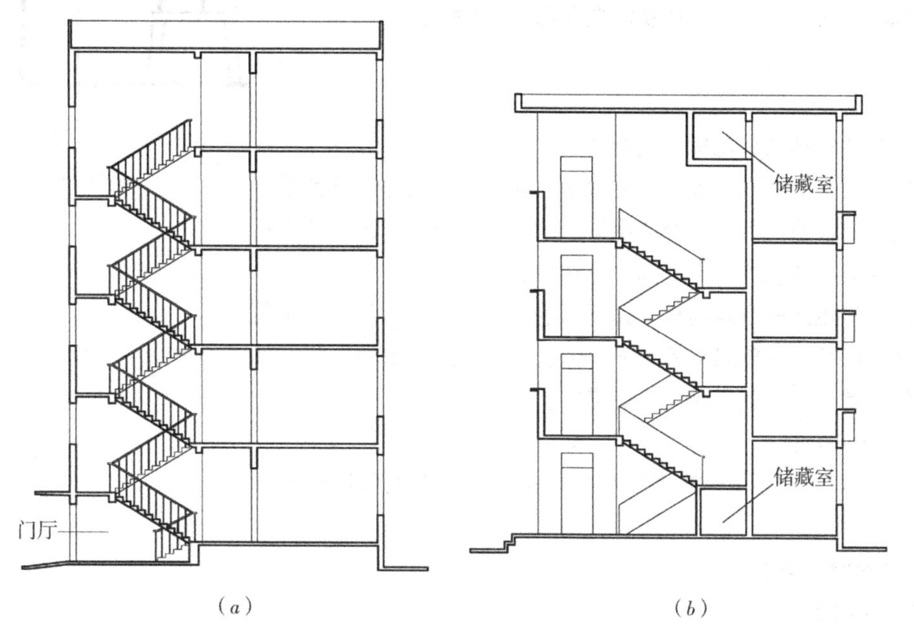

（a）　　（b）

图4-20　楼梯间的利用
（a）底层楼梯间的空间作通道；（b）楼梯间底层和顶层的空间利用

4.3.2.3　走廊上部空间利用

多高层建筑的走廊一般较窄，净高应比其他房间低些，但为了结构简化，通常与房间的高度相同，使走廊空间造成一定的浪费。这样就可以充分利用走廊上部空间布置通风、空调、消防、照明等各种管道和线路（图4-21）。

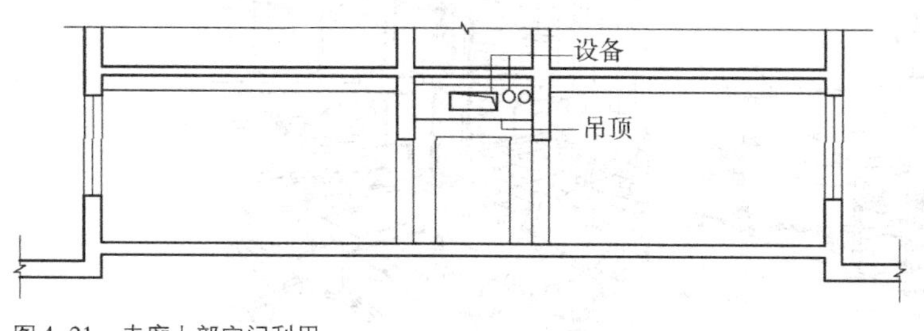

图4-21　走廊上部空间利用

4.4 建筑内部空间利用与设计

4.4.1 房间内部的空间利用

如居室中设置吊柜、壁柜等，放置换季衣物、被褥和日用杂物；厨房中设置吊柜、壁龛和低柜，放置炊具、杂物等；坡屋顶的山尖部分的空间，可以作卧室或贮藏室（图4-22）。

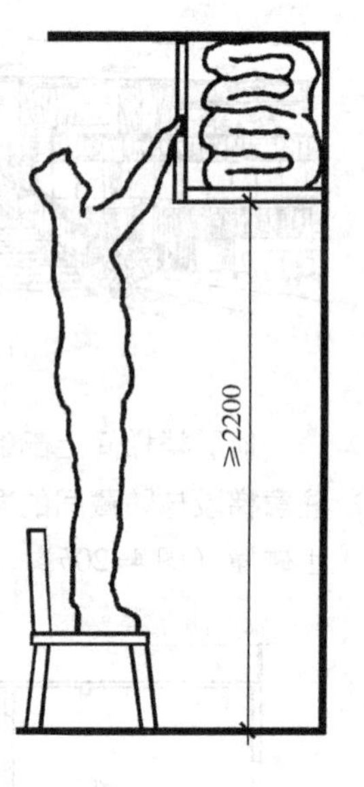

图4-22 房间内部的空间利用

4.4.2 建筑内部空间设计

建筑内部空间设计就是有效组织建筑内部空间，对不同内部空间进行功能和形式的有序组织和安排，创造一个有合理联系的建筑内部空间关系。

4.4.2.1 建筑内部空间设计要求

1. 体现空间的功能

建筑内部空间的功能包括物质功能和精神功能。

物质功能主要指使用上的要求，如空间的大小、面积、形状等，适合的家具、设备布置，方便使用，空间节约，交通组织、疏散、消防、安全等技术措施，有良好的采光、照明、通风、隔声、隔热等功能。

精神功能主要是指满足人的心理需求，如不同的爱好、愿望、意志、审美情趣、民族文化、民族象征、民族风格等，充分体现在空间形式的处理和空间形象的塑造，使人们获得精神上的满足和审美需求。

2. 灵活运用各种空间类型

空间的类型可以根据不同空间构成性质和特点来区分，在空间组织设计时，灵活选择和运用。

4.4.2.2 建筑内部空间类型

1. 固定空间和可变空间

固定空间常是一种使用不变、功能明确、位置固定的空间，因此可以用固定不变的界面围隔而成（图4-23）。可变空间与其相反，常采用灵活可变的分隔方式（如：折叠门、活动墙面等），为了能配合不同使用功能的需要可改变其空间形式（图4-24）。

图4-23 固定空间

图4-24 可变空间

2. 动态空间和静态空间

静态空间一般说来形式比较稳定，空间比较封闭，构成比较单一，视觉常被引导在一个方位或落在一个空间区域内。静态空间具有空间限定性较强、封闭的特征；多为尽端房间或对称空间，是私密性较强的空间（图 4-25）。

动态空间（流动空间），具有空间的开敞性和视觉的导向性，界面组织具有连续性和节奏性，空间构成具有变化和多样性（图 4-26）。

动态空间利用楼梯、壁画、家具设施等布置形成动势，组织引人流动的空间序列，方向性较明确，空间组织灵活。

图 4-25　静态空间

图 4-26　动态空间

3. 开敞空间和封闭空间

开敞空间是外向型的，限定性和私密性较小的空间，强调各种空间的交流、渗透，讲究对景、借景、与大自然或周围环境的融合。封闭空间用限定性较高的围护实体包围起来，在视觉、听觉等方面具有很强的隔离性和私密性（图 4-27）。

图 4-27　开敞与封闭空间

开敞空间在空间感上是流动的、渗透的，它可提供更多的室外景观和扩大视界；封闭空间是静止的、凝滞的，有利于隔绝外来的各种干扰。在心理效果上，开敞空间常表现为开朗的、活跃的；封闭空间则表现为严肃的、安静的或沉闷的，但富于安全感、领域感，私密性较强。在景观关系上和空间性格上，开敞空间是收纳性的、开放性的；封闭空间是拒绝性的。

4. 肯定空间和模糊空间

肯定空间一般为界面清晰、范围明确、私密性较强的封闭空间。

模糊空间具有多种功能的含义，空间充满多样性。空间常介于两种不同类型的空间之间，如室内、室外，开敞、封闭等。模糊空间具有不定性、多义性、灰色性等，多用于空间的联系、过渡等（图4-28）。

图4-28　会谈区模糊空间

5. 虚拟空间和虚幻空间

虚拟空间是指在界定的空间内，通过界定的局部变化再次限定的空间。依靠“视觉”来划分空间，所以也称为“心理空间”。如局部地坪和顶棚升高或降低，以不同材质、色彩来限定空间（图4-29）。

虚幻空间是利用不同角度的镜面玻璃的折射及室内镜面反映的虚像，把人们的视线转向由镜面所形成的虚幻空间。在特别狭窄的空间，常利用镜面来扩大空间感，并利用镜面的幻觉装饰来丰富室内景观。在空间感上使有限的空间产生无限的空间效果（图4-30）。

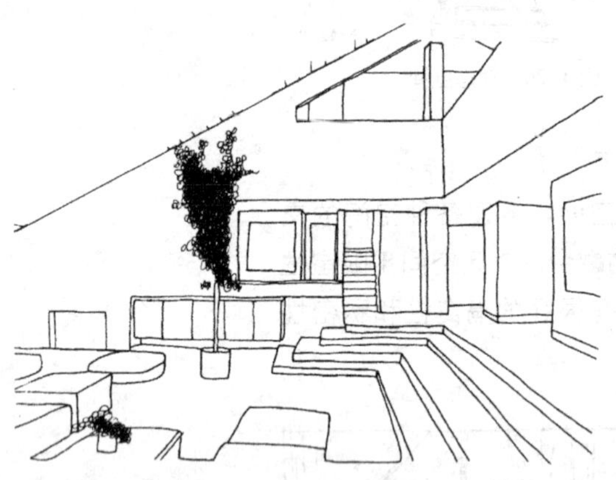

图4-29　虚拟空间

图4-30　虚幻空间

6. 下沉式空间与地台式空间

下沉空间是将室内地面局部下沉，由于下沉地面比周围低，因此具有隐蔽感、保护感和宁静感。随着视线的降低，空间感觉增大，但下降的尺寸不宜过大（图4-31）。

室内地面局部抬高，抬高地面的边缘划分出的空间称为“地台空间”。由于地面升高与周围空间相比醒目突出。该空间具有收纳性和展示性，处于地台上的人们具有一种居高临下的优越感，视线开阔，适用于展示和陈列性的空间（图4-32）。

图 4-31　下沉式空间

图 4-32　地台式空间

7. 凹室与凸室空间

凹入空间是在室内某一墙面局部或角落凹入的或在室内局部退进的一种室内空间形式，特别在住宅建筑中运用比较普遍。凹入空间通常只有一面开敞，受到的干扰较少，形成安静的一角，是空间中私密性较高的一种空间形式。如在饭店，利用凹室布置雅座可避免穿越人流的干扰，获得良好的私密空间。如办公楼、宿舍等可适当间隔布置凹室，作为休息等候场所，可以避免空间的单调感（图 4-33）。

外凸空间使建筑具有延伸性，如伸向绿地、水面达到三面融入自然，使室内外空间融为一体。或通过锯齿状的外凸空间，改变建筑朝向方位等。建筑中的挑阳台、阳光室等都属于这一类的空间形式（图 4-34）。

8. 共享空间

共享空间是一个运用多种空间处理手法的综合体系，它在空间处理上，大中有小、小中有大，外中有内、内中有外，相互穿插，融会各种空间形态，变则动、不变则静。波特曼是首创这种空间形式的建筑大师（图 4-35）。

图 4-33　凹室

图 4-34　凸室

理论知识训练

1. 房间的剖面形状如何确定?
2. 图示说明层高与净高。
3. 举例说明确定房间高度应考虑哪些因素?
4. 建筑层数与哪些因素有关?
5. 如何进行剖面空间的组合?
6. 室内外高差如何确定?
7. 建筑内部空间的利用有哪些方面?
8. 建筑内部空间的类型有哪些?

图4-35 共享空间

本章小结

建筑剖面设计包括剖面形状、层数、层高及各部分高度的确定等。

房间剖面形状的确定应考虑房间的使用要求、结构、材料和施工的影响，采光通风等因素。大多数房间采用矩形。

建筑物层数的确定应考虑使用功能的要求、结构、材料和施工的影响，城市规划及基地环境的影响，建筑防火及经济等的要求。

建筑室内净高、层高的确定应考虑使用功能、采光通风、结构类型、设备布置、空间比例、经济等因素的影响。窗台高度与房间使用要求、人体尺度、家具尺寸及通风要求有关。室内外地面高差应考虑内外联系方便，防水、防潮要求，地形及环境条件，建筑物习惯特征等因素。

剖面空间组合包括重复小空间组合、体量相差悬殊的空间组合、综合性空间组合、错层式空间组合等方式。充分利用空间的处理方式有：利用夹层空间、楼梯间及走道空间、房间上部空间等。

建筑内部空间的类型主要有：固定空间和可变空间、静态空间和动态空间、开敞空间和封闭空间、肯定空间和模糊空间、虚拟空间和虚幻空间、下沉式空间与地台式空间、凹室与凸室空间、共享空间等。

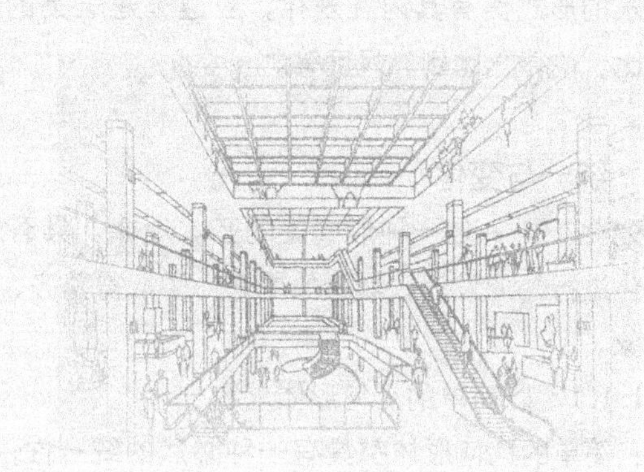

建筑造型设计包括建筑体形设计、立面设计和细部设计，是建筑设计的重要组成部分，是建筑功能特征的反映。设计时应结合平面、剖面设计等同时进行，从总体到细部反复推敲、深化，使之达到形式与内容完美的统一，并贯穿于整个建筑设计。建筑造型设计的任务是在满足使用功能和经济合理的前提下，运用不同的材料、装饰细部构图手法、结构形式等创造出应有的建筑艺术特征。

5.1 建筑构图的基本规律

建筑的形式美有其内在规律，应遵循建筑美的法则，如统一、均衡、稳定、对比、韵律、比例、尺度等。

5.1.1 统一与变化

“多样统一”，是一种形式美的基本规律，具有普遍性和概括性，按照统一与变化进行外形设计，其目的就是为了取得整齐、简洁、完美、丰富的建筑外观形象。

5.1.1.1 以简单的几何形体求统一

任何简单的几何形体都具有一种必然的统一性，如圆柱体、圆锥体、长方体、正方体、球体等，由于它们的形状简单、明确与肯定，很易于取得统一。图5-1为法国卢佛尔宫玻璃金字塔，以简单的几何形体获得高度统一、稳定的效果。

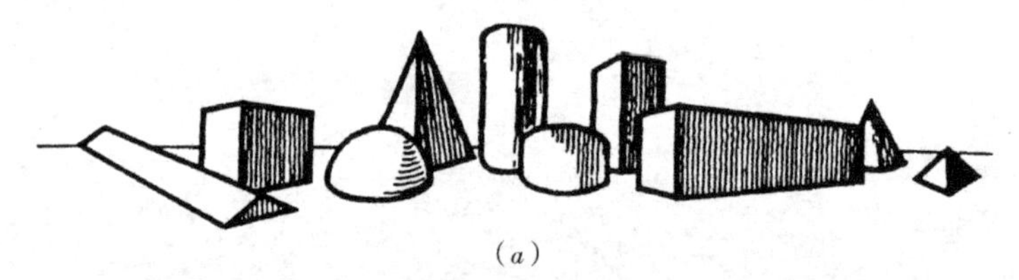

(*a*)

(*b*)

图5-1 以简单的几何形体求统一
(*a*) 建筑的基本形体；(*b*) 法国卢佛尔宫玻璃金字塔

5.1.1.2　主从分明，以陪衬求统一

复杂体量的建筑在体形设计中，应恰当地处理好主要与从属、重点与一般的关系，使建筑形成主从分明，加强建筑的表现力，取得完整统一的效果。

1. 运用轴线的处理突出主体

一些纪念性建筑和大型办公楼采用对称的手法，既突出了主体，又创造了庄严肃穆、完整统一的外观形象（图5-2）。

图5-2　广州中山纪念堂

2. 以低衬高突出主体

在建筑体形设计中，利用建筑功能要求形成的高低，并有意加以强调某个部分使之形成重点，而其他部分则明显处于从属地位。这种采取体量差别形成以低衬高、以高控制整体的处理手法也是取得完整统一的有效措施（图5-3）。

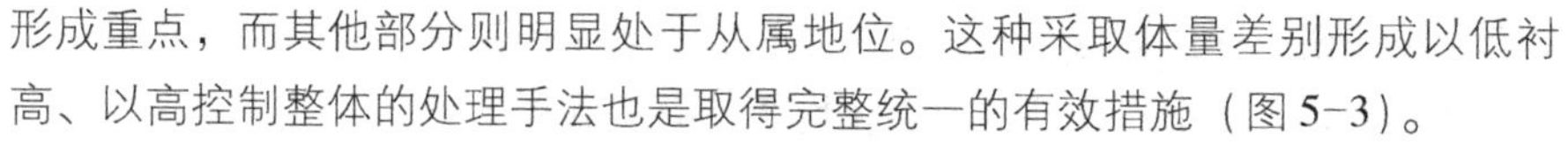

图5-3　荷兰希尔浮森市政厅

3. 利用形象变化突出主体

在建筑造型上运用圆形、折线形或比较复杂的轮廓线都可取得突出的主体效果，弯曲的部分要比直的部分更引人注目，更易于激发人们的兴趣（图5-4）。

5.1.2　均衡与稳定

建筑体量的大小、高低，材料的质感，色彩的深浅、虚实变化常表现出不同的轻重感。一般体量大的、实体的、材料粗糙的、色彩暗的，会产生厚重感；体量小的、通透的、材料光洁和色彩明快的，会产生轻巧感。均衡与稳定就是要使建筑形象获得安定、平稳的感觉。

图 5-4　上海东方商厦

在建筑构图中，均衡主要是研究建筑体形的前后左右之间的轻重关系，保持平衡的一种美学特征，达到稳定、平衡、完整的效果。均衡中心（如图 5-5 中的支点）则是立面处理的重点。

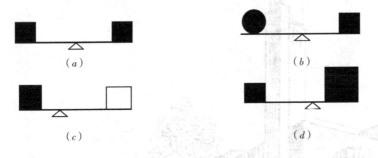

图 5-5　均衡的力学原理

根据均衡中心的位置可分为对称的均衡与不对称的均衡。对称的均衡端庄、雄伟、严肃；不对称的均衡轻巧、活泼。

稳定是指建筑整体上下之间的轻重关系，一般上面小、下面大的手法，由底部向上逐层缩小，易获得稳定感。如北京中国美术馆就是利用这种手法获得了较好的效果（图 5-6）。

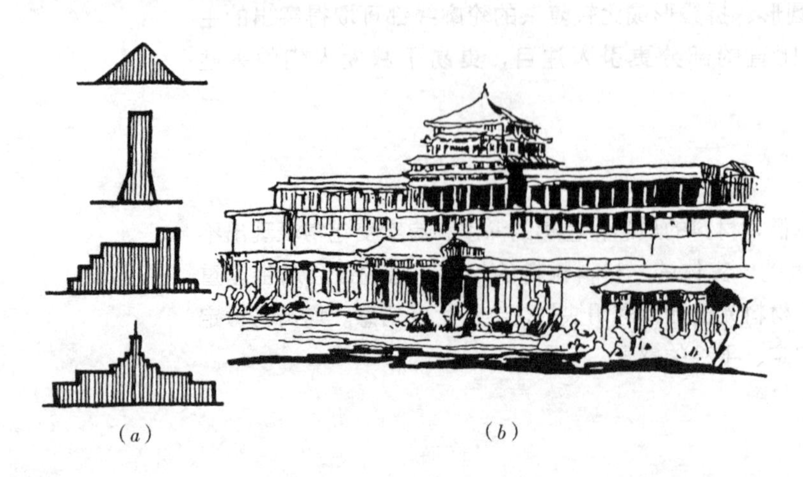

图 5-6　体形组合的稳定构图（一）
(a) 稳定的构图手法；
(b) 北京中国美术馆

现代新材料、新技术的发展，引起了人们审美观的变化。传统砖石结构上轻下重、上小下大的稳定观念也在发生变化，近代建造了不少低层架空的建筑，利用悬臂结构的特性、粗糙材料的质感和浓郁的色彩等手法，创造出上大下小、上重下轻的建筑，同样达到稳定的效果（图 5-7）。

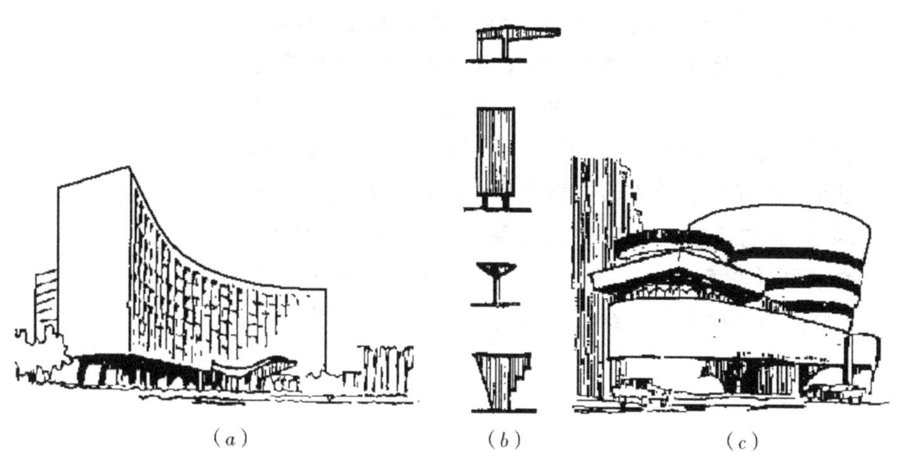

图 5-7　体形组合的稳定构图（二）
（*a*）架空式建筑；（*b*）稳定的构图手法；（*c*）纽约古根海姆美术馆

5.1.3　韵律

韵律是指建筑构图中的某些要素按照一定规律或秩序重复出现所形成的节奏。这种节奏具有条理性、重复性和连续性的韵律美。在建筑构图中常用的韵律手法有：

（1）连续的韵律：一种或几种构图要素重复运用，有组织地排列，形成连续的韵律；

（2）渐变的韵律：某些构图要素在尺度、色彩等方面有规律地增减，形成统一和谐渐变的韵律（图 5-8）；

（3）交错的韵律：通过运用构图要素的体形大小、空间虚实、细部的疏密等作有规律的穿插、交错，形成丰富的韵律感（图 5-9）；

图 5-8　中国古塔渐变的韵律

图 5-9　交错的韵律

（4）起伏的韵律：在构图中强调某一要素的变化，使建筑体形组合或细部处理高低错落，起伏生动。

5.1.4 对比

对比具体表现在体量大小、高低、形状、方向、线条曲直横竖、虚实、色彩、质地、光影等方面。在同一因素之间通过对比，相互衬托，就能产生不同的形象效果。变化大对比强烈，感觉明显，建筑中很多重点突出的处理部位往往是采取强烈对比的手法；变化小对比小，易于取得相互呼应、和谐、协调统一的效果。因此，在建筑设计中恰当地运用对比的强弱是取得统一与变化的有效手段。34 层高的塔楼与 6 层的大型商场，以强烈的高低、方向的对比取得了极好的效果（图 5-10*a*）。以横向凸出的线条、大小相同而上下错位的窗户和顶层局部出挑的手段，给人以简洁、协调统一和富有变化的感觉（图 5-10*b*）。

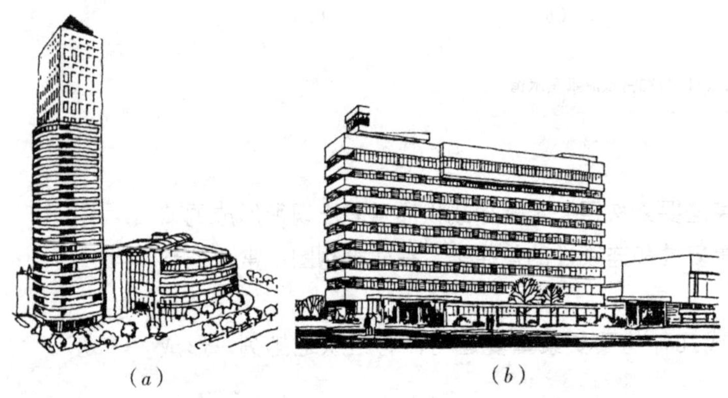

（*a*）　　　（*b*）

图 5-10　以对比与协调取得统一
（*a*）上海广场；（*b*）苏州饭店

5.1.5 比例

比例是指长、宽、高三个方向之间大小的关系。无论是整体或局部以及整体与局部之间，局部与局部之间都存在着比例关系。良好的比例能给人以和谐、完美的感受；反之，比例失调就失去美感。

抽象的几何形状以及若干几何形状之间的组合，处理得当就可获得良好的比例。如圆形、正方形、正三角形等具有肯定的外形而引起人们的注意；“黄金率”的长方形房间，形成良好的比例效果；大小不同的相似形，它们之间对角线互相垂直或平行，由于具有“比率”相等而使比例关系谐调（图 5-11）。

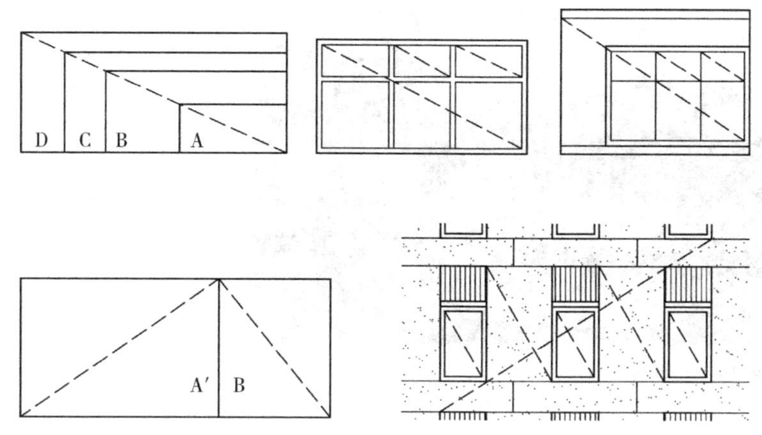

图 5-11　以相似比例求得和谐统一

5.1.6　尺度

尺度是研究建筑物整体或局部构件给人感觉上的大小与其真实大小之间的关系。

抽象的几何形体的尺度，人们也可以感觉出它的大小。在建筑设计过程中，人们常常以人或与人体活动有关的一些不变因素如门、台阶、栏杆等作为比较，通过与它们的对比而获得一定的尺度感。

图 5-12 表示建筑物的尺度感，其中图 5-12（*a*）表示抽象的几何形体，没有任何尺度感。图 5-12（*b*）、图 5-12（*c*）、图 5-12（*d*）通过与人的对比就可以得出建筑物的大小、高低。

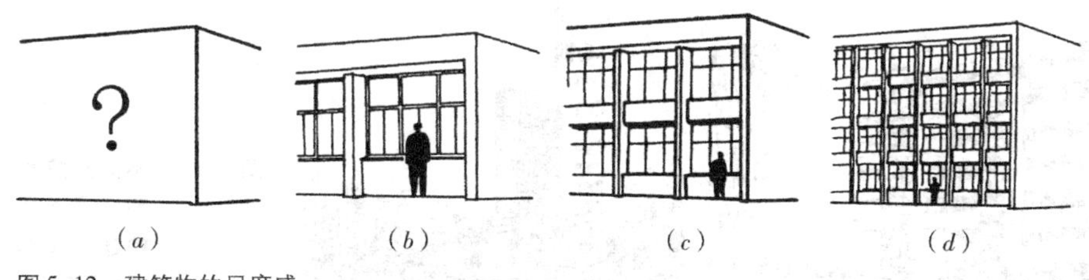

图 5-12　建筑物的尺度感

常用尺度的处理手法有三种：

（1）自然的尺度：以人体高度来度量建筑物的实际大小，从而使给人的印象与建筑物真实大小一致。常用于住宅、办公楼、学校等建筑。

（2）夸张的尺度：运用夸张的手法给人以超过真实大小的尺度感。常用于纪念性建筑或大型公共建筑，以表现庄严、雄伟的气氛。

（3）亲切的尺度：以较小的尺度获得小于真实的感觉，从而给人以亲切宜人的尺度感。常用来创造小巧、亲切、舒适的气氛（图 5-13）。

图 5-13 苏州园林——亲切自然的尺度

5.2 建筑体形与立面设计

5.2.1 建筑造型设计

建筑造型设计是结合建筑美学原理及物质技术条件创造出满足使用功能的物质环境和美的建筑形象。建筑造型艺术特征的因素主要有以下几方面。

5.2.1.1 体现使用功能

建筑造型设计根据使用功能，结合物质技术、环境条件确定房间的形状、大小、高低，并进行房间的组合，体现出不同的外部体形及立面特征（图 5-14）。

图 5-14 不同建筑类型反映不同的建筑体形及立面特征
(*a*) 城市住宅；(*b*) 综合办公楼

5.2.1.2 体现物质技术条件

建筑体形设计，受物质技术条件的制约，并能反映出结构、材料和施工的特点。

不同的施工方法对建筑造型都具有一定的影响。如采用各种工业化施工方法的建筑：滑模建筑、升板建筑、大模板建筑、盒子建筑等都具有自己的不同的外形特征（图 5-15）。

(*a*)

(*b*)

图 5-15　不同的施工方法对建筑造型的影响
(*a*) 深圳国际贸易中心——滑模建筑；(*b*) 日本东京中银舱体大楼——盒子建筑

5.2.1.3　体现城市规划及环境条件

建筑所处的环境，是构成该处景观的重要因素，建筑外形设计必须与周围环境协调一致，不能脱离环境（图 5-16）。

5.2.1.4　符合建筑美学原则

建筑造型设计中的美学原则，是指建筑构图的一些基本规律，是在长期建筑实践中形成和发展的、具有相对独立性、又具有普适性的构成建筑形式美的基本原则。

5.2.1.5　与社会经济条件相适应

建筑造型设计必须依据适用、安全、经济、美观的原则，根据建筑物的规模、重要性和地区特点，在建设标准、材料选择、结构形式等方面予以区别对待。

5.2.2　建筑体形设计

体形是指建筑物的轮廓形状，它反映了建筑物的体量大小、组合方式以及比例尺度等。立面是指建筑物的门窗组织、比例与尺度、人口及细部处理、装饰与色彩等。在建筑外形设计中，体形是建筑的雏形，立面设计则是建筑物体形的进一步深化。二者是相互联系、不可分割的统一体。

图 5-16　流水别墅

5.2.2.1　体形的组合

1. 单一体形

单一体形是将复杂的内部空间组合到一个完整的体形中。外观各面基本等高，平面多呈正方形、矩形、圆形、Y形等。这类建筑的特点是没有明显的主从关系和组合关系，造型统一、简洁，轮廓分明，给人以鲜明而强烈的印象（图5-17）。

图5-17　国家游泳馆

2. 单元组合体形

体形是将几个独立单元按一定方式组合起来的，没有明显的均衡中心和主从关系，而连续重复，形成了强烈的韵律感；结合基地大小、形状、地形起伏变化、建筑朝向、道路走向，实现自由灵活的组合。住宅、学校、医院等建筑体形常采用这一种组合方式。

3. 复杂体形

复杂体形是由两个以上的体量组合而成的，体形丰富，更适用于功能关系比较复杂的建筑物。由于复杂体形存在着多个体量，体量与体量之间相互协调。

1）主次关系

进行组合时应突出主体，有重点、有中心、主从分明，形成有组织、有秩序、不杂乱的完整统一体（图5-18）。图5-18（a）高大的主体位于中央，各从属部分以不同的形式与主体相连，形成统一整体，图5-18（b）主体位于转角处，从属部分依附于主体，形成完整的有机整体。

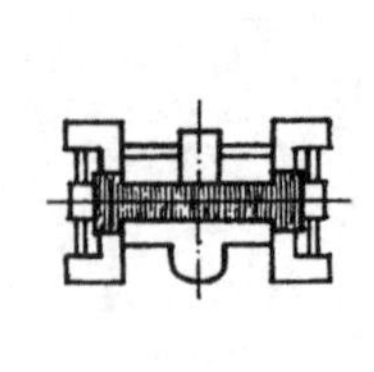

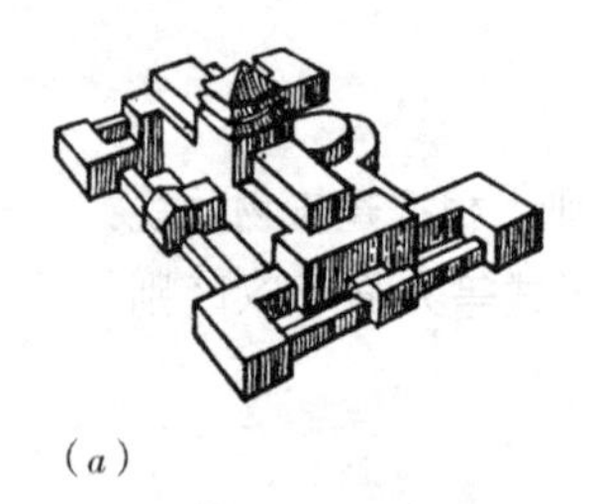

（a）

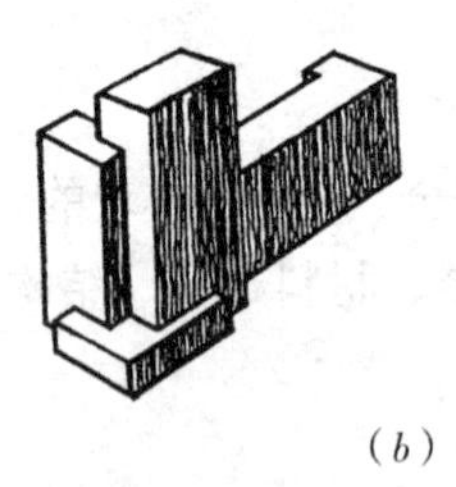

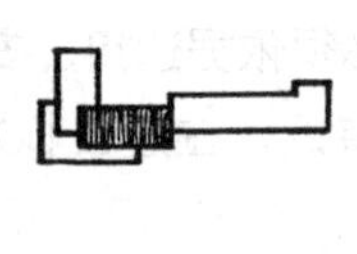

（b）

图5-18　体形组合的主次关系
（a）北京中国美术馆；
（b）北京中国民航大楼

2）对比

运用体量的大小、形状、方向、高低、曲直等方面，可以突出主体，打破建筑单调感，从而丰富建筑的造型效果（图5-19）。

图5-19　体量形状对比的巴西议会大厦

3）均衡与稳定

体形组合的均衡包括对称与非对称两种方式。对称的体形有明确的轴线，是均衡的；而非对称的构图要注意各部分体量大小变化、轻重关系、均衡中心的位置等因素，以求得视觉上的均衡（图5-20）。图5-20（a）美国华盛顿林肯纪念堂采用对称的均衡；图5-20（b）美国达拉斯市政厅采取上大下小的组合方式也能取

(a)
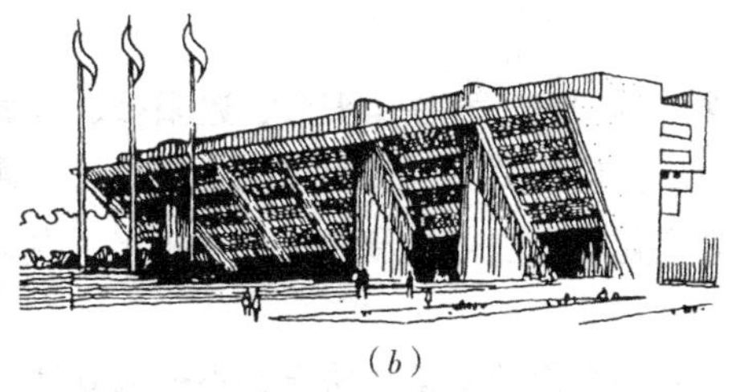
(b)
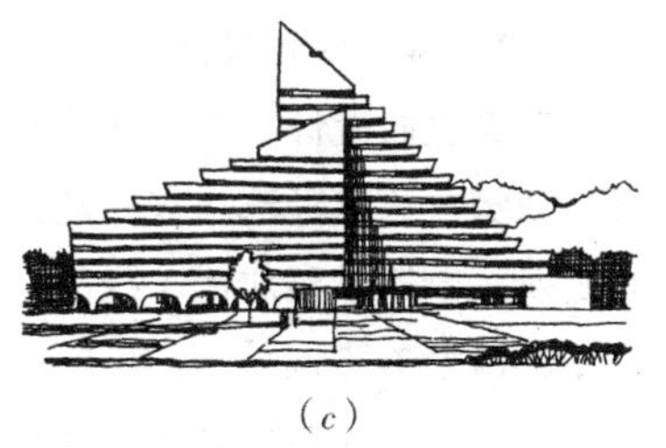
(c)

图5-20　体形组合的均衡与稳定
(a) 美国华盛顿林肯纪念堂；(b) 美国达拉斯市政厅；(c) 大连银帆宾馆

得稳定效果；图5-20 (c) 大连银帆宾馆采用上小下大，整个重心下降而取得稳定效果。

5.2.2.2　体形的转折与转角处理

在丁字路口、十字路口或任意角度的转角地带设计建筑物时，建筑体形应结合地形，增加建筑形体组合的灵活性，使建筑物更加完整统一。转折主要是指建筑物顺道路或地形的变化作曲折变化。转角地带的建筑体形设计常采用主附体相结合的方法，以附体陪衬主体或局部体量升高，形成以塔楼控制整个建筑物及周围道路的关系，主从分明，使道路交叉口、建筑主要入口更加醒目（图5-21）。

图5-21　综合楼体形的转折与转角

5.2.2.3　体形的联系与咬接

复杂体形设计常用的方式有以下几种。

(1) 直接连接：在体形组合中，将不同体量体形直接相连。这种方式具有体形明确、简洁、整体性强等特点。这种组合常用于各房间功能要求联系紧密的建筑（图5-22a）。

(2) 咬接：各体量之间相互穿插，体形较复杂，但组合紧凑，整体性强，易于获得有机整体的效果（图5-22b）。

(3) 以走廊或连接体相连：各体量之间既相对独立又互相联系，根据使用功能、气候条件及设计意图，走廊或连接体的形式自由灵活，可开敞、可封闭、可单层、可多层，建筑体形给人以轻快、舒展的感觉（图5-22c、图5-22d）。

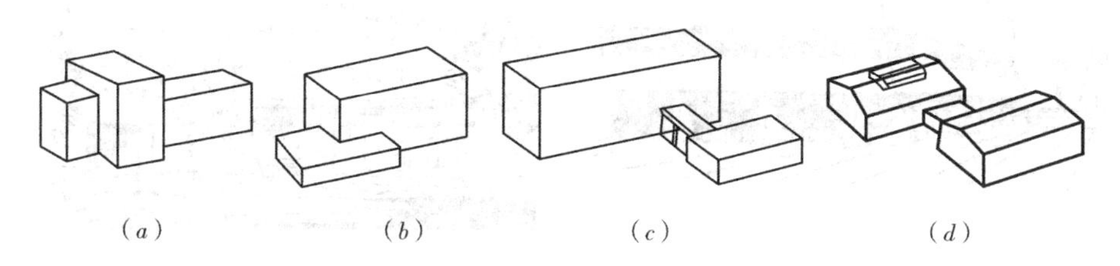
(a)　(b)　(c)　(d)

图5-22　复杂体形各体量之间的连接方式
(a) 直接连接；(b) 咬接；(c) 以走廊连接；(d) 以连接体相连

5.2.2.4 立面设计

建筑立面设计，是对建筑立面上的门窗、墙柱、阳台、遮阳板、雨篷、檐口、勒脚、花饰等部件尺寸的大小、比例的关系以及材料色彩的设计；通过形的变换、面的虚实对比、线的方向变化等，求得外形的统一与变化、内部空间与外部造型的协调统一。

进行建筑立面设计时，要注意其他立面的衔接与协调，不能孤立地处理每个立面，同时应考虑到建筑空间的透视效果。常用的立面处理方法如下：

1. 立面的比例尺度

立面的比例和尺度的处理受建筑功能、结构类型的影响和制约，如剧院、商店与住宅的使用性质、容纳人数、空间大小、层高各不相同，形成的比例和尺度就全然不同；不同结构体系的建筑，在开窗形式及其比例和尺度上则有很大的差别（图5-23）。

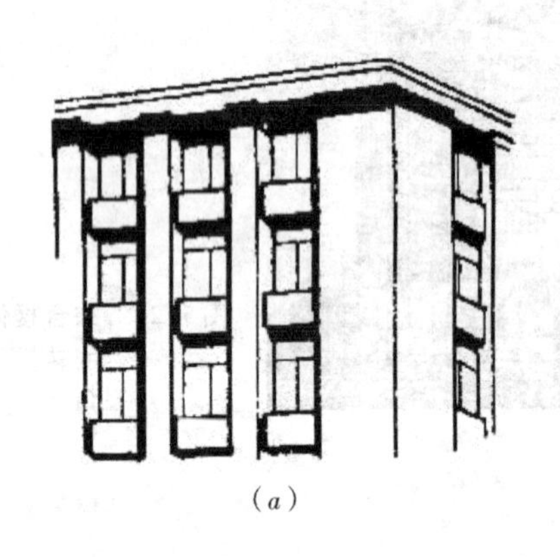

(*a*)

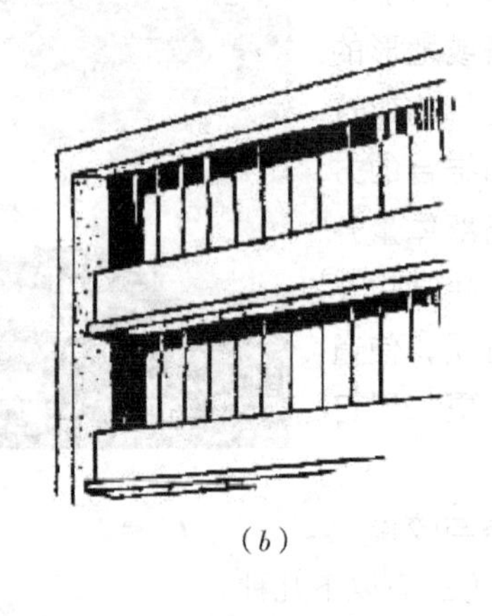

(*b*)

图5-23 混合结构、框架结构建筑的比例关系

2. 立面的虚实与凹凸

建筑立面中“虚”是指窗、空廊、凹廊等部位，给人以轻巧、通透的感觉；“实”是指墙、柱、屋檐、栏板等部位，给人以厚重、封闭的感觉。建筑立面的虚实关系主要是由使用功能和结构要求决定的；不同的虚实关系，可产生得不同的效果。

以虚为主、虚多实少的处理手法能获得轻巧、开朗的效果，常用于剧院门厅、餐厅、车站、商店等人流量大的建筑（图5-24*a*）。以实为主、实多虚少

(*a*)

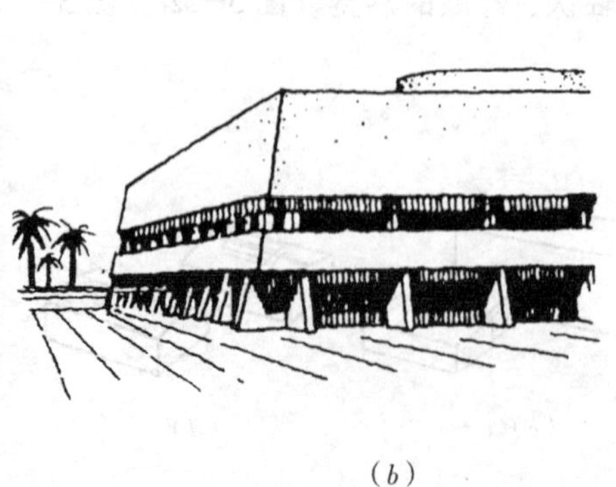

(*b*)

(*c*)

图5-24 立面虚实关系的处理

(*a*) 以“虚”为主的香港中银大厦；(*b*) 以“实”为主的坦桑尼亚国会大厦；(*c*) “虚实”结合的北京和平宾馆

能产生稳定、庄严、雄伟的效果，常用于纪念性建筑及重要的公共建筑（图5-24*b*）。

虚实处理适当，容易给人虚的部分和实的部分形成有机的整体之感，使建筑物产生一定的变化（图5-24*c*）。建筑立面设计时，常出现一些凹凸部分。凸的部分一般有阳台、雨篷、遮阳板、挑檐、凸柱、突出的楼梯间等。凹的部分有凹廊、门洞等。通过凹凸关系的处理可以加强光影变化，丰富立面效果（图5-25）。

图5-25 建筑立面凹凸处理——波士顿市政厅

3. 立面的线条处理

建筑立面有横竖线条造型，如立柱、墙垛、窗台、遮阳板、檐口、通长的栏板、窗间墙、分格线等。立面设计可以通过线条的位置、粗细、长短、方向、曲直、疏密、繁简、凹凸等方面的变化来表达一些建筑细部。

线条的表现力是多种多样的，从方向变化上来看，垂直线具有挺拔、高耸、向上的气氛；水平线使人感到舒展与连续、宁静与亲切；斜线具有动态的感觉；网格线有丰富的图案效果，给人以生动、活泼而有秩序的感觉。从粗细、曲折变化上来看，粗线条表现厚重、有力；细线条具有精致、柔和的效果；直线表现刚强、坚定；曲线则显得优雅、轻盈（图5-26）。

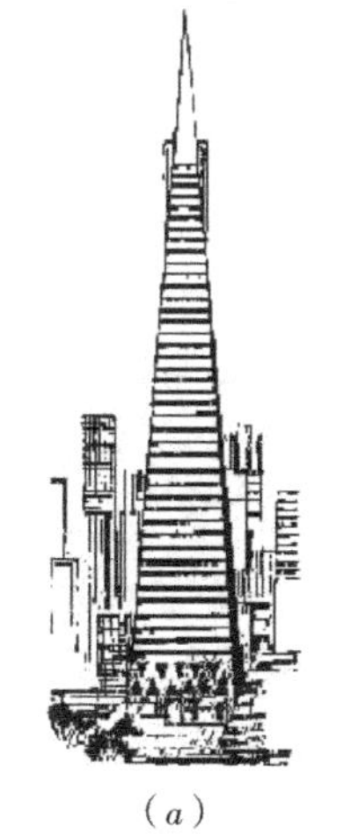

(*a*)

(*b*)

(*c*)

图5-26 立面线条处理

(*a*) 美国旧金山泛美大厦；(*b*) 香港合和中心；(*c*) 香港文化商业中心

5.2.2.5 立面的色彩与质感

建筑物的色彩、质感是构成建筑形象表现力的重要因素，了解和掌握色彩与质感的特点并能正确运用，是建筑立面设计的重要内容。

不同的建筑色彩具有不同的表现力。一般说来，浅色或白色会产生明快清新的感觉；深色显得稳重；橙黄等暖色显得热烈、兴奋；青、蓝、灰、绿等色显得宁静。运用不同色彩的处理，可以表现出不同建筑的性格、地方特点及民族风格。

建筑立面的色彩设计包括对大面积墙面色调的选择和色彩构图等方面，设计中应注意以下问题：

（1）基调色的选择应适应当地的气候条件；

（2）色彩的运用应与周边环境、建筑相协调；

（3）色彩的运用应与建筑的风格特征相一致；

（4）色彩的运用考虑民族的传统文化和地域特征；

（5）色彩处理应和谐统一且富有变化。

不同的材料会有不同的质感。质地粗糙的材料如天然石材和砖具有厚重及坚固感；金属及光滑的表面感觉轻巧、细腻（图5-27）。

图5-27　立面中材料质感处理

5.2.2.6　立面的重点与细部设计

在建筑立面需要引起人们注意的一些位置进行重点和细部处理，突出主体，丰富立面。需要进行重点处理的部位有：建筑物的主要出入口、楼梯间、体量中转折、转角、立面的突出部分及檐口上部结束部分；需要进行细部处理的部位有：墙面线脚、花格、漏窗、檐口细部、窗套、栏杆、遮阳、雨篷、花台及其他细部装饰等。细部处理必须从整体出发，接近人体的细部应充分发挥材料色泽、纹理、质感和光泽度的美感作用，对于位置较高的细部，一般应着重于总体轮廓、色彩、线条等，而不宜刻画得过于细腻。

理论知识训练

1. 建筑体形及立面设计原则有哪些？
2. 建筑构图的基本规律有哪些？并用图示加以说明。
3. 建筑体形组合的方法有哪些？
4. 结合本地区的建筑实例，说明建筑立面设计。

本章小结

建筑造型设计应符合物质技术的发展水平，结合建筑的使用功能及所处环境等方面的因素，与平面、剖面设计同时进行，达到形式与内容完美的统一。

建筑造型设计应遵循统一与变化、均衡与稳定、韵律、对比、比例、尺度等建筑构图的基本原则。

建筑体形的组合包括单一体形、复杂体形及单元组合体形等方式的组合。

建筑立面设计时，要注意相邻面的衔接与协调、各立面比例尺度关系的处理、立面的虚实与凹凸变化、立面的线条处理、立面的色彩与质感选择、立面的重点与细部处理等。

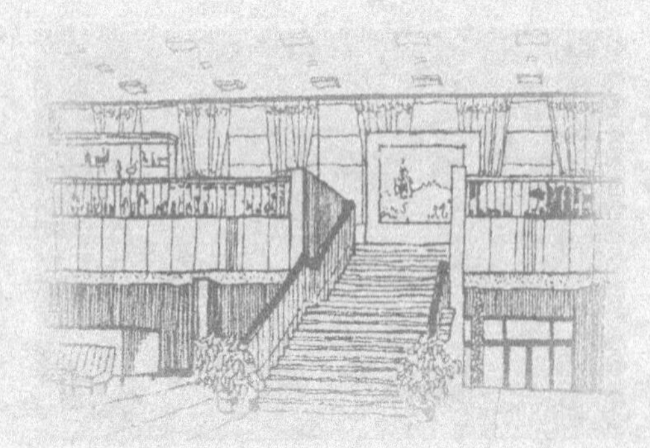

第6章　建筑防火与安全疏散

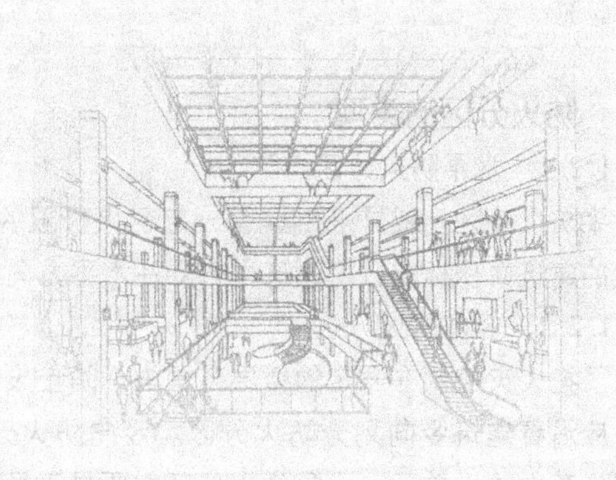

6.1 防火分区设计

6.1.1 防火分区的定义和作用

防火分区就是采用具有一定耐火性能的分隔构件划分的，能在一定时间内防止火灾向同一建筑物的其他部分蔓延的局部区域（空间单元）。在建筑物内采取划分防火分区措施，建筑物一旦发生火灾，可有效地把火势控制在一定的范围内，减少火灾损失，同时可以为人员安全疏散、消防扑救提供有利条件。

6.1.2 防火分区的类型

6.1.2.1 水平防火分区

水平防火分区，就是采用具有一定耐火极限的墙体、门、窗等分隔构件，按规定的建筑面积标准，将建筑物各层在水平方向上分隔为若干个防火区域。

6.1.2.2 竖向防火分区

为了把火灾控制在一定的楼层范围内，防止火势从起火层向其他楼层垂直蔓延，应沿着建筑竖向划分防火分区。竖向防火分区（层间防火分区）以每个楼层为基本防火单元。竖向防火分区主要是用具有一定耐火性能的钢筋混凝土楼板、上下楼层之间的窗间墙作分隔构件。

6.1.2.3 特殊部位和重要房间的防火分隔

用具有一定耐火性能的分隔物将建筑物内某些特殊部位和重要房间等加以分隔，可以防止火势迅速蔓延扩大。特殊部位和重要房间包括：各种竖向井道、消防控制室、固定灭火装置的设备室（如钢瓶间、泡沫间）、通风空调机房、设置贵重设备和贮存贵重物品的房间、火灾危险性大的房间、避难间等。

防火分区的分隔构件是防火分区的边缘构件，水平方向划分防火分区的分隔构件包括：防火墙、防火卷帘和防火水幕带等；垂直方向划分防火分区的分隔构件包括：上下楼层之间的窗间墙、封闭和防烟楼梯间等。

6.1.3 单层、多层建筑防火分区设计

防火分区面积的确定应考虑建筑物的使用性质、重要性、火灾危险性、建筑物高度、消防扑救能力以及火灾蔓延的速度等因素。

现行《建筑设计防火规范》对建筑的防火分区面积限值做了规定，在设计时必须结合工程实际严格执行。每个防火分区的最大允许建筑面积应符合表6-1的要求。

民用建筑的耐火等级、最多允许层数和防火分区最大允许建筑面积　　表6-1

耐火等级	最多允许层数	防火分区的最大允许建筑面积（m^2）	备注
一、二级	按本规范第1.0.2条规定	2500	1. 体育馆、剧院的观众厅，展览建筑的展厅，其防火分区最大允许建筑面积可适当放宽； 2. 托儿所、幼儿园的儿童用房和儿童游乐厅等儿童活动场所不应超过3层或设置在四层及四层以上楼层或地下、半地下建筑（室）内
三级	5层	1200	1. 托儿所、幼儿园的儿童用房和儿童游乐厅等儿童活动场所、老年人建筑和医院、疗养院的住院部分不应超过2层或设置在三层及三层以上楼层或地下、半地下建筑（室）内； 2. 商店、学校、电影院、剧院、礼堂、食堂、菜市场不应超过2层或设置在三层及三层以上楼层
四级	2层	600	学校、食堂、菜市场、托儿所、幼儿园、老年人建筑、医院等不应设置在二层
地下、半地下建筑（室）		500	—

注：建筑内设置自动灭火系统时，该防火分区的最大允许建筑面积可按本表的规定增加1.0倍。局部设置时，增加面积可按该局部面积的1.0倍计算。

6.1.4　高层民用建筑防火分区设计

6.1.4.1　防火分区面积

高层建筑内应采用防火墙等划分防火分区，现行《高层建筑防火规范》规定，每个防火分区允许最大建筑面积，不应超过表6-2的规定。

每个防火分区的允许最大建筑面积　　表6-2

建筑类别	每个防火分区建筑面积（m^2）
一类建筑	1000
二类建筑	1500
地下室	500

注：1. 建筑内设置自动灭火系统时，该防火分区的最大允许建筑面积可按本表的规定增加1.0倍。局部设置时，增加面积可按该局部面积的1.0倍计算。
2. 一类建筑的电信楼，其防火分区允许最大建筑面积可按本表增加50%。

高层建筑内的商业营业厅、展览厅等，设有火灾自动报警系统和自动灭火系统，采用不燃烧或难燃烧材料装修时，地上部分防火分区的允许最大建筑面积为4000m^2；地下部分防火分区的允许最大建筑面积为2000m^2。

设置排烟设施的走道、净高不超过6.00m的房间，应采用挡烟垂壁、隔墙或从顶棚下突出不小于0.50m的梁划分防烟分区。每个防烟分区的建筑面积不宜超过500m^2，且防烟分区不应跨越防火分区。

6.1.4.2　防火分区划分举例

划分防火分区，应根据规定的防火分区面积，建筑的平面形状、使用功能、疏散要求和层间联系情况等，综合确定其分隔的具体部位。

如某高层酒店，标准层面积为 2800m²，结合平面形状，用防火墙划分为两个面积不等的防火分区（图 6-1）。

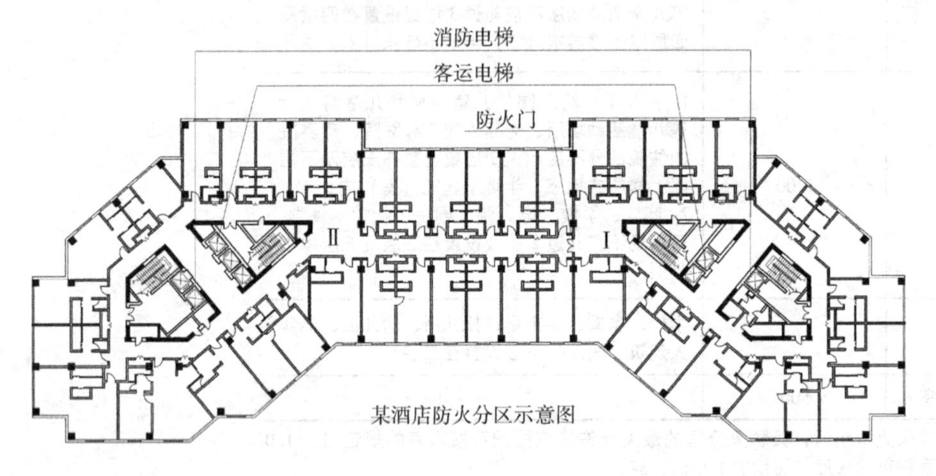

图 6-1　防火分区划分

公共建筑中某些大厅的防火分隔如商场营业厅、展览馆内的展厅等，不便设防火墙的地方，可利用防火卷帘，把大厅分隔成较小的防火分区（图6-2）。

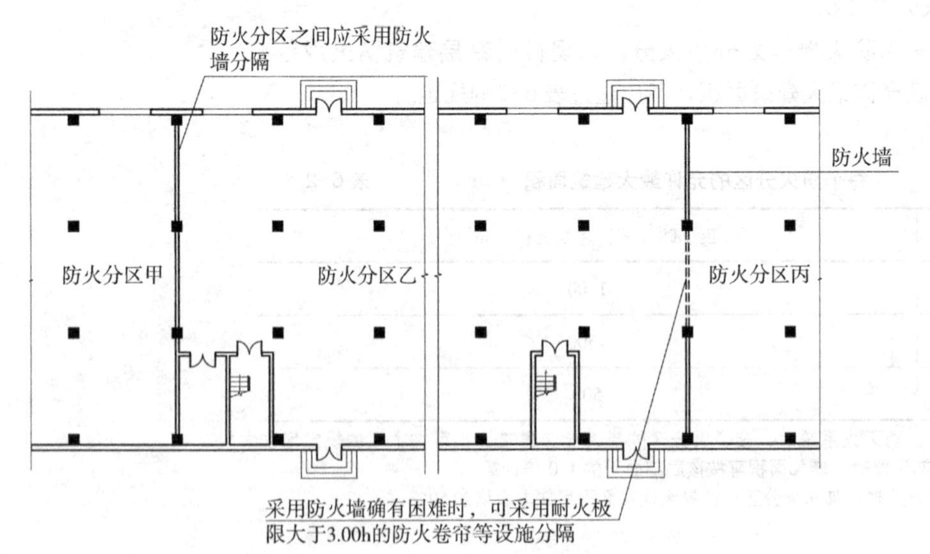

图 6-2　商场防火分区示意图

6.1.5　玻璃幕墙、中庭的防火分隔设计

6.1.5.1　玻璃幕墙的防火分隔

玻璃幕墙作为一种新型围护建筑构件，以其自重轻、装饰效果好及便于工业化生产和加工等优点。为了防止建筑发生火灾时通过玻璃幕墙造成大面积蔓延，在设置玻璃幕墙时应符合下列规定：

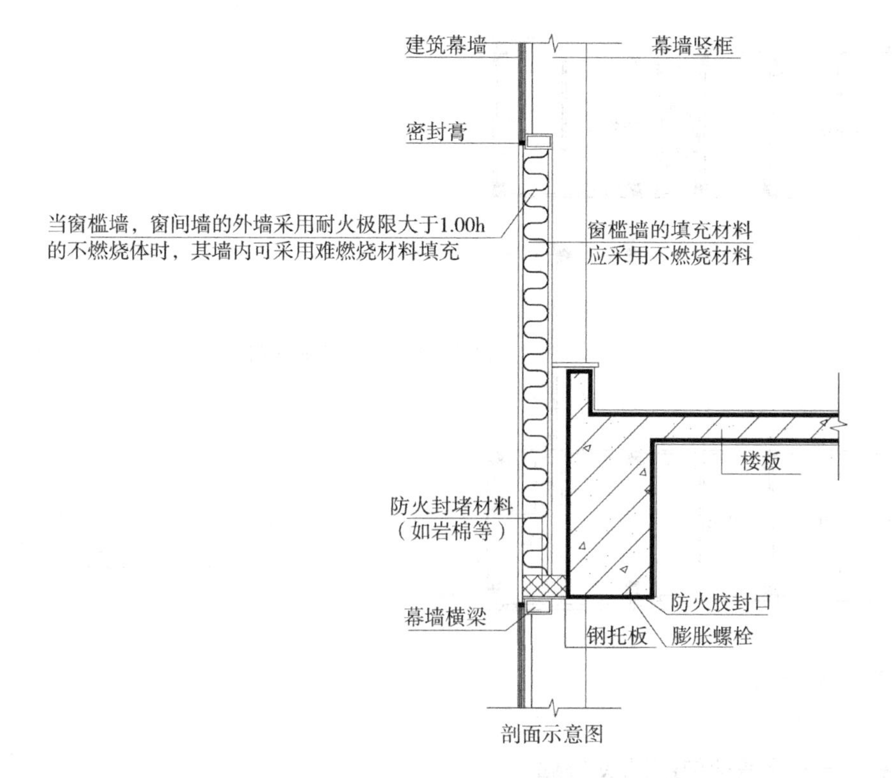

图 6-3　玻璃幕墙与隔墙处防火构造

（1）窗间墙、窗槛墙的填充材料应采用不燃烧材料。当外墙面采用耐火极限不低于 1.00h 的不燃烧体时，其墙内填充材料可采用难燃烧材料。

（2）无窗间墙和窗槛墙的玻璃幕墙，应在每层楼板外沿设置耐火极限不低于 1.00h、高度不低于 0.80m 的不燃烧实体裙墙。

（3）玻璃幕墙与每层楼板、隔墙处的缝隙，应采用不燃烧材料严密填实（图 6-3、图 6-4）。

6.1.5.2　中庭的防火分隔

中庭内部空间高大，采用防火卷帘和采用自动喷淋系统分隔等措施。现行规范中的防火技术措施包括：

（1）房间与中庭回廊相通的门、窗应设能自行关闭的乙级防火门、窗。

（2）与中庭相通的过厅、通道等应设乙级防火门或耐火极限大于 3.00h 的防火卷帘分隔。

（3）为了控制火势，中庭每层回廊应设自动喷水灭火系统。

（4）中庭每层回廊应设火灾自动报警系统。

对中庭采取上述防火措施后，不按上、下层连通的面积叠加计算，中

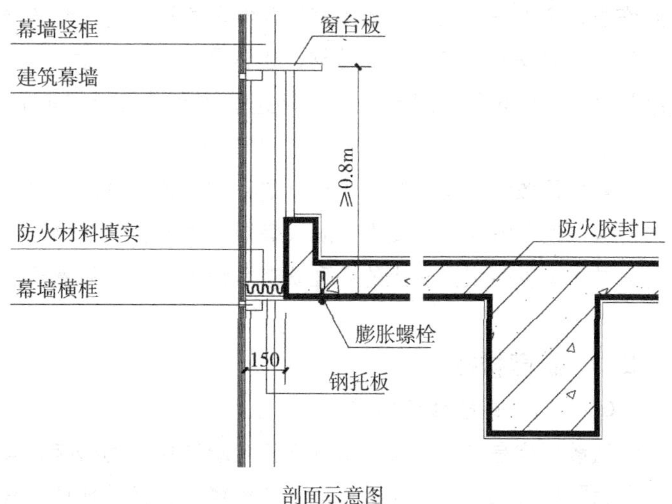

图 6-4　玻璃幕墙与每层楼板防火构造

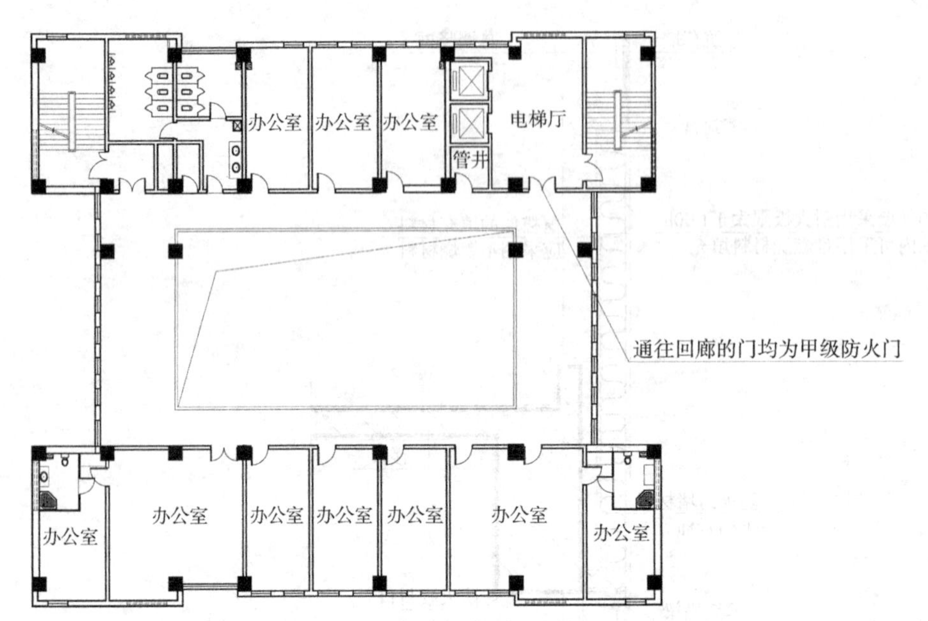

图6-5　中庭的防火分区划分

庭的防火分区面积如图6-5所示。

6.1.6　风道、管线、电缆贯通部位的防火分隔

现代建筑，设置了大量的竖井和管道，有些管道相互连通、交叉，火灾易形成蔓延的通道。为了防止火灾从贯通部位蔓延，风道、管线、电缆等要具有一定的耐火能力，并用不燃材料填塞管道与楼板、墙体之间的空隙，使烟火不得蹿过防火分区。

6.2　安全疏散设计

建筑物发生火灾时，为避免建筑内人员因火烧、烟熏中毒和房屋倒塌而遭到伤害，应为安全疏散创造良好的条件。建筑物的安全疏散设施包括：主要安全设施，如安全出口、疏散楼梯、走道和门等；辅助安全设施，如疏散阳台、缓降器、救生袋等；对超高层民用建筑还有避难层（间）和屋顶直升机停机坪等。

安全疏散设计是建筑防火设计的一项重要内容。在设计时：应根据建筑物的规模、使用性质、重要性、耐火等级、生产和储存物品的火灾危险性、容纳的人数以及发生火灾时人的心理状态等情况，合理设置安全疏散设施。

6.2.1　疏散楼梯

6.2.1.1　疏散楼梯形式

疏散楼梯是在火灾紧急情况下安全疏散所用的楼梯，其形式按防烟火作用可分为防烟楼梯、封闭楼梯、室外疏散楼梯、开敞楼梯，其中防烟楼梯防烟火作用、安全疏散程度最好，而开敞楼梯最差。

1. 防烟楼梯间

在楼梯间入口前设有能阻止烟火进入的前室（或设专供排烟用的阳台、凹廊等），通向前室和楼梯间的门均为乙级防火门的楼梯间称为防烟楼梯间。

2. 封闭楼梯间

设有能阻挡烟气的双向弹簧门（对单、多层建筑）或乙级防火门（对高层建筑）的楼梯间称为封闭楼梯间。

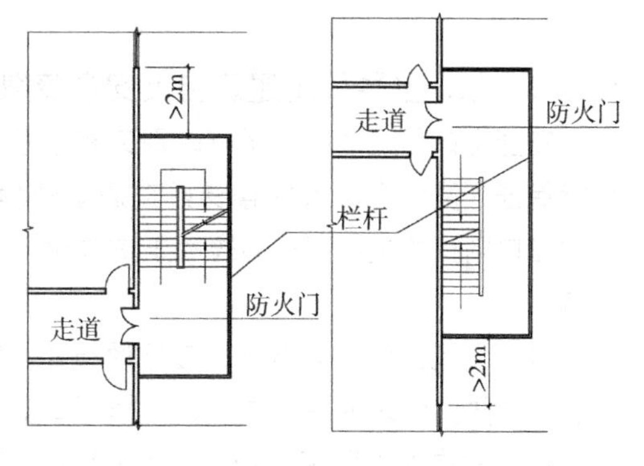

图 6-6 室外疏散楼梯

3. 室外疏散楼梯

这种楼梯的特点是设置在建筑外墙上、全部开敞，常布置在建筑端部。它不易受到烟火的威胁，既可供人员疏散使用，又可供消防人员登上高楼扑救使用（图 6-6）。

6. 2. 1. 2 楼梯间及防烟楼梯间前室

楼梯间及防烟楼梯间前室应符合下列规定：

（1）楼梯间及防烟楼梯间前室的内墙上，除开设通向公共走道的疏散门外，不应开设其他门、窗、洞口。

（2）楼梯间及防烟楼梯间室内不应敷设可燃气体管道和甲、乙、丙类液体管道，并不应有影响疏散的突出物。

（3）楼梯间的首层可将走道和门厅等包括在楼梯间内，形成扩大的封闭楼梯间，但应采用乙级防火门等措施与其他走道和房间隔开（图 6-7）。

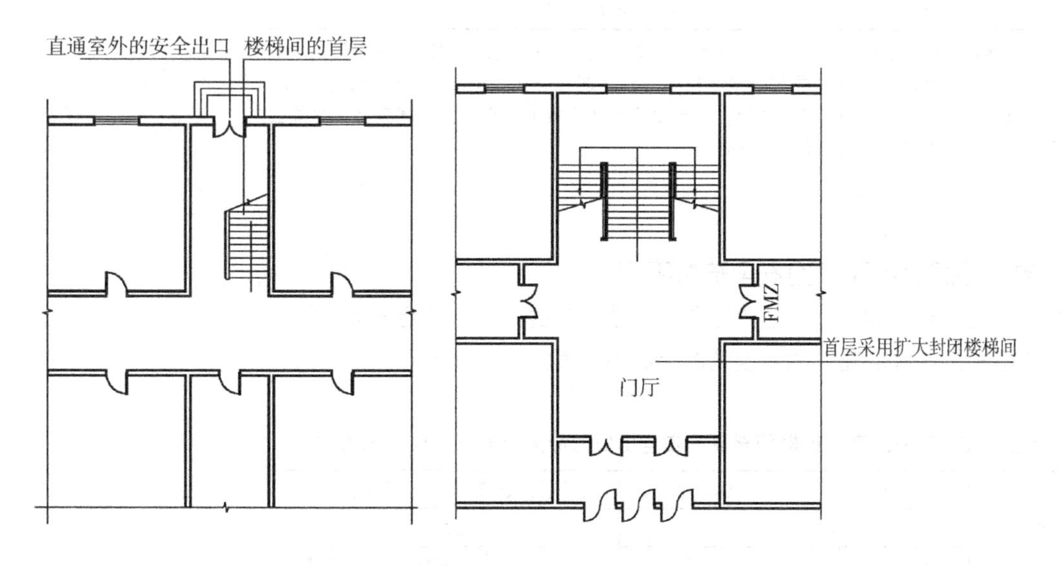

图 6-7 扩大的封闭楼梯间

（4）楼梯间首层应设置直通室外的出口或在首层采用扩大的封闭楼梯间。当层数不超过 4 层时，可将直通室外的安全出口设置在离楼梯间小于等于 15m 处（图 6-8）。

6.2.2 单、多层民用建筑防火安全疏散设计

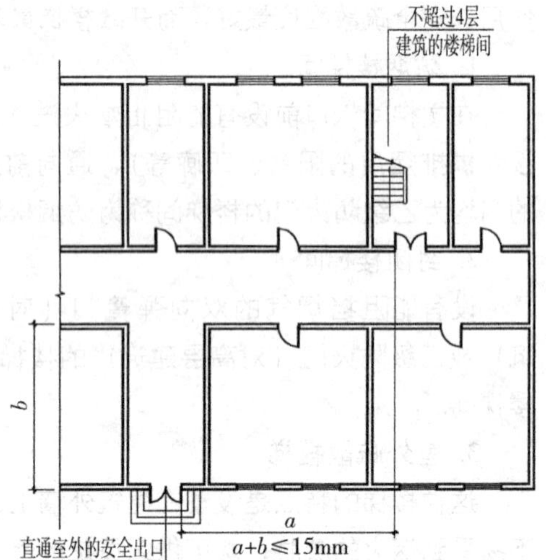

图 6-8 直通室外安全出口图

安全出口和疏散出口既有区别又有联系，安全出口是指保证人员安全疏散的楼梯或直通室外地平面的门，疏散出口则指的是房间连通疏散走道或过厅的门和安全出口。

（1）民用建筑的安全出口应分散布置，每个防火分区、一个防火分区的每个楼层，其相邻 2 个安全出口最近边缘之间的水平距离不应小于 5000mm，且安全出口的数量应经计算确定，不应少于 2 个。

（2）当符合下列条件之一时，可设一个安全出口或疏散楼梯，除托儿所、幼儿园外，建筑面积小于等于 $200m^2$ 且人数不超过 50 人的单层公共建筑；除医院、疗养院、老年人建筑及托儿所、幼儿园的儿童用房和儿童游乐厅等儿童活动场所等外，还应符合表 6-3规定的 2、3 层公共建筑。

公共建筑可设置 1 个安全出口的条件　　表 6-3

耐火等级	最多层数	每层最大建筑面积（m^2）	人数
一、二级	3 层	500	第二层和第三层的人数之和不超过 100 人
三级	3 层	200	第二层和第三层的人数之和不超过 50 人
四级	2 层	200	第二层人数不超过 30 人

注：一、二级耐火等级的公共建筑，当设置不少于 2 部疏散楼梯且顶层局部升高部位的层数不超过 2 层、人数之和不超过 50 人、每层建筑面积小于等于 $200m^2$ 时，该局部高出部位可设置 1 部与下部主体建筑楼梯间直接连通的疏散楼梯，但至少应另外设置 1 个直通主体建筑上人平屋面的安全出口，该上人屋面应符合人员安全疏散要求。

6.2.3 单、多层民用建筑的安全疏散距离

直接通向疏散走道的房间疏散门至最近安全出口的距离应符合表 6-4的规定；一、二级耐火等级的建筑的安全疏散距离的限值如图 6-9所示。

直接通向疏散走道的房间疏散门至最近安全出口的最大距离（m）　　表 6-4

名称	位于 2 个安全出口之间的疏散门			位于袋形走道两侧或尽端的疏散门		
	耐火等级			耐火等级		
	一、二级	三级	四级	一、二级	三级	四级
托儿所、幼儿园	25	20	—	20	15	—
医院、疗养院	35	30	—	20	15	—
学校	35	30	—	22	20	—

续表

名称	位于2个安全出口之间的疏散门			位于袋形走道两侧或尽端的疏散门		
	耐火等级			耐火等级		
	一、二级	三级	四级	一、二级	三级	四级
其他民用建筑	40	35	25	22	20	15

注：1. 一、二级耐火等级的建筑物内的观众厅、多功能厅、餐厅、营业厅和阅览室等，基室内任何一点至最近安全出口的直线距离不大于30m。

2. 敞开式外廊建筑的房间疏散门至安全出口的最大距离可按本表增加5m。

3. 建筑物内全部设置自动喷水灭火系统时，其安全疏散距离可按本表规定增加25%。

4. 房间内任一点到该房间直接通向疏散走道的疏散门的距离计算（图6-10），住宅应为最远房间内任一点到户门的距离，跃层式住宅内的户内楼梯的距离可按其梯段总长度的水平投影尺寸计算（图6-11）。

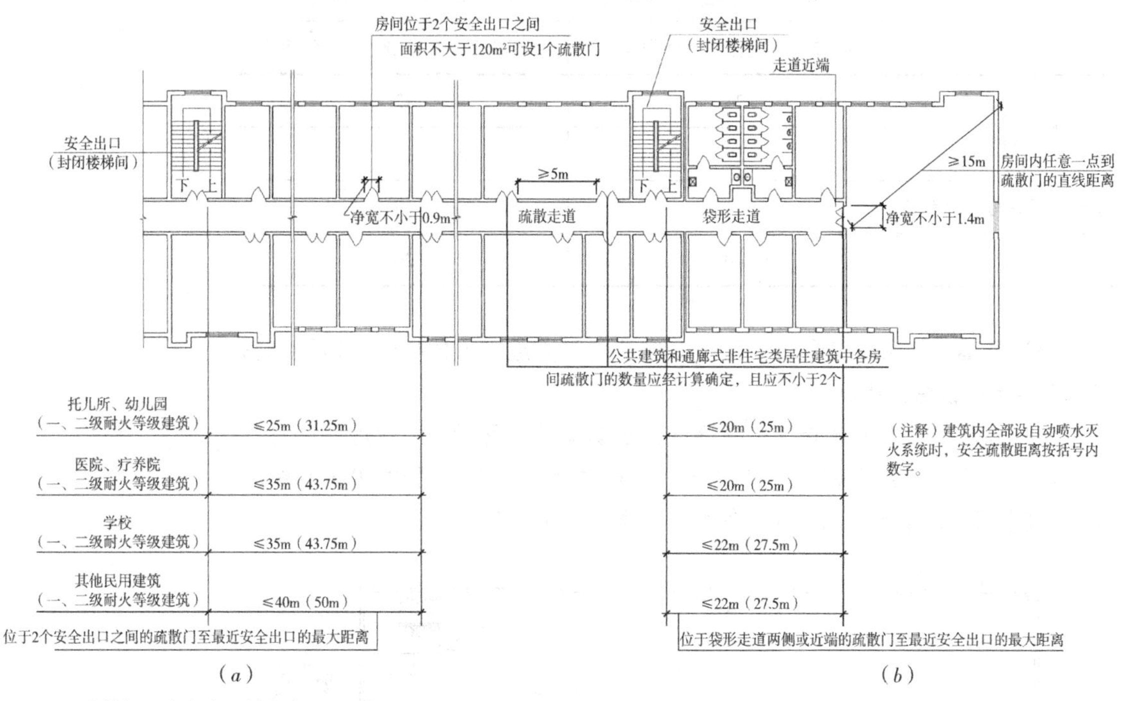

图6-9 疏散门至安全出口的距离

（a）疏散门至两个安全出口的距离；（b）袋形走道两侧或尽端的疏散门至安全出口的距离

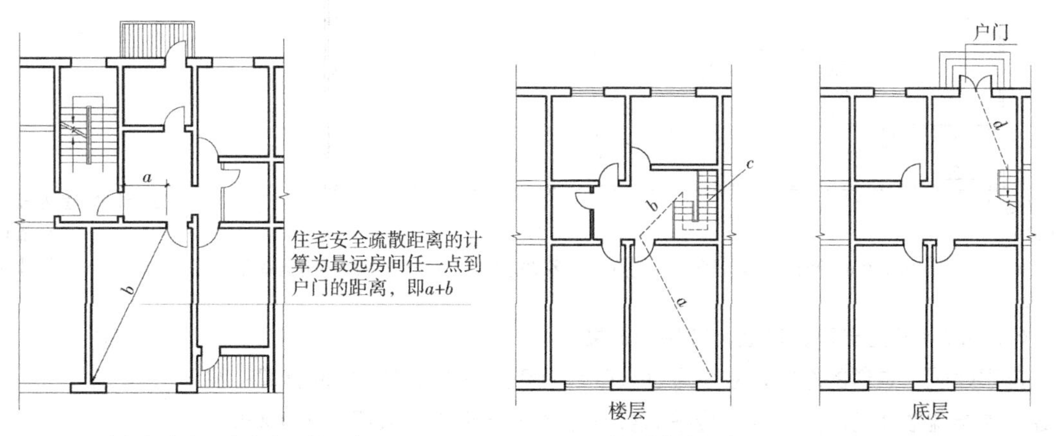

图6-10 房间任意点至安全出口的距离

图6-11 跃层式住宅至安全出口的距离

注：跃层式住宅安全距离计算时，户内楼梯的距离采用梯段总长度的水平投影尺寸，即 $a+b+c+d$，c 为梯段总长度的水平投影尺寸。

6.2.4 高层民用建筑安全疏散设计

6.2.4.1 安全出口、疏散出口的数目和布置

（1）高层建筑每个防火分区的安全出口数量、位置应符合现行《高层建筑防火设计规范》GB 50045－95（2005年版）的规定。

（2）高层建筑的安全疏散距离应符合表6-5的规定。

高层建筑安全疏散距离（m） **表6-5**

高层建筑		房间门或住宅户门至最近的外部出口或楼梯间的最大距离	
		位于2个安全出口之间的房间	位于袋形走道两侧或尽端的房间
医院	病房部分	24	12
	其他部分	30	15
旅馆、展览楼、教学楼		30	15
其他		40	20

（3）跃廊式住宅的安全疏散距离，应从户门算起，小楼梯的一段距离按其1.5倍水平投影计算。

（4）高层建筑内的观众厅、展览厅、多功能厅、餐厅、营业厅和阅览室等，其室内任何一点至最近的疏散出口的直线距离，不宜超过30m（图6-12）；其他房间内最远一点至房门的直线距离不宜超过15m。

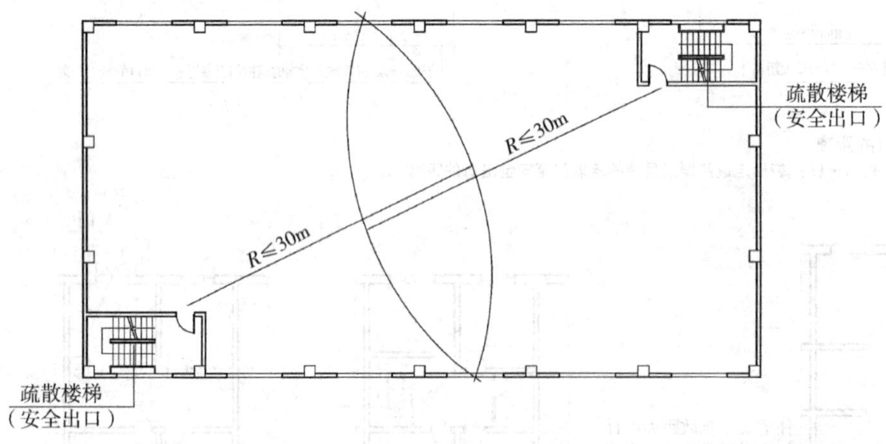

图6-12 室内任何一点至最近的疏散出口

6.2.4.2 安全出口、走道、楼梯的宽度

高层建筑内走道的净宽，应按通过人数每100人不小于1000mm计算；高层建筑首层疏散外门的总宽度，应按人数最多的一层每100人不小于1000mm计算。

6.2.4.3 避难层等其他疏散设施

建筑高度超过100m的旅馆、办公楼和综合楼等公共建筑，由于楼层很多，人员很多，应设置避难层（间）。建筑高度超过100m且标准层建筑面积超过1000m² 的公共建筑，宜设置屋顶直升机停机坪或供直升机救助的设施。国内建成的许多超高层建筑都设置了避难层（间），一般是与设备层、消防给水分区系统和排烟系统分区有机结合设置。

理论知识训练

1. 何谓防火分区？其可分为几种类型？
2. 防火门分为哪几个级别？各主要用于哪些场合？
3. 民用建筑的防火分区是如何划分的？
4. 对玻璃幕墙应如何进行防火分隔？
5. 对中庭应如何进行防火分隔？
6. 管、线等贯通部位的防火分隔要求是什么？
7. 安全出口和疏散出口的宽度如何规定？
8. 室内装修采用易然、可燃装修材料的火灾危险性表现在哪些方面？
9. 室内装修材料按用途和功能分为哪几类？按燃烧性能分为哪几个级别？
10. 如何确定室内各种装修材料的燃烧性能？
11. 在进行内部装修设计时应注意遵循哪些原则？

实践课题训练

题目：某中学实验楼

条件：如图6-13所示为某中学实验楼一层、二层平面图。

要求：在平面图中，按防火规范：

1. 确定楼梯的数量及位置的设计。
2. 进行防火分区划分的设计。

本章小结

防火分区就是采用具有一定耐火性能的分隔构件划分的，能在一定时间内防止火灾向同一建筑物的其他部分蔓延的局部区域（空间单元）。

防火分区的类型有水平防火分区、竖向防火分区、特殊部位和重要房间的防火分隔。

防火分区的分隔构件是防火分区的边缘构件，水平方向划分防火分区的分隔构件包括：防火墙、防火卷帘和防火水幕带；垂直方向划分防火分区的分隔构件包括：上下楼层之间的窗间墙、封闭和防烟楼梯间等。

防火分区面积的确定应考虑建筑物的使用性质、重要性、火灾危险性、建筑物高度、消防扑救能力以及火灾蔓延的速度等因素。现行《建筑设计防火规范》GB 50016－2006和《高层民用建筑设计防火规范》GB 50045－95

图6-13 中学实验楼平面

(2005年版）对防火分区面积的规定，在设计时必须结合工程实际严格执行，每个防火分区的最大允许建筑面积应符合规范要求。

建筑物的安全疏散设施包括：主要安全设施，如安全出口、疏散楼梯、走道和门等；辅助安全设施，如疏散阳台、缓降器、救生袋等；对超高层民用建筑还有避难层（间）和屋顶直升机停机坪等。安全疏散设计是建筑防火设计的一项重要内容。

第7章　住宅建筑设计

7.1 住宅建筑的基本内容

住宅是人类为满足家庭生活的需要所构筑的物质空间，是人类适应自然、改造自然的产物。

7.1.1 住宅的基本要求

（1）住宅设计必须遵守国家现行的有关技术规范和政策，以及节约用地、节约能源、节约建筑材料等相关规定和政策。

（2）住宅建设应符合城市规划要求，保障居民的基本生活条件和环境，经济、合理、有效地使用土地和空间。

（3）住宅应按套型设计，套内空间和设施应能满足安全、舒适、卫生等生活起居的基本要求。住宅应满足人体健康所需的通风、采光、日照、隔声、节能、环保的要求。具有防火安全性能，具备在紧急事态时人员从建筑中安全撤出的要求。

（4）住宅建筑设计应符合无障碍设计原则。

7.1.2 住宅的形式

为了适应各地自然环境的不同，如严寒或炎热的气候，平原或山地等地形地貌，城市或农村的环境不同，住宅呈现出不同的特点。

7.1.2.1 独户型住宅

（1）独院式住宅：是指别墅型的住宅，该户型是建造在独立地段的低层住宅。

（2）毗连式住宅：是指两户相邻组合，每户有三个面临空的低层住宅，每户有独立的前后院。

（3）联排式住宅：是指多户组合，每户有两个面临空的低层住宅。

7.1.2.2 公寓式住宅（又称集合式住宅）

是通过水平交通与垂直交通设施，将几户组成标准层，再叠合组成一幢住宅，在现代城市中这种住宅类型最为普遍。

7.1.2.3 住宅的层数

住宅的层数应根据地形、使用要求、施工条件、投资造价和城市规划对建设地段的规划要求等进行划分。

（1）低层住宅为1~3层的住宅；

（2）多层住宅为4~6层的住宅；

（3）中高层住宅为7~9层的住宅；

（4）高层住宅为10层及以上的住宅。

7.2　住宅各类房间的设计

一套住宅应提供相应功能的使用空间，以满足使用者的各种需要，一般可将住宅空间分为居住部分、辅助部分、交通部分这三部分。

居住部分：卧室、书房、起居室（厅）、餐厅；

辅助部分：厨房、卫生间、储藏间及壁柜、阳台、晒台等；

交通部分：过道、门厅、套内楼梯。

7.2.1　卧室、书房、起居室（厅）、餐厅

7.2.1.1　卧室

卧室的主要功能是满足睡眠休息的需要。根据不同的面积标准，一套住宅通常有一至数间卧室。按使用要求又可分为主卧室、次卧室、客房以及工人室等。在套型面积较小、标准较低时，卧室兼起居、学习等功能，要求卧室应有直接采光、自然通风，卧室之间不得穿越（图 7-1 ~ 图 7-3）。

7.2.1.2　书房

书房是满足在家里学习、工作、藏书的空间，书房的家具主要有写字台、座椅、书柜等（图 7-4）。

7.2.1.3　起居室（厅）

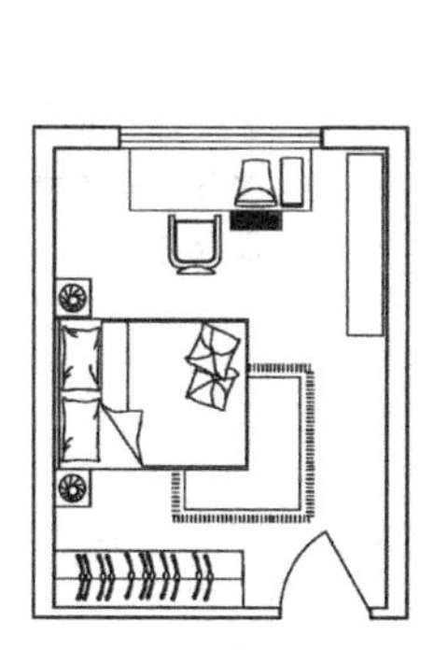
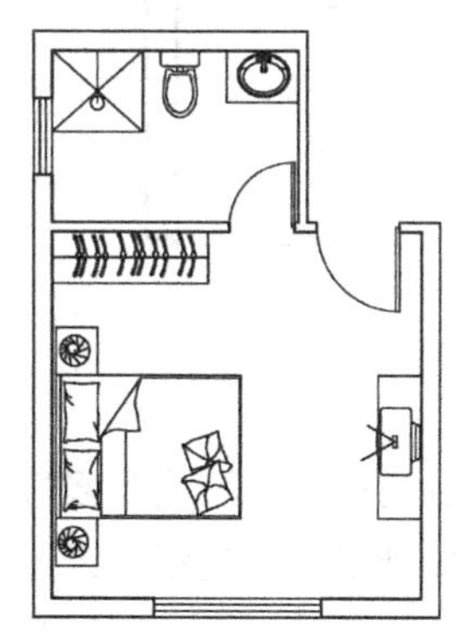

图 7-1　主卧室平面布置

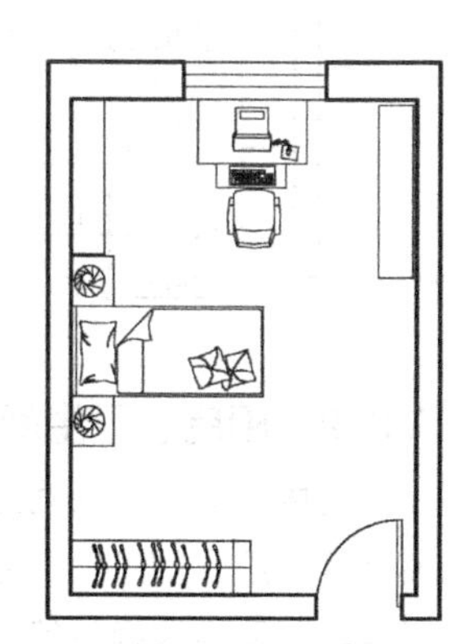

图 7-2　次卧室平面布置

起居室（厅）的主要功能是满足家庭活动，如团聚、会客、娱乐的需要。在住宅设计中，一般均应设置一个较大的空间，并且应有直接采光、自然通风，其使用面积不应小于 $12m^2$。

当住宅面积标准有限而不能独立设置餐室时，起居室（厅）则兼有就餐的功能。起居室的家具布置不宜过多，以保证有足够的活动空间，对于较大的起居室可以利用家具进行空间划分（图 7-5）。起居室（厅）内的门洞布置应综合考虑使用功能要求，减少直接开向起居室（厅）门

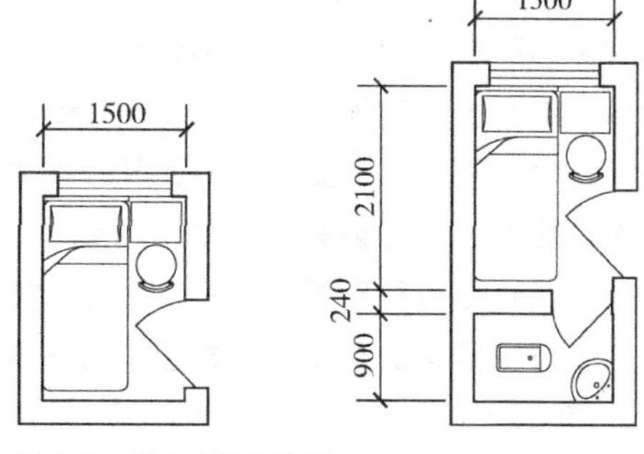

图 7-3　工人室平面布置

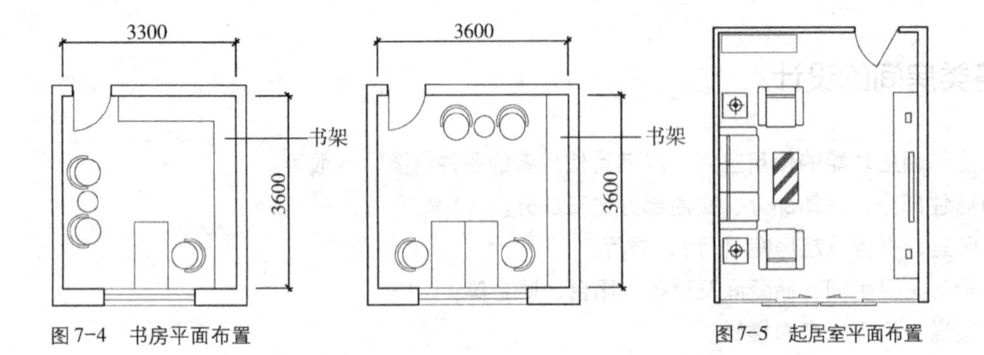

图7-4　书房平面布置

图7-5　起居室平面布置

的数量。起居室（厅）内布置家具的墙面直线长度应大于3m。

大型起居室的开间为4900～5700mm，进深为4200mm、4800mm；中型起居室的开间为3300mm左右，进深为4500mm、5100mm。

7.2.1.4　餐厅

餐厅是家庭成员就餐的地方，餐厅的大小要根据住宅套内面积、餐桌布置、家具尺寸及活动尺度等来确定（图7-6）。

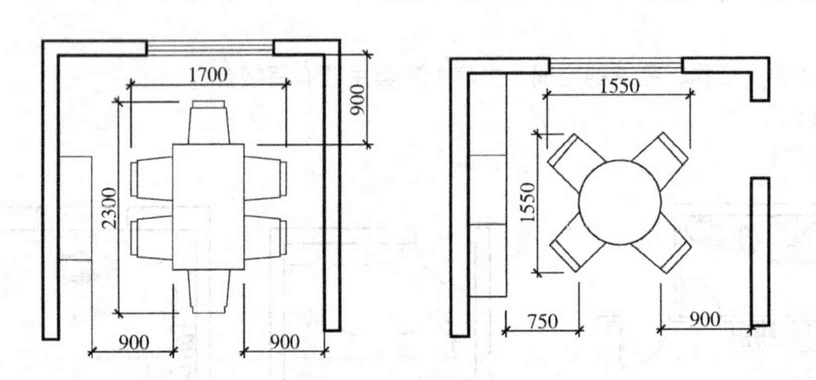

图7-6　餐厅平面布置及尺寸

7.2.2　厨房、卫生间

厨房、卫生间空间是住宅设计的核心组成部分，对住宅的功能与质量起着关键的作用。厨房、卫生间内设备及管线多，其平面布置涉及操作流程、人体工程学以及通风换气等诸多因素。

7.2.2.1　厨房

厨房的主要设备有灶台、操作台、水池、排烟装置等。厨房室内布置应符合操作流程，并保证必要的操作空间。

厨房设计应满足以下几方面的要求：

（1）厨房应有良好的采光和通风条件，在平面设计中应将厨房靠外墙布置，灶台上方设置抽油烟机或排烟罩。操作台净长不应小于2100mm。

（2）尽量利用厨房的有效空间布置足够的贮藏设施，如壁龛、吊柜等。

（3）厨房的墙面、地面应考虑防水、便于清洁，地面应比一般房间地面低20～50mm。

（4）厨房使用面积应大于4.0m^2。

厨房的平面尺寸取决于设备布置形式和住宅面积标准。厨房的布置形式有单侧、双侧、L 形、U 形等几种。从操作流程来看，L 形与 U 形较为理想，提供了连续的案台空间，避免了操作过程中频繁转身的缺点。单排布置设备的厨房净宽不应小于 1500mm；双排布置设备的厨房其两排设备的净距不应小于 900mm（图 7-7）。

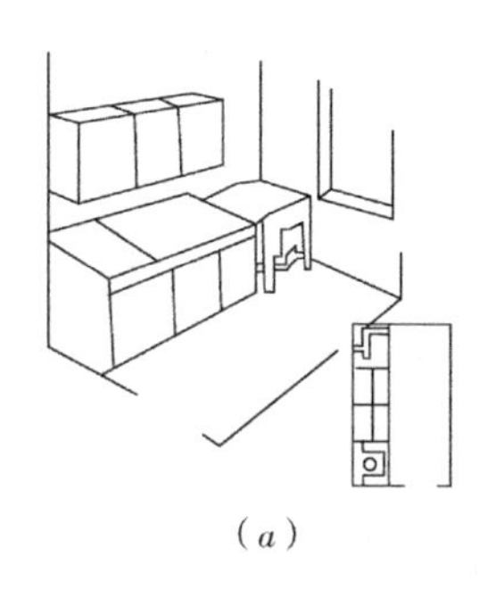
(*a*)

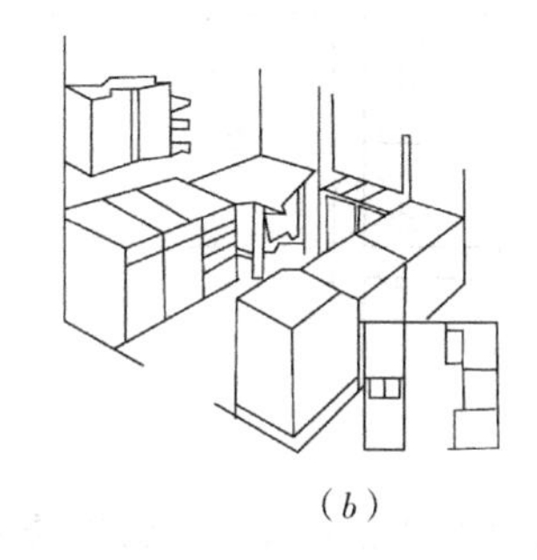
(*b*)

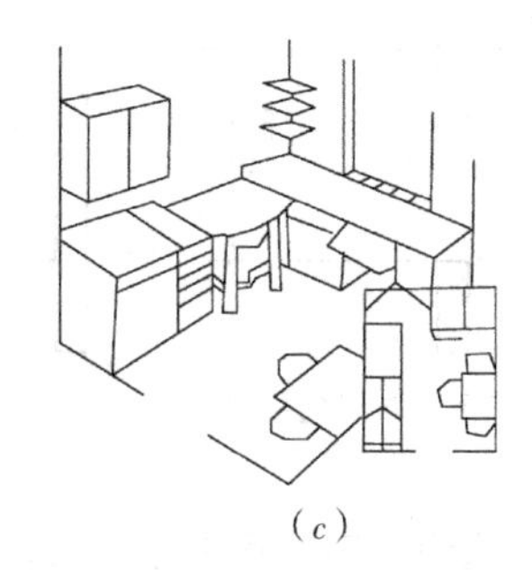
(*c*)

图 7-7　厨房示意图
(*a*) 单侧布置；(*b*) 双侧布置；(*c*) L 形布置

7.2.2.2　卫生间

卫生间是用来提供便溺、洗浴、盥洗及洗衣等功能的空间（图 7-8）。只用于便溺的称为厕所，厕所和卫生间可以分设，在卫生间内可以考虑设置洗衣机。

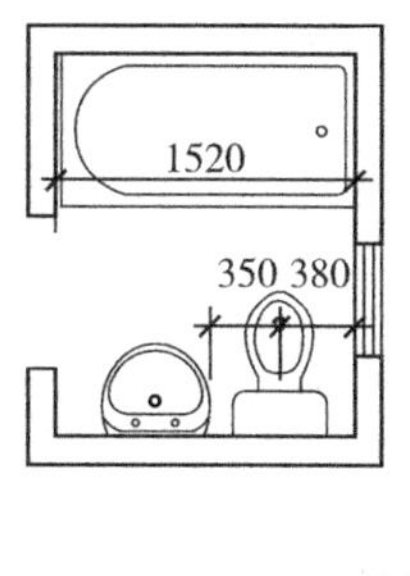

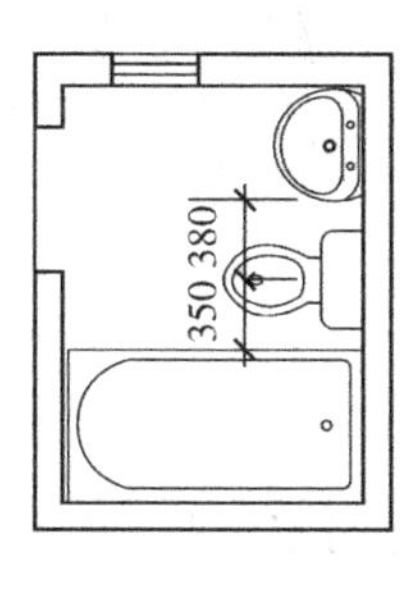

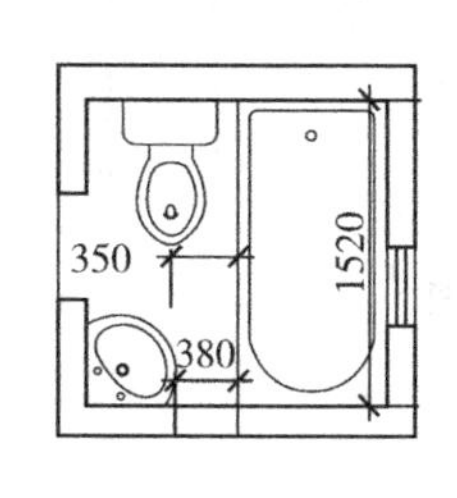

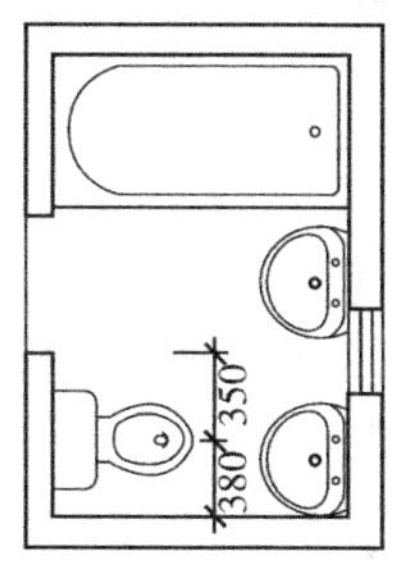

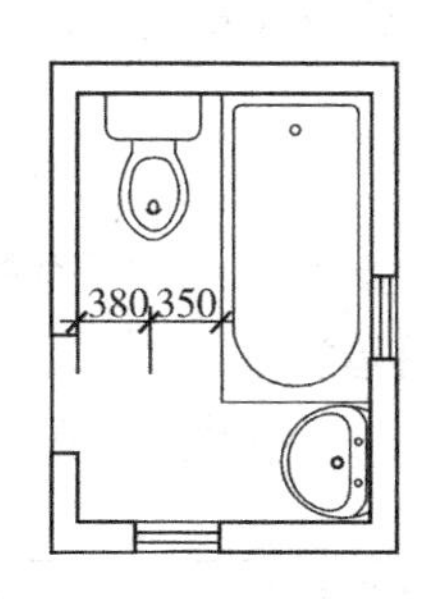

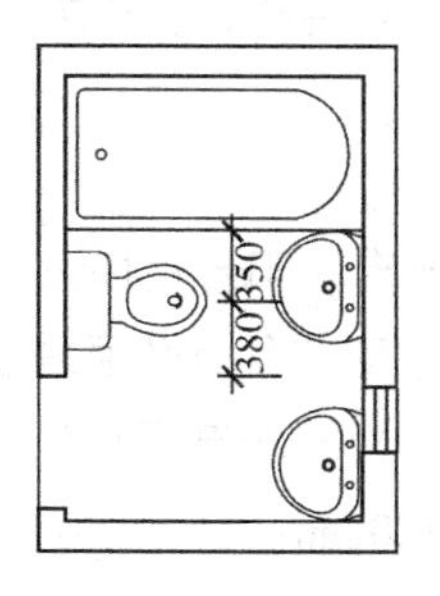

图 7-8　卫生间布置及示意图

每套住宅都应设卫生间，面积标准较高时，可设两个或两个以上的卫生间。每套卫生间至少应设置坐便器、洗浴器、洗面台三件卫生洁具。对于无前室的卫生间的门不应直接开向起居室（厅）或厨房。卫生间不应直接布置在下层住户的卧室、起居室（厅）和厨房的上层。并应防水、隔声和便于检修。

7.2.2.3　过道或门厅及套内楼梯

户内交通路线简洁便利，并能合理利用空间，布置必要的家具和储藏设施；布置过道及门厅时，应按不同地区特点考虑防风、防寒、隔热、遮阳及有利于户内通风等作用；过厅的净空尺寸不宜小于 1800mm × 1800mm（图 7-9）。

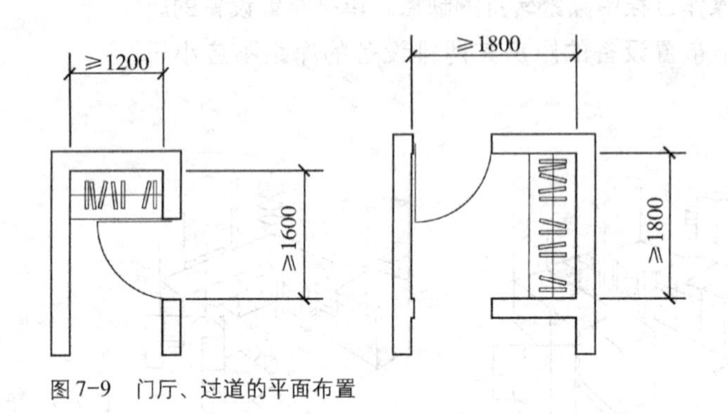

图 7-9　门厅、过道的平面布置

当一户的住房分层设置时，通常采用套内楼梯解决垂直交通。套内楼梯可以设置在楼梯间内，也可以与起居室或餐厅结合在一起，既节省空间，又可美化室内环境（图 7-10）。

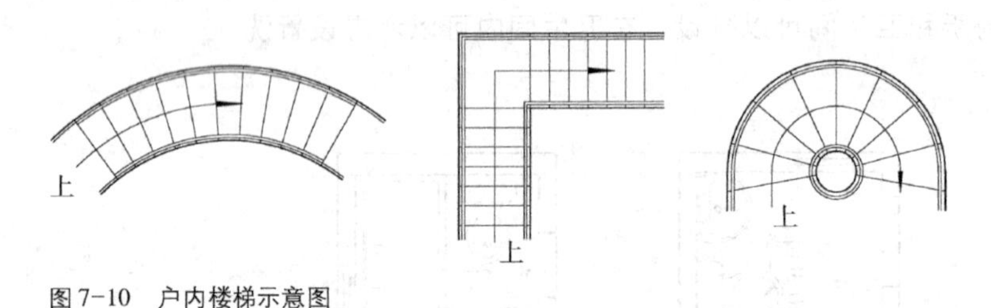

图 7-10　户内楼梯示意图

7.2.2.4　储藏空间

在一套住宅中，合理利用空间布置储藏设施是十分必要的。如利用门斗、过道、居室等的上部空间设置吊柜，利用房间组合角部分设置壁柜，利用墙体厚度设置壁龛等（图 7-11）。

7.2.2.5　阳台

每套住宅应设阳台或平台。阳台栏杆设计应防儿童攀登，栏杆的垂直杆件间净距不应大于 110mm，放置花盆处必须采取防坠落措施。

低层、多层住宅的阳台栏杆净高不应低于 1050mm；中高层、高层住宅的阳台栏杆净高不应低于 1100mm；封闭阳台栏杆也应满足阳台栏杆净高要求；中高层、高层及寒冷、严寒地区住宅的阳台宜采用实体栏板。阳台应设置晾、晒衣物的设施；顶层阳台应设雨罩。各套住宅之间毗连的阳台应设分户隔板。阳台、雨罩均应做有组织排水；雨罩应做防水，阳台宜做防水。

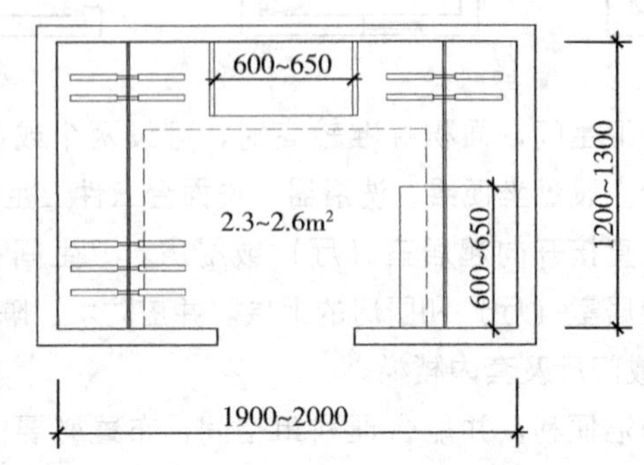

图 7-11　储藏空间示意图

7.3 住宅平面组合设计

7.3.1 住宅的套型

住宅建筑应能提供不同的套型居住空间以供不同户型的住户使用。户型是根据住户家庭人口构成进行划分的。而套型则是指为不同户型提供的不同使用面积、不同居住空间的成套住宅类型。通常将普通住宅套型划分为四类，其居住空间个数和使用面积不宜小于表7-1的规定。

居住空间个数和使用面积 **表7-1**

套型	居住空间数（个）	使用面积（m^2）
一类	2	34
二类	3	45
三类	3	56
四类	4	68

注：表内使用面积均未包括阳台面积。

7.3.2 住宅功能空间的关系

住宅具有休息、学习、工作、会客、家人聚会与娱乐的功能，功能空间有卧室、起居室（厅）、书房、餐厅、厨房和卫生间以及楼梯、走廊等，其功能关系如图7-12所示。

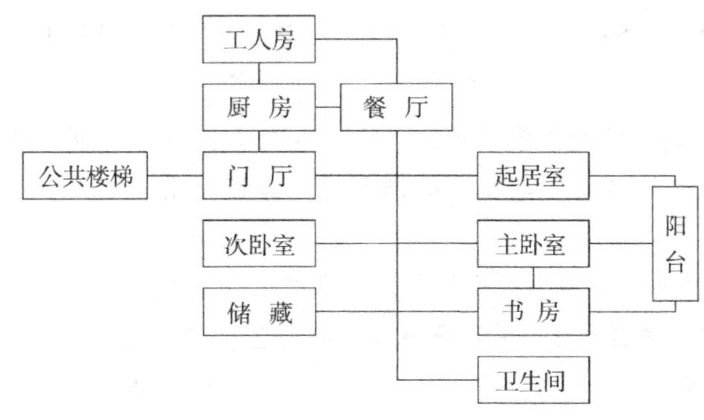

图7-12 住宅功能分析

7.3.3 套型空间组合设计

住宅的套型空间组合设计是将住宅的各个不同的空间，按照使用功能及相互关系，通过一定的方法和形式组合在一起，使住宅达到流线明确、布置合理、方便实用。

一般情况下，户型的空间组合关系分为两种：

（1）水平空间组合：同一层水平方向的组合；

（2）垂直方向的组合：低层别墅、复式或错层式布置等。

7.3.3.1 低层住宅

（1）独院式住宅：是一种独户居住的单幢住宅，有独立的庭院，居住环境安静，室外生活方便，平面组合灵活，内部各房间容易得到良好的采光和通风，居住舒适（图7-13）。

（2）联排式住宅：一般为底层由若干独户居住的单元拼联组成，各户在房前屋后有专用的院子供户外及家务活动，其日照、通风条件都比较好，可拼联成排，也可拼联成团（图7-14）。

7.3.3.2 多层住宅

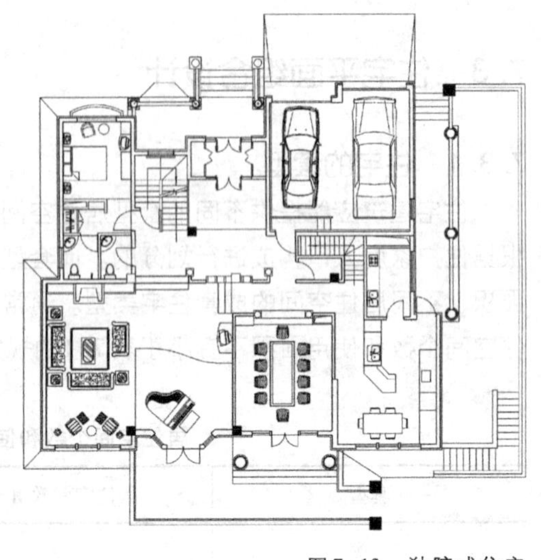

图7-13 独院式住宅一层平面

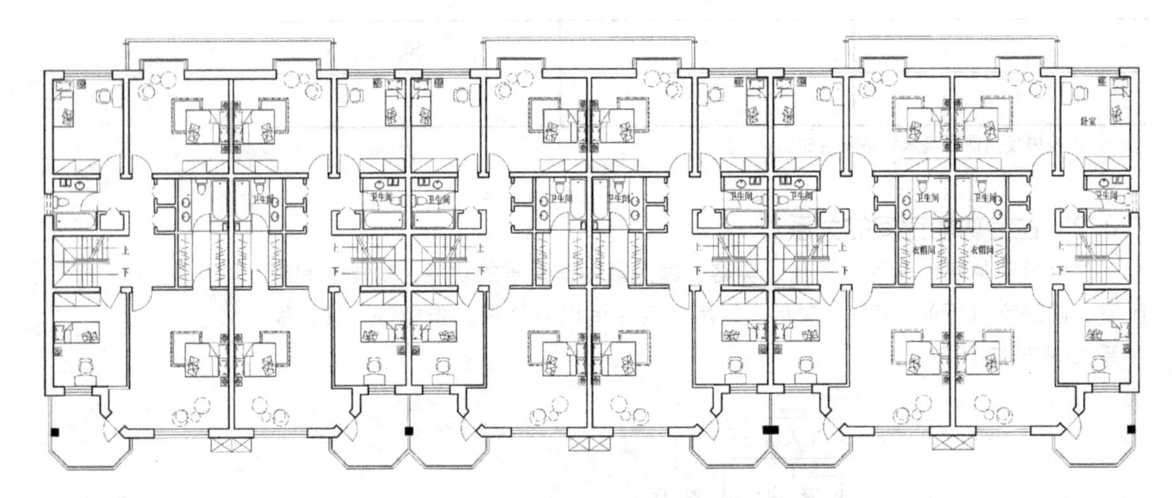

图7-14 联排式住宅

以公共楼梯解决垂直交通，用地比低层住宅节省，造价比高层住宅经济，是城镇中大量建造的住宅类型，常见多层住宅类型有单元式、走廊式和点式等。

（1）单元式住宅：每个单元以楼梯为中心布置住户，由楼梯平台直接进分户门。其有平面布置紧凑，公共交通面积少，户间干扰少，能适应多种气候条件等优点。常见单元形式有一梯一户、一梯二户、一梯三户、一梯四户等（图7-15）。

（2）走廊式住宅：沿着公共走廊布置住户，每层住户较多，楼梯利用率高，户间联系方便，但干扰大。公共走廊有长外廊、短外廊、长内廊、短内廊等形式（图7-16）。

（3）点式住宅：是数户围绕一个楼梯枢纽布置的单元独立建造而成。其平面布置灵活，外形处理自由，易与周围环境相协调，每幢建筑的占地面积少，便于利用零星基地（图7-17）。

图 7-15　单元式住宅

图 7-16　走廊式住宅

图 7-17　点式住宅

图 7-18　青年公寓

（4）其他形式：随着社会发展的需要，还出现为青年夫妇或有一子女的家庭提供过渡性住房的“青年公寓”，图 7-18 为东西向布置的青年公寓，端部采用凸出的三角形布置，改善了朝向；适应老年人生活特点和需要的“老年人住宅”（图 7-19）；近年来由于人口结构的变化，还出现了适应子女与老人共同生活的“两代居”住宅（图 7-20）。

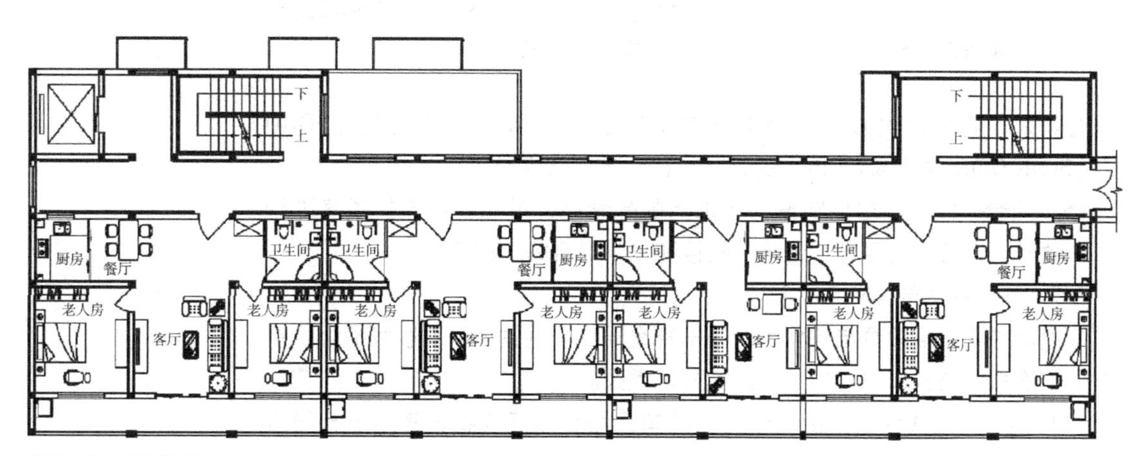

图 7-19　老年住宅

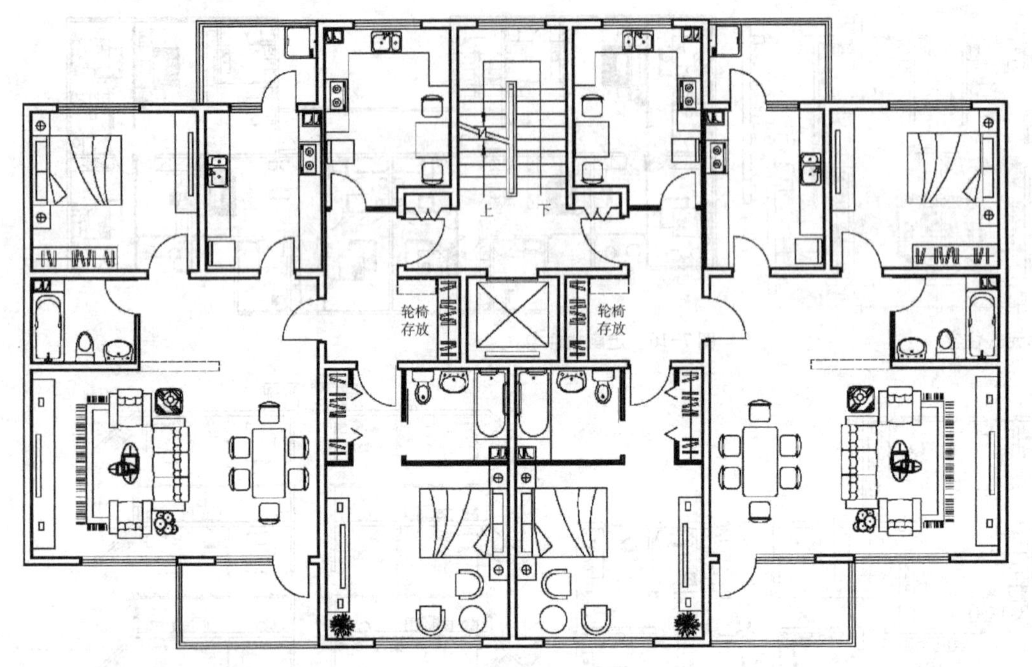

图 7-20 “两代居”住宅

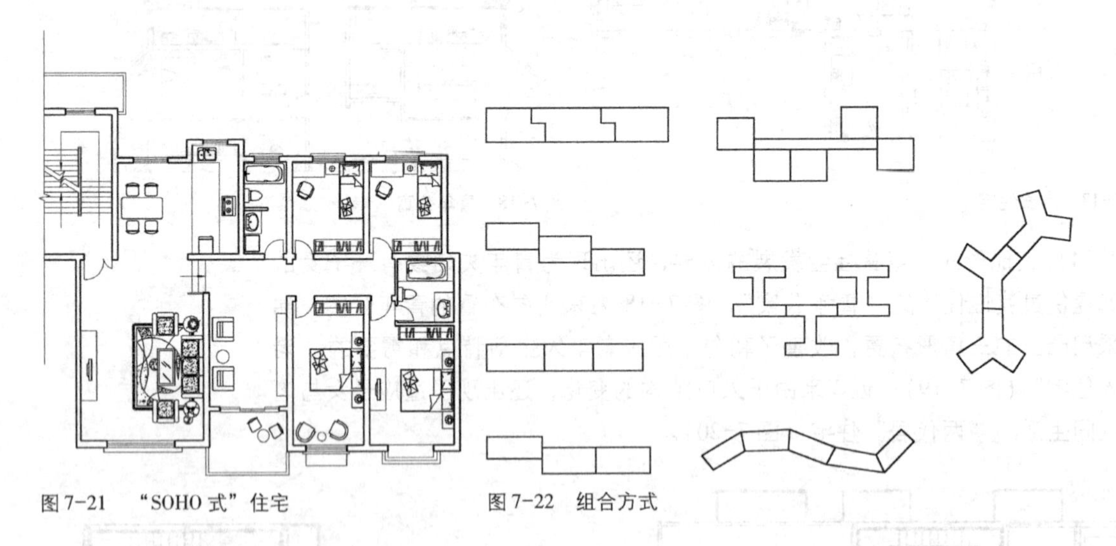

图 7-21 “SOHO 式”住宅

图 7-22 组合方式

近年来，随着科学技术发展尤其是信息产业的发展，出现了称为“SOHO 式”（Small Office 或 Home Office 的缩写）的住宅（图 7-21）。

（5）组合方式：多层住宅设计多采用的是套型、单元、住栋的顺序进行设计。单元组合可以是平接、错接、咬接和自由组合等（图 7-22）。

7.3.3.3 中高层、高层住宅

中高层住宅是需设置电梯作为主要垂直交通工具的住宅。一般包括组合单元式、走廊式、塔式以及跃层式、跃廊式等类型。

（1）组合单元式住宅：由若干完整的单元组合成建筑物，其体形一般为板式住宅。单元式平面紧凑，户间干扰小（图 7-23）。

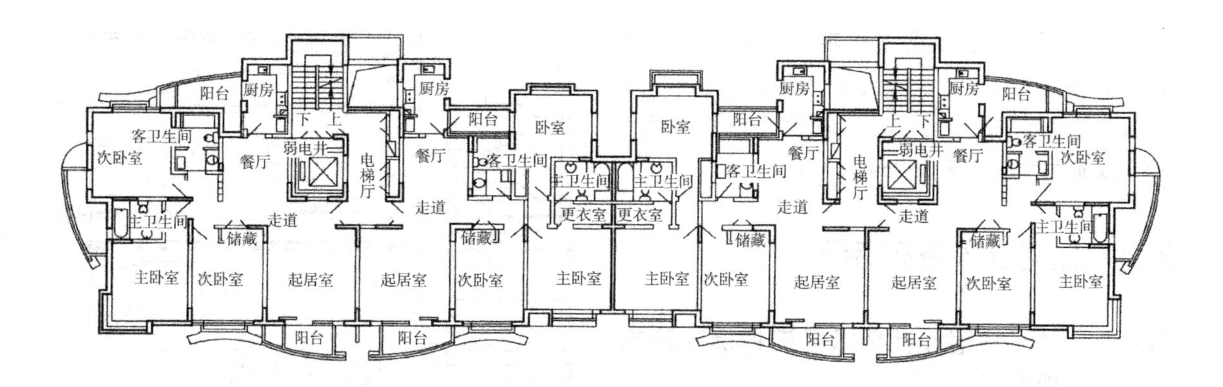

图 7-23　组合单元式住宅

（2）走廊式住宅：采用走廊作为电梯、楼梯与各住户之间的联系媒介，优点是可以提高电梯的服务户数，一般分为内廊式和外廊式两大类（图 7-24）。

内廊式住宅由于各户布置在走廊两侧，建筑进深较大，有利于节约用地，但户间干扰大，通风条件差；外廊式住宅则具有便于组织通风的优点，但因进深小而不利于节约用地。

（3）塔式住宅：它是以楼梯、电梯组成的交通中心为核心，将多套住宅组织成一个单元式平面（图 7-25）。

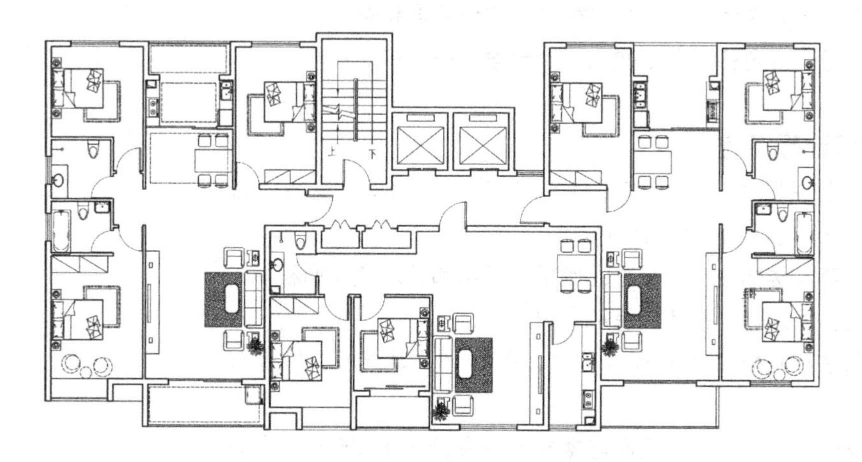

图 7-24　走廊式住宅

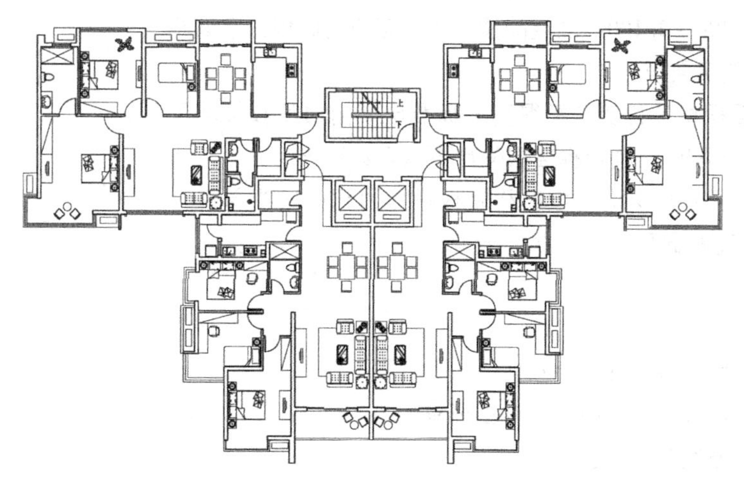

图 7-25　塔式住宅

（4）跃层式、跃廊式住宅：通常设户内楼梯，而每户占两层的称为跃层式住宅；在户门外设两户或更多户合用小楼梯，而每户只占一层的称为跃廊式住宅（图7-26）。

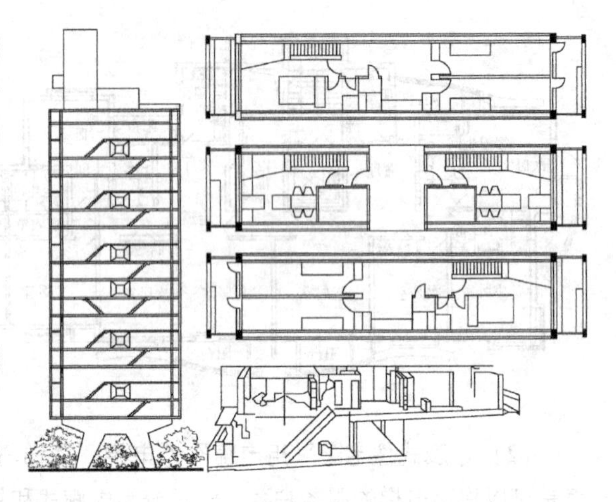

图7-26 跃廊、跃层式住宅

7.4 住宅技术经济指标

7.4.1 关于住宅设计技术经济指标计算的规定

（1）各功能空间建筑面积等于各功能使用空间墙体内表面所围合的水平投影面积之和；

（2）套内使用面积等于套内各功能空间使用面积之和；

（3）住宅标准层总使用面积等于本层各套型内使用面积之和；

（4）住宅标准层建筑面积，按外墙结构外表面及柱外沿或相邻界墙轴线所围合的水平投影面积计算，当外墙设外保温层时，按保温层外表面计算；

（5）标准层使用面积系数等于标准层使用面积除以标准层建筑面积；

（6）套型建筑面积等于套内使用面积除以标准层的使用面积系数；

（7）套型阳台面积等于套内各阳台结构底板投影净面积之和。

7.4.2 套内使用面积计算规定

（1）套内使用面积包括卧室、起居室（厅）、厨房、卫生间、餐厅、过道、门厅、储藏室、壁柜等的使用面积的总和。

（2）跃层住宅中的套内楼梯按自然层数的使用面积总和计入使用面积。

（3）烟囱、通风道、管井等均不计入使用面积。

（4）室内使用面积按结构墙体表面尺寸计算，有复合保温层的，按复合保温层表面尺寸计算。

（5）利用坡屋顶内空间时，顶板下表面与楼面的净高低于1.200m的空间不计算使用面积；净高在1.200～2.100m的空间按1/2计算使用面积；净高超过2.100m的空间全部计入使用面积。

（6）坡层顶内的使用面积单独计算，不得列入标准层使用面积和标准层建筑面积中，需计算建筑总面积时，利用标准层使用面积系数反求。

（7）封闭阳台和不封闭阳台面积均应按结构底板投影面积的一半单独计算，不计入每套使用面积或建筑面积内。

理论知识训练

1. 常见的住宅类型有哪些？各有什么特点？

2. 住宅由哪些功能空间组成？设计时各有什么要求？

3. 住宅平面组合设计的原则是什么？

4. 住宅公共部分设计的要求是什么？

5. 住宅套内使用面积的计算有哪些规定？

实践课题训练

题目：单元式多层住宅楼设计

一、目的和要求

通过本次设计使学生能够运用已学过的建筑设计的理论和方法进行一般的建筑设计，进一步理解设计的基本原理，了解建筑设计的步骤和方法。

二、设计条件

1. 本设计为城市型住宅，位于城市居住小区内。

2. 面积指标：平均每套建筑面积 70 ~ 110m^2。

3. 套型及套型比自定。

4. 层数：五层。

5. 层高：2. 800 ~ 2. 900m。

6. 结构类型：自定。

7. 房间组成及要求：

居室：包括卧室和起居室，卧室之间不宜相互串套。居室面积规定：

主卧室不小于 15m^2，其他卧室不小于 8m^2，起居室不小于 18m^2；

厨房：每户独用，内设案台、灶台、洗池；

卫生间：每户独用，内设坐便器、脸盆、淋浴（或浴盆）；

储藏设施：根据具体情况设置搁板、吊柜、壁柜等；

阳台：生活阳台 1 个，服务阳台根据具体情况确定；

其他房间：如书房、客厅、储藏室等可根据具体情况设置。

8. 结构抗震按 7 度或 8 度设防设计。

三、设计内容及图纸要求

绘制 A1 图纸，完成下列内容。

1. 图纸部分

本设计按初步设计深度要求进行，两单元组合图，2 号图纸。

（1）底层组合平面图：比例 1∶100。

（2）标准层组合单元平面图：比例 1∶100。

（3）剖面图：比例 1∶50。

（4）立面图（主要立面及侧立面图）：比例 1∶100。

2. 文字图表

（1）设计说明。

（2）主要技术经济指标。

本章小结

住宅建设应符合城市规划要求，住宅应按套型设计，套内空间和设施应能满足安全、舒适、卫生等生活起居的基本要求。

低层住宅类型有独院式和拼联式；多层住宅类型有单元式、走廊式和点式等；中高层、高层住宅类型有组合单元式、走廊式、塔式以及跃层式、跃廊式等。

一套住宅需要提供不同的功能空间来满足住户的各种使用要求，这些功能空间可归纳为居住、厨卫、交通及其他三大部分。这些空间的代表分别是卧室、起居室（厅）、厨房和卫生间以及楼梯、走廊等基本空间。

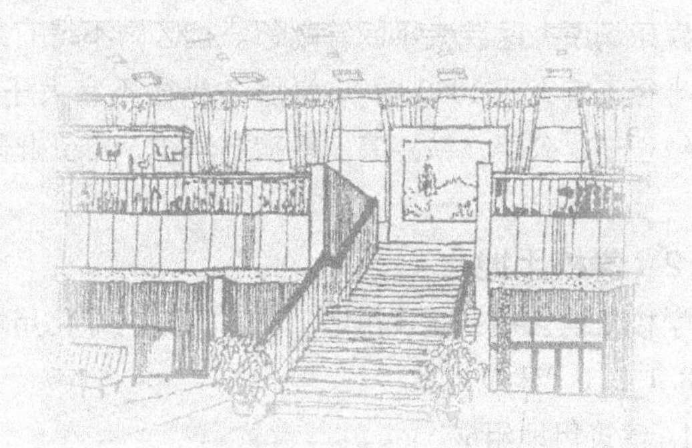

第8章 中小学建筑设计

8.1 中小学的基地设计

8.1.1 学校选址的基本原则

校址应选择在无污染、空气流通、场地干燥、排水通畅、地势较高的地段，校内应有布置运动场的场地和提供设置给水排水及供电设施的条件，学校选址及建设应符合国家有关规范和规定。学校主要教学用房的外墙面与铁路的距离不应小于300m；与机动车流量超过每小时270辆的道路同侧路边的距离不应小于80m，当小于80m时，必须采取有效的隔声措施。学校不宜与市场、公共娱乐场所、医院太平间等毗邻。校区内不得有架空高压输电线穿过。中学服务半径不宜大于1000m；小学服务半径不宜大于500m。走读小学生不应跨过城镇干道、公路及铁路等。寄宿制学校，不受此限制。

8.1.2 学校用地

学校用地包括：建筑用地、体育用地、绿化用地和勤工俭学用地等。

8.1.2.1 建筑用地

1. 建筑用地组成

教学及教学辅助用房用地，如普通教室、普通实验室、各种专业教室、公共教学用房（多功能教室、合班教室、图书阅览室、体育活动室、科技活动室等）等用地。办公用房用地，如教师办公室、行政办公室、广播社团办公室、会议接待室、德育展览室、卫生保健室等用地。生活服务用房用地，如教工单身宿舍、开水房、汽车库、配电室、厕所等用地。另外如申报增列的学生宿舍、学生食堂、锅炉房、浴室、自行车棚、传达室等（图8-1）。

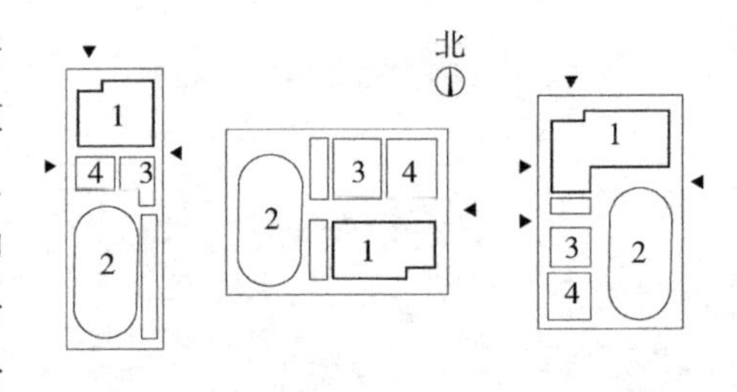

图8-1 学校用地组成示例

1—教学用地；2—体育用地；3—实验室等用地；4—行政用地

2. 学校建筑用地设计的规定

学校的建筑容积率可根据其性质、建筑用地和建筑面积的多少确定。小学不宜大于0.8；中学不宜大于0.9，有住宿生的中学宜有部分学生住宿用地。学校的自行车棚用地应根据城镇交通情况决定。在采暖地区，当学校建在无城镇集中供热的地段时，应留有锅炉房、燃料、灰渣的堆放用地。

8.1.2.2 体育用地

1. 体育用地组成

（1）小学低年级的游戏场用地。

（2）学生课间操用地。

（3）各类球场用地。

（4）田径运动场用地，如200、250、300、400m环形跑道（含60m或

100m 直跑道）用地。

（5）各类器械运动场用地。

（6）其他用地。

2. 学校运动场地设计的规定

（1）运动场地应能容纳全校学生同时做课间操之用。小学每个学生不宜小于 2.3m^2，中学每个学生不宜小于 3.3m^2。

（2）学校田径运动场应符合表 8-1的规定。

（3）每六个班应有一个篮球场或排球场。

（4）运动场地的长轴宜南北向布置，场地应为弹性地面。

（5）有条件的学校宜设游泳池。

学校田径运动场跑道规格 **表 8-1**

	小学	中学
环形跑道（m）	200	250～400
直跑道长（m）	二组 60	二组 100

注：1. 中学学生人数在 900 人以下时，宜采用 250m 环形跑道；学生人数在 1200～1500 人时，宜采用 300m 环形跑道。
2. 直跑道按每组 6 条计算。
3. 位于市中心区的中小学校，因用地确有困难，跑道的设置可适当减少，但小学不应少于一组 60m 直跑道，中学不应少于一组 100m 直跑道。

8.1.2.3 绿化用地

1. 绿化用地组成

（1）校前区集中绿地用地。

（2）各部分的隔离绿化带用地。

（3）校内成片绿地及开展气象、园艺、生物兴趣小组活动的自然科学实验园地用地。

（4）其他用地。

2. 学校绿化用地设计的规定

中学不应小于每个学生 1.0m^2；小学不应小于每个学生 0.5m^2。

8.1.3 学校建筑功能关系

学校在功能划分上应考虑教学用房、教学辅助用房、行政管理用房、服务用房、运动场地、自然科学园地及生活区用房等各部分的特点，应分区明确、布局合理、联系方便、互不干扰。学校建筑平面功能分析图如图 8-2所示。

8.1.4 总平面布局要求（图 8-3、图 8-4）

1）由教室和实验室组成的教学区，要求安静，有良好的朝向、日照和通风条件。

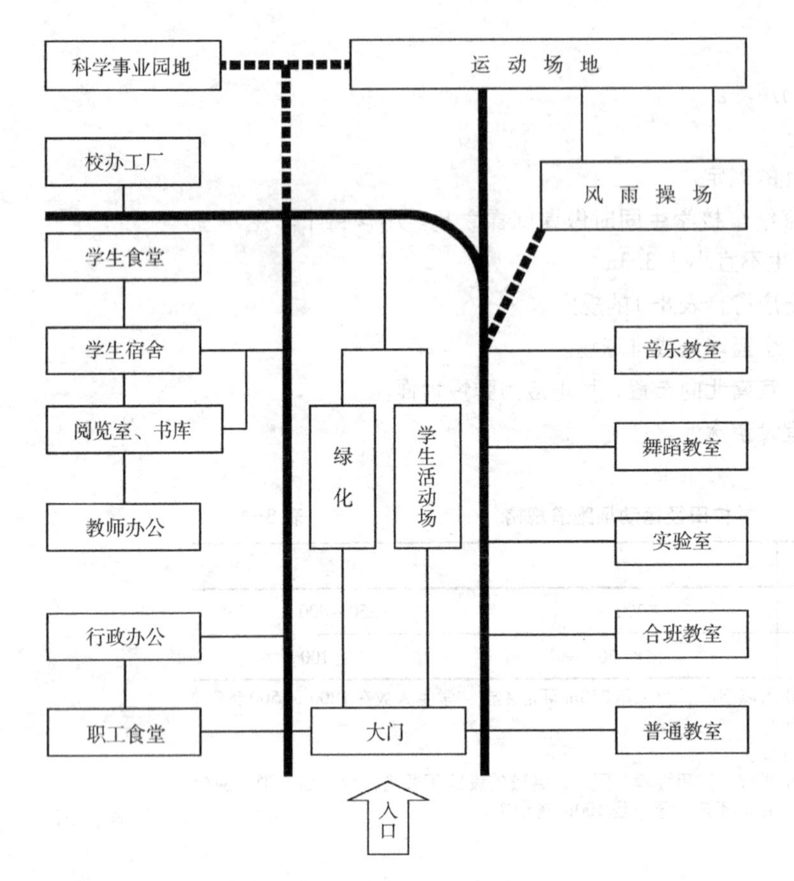

图 8-2 学校建筑平面功能分析图

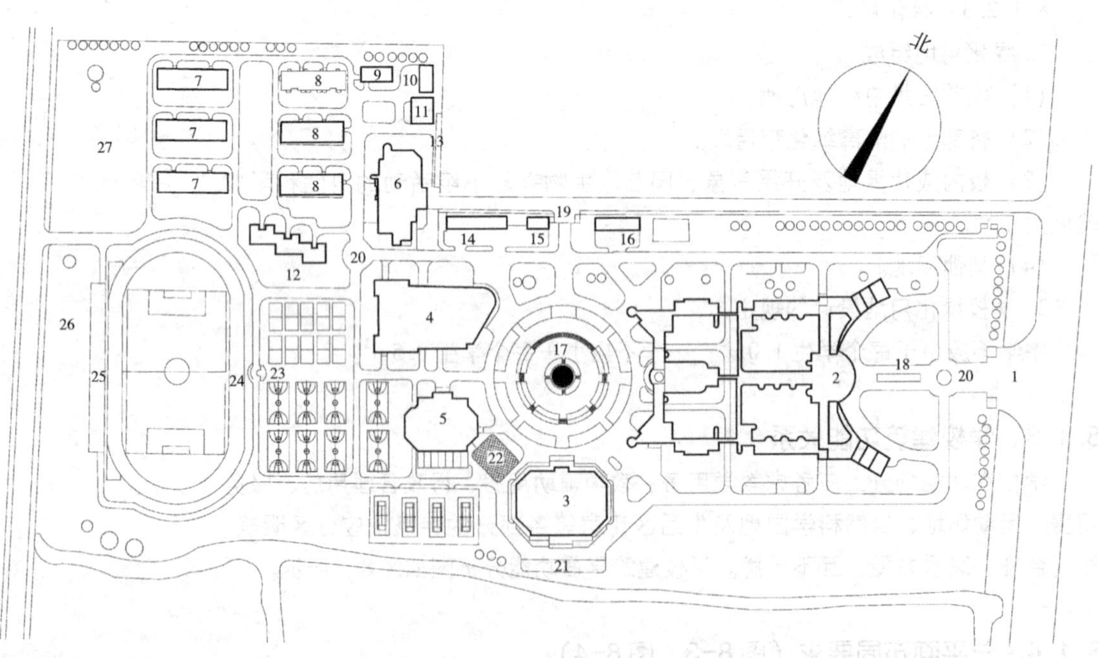

图 8-3 某中学平面布置图

1—东入口；2—教学综合楼；3—体育馆；4—会堂；5—游泳馆；6—食堂；7—男生宿舍；8—女生宿舍；9—后勤楼；10—锅炉房；11—浴室；12—教工宿舍；13—自行车棚；14—汽车库；15—变电所；16—后勤仓库；17—下沉式广场；18—喷水池；19—北大门；20—雕塑；21—硬地绿化；22—溜冰场；23—领操台；24—旗杆；25—运动场看台；26—苗圃；27—植物园

2）风雨操场应离开教学区，靠近室外运动场地布置。

3）音乐教室、琴房、舞蹈教室应设在不干扰其他教学用房的位置。

4）学校的校门不宜开向城镇干道或机动车流量每小时超过300辆的道路。校门处应留出一定的缓冲距离。

5）建筑物的间距应符合下列规定：

（1）教学用房应有良好的自然通风。

（2）南向的普通教室冬至日底层满窗日照不应小于2h。

（3）两排教室的长边相对时，其间距不应小于25m。教室的长边与运动场地的间距不应小于25m。

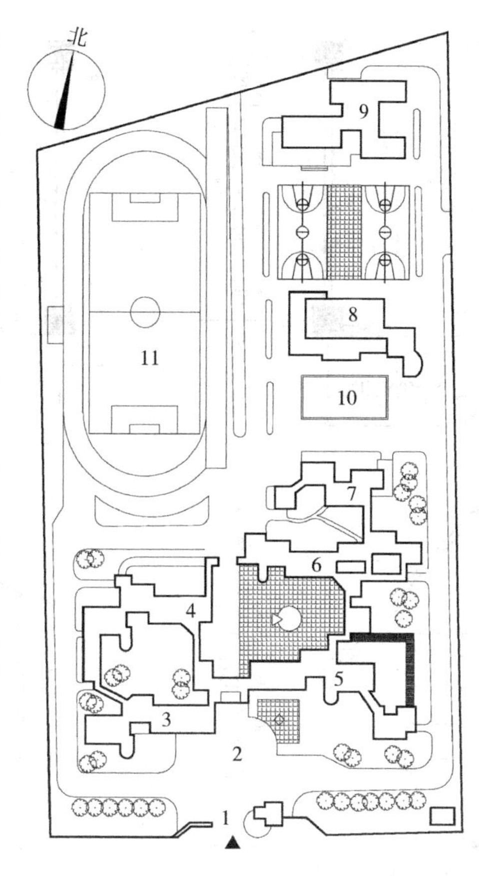

图8-4　某小学平面布置图

1—主要入口；2—前庭广场；3—教学楼；4—教学楼；5—教学楼；6—综合楼；7—图书楼；8—体育馆；9—食堂厨房；10—游泳池；11—运动场

8.2　中小学校教学及教学辅助用房设计

8.2.1　教学及教学辅助用房

8.2.1.1　教学及教学辅助用房的组成及设计要求

（1）中小学教学及教学辅助用房的组成，应根据学校的类型规模、教学活动要求和条件分项选择一部分或全部教学用房、教学辅助用房。如普通教室、实验室、自然教室、美术教室、书法教室、史地教室、语言教室、微型电子计算机教室、音乐教室、琴房、舞蹈教室、合班教室、体育器材室、教师办公室、图书阅览室、科技活动室等。

（2）风雨操场应根据条件和情况设置。

（3）教学用房的平面，宜布置成外廊或单内廊的形式。

（4）教学用房的平面组合应使功能分区明确、联系方便和有利于疏散。

（5）各类用房面积指标符合规范的要求。

8.2.1.2　普通教室

（1）教室内课桌椅的布置应符合的规定：

课桌椅的排距：小学不宜小于850mm，中学不宜小于900mm。纵向走道宽度均不应小于550mm。课桌端部与墙面（或突出墙面的内壁柱及设备管道）的净距离均不应小于120mm。前排边座的学生与黑板远端形成的水平视角不应小于30°。教室第一排课桌前沿与黑板的水平距离不宜小于2000mm；教室最

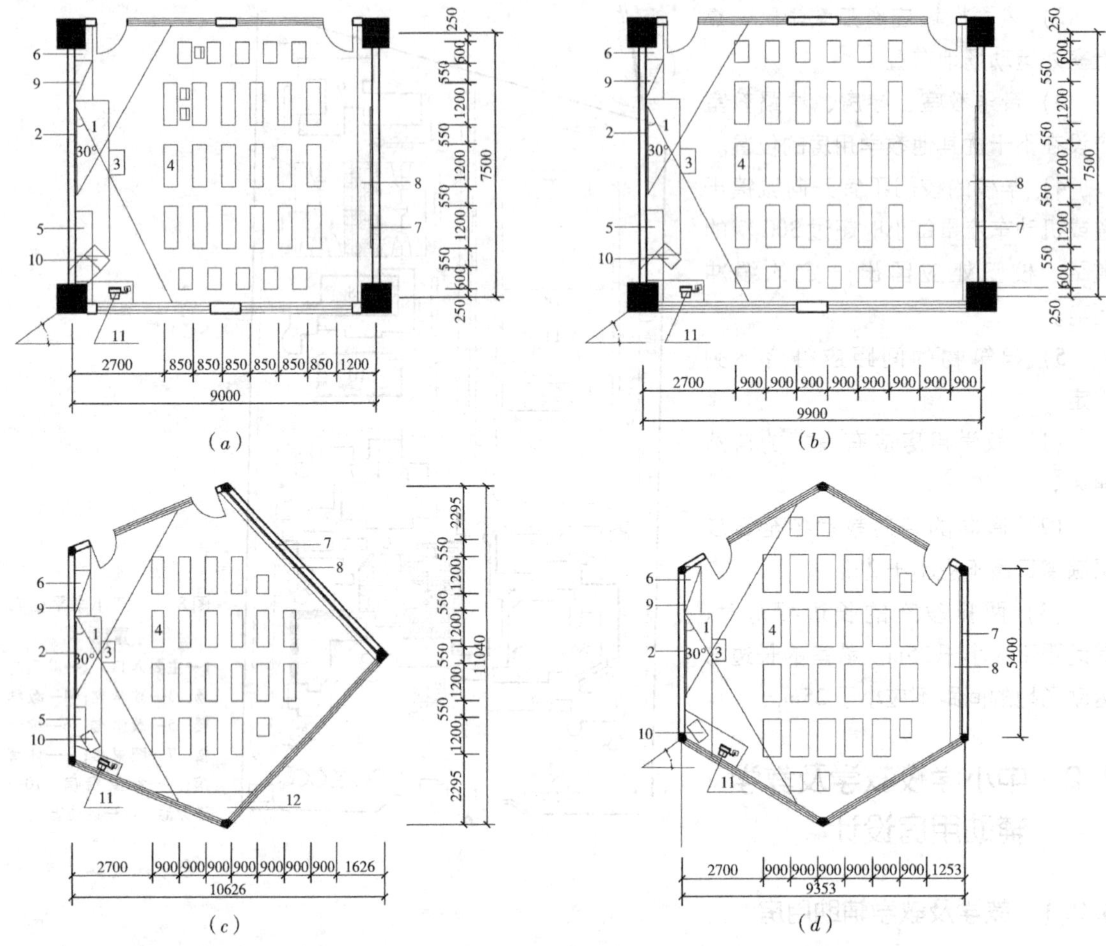

图 8-5　普通教室平面布置

(*a*) 小学普通教室平面布置；(*b*)、(*c*)、(*d*) 中学普通教室平面布置

1—讲台；2—黑板；3—讲桌；4—课桌；5—墙柜；6—清洁柜；7—宣传栏；8—学生储物柜；9—投影幕；10—电视机位置；11—计算机位置；12—个别辅导

后一排课桌后沿与黑板的水平距离：小学不宜大于 8000mm，中学不宜大于 8500mm。教室后部应设置不小于 600mm 的横向走道（图 8-5*a*～图 8-5*d*）。

（2）普通教室应设置黑板、讲台、清洁柜、窗帘、银幕挂钩、广播喇叭箱、挂衣钩、雨具存放处。教室的前后墙应各设置一组电源插座。

（3）黑板设计应符合的规定：

黑板布置一般在墙上居中位置，黑板的高度不应小于 1000mm，宽度在小学不宜小于 3600mm，中学不宜小于 4000mm。黑板下沿与讲台面的垂直距离：小学宜为 800～900mm；中学宜为 1000～1100mm。黑板表面应采用耐磨和无光泽的材料。讲台两端与黑板边缘的水平距离不应小于 200mm，宽度不应小于 650mm，高度宜为 200mm。

8.2.1.3　实验室

物理、化学实验室可分边讲边试实验室、分组实验室及演示室三种类型。

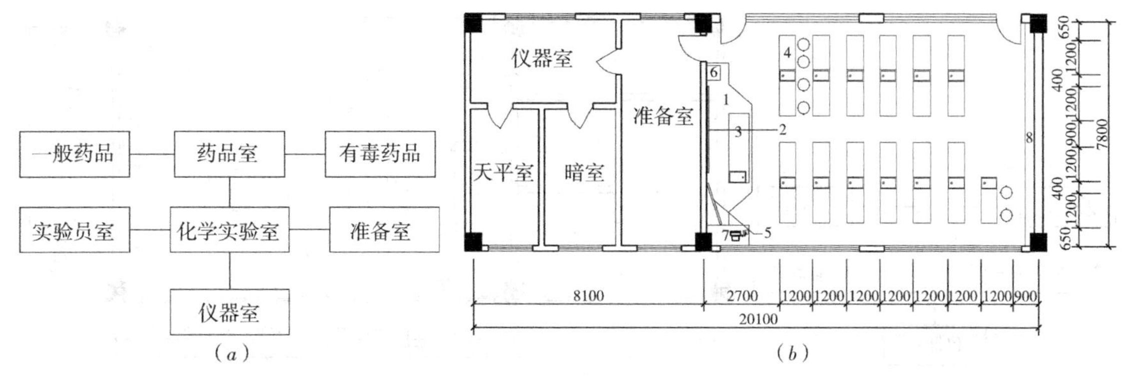

图8-6 化学实验室

(a) 化学实验室房间的组成；(b) 化学实验室平面布置

1—讲台；2—黑板；3—教师演示台；4—学生实验台；5—投影幕；6—电视机；7—计算机；8. 仪器柜

生物实验室可分显微镜实验室、演示室及生物解剖实验室三种类型。根据教学需要及学校的不同条件，这些类型的实验室可全设或兼用。

实验室设施的设置应符合的规定：

实验室及其附属用房应根据功能的要求设置给水排水设备、通风管道和各种电源插座。实验室内应设置黑板、讲台、窗帘杆、银幕挂钩、挂镜线。化学实验室、化学准备室及生物解剖实验室的地面应设地漏。

1. 化学实验室

化学实验室宜设仪器室、准备室、实验员室、药品储藏室等附属用房（图8-6）。化学实验室的设计应符合的规定：

实验室宜设在一层；窗不宜为西向或西南向布置。实验室内的排风扇应设在外墙靠地面处。风扇的中心距地面不宜小于300mm。风扇洞口靠室外的一面应设挡风措施；室内一面应设防护罩。实验室应设置带机械排风的通风柜，当有两个以上化学实验室时，至少应有一间实验室设置通风柜。通风柜内宜设给水排水装置，但电源插座、照明及煤气开关均不得设在通风柜内。实验室内应设置一个急救冲洗龙头，实验室可设置有安全措施的煤气管道。

2. 物理实验室

物理实验室宜设仪器室、准备室、实验员室等附属用房。物理实验室的设计应符合下列规定：

（1）作光学实验用的实验室宜设遮光通风窗及暗室。内墙面宜采用深色。

（2）作光学实验用的实验桌上宜设置局部照明（图8-7）。

3. 生物实验室

生物实验室宜设准备室、标本室、仪器室、模型室、实验员室等附属用房。实验室的窗宜为南向或东南向布置。实验室向阳面宜设置室外阳台和宽度不小于350mm的室内窗台。实验室的显微镜实验桌宜设置局部照明（图8-8）。

化学实验室附属用房除药品储藏室可与准备室合并设置外，其他房间均宜分开设置。化学实验室的危险化学药品储藏室，除应符合防火规范要求外，尚

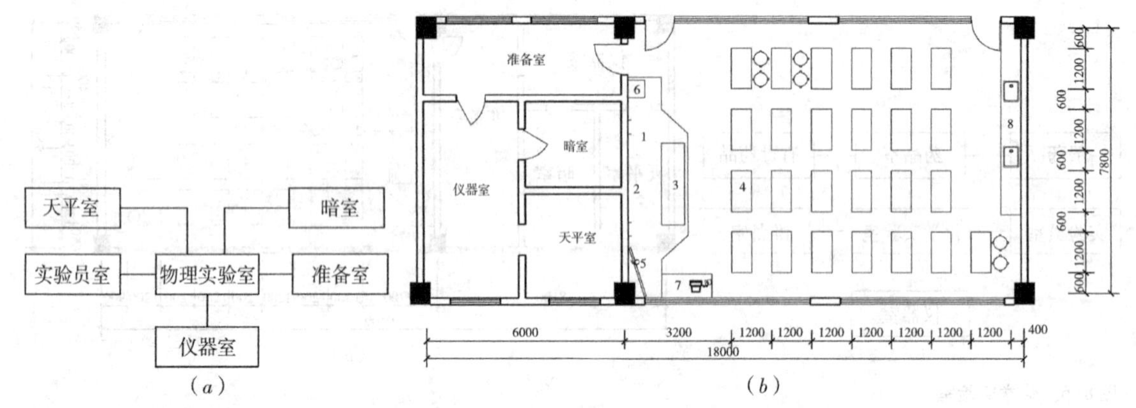

图 8-7　物理实验室

(*a*) 物理实验室房间组成；(*b*) 物理实验室平面布置

1—讲台；2—黑板；3—教师演示台；4—学生实验台；5—投影幕；6—电视机位置；7—计算机位置；8—带洗池低柜

应采取防潮、通风等措施。物理实验室附属用房宜分开设置，物理实验室的实验员室宜设置钳工台。生物实验室附属用房，除实验员室可与仪器室或模型室合并外，其他房间均宜分开设置；生物标本室宜为北向布置，并应采取防潮、降湿、隔热、防鼠等措施。

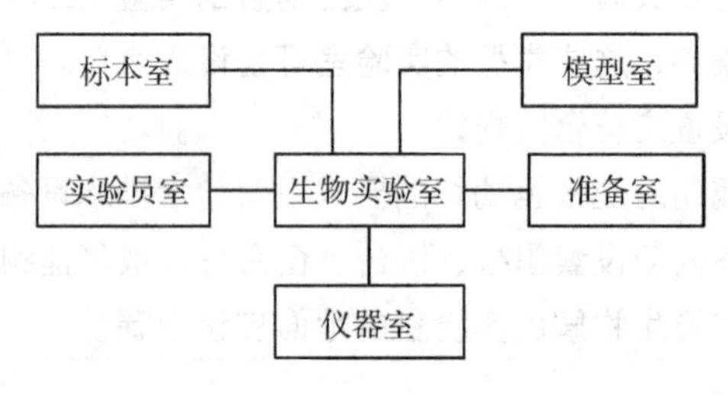

图 8-8　生物实验室房间的组成

8.2.1.4　自然、史地、美术、书法教室

（1）自然教室，小学自然教室宜设教具仪器室（兼放映室）。教室第一排课桌前沿与黑板的水平距离不应小于 2500mm，最后一排课桌后沿与黑板的水平距离不应大于 9500mm。教室中间纵向走道宽度和课桌端部与墙面（或突出墙面的内壁柱及设备管道）的净距离，不应小于 550mm。教室及教具仪器室应根据功能要求设置水池及弱电源插座。教室的南方向的室内窗台宽度不小于 350mm。教室宜设多媒体设备、仪器标本柜、窗帘盒及挂镜线。教具仪器室应设门与教室相通。

（2）史地教室，史地教室宜设陈列室、储藏室等附属用房，也可在教室内设置供存放仪器、挂图、展品、岩石标本等的位置。地理教室和历史教室宜合并设置。教室讲桌应设电源插座。教室内宜设窗帘盒、银幕挂钩、挂镜线。设置简易天象仪的地理教室，其课桌宜安装局部照明。

（3）美术教室，中小学美术教室宜设教具储存室。美术教室宜设北向采光或设顶部采光。对有人体写生的美术教室，应考虑遮挡外界视线的措施。教具储存室宜与美术教室相通。教室四角应各设一组电源插座，室内应设窗帘盒、银幕挂钩、挂镜线和水池（图 8-9）。

（4）书法教室，书法桌应全部采取单桌排列，其排距：中小学不宜小于 950mm。教室内的纵向走道宽度不应小于 550mm。室内宜设挂镜线、水池、窗帘盒及电源插座。

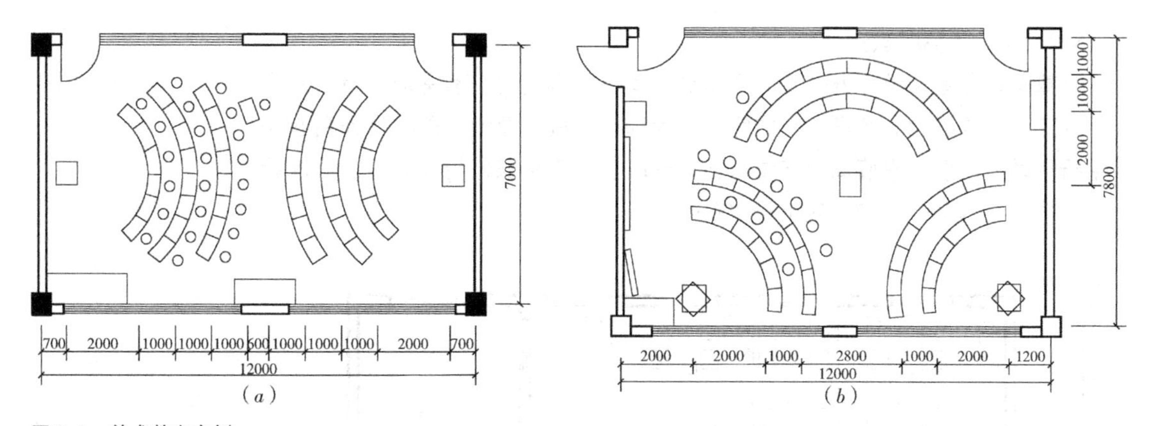

图 8-9　美术教室实例

(a) 小学美术教室；(b) 中学美术教室

8.2.1.5　音乐教室、琴房

音乐教室宜设附属用房乐器室。琴房内应设电源插座，并应考虑室内音响和隔声设计。教室内地面宜设 2～3 排阶梯，亦可做成阶梯教室。教室应设置五线谱黑板及教师示教琴位置。

8.2.1.6　舞蹈教室

舞蹈教室宜设器材储藏室、更衣室、浴室、厕所等附属用房。每间教室不宜超过 20 人使用。教室内在垂直采光窗的一面横墙上，应设一面高度不小于 2100mm（包括镜座）的通长镜子。其余三面内墙应设置高度不低于 900mm 可升降的把杆，把杆距墙不宜小于 400mm。窗台高度不宜低于 900mm，并不得高于 1200mm。室内宜设吸顶灯，并应设电源插座、窗帘盒及挂镜线，采暖设施应暗装。

8.2.1.7　语言教室宜设控制室、换鞋处等附属用房

当控制台设于邻室时，两室之间应设观察窗，窗的设置应能满足教师视线看到教室每个学生座位的要求（图 8-10）。

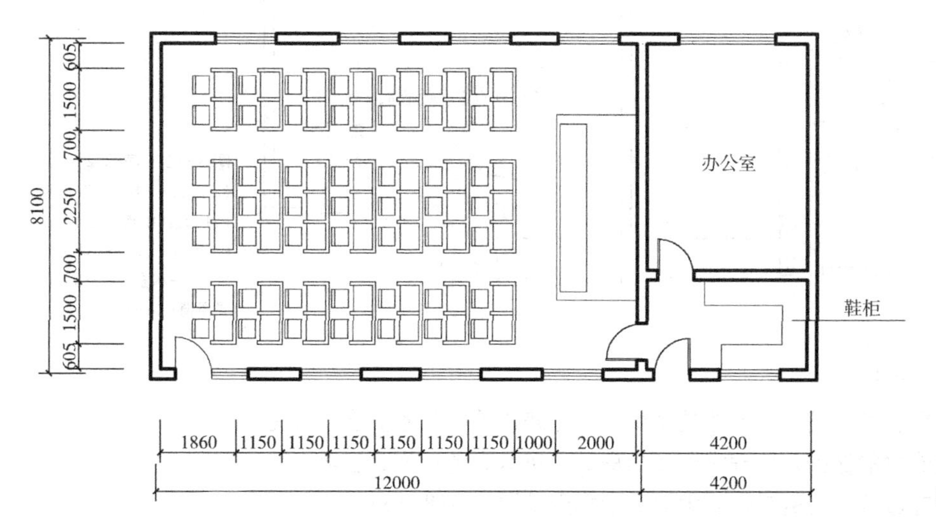

图 8-10　语言教室

8.2.1.8 计算机教室

计算机教室宜设教师办公室、资料储存室等附属用房。教室应设置书写白板、窗帘及银幕挂钩。教室的平面宜布置为独立的教学单元。微机操作台宜采用平行于教室前墙或沿墙周边布置（图8-11）。计算机操作台前后排之间净距离和纵向走道的净距离均不应小于700mm。

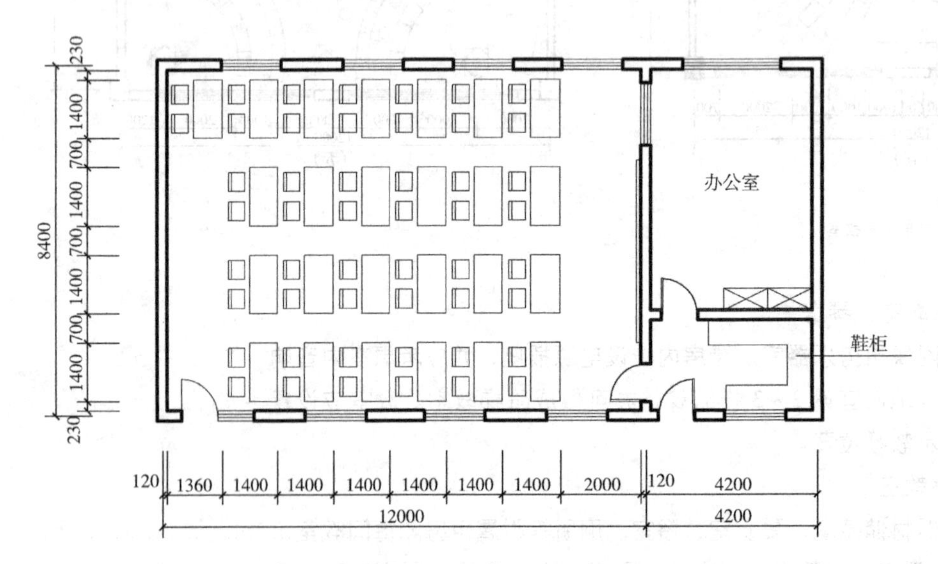

图8-11　计算机教室平面布置

8.2.1.9 演示室的设计规定（图8-12）

（1）演示室宜容纳一个班的学生，最多不应超过两个班。

（2）演示室应采用阶梯式楼地面，设计视点应定在教师演示台面中心。每排座位的视线升高值宜为120mm。

（3）演示室宜采用固定桌椅，当座椅后背带有书写板时，其排距不应小于850mm。每个座位宽度宜为500mm。

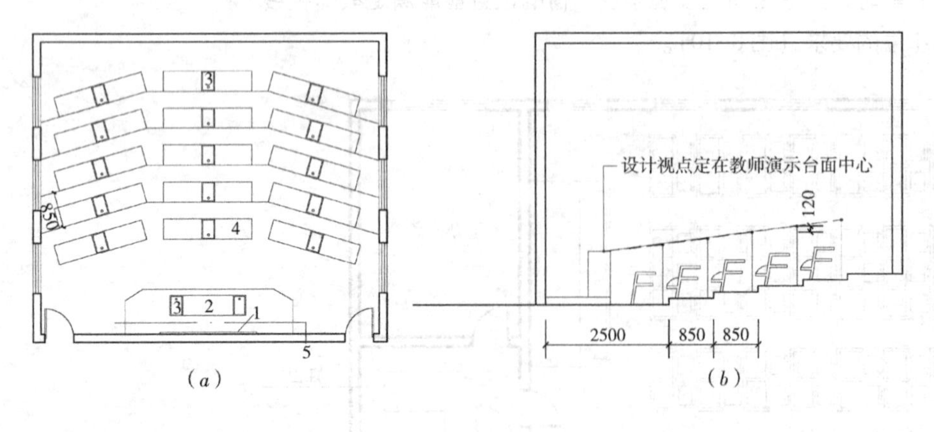

图8-12　演示室
(a) 演示室平面布置；(b) 设计视点示意
1—黑板；2—教师演示台；3—水盆；4—演示室课桌椅；5—讲台

8.2.1.10 合班教室

合班教室的规模宜能容纳一个年级的学生，并可兼作视听教室。合班教室宜设放映室兼电教器材的储存、修理等附属用房。合班教室的地面，容纳两个班的可做平地面；超过两个班的应做坡地面或阶梯形地面（图8-13）。

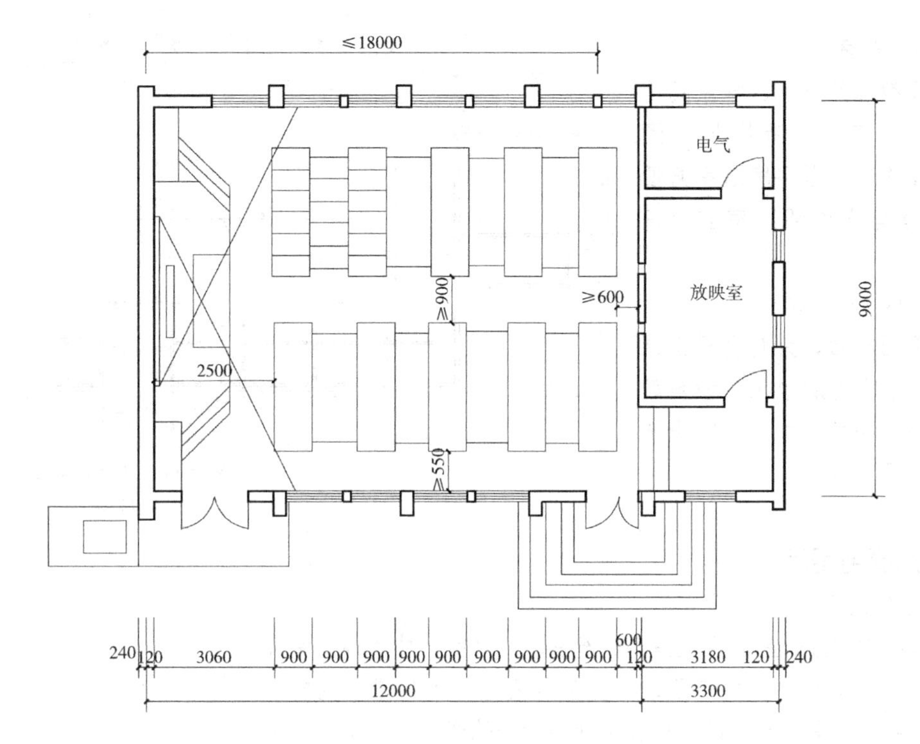

图 8-13　合班教室平面布置

8.2.1.11　风雨操场

风雨操场宜设室内活动场、体育器材室、教师办公室及男、女更衣室、厕所、浴室等附属用房。

室内活动场的设计应符合下列规定：

（1）室内活动场的类型应根据学校的规模及条件确定，并宜符合表 8-2 的规定。

室内活动场类型　　表 8-2

类型	面积（m^2）	净高（m）	使用说明	
			小学	中学
小型	360	不低于 6.0	容 1～2 个班	
中型（乙）	650	不低于 7.0		容 1～2 个班
中型（甲）	760	不低于 8.0		容 2～3 个班
大型	1000	不低于 9.0		容 3～4 个班

（2）室内活动场的设施、设备应根据学校的教学要求和条件设置。

（3）室内活动场窗台高度不宜低于 2100mm。门窗玻璃、灯具等，均应设置护网或护罩。

（4）室内活动场不应采用刚性地面。固定设备的埋件不应高出地面。体育器材室宜靠近运动场，并宜与体育教师办公室和体育教师更衣室相邻布置。体育器材室应设借物窗口和易于搬运运动器械的出入口。体育教师更衣室内宜设洗手盆、挂衣钩（图 8-14）。

8.2.1.12　图书阅览室

图书阅览室宜设教师阅览室、学生阅览室、书库及管理员办公室（兼借书处）。阅览室应设于环境安静并与教学用房联系方便的位置。教师阅览室与学生阅览室应分开设置。

8.2.1.13　教师办公室、休息室

教师办公室的平面布置，宜有利于备课及教学活动，教学楼中宜每层或隔层设置教师休息室，教师办公室和教师休息室宜设洗手盆、挂衣钩、电源插座等。

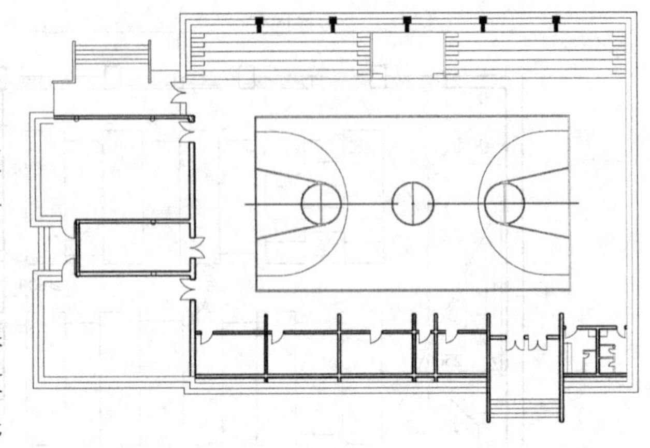

图8-14　风雨操场示意图

8.2.2　行政和生活服务用房

8.2.2.1　行政办公用房

行政办公用房宜设党政办公室、会议室、保健室、广播室、社团办公室和总务仓库等。广播室的窗宜面向操场布置，保健室的窗宜为南向或东南向布置。保健室的大小应能容纳常用诊疗设备和满足视力检查的要求，小学保健室可设一间，中学、中师和幼师保健室宜分设为两间，根据条件可设观察室，保健室应设洗手盆、水池和电源插座。

8.2.2.2　生活服务用房

生活服务用房宜设厕所、淋浴室、饮水处、教职工单身宿舍、学生宿舍、食堂、锅炉房、自行车棚。

8.2.3　交通与疏散

8.2.3.1　门厅

教学楼宜设置门厅，在寒冷或风沙大的地区，教学楼门厅入口应设挡风间或双道门，挡风间或双道门的深度，不宜小于2100mm（图8-15）。

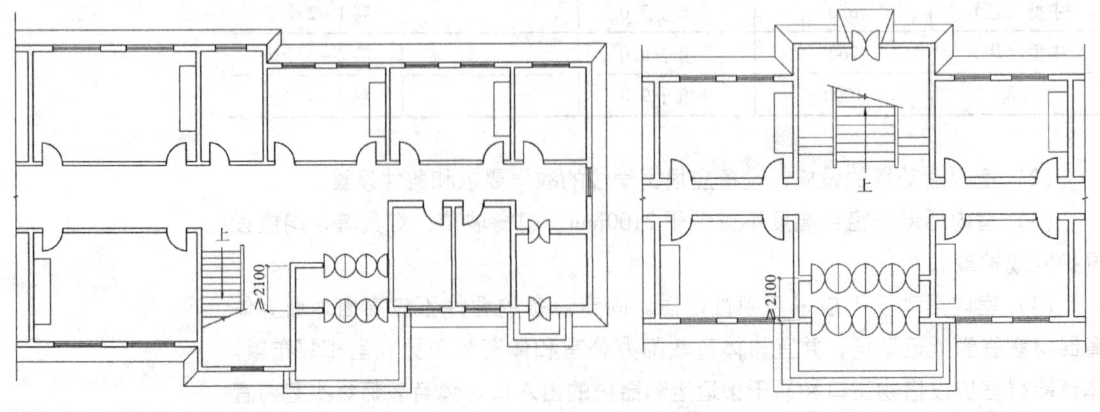

图8-15　中小学门厅平面布置

8.2.3.2　走道

（1）教学楼走道的净宽度应符合下列规定：教学用房中内廊不应小于2100mm，外廊不应小于1800mm；行政及教师办公用房不应小于1500mm。

（2）走道高差变化处必须设置台阶时，应设于明显及有天然采光处，踏步不应少于3级，并不得采用扇形踏步。

（3）外廊栏杆（或栏板）的高度，不应低于1100mm，栏杆不应采用易于攀登的花格。

8.2.3.3　教学楼楼梯

（1）楼梯间应有直接天然采光。

（2）楼梯不得采用弧形或扇形踏步，每段楼梯的踏步，不得多于18级，并不应少于3级。梯段与梯段之间，不应设置遮挡视线的隔墙。楼梯坡度不应大于30°。

（3）楼梯梯段的净宽度大于3000mm时宜设中间扶手。

（4）楼梯井的宽度不应大于200mm，当超过200mm时，必须采取安全防护措施。

（5）室内楼梯栏杆（或栏板）的高度不应小于900mm，室外楼梯及水平栏杆（或栏板）的高度不应小于1100mm，楼梯不应采用易于攀登的花格栏杆。

8.2.3.4　安全出口

教室安全出口的门洞宽度不应小于1000mm，合班教室的门洞宽度不应小于1500mm。教学用房及其附属用房不宜设置门槛。

8.2.4　层数、净高

（1）小学教学楼不应超过四层。

（2）学校主要房间的净高，应符合表8-3的规定。

主要房间净高（m）　　**表8-3**

房间名称	房间净高	房间名称	房间净高
小学教室	3.10	舞蹈教室	4.50
中学	3.40	教学辅助用房	3.10
实验室	3.40	办公及服务用房	2.80

注：1. 合班教室的净高度根据跨度确定，但不应低于3.60m。
2. 设双层床的学生宿舍，净高不应低于3.00m。

8.3　中小学教学楼平面组合设计

中小学校教室平面组合形式，一般可分为走廊式组合、庭院式组合及单元式组合等。

8.3.1 走廊式组合

（1）内廊式组合：一般为两侧布置教室的中内廊式组合，南北向教室的温差很大，冬季北向寒冷而南向温暖，北向教室也无法保证日照要求。同时相对教室之间噪声干扰严重，故建议尽量减少这种形式。如采用这种布置形式时，也应满足天然采光要求，并很好地解决冬季通风换气问题（图8-16）。

（2）外廊式组合：各个房间以明廊为主要交通走道相互联系。外廊形式有挑廊与柱廊两种。教室朝向，以南外廊较多。这在南方夏季可减少阳光直照（图8-17），北方西北风较多，门不宜向北开。这种形式，是目前学校广泛采用的一种组合形式。

（3）单侧内廊式组合：这种组合与外廊式基本相同，只是将外廊部分用墙和窗封闭，它主要适合北方寒冷地区（温暖地区也可采用）。内走廊设在北侧，内廊南侧为教室，过道一面可避免冬季冷空气直吹室内，教室一面为直接采光（图8-18）。

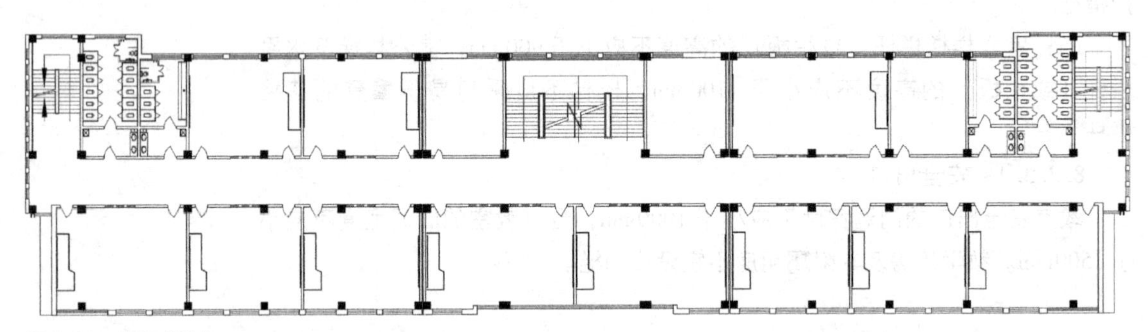

图8-16　内廊式组合

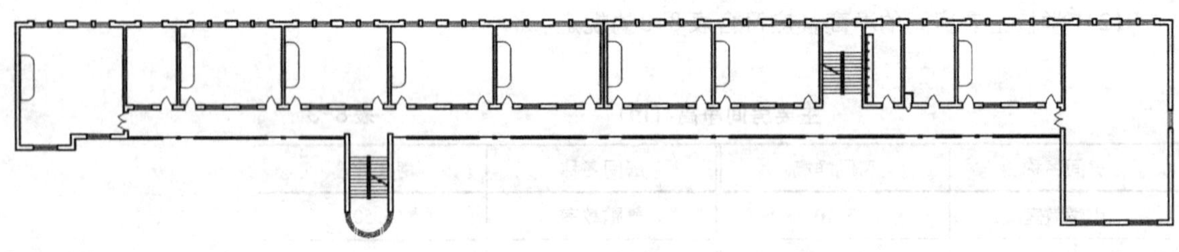

图8-17　外廊式组合

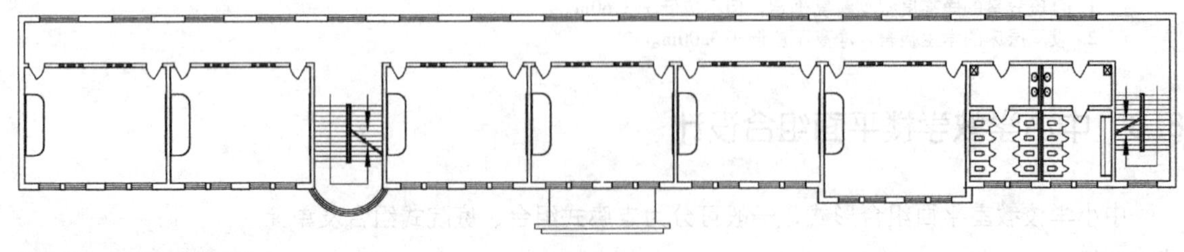

图8-18　单侧内廊式组合

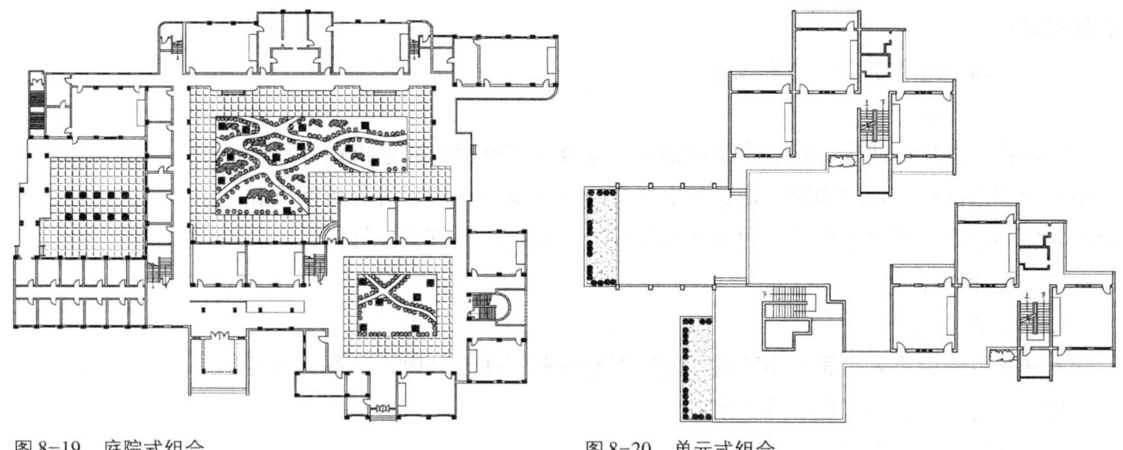

图 8-19　庭院式组合　　图 8-20　单元式组合

8.3.2　天井式或庭院式组合

为了创造良好的学习和活动环境，庭院式的组合形式可以有效组织室外空间，如通过增加绿化、花圃及各种建筑小品等丰富室外空间（图 8-19）。天井式组合形式，由于两排房屋距离较小，噪声干扰严重，应慎重采用。

8.3.3　单元式组合

单元式组合的特点是若干教室及辅助用房组成一个较完整的教室单元。一个年级的各班在教学活动上有许多类同之处，且学生年龄基本一致，故常以一个年级的教室、教师休息室和厕所等房间组成一个独立单元，此种组合形式处理得当可减少交通面积，各年级相互干扰小；几个单元组合的建筑形式不同，可创造较丰富的室外空间。对地形变化大、地段不规则的基地更宜采用这种组合形式（图 8-20）。

理论知识训练

1. 中小学校选址的基本原则是什么？
2. 中小学校用地由哪几部分组成？
3. 总平面布局要求是什么？
4. 各类教室的类型与形状、大小各有什么不同？
5. 不同类型的教室室内布置有何不同？
6. 黑板设计应符合哪些规定？
7. 对中小学教学楼的交通与疏散有哪些规定？
8. 对教学楼层数与层高有什么规定？
9. 对楼梯栏杆及护窗栏杆有什么要求？
10. 对门窗有什么设计要求？
11. 对教学楼室内环境有哪些方面的要求？
12. 结合实例分析教学楼平面组合设计的方式，各有何特点？

实践课题训练

题目：18 班中学教学楼方案设计

一、目的要求

通过设计，学习教育类建筑的设计特点，综合运用所学民用建筑设计原理及中小学建筑设计原理的知识，培养学生综合运用建筑设计原理去分析问题和解决问题的能力，了解方案设计的方法和步骤。了解现行规范和条例。

二、设计条件

1. 修建地点

本建筑位于中小城市居住小区或开发区新建的职工住宅区内，地段情况可参考提供的地形图，亦可自己另选地段。

2. 房间名称及使用面积（表 8-4）

总建筑面积控制在 5000m^2（按轴线计算，上下浮动不超过 5%）。

学校房间名称及使用面积　　表 8-4

房间名称		间数	每间使用面积（m^2）	备注
教学用房	普通教室	12	53～58	每班 50 人
	音乐教室	1	53～58	
	乐器室	1	15～20	
	多功能大教室	1	100～120	供两班用，可做成阶梯教室
	电教器材储存修理兼放映室	1	35～40	
	实验室	2	75～85	
	实验准备室	2	40～45	
	语音教室	1	70～85	
	语言教室准备室或控制室	1	25～40	
	教师阅览室	1	30～40	可合并为一间
	学生阅览室	1	40～60	
	书库	1	30～40	
	科技活动室	3	15～20	
行政办公用房	党支部办公室	1	12～16	
	校长办公室	1	12～16	
	教务办公室	1	12～16	包括文印
	档案室	1	12～16	
	总务办公室	1	12～16	
	体育器材室	1	12～16	
	会议室	1	30～40	
	广播室	1	6～14	

续表

房间名称		间数	每间使用面积（m^2）	备注
行政办公用房	传达值班室	1～2	6～15	
	教师办公室	6	12～16	
	体育办公室	1	12～16	
	工会办公室	1	12～16	
	团、队、学生会办公室	1	12～16	
生活辅助用房	杂物储藏室		24	
	开水房		20	
	厕所		按规定标准计算	见第4点

3. 总平面设计

（1）教学楼：占地面积按设计。

（2）运动场：设250m环形跑道（附100m直跑道），田径场1个，篮球场2个，排球场1个。

（3）绿化用地（兼生物园地）：300～500m^2。

4. 建筑标准

（1）建筑层数：1～5层

（2）层高：教学用房3.6～3.9m，办公用房3.0～3.4m。

（3）结构：混合结构或钢筋混凝土框架结构。

（4）门窗：木门、铝合金窗（或塑钢窗）。

（5）装修：根据当地社会经济状况，自行确定。

（6）走道宽（轴线尺寸）：2400～3000mm（中间走道），1800～2100mm（单面走道）。

（7）采光：教室窗地比为1/4，其他用房为1/8～1/6。

（8）卫生：设室内厕所（蹲式大便器、小便槽或小便斗），按在校生1:1来计算。

男厕所：40～50人一个大便器，两个小便斗（或1m长小便槽）。

女厕所：20～25人一个大便器。

三、设计要求

总体布局合理：

（1）功能组织合理，布局灵活自由，空间层次丰富，合理布置家具。

（2）符合有关规范的规定。造型新颖，美观大方，尺度亲切。

（3）具有良好的室内外空间关系及良好的采光通风条件。

（4）结构合理。

四、设计内容及深度

本设计按方案设计深度要求进行，用手工绘制，彩色渲染，透视图表现手法不限，1号图幅。完成下列内容：

(1) 平面图：各层平面及屋顶平面图，比例1:200～1:100。

底层各入口要画出踏步、花池、台阶、绿地、庭院等外部环境设计。

(2) 立面图：主立面及侧立面，比例1:200～1:100。

(3) 剖面图：1～2个剖面，比例1:200～1:100。

(4) 总平面图：1:500。

(5) 主要技术经济指标及方案设计说明。

五、建设地段平面

该地位于某城市大型居住区，该地北面、东面为居住区，西面为一幼儿园；南侧为15m宽城市道路，东侧为7.5m宽居住区道路（图8-21）。

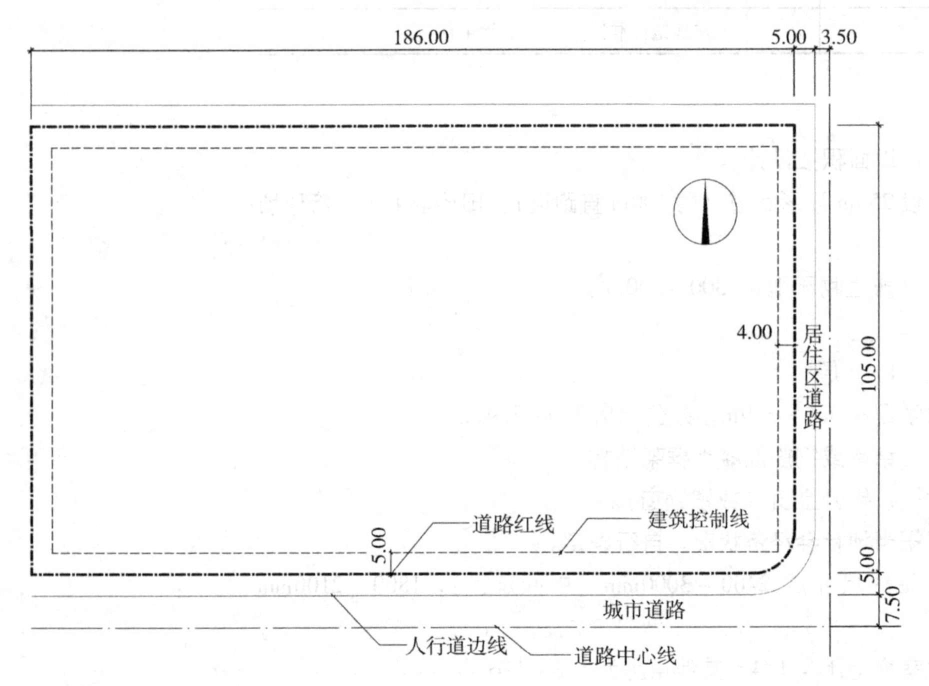

图8-21　学校建设地段平面

本章小结

校址应选择在无污染、空气流通、场地干燥、排水通畅、地势较高的地段，校内应有布置运动场的场地和提供设置给水排水及供电设施的条件。学校选址及建设应符合国家有关规范和规定。

学校用地包括：建筑用地、体育用地、绿化用地和勤工俭学用地等。

教学用房、教学辅助用房、行政管理用房、服务用房、运动场地、自然科学园地及生活区用房，应分区明确、布局合理、联系方便、互不干扰。风雨操场应离开教学区，靠近室外运动场地布置。音乐教室、琴房、舞蹈教室应设在不干扰其他教学用房的位置。

中小学教学及教学辅助用房的组成，应根据学校的类型规模、教学活动要求和条件，宜分别设置下列部分或全部教学用房及教学辅助用房：普通教室、实验室、自然教室、美术教室、书法教室、史地教室、语言教室、微型电子计算机教室、音乐教室、琴房、舞蹈教室、合班教室、体育器材室、教师办公室、图书阅览室、科技活动室等。

行政办公用房宜设党政办公室、会议室、保健室、广播室、社团办公室和总务仓库等。

生活服务用房宜设厕所、淋浴室、饮水处、教职工单身宿舍、学生宿舍、食堂、锅炉房、自行车棚。

教学楼宜设置门厅，在寒冷或风沙大的地区，教学楼门厅入口应设挡风间或双道门，楼梯间应有直接天然采光，楼梯不得采用弧形或扇形。

学校用房工作面或地面的采光系数最低值和窗地比应符合相关的规定，教室光线应自学生座位的左侧射入。教室、物理实验室、生物实验室等房间换气次数不应低于相关的规定，并应采取各种有组织的自然通风措施。

中小学校教室平面组合形式，一般可分为走廊式组合、庭院式组合及单元式组合等。

第9章　旅馆建筑设计

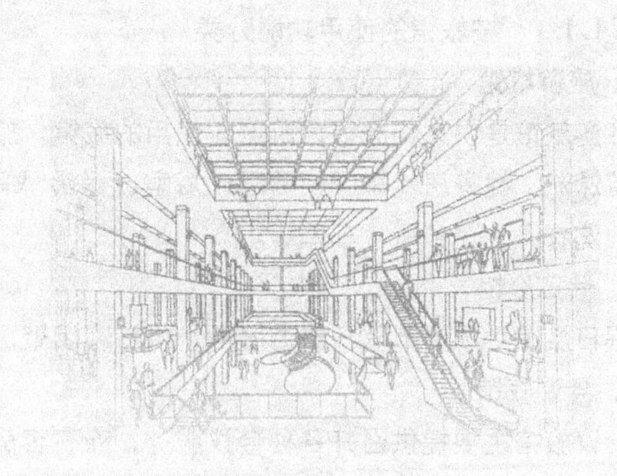

旅馆是供旅客居住和开会的综合性建筑。随着社会经济的发展以及人们社会活动范围的扩大，旅馆的功能发生了很大的变化。现代旅馆不仅具有住宿、就餐、宴会等功能，同时还有娱乐、健身、会议、购物等功能。

9.1 旅馆的分类与分级

9.1.1 旅馆的分类

旅馆可按其使用功能、规模、设备和设施标准以及所在环境等分类。

9.1.1.1 按旅馆的使用功能分类

1. 旅游旅馆

旅游旅馆是供人们旅行、游览时使用的旅馆。旅游旅馆设有客房，各类餐厅、游泳池、健身房、舞厅、酒吧、浴室、保龄球等，以及商务中心、银行、商店、洗衣房、医务所、车库等。

2. 假日旅馆

假日旅馆主要为节假日旅游服务，供旅客团聚、休憩等。

3. 会议旅馆

会议旅馆主要提供召开各种会议服务，除有客房外，设有一定数量的先进设备的大、中、小会议室和满足会议需要的配套设施，如展览、新闻报道、录音、录像、复制等设备。有的标准高的会议旅馆还备有国际会议所需的同声传译和其他声像设备。

4. 汽车旅馆

汽车旅馆为自己驾驶汽车的旅客提供住宿服务，主要组成部分为客房、餐厅、停车位和洗车场。停车位的位置应靠近客房，为客人提供住宿、餐饮、停车、加油等服务。这类旅馆多修建在公路干线附近。

5. 招待所

招待所为非营利性质，多为某一机构作接待用，不对外开放。有些中型和大型招待所除客房和餐厅外，还设有供开会用的各种会议室和接待室。

6. 中转接待旅馆

中转接待旅馆建在航空港、火车站、船码头、长途汽车站等交通枢纽地区，要满足客人中转、候机、候船的旅馆，可以提供食宿或钟点休息。这类旅馆以短时间接待为特点，提供当地船期、车次和航班等服务。

7. 商务旅馆

商务旅馆是供常驻商务机构居住和办公的全套间旅馆。客房包括居住和办公两部分，除客房与餐厅外，还应设有供商务机构使用的邮电、商店等各种设施。

8. 国宾馆、迎宾馆

在政治、文化中心，如北京、上海和各省会城市，设有接待来访贵宾的高级宾馆，这类宾馆设有满足各级官员进行礼仪、社交、会见、会谈、会议和签约的场所，还有良好的通信设施，并能提供记者招待会、新闻发布会等临时性服务。

9. 俱乐部

俱乐部主要接待观光游览、度假等娱乐的客人。有的酒店自身也建娱乐场，有的位于水边，俱乐部设有滑水、帆板、划船等运动设施，有的也开展高尔夫球、骑马等活动。

9.1.1.2 按旅馆的规模分类

通常以旅馆客房间数的多少来划分规模：

（1）小型旅馆——客房间数小于200间的旅馆。

（2）中型旅馆——客房间数200~500间的旅馆。

（3）大型旅馆——客房间数500~1000间的旅馆。

（4）特大型旅馆——客房间数大于1000间的旅馆。

9.1.1.3 按旅馆的设备与设施标准分类

（1）经济旅馆——设备与设施较为简单，住宿费用较为经济，如招待所等。

（2）舒适旅馆——设备与设施相对较好，旅客使用较为舒适，如一般假日旅馆。

（3）豪华旅馆——设备与设施齐全，可以满足旅客的居住、就餐、健身、游憩等各种需求。如旅游旅馆等。

（4）超豪华旅馆——设备与设施齐全，能满足旅客高端的住宿、餐饮、健身、会见、会议等服务。一般应设有供国家元首使用的客房（总统客房），如国宾馆、迎宾馆等。

9.1.1.4 按旅馆所在环境分类

（1）市区旅馆——位于市中心或市区，便于满足旅客游览市容、购物等需求。

（2）乡村旅馆——位于乡村，便于旅客接受自然的陶冶，体察民俗、乡民的生活，领略田园自然风光。

（3）机场、车站旅馆——位于机场、火车或汽车站附近，便于旅客旅行中转或滞留时使用，例如中转接待旅馆。

（4）路边旅馆——即汽车旅馆。

（5）名胜旅馆——位于距风景名胜等旅游点较近的地方，便于旅客游览和休憩。为了保护风景名胜区的环境和自然生态，旅馆一般不建在风景名胜区的保护范围之内。

（6）体育旅馆——靠近滑雪场、河流、海滨浴场等地，便于旅客进行滑雪、漂流、游泳等各项体育活动，如俱乐部等。

9.1.1.5 按旅馆建筑的层数分类

（1）低层旅馆——1~3层的旅馆。

（2）多层旅馆——建筑总高度小于24m的旅馆。

（3）高层旅馆——建筑总高度超过24m的旅馆。

（4）超高层旅馆——建筑总高度超过100m的旅馆。

9.1.2 旅馆的分级

旅馆按其服务对象不同，功能由简单到复杂，功能组成由少到多，差别是很大的。按建筑组成部分的多少及其质量标准高低以及设备、设施条件，将不同的旅馆分为若干等级。现行《旅馆建筑设计规范》，根据旅馆的使用功能，按建筑质量标准和设备、设施条件，将旅馆建筑由高到低划分为一、二、三、四、五、六级6个等级。同时规定旅馆设计除尚应符合国家现行有关标准和规范外，其功能要求还应符合有关标准的规定。

目前我国旅馆等级的规定如表9-1所示。

我国旅馆等级规定 表9-1

规范标准名称	颁布	等级
旅游旅馆设计暂行标准	国家计划委员会	一、二、三、四（级）
旅馆建筑设计规范	建设部、商业部、旅游局	一、二、三、四、五、六（级）
国家旅游涉外饭店星级标准	国家旅游局	一、二、三、四、五（星）

9.2 旅馆的选址与设计要点

9.2.1 旅馆的选址

选择建设旅馆要注意以下几个方面：

（1）基地的选择应符合当地城市规划要求，并选择交通方便、环境良好的地区。

（2）在国家或地方的各级历史文化名城、历史文化保护区、风景名胜地区及重点文物保护单位附近，基地的选择及建筑布局，应符合国家和地方有关管理条例和规划的要求。必须注意不破坏原有环境、保护的文物。

（3）休养、疗养、观光、运动等旅馆，应与风景区、海滨、山川及周围环境相适应。

（4）城市旅馆应与车站、码头、航空港及各种交通线路联系方便。

（5）在城镇的基地应至少有一面临接城镇道路，其平面布局应满足客货运输、防火疏散及环境卫生等要求。

不同类型的基地，适合建设的旅馆如表9-2所示。

旅馆选址参考表 表9-2

基地类型	位置	基地选择因素	特点
城市中心	城市主要商业区 城市中心广场	适合建造商务、旅游、城市中心高级旅馆	金融业集中 商业集中
名胜风景区	海滨、矿泉等 旅游名胜区内	适合建造休养、海滨、矿泉名胜及游乐场旅馆	环境宜人 气候舒适
交通线附近	靠近机场、码头、车站级公路干线	适合建造机场、车站、中转及汽车旅馆	—

9.2.2 旅馆的设计要点

(1) 依据旅馆的规模、类型、等级标准及功能等要求，进行设计时，满足功能，分区明确。

(2) 体形设计简洁有利于节能，做好建筑围护结构的保温和隔热。

(3) 室内应尽量利用天然采光。

(4) 依据防火规范，满足人员疏散的要求。

(5) 按照有关规定进行无障碍设计，方便残疾人使用。

(6) 按照抗震规范做到结构安全。

(7) 根据旅馆环境条件，进行建筑的空间及环境设计，使其与周围建筑协调统一。

9.3 旅馆的客房设计

客房是旅馆建筑使用部分中最基本和最重要的主要房间。

9.3.1 客房的设计要求

9.3.1.1 满足使用功能的要求

客房的主要功能是供旅客起居、睡眠和工作。除少数低标准客房外，还应有客房独用的卫生间（图9-1）。高级客房设有起居功能的起居室。套间客房的举例如图9-2所示。

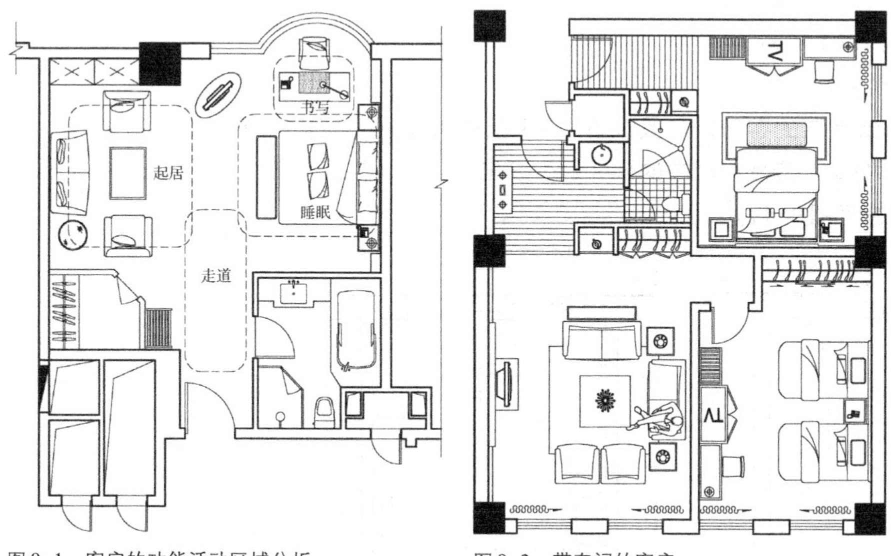

图9-1 客房的功能活动区域分析　　图9-2 带套间的客房

9.3.1.2 根据客房的功能选择和布置家具

客房家具及功能布置，应符合人体尺度，便于维修。图9-3所示为标准客房举例。

9.3.1.3　选择客房的朝向

客房设计应根据所在地区的气候与地形、环境特点及条件、景观条件，争取良好的朝向。在我国大部分地区，尽量使客房朝向南、南偏东或南偏西；朝向大海或风景优美的方向。

9.3.1.4　确定客房的尺度

客房平面长宽尺寸的比，不宜超过2:1，客房的净高不宜小于2.40m。

9.3.1.5　满足客房的室内环境

客房的室内环境设计要有保证合适温度、相对湿度的设施及通风系统。风速、空气含尘量以及允许噪声级等应满足国家规定。

9.3.1.6　客房的电气设施

客房内应按功能区设置照明灯具和电源插座，根据客房标准和档次设置电视、电话和宽带等设施。

9.3.1.7　客房卫生间

客房卫生间应设大便器、洗面器、洗浴器（浴缸、喷淋或浴缸带喷淋）等设施。

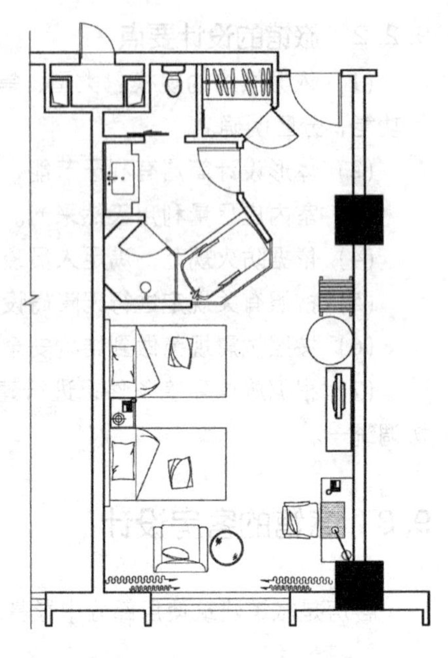

图9-3　标准客房单元举例

9.3.2　客房的类型

不同类型的旅馆，应满足不同旅客对客房的需求，睡眠、起居功能，有的还具有办公、进行商务活动等功能。

客房的类型可分为以下几种。

9.3.2.1　多床间客房

多床间客房属于低标准的客房，一般放置2~4张单人床（不宜多于4张）。客房不附设卫生间时，应使用集中的公共卫生设施。多床间常用于各类招待所和低档次的旅馆（图9-4）。

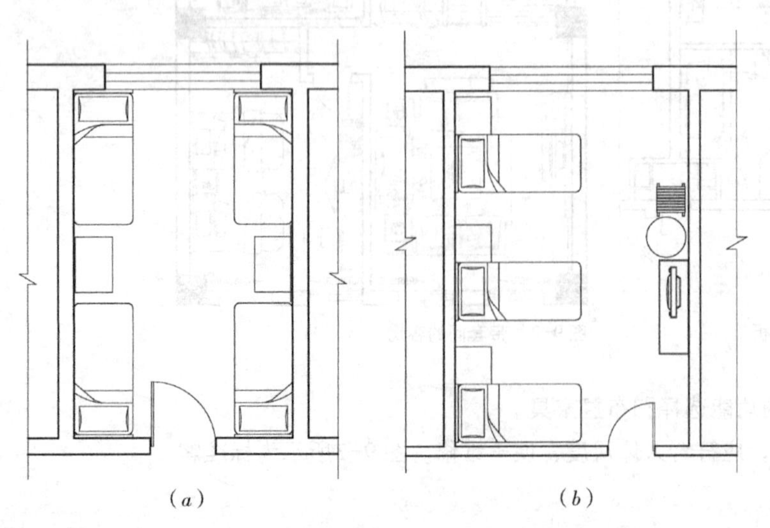

(a)　　(b)

图9-4　多床间客房
(a) 四床间；(b) 三床间

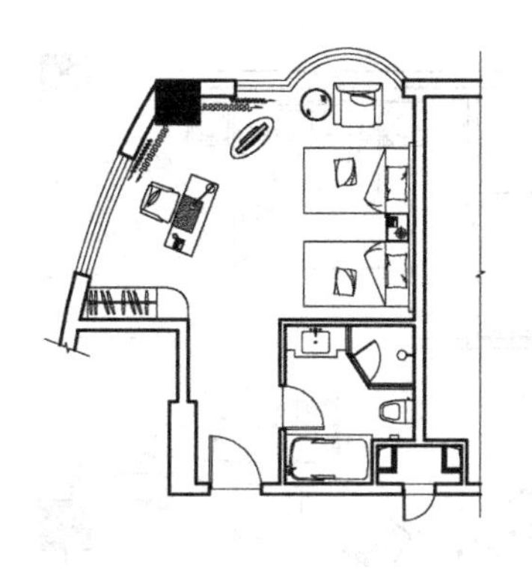
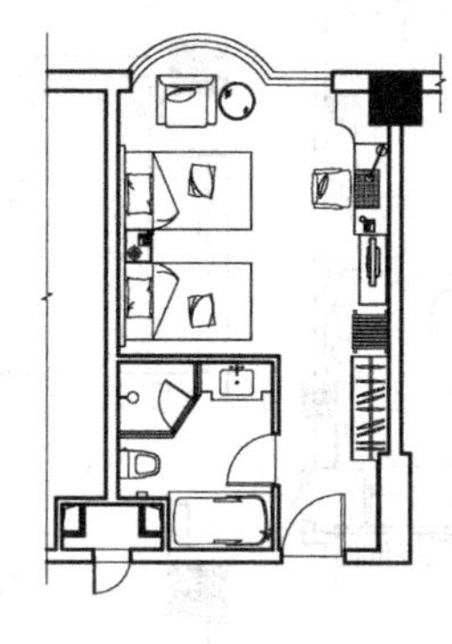
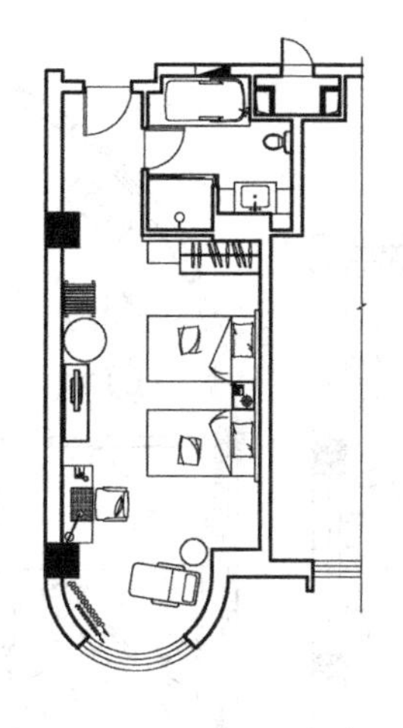
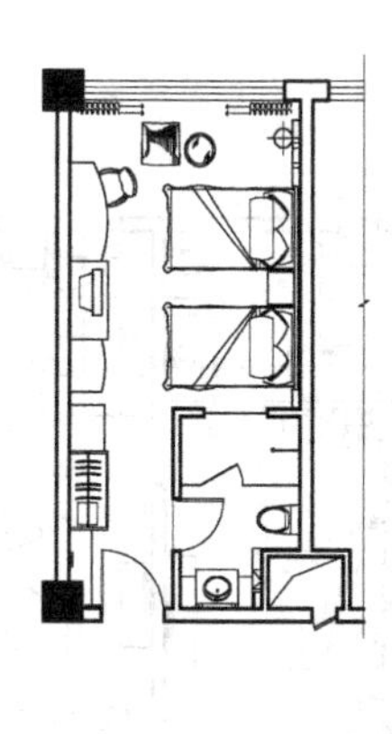

图 9-5　双床间（标准间）客房

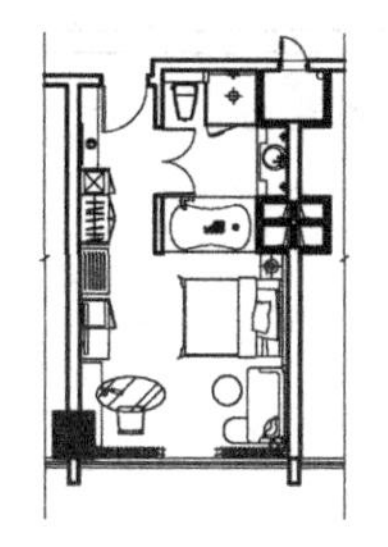
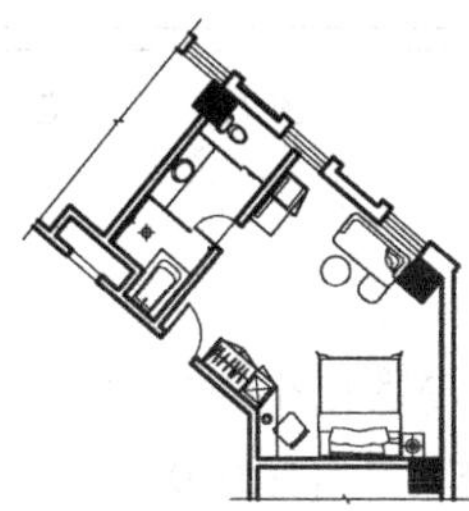
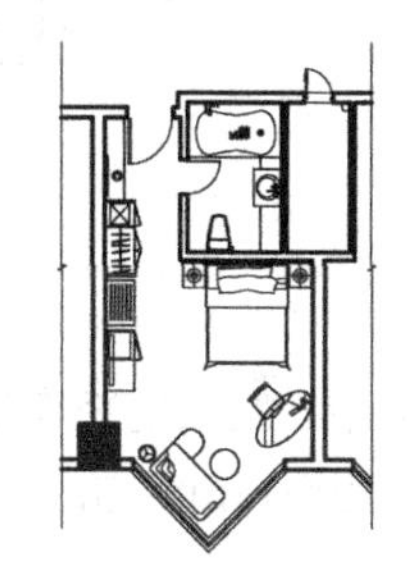
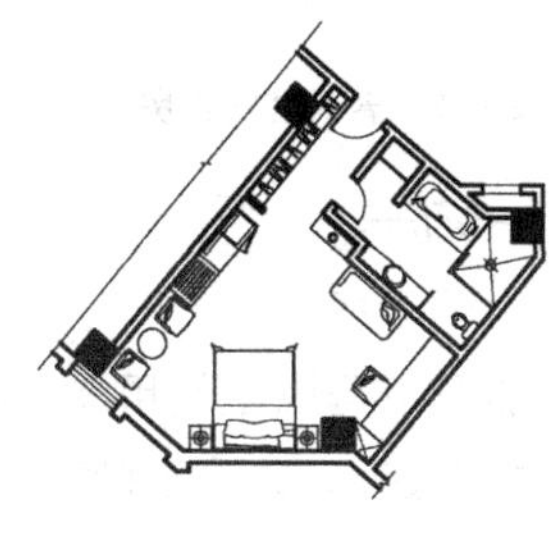
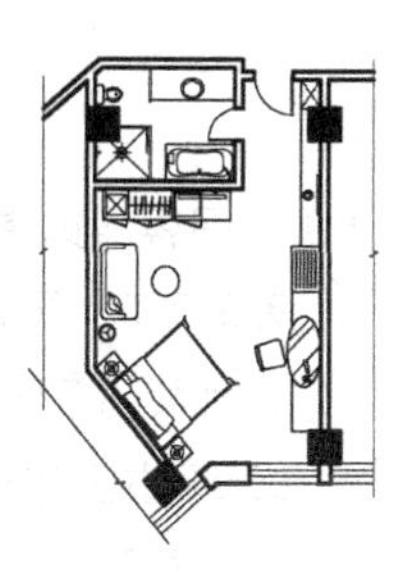

图 9-6　单人间客房

9.3.2.2　双床间客房

双床间客房也称标准间客房，放置两张单人床，可供 1～2 人使用，设三件卫生洁具的卫生间。双床间客房是最常用的客房类型，其面积为 16～38m^2（图 9-5）。

9.3.2.3　单人间客房

单人间客房也称单床间客房，放置一张单人床，供一人使用。设施齐全，经济适用，为一般标准的客房（图 9-6）。

9.3.2.4　双人床间客房

双人床间客房，包括一个双人床间客房和两个双人床间客房两种，客房内放置一张或两张双人床，适合家庭客或一人使用（图 9-7）。

9.3.2.5　套间客房

套间客房，通常由卧室和起居室两间套组成，卧室为双床间或双人床间；起居室用于起居、会客和休息等。这种客房，起居与睡眠分区明确，使用方便，适用于较高标准的客房。

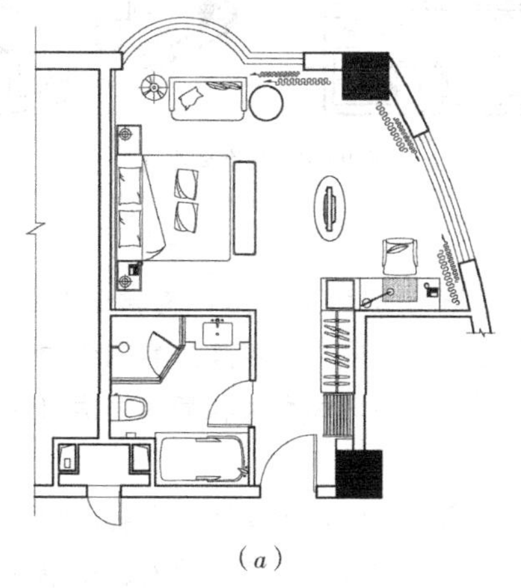

(a)

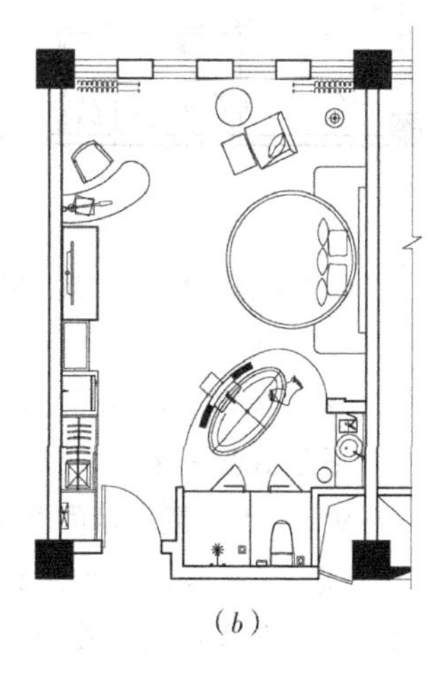

(b)

图 9-7　双人床间客房

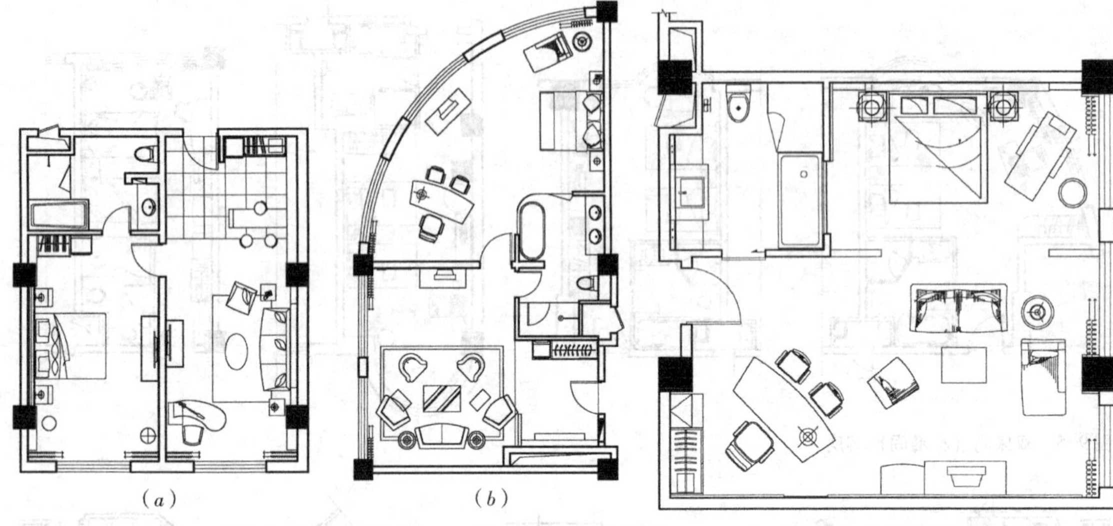

图9-8 普通套间客房

图9-9 灵活套间客房

普通套间客房如图9-8所示。

9.3.2.6 灵活套间客房

这种套间客房，起居和睡眠空间用隔断分隔，需要时将客房分成两个使用空间，必要时拉开隔断整间使用。灵活套间客房，面积利用率高，使用灵活（图9-9）。

9.3.2.7 三套间客房

三套间客房一般由起居室、工作室和卧室三间组成，也可由两个卧室和一个起居室组成（图9-10）。

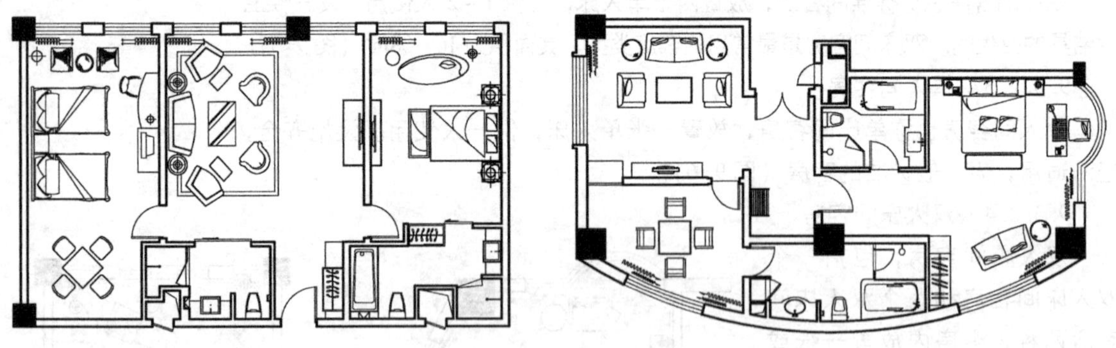

图9-10 三套间客房

9.3.2.8 跃层式套间客房

跃层式套间客房，起居室与卧室分别在上下层，两者由客房室内楼梯联系。这种客房功能分区明确，私密性强，适用于较高标准的客房。

跃层式套间客房，又可分为跃层式两套间客房和套间客房（图9-11）。

9.3.2.9 豪华套间客房

豪华套间客房也称总统套间客房，一般是由5间以上客房组成的套间式客房，空间布局灵活；设置专用电梯及工作室、会客、保安、秘书等用房。豪华套间客房，适用于国家总统及高级商住用房（图9-12）。

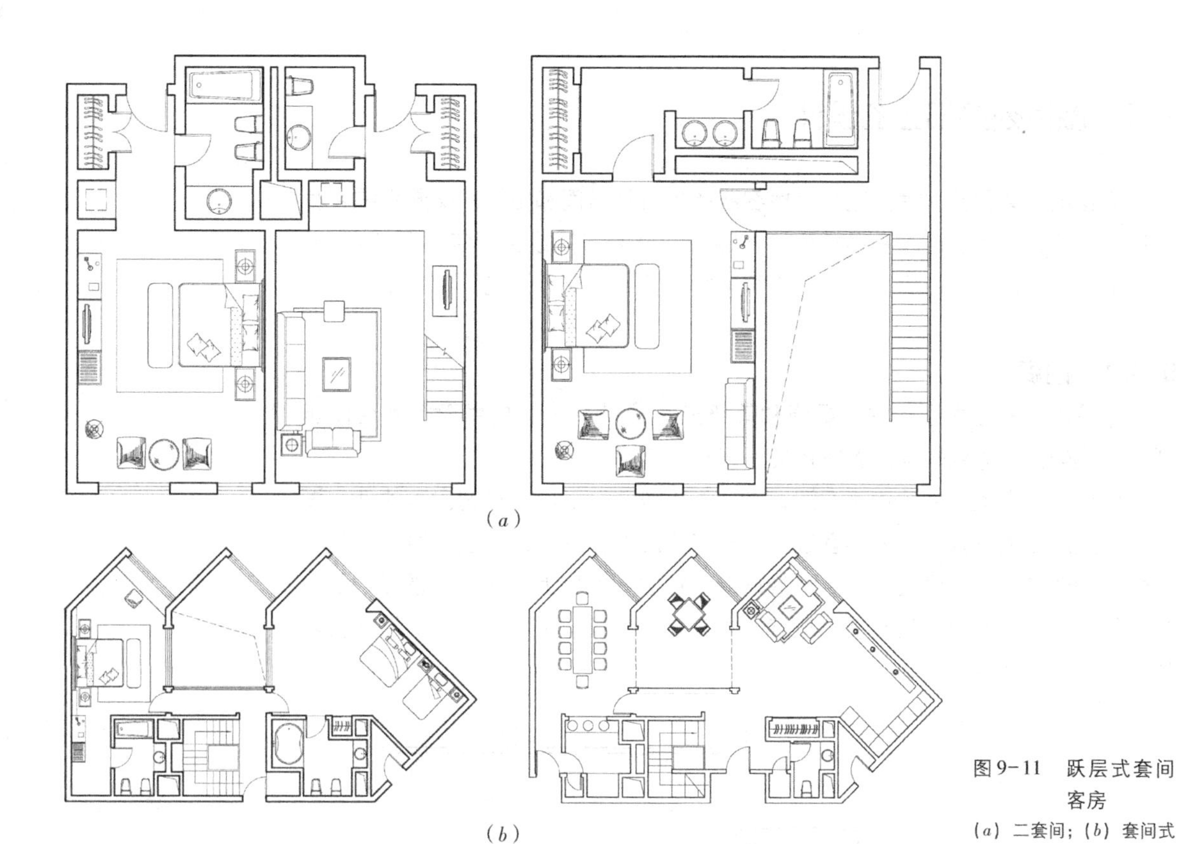

（a）

（b）

图9-11　跃层式套间客房

（a）二套间；（b）套间式

图9-12　豪华套间客房

9.4 旅馆公共部分的设计

旅馆的公共部分包括交通和为旅客服务的各种房间和空间。交通系统包括门廊、门厅、过厅、走廊和楼梯等；各种公共服务房间或空间包括餐饮部分、多功能厅、会议室、商店、酒吧、美容美发室及各种康乐设施。

9.4.1 门廊

旅馆的门廊应根据旅馆的规模和等级进行设计，一般应由雨篷和台阶组成，规模较大或等级较高的旅馆还应设置车行坡道。

门廊是一个室内外的过渡空间，在功能上应满足防雨和旅客出入的使用要求。一般旅馆的室内外高差不宜过大，一些高层旅馆中，为了使门廊体量与建筑体量相适应，也有设置较大台阶的设计。在空间处理上都应作为重点，既应起到画龙点睛的作用，又要使之与整个建筑协调统一。图 9-13 是不带车行坡道的门廊剖面示意图。

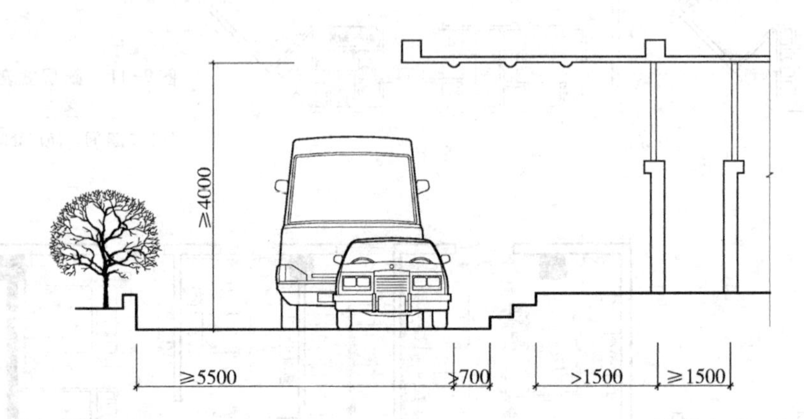

图 9-13　门廊示意图

9.4.2 大堂

9.4.2.1　大堂的组成

大堂是旅客进出旅馆的重要空间。包括总服务台、休息会客区、外币兑换、邮电通信、物品寄存及预订机票、大堂酒吧等服务设施，并应在大堂内或附近设置卫生间。表 9-3是大堂组成的举例。

大堂组成举例　　　　**表 9-3**

门厅入口	旅馆主入口以及大宴会厅、康乐设施和商店等辅助入口①
前台服务	登记、问询、结账、银行、物品寄存、贵重物品寄存等
公共交通	门廊、走廊、电梯、楼梯等
休　息	休息座位、绿化、艺术品、喷水池、饮料供应（大堂酒吧）
商　店②	书报、礼品、花店、旅游纪念品店、服装店和百货店等
辅助设施	卫生间、行李寄存、旅馆服务、大堂经理台、商务中心及行李房

注：①中小型旅馆可不设；

②可直接对外服务。

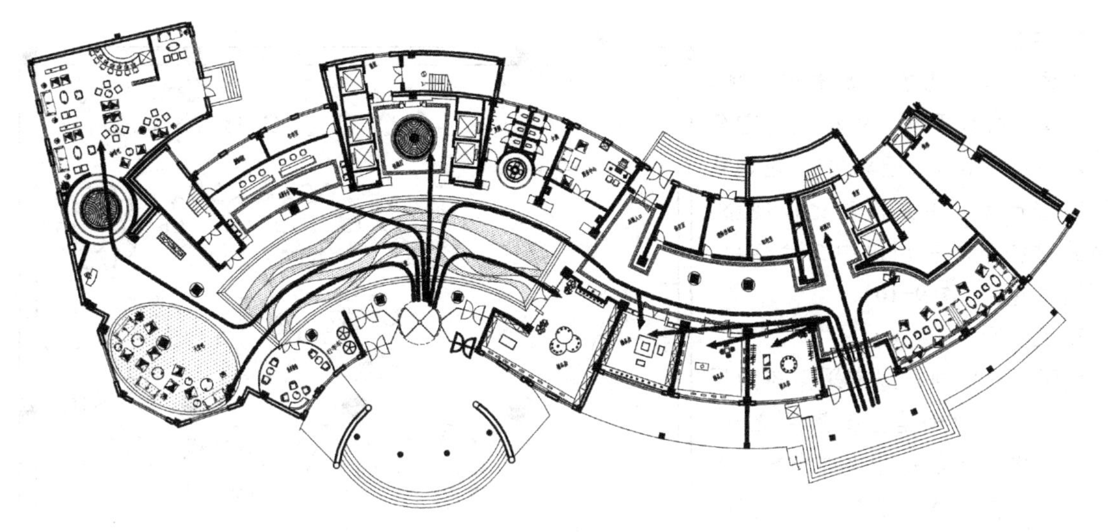

图 9-14　大堂人流示意图

9.4.2.2　大堂的设计要求

(1) 大堂的各部分必须满足使用功能要求，各组成部分之间应既有联系又不互相干扰。公共部分和内部用房必须分开，应有独立的通道及卫生间。

(2) 大堂内交通流线应明确，必须人流组织合理，流线简单，应避免人流互相交叉和干扰（图 9-14）。

(3) 大堂的总服务台和电梯厅、楼梯间位置应明显。总服务台应满足旅客登记、结账和问询等功能。

(4) 大型或高级旅馆的行李房应靠近总服务台和服务电梯，行李房大门应充分满足行李搬运和行李车进出的要求。

(5) 大堂设计应满足建筑设计防火规范的要求，包括外门的总宽度、电梯厅的面积和必要的防火卷帘等。

9.4.3　餐饮部分设计

9.4.3.1　餐饮部分的构成

旅馆餐饮部分主要包括：中餐厅、风味餐厅、西餐厅、酒吧、咖啡厅、快餐厅等。按照旅馆的等级，一、二级旅馆建筑应设不同规模的酒吧间、咖啡厅、宴会厅、西餐厅和风味餐厅；三级旅馆建筑应设不同规模的餐厅及酒吧间、咖啡厅和宴会厅；四、五、六级旅馆建筑应设餐厅。

9.4.3.2　餐饮部分平面布置举例

1. 酒吧服务台类型举例（图 9-15）

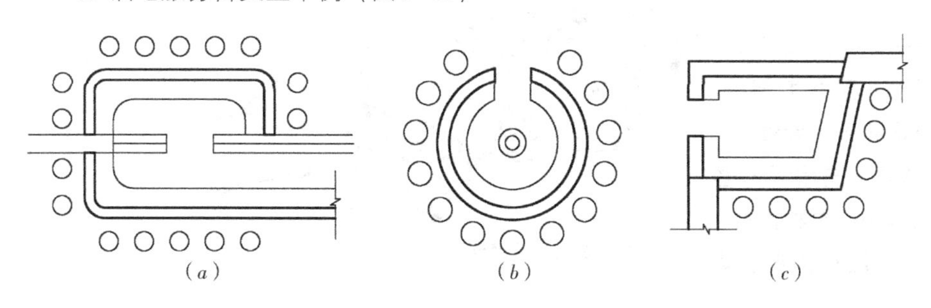

图 9-15　酒吧的平面类型
(a) 两用式；(b) 岛式；(c) 角墙式

2. 中餐厅

中餐厅是旅店的主要餐饮场所，平面布置可分为两种，对称式（宫廷式）和自由式布置（园林式）。宫廷式这种布局严谨，平面相对比较规整；园林式这种布局采用自由结合特点，平面相对灵活（图9-16）。

3. 西餐厅

西餐厅的平面布局常采用较为规整的方式，酒吧柜是主要景点之一，根据其风格决定西餐厅平面布置。西餐厅一般层高较大，就餐特别，其布置要求突出西餐厅浪漫、幽雅、宁静、舒适的就餐环境（图9-17）。

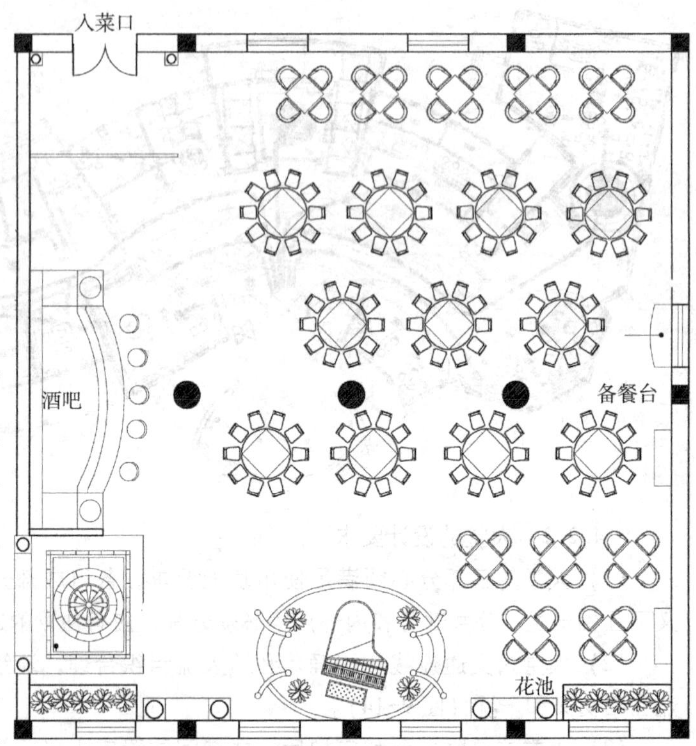

图9-16　某饭店中餐厅

9.5　旅馆辅助部分的设计

旅馆的辅助部分包括厨房、洗衣房、设备用房、备品库及职工用房等。

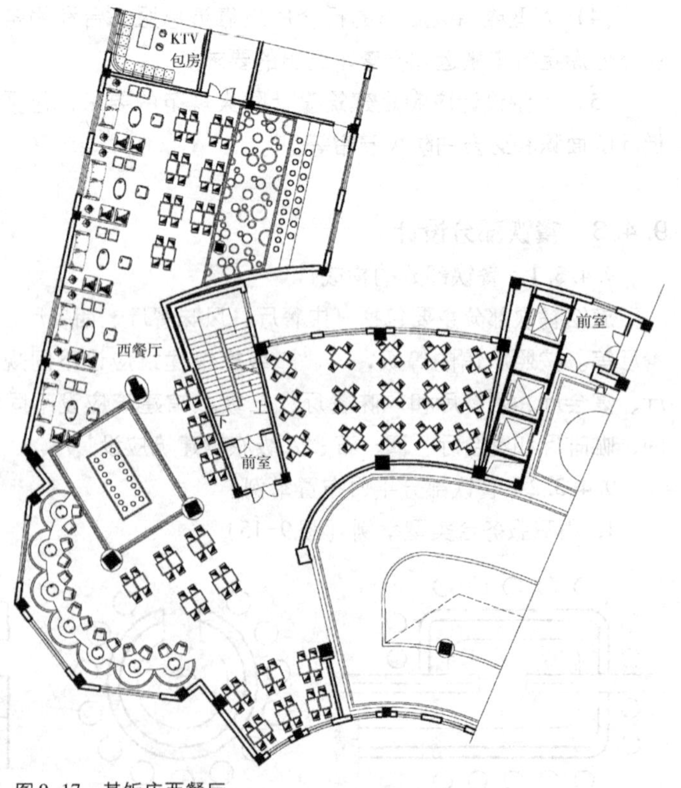

图9-17　某饭店西餐厅

9.5.1　厨房

9.5.1.1　厨房的组成

厨房包括有关的加工间、制作间、备餐间、库房及职工服务用房等。

（1）主食加工间——包括主食加工间和主食热加工间。

（2）副食加工间——包括粗加工间、细加工间、热加工间、冷荤加工间及风味餐厅的特殊加工间。

（3）饮品制作间——包括原料研磨配制、饮料煮制、冷却和存放用房等。

（4）备餐间——包括主食备餐、副食备餐、冷荤拼配间及小卖部等。冷荤拼配间与小卖部均应单独设置。

（5）食具洗涤消毒间与食具存放间——食具洗涤与消毒间应单独设置。

（6）烧火间——当燃料为柴、煤

时应设置烧火间。

（7）各类库房——一般应包括主食原料库、副食原料库、调料库等。

（8）工作人员的更衣、淋浴、厕所等。

9.5.1.2　厨房的设计要点

（1）厨房的面积同样可根据餐厅的规模与级别来综合确定，一般按0.7～1.2m²/座计算，餐厅经营菜肴多的所用厨房面积相对较大，若经营菜肴较单一，所需厨房面积相对较小。

（2）厨房应设单独对外出入口，规模较大时，还需设货物和工作人员两种出入口。

（3）厨房应满足原料处理、主食加工、副食加工、工作人员更衣、餐具洗涤消毒等功能的工艺流程，合理进行平面布置（图9-18）。

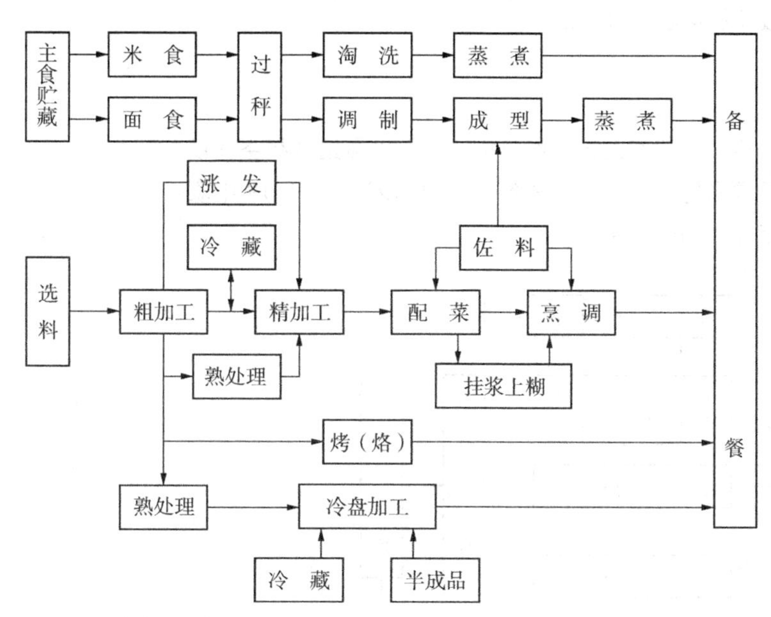

图9-18　厨房平面布置

（4）副食初加工中肉禽与水产品的工作台与清洗池均应分隔设置。粗加工的原料应能直接送入细加工间，避免回流，同时还要考虑废弃物的清除。

（5）当厨房与餐厅不在同一楼层时，垂直运输熟食和生食的食梯应分别设置，不得合用。

（6）热加工间应采用机械排风或直接通屋面的排风竖井以及带挡风板的天窗等有效的自然排风设施。

（7）在产生油烟处，应加设附机械排风及油烟过滤的排烟装置和收油装置；产生大量蒸汽的设备，除加设机械排风设备外，还应设置防止结露和作好凝结水的引泄措施。

（8）当餐厅及其他房间位于厨房热加工间上层时，热加工间外墙洞口上方应设宽度不小于1.00m的防火挑檐或高度不小于1.20m的窗槛墙。

（9）工作人员卫生间的前室不应朝向各加工间。

（10）厨房各加工间的地面均应采用耐磨、不渗水、耐腐蚀、防滑和易清洗的材料制作，并应处理好地面排水问题（通常采用带箅子的排水沟）。

（11）厨房各加工间的墙面、隔断及各种工作台、水池等设施的表面，均应采用无毒、光滑和易清洁的材料。

9.6 旅馆的平面组合

旅馆的平面组合设计，除应遵循一般设计原理进行外，还应从旅馆建筑的特点出发，根据旅馆的组成及服务项目进行。

9.6.1 基本功能分析

功能是构成建筑的第一要素，因而进行功能分析是进行平面组合和空间设计的前提。基本功能分析通常采用功能分析图进行（图9-19）。图9-19中表明了旅馆的组成部分及其相互之间的关系。

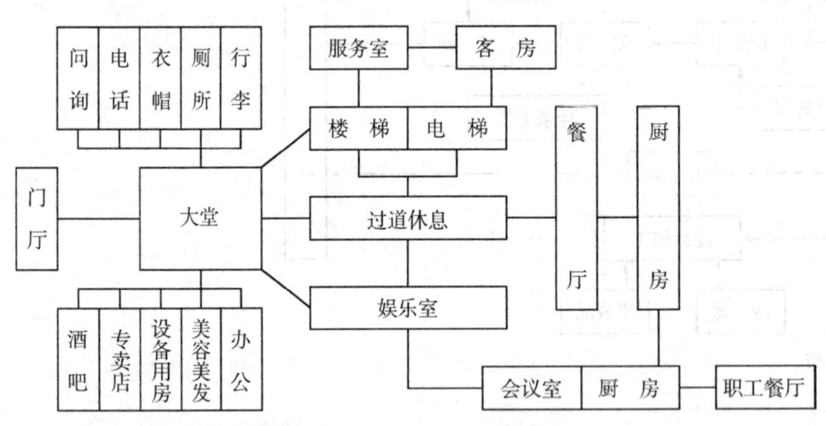

图9-19 旅馆基本功能分析图

9.6.2 标准层设计

当前的旅馆多数为多层或高层建筑。旅馆的平面组合，应从标准层开始。在标准层中主要是客房，还有为客房服务的辅助及交通部分。

9.6.2.1 标准层功能分析

图9-20是旅馆标准层的功能分析。

9.6.2.2 标准层的设计要点

（1）每层客房间数宜采用一个服务员服务客房数的倍数（16间左右）进行设计。

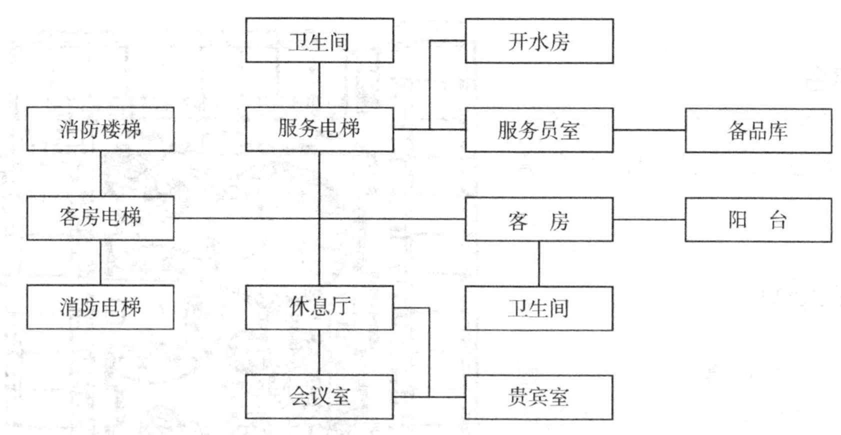

图 9-20 旅馆标准层功能分析图

（2）标准层设计应考虑周围环境因素，客房朝向南向或风景优美的方向。

（3）平面形式应结合地形、朝向、景观、结构、造价等因素考虑，平面尽可能规整，以节约能源。

（4）楼梯的数量、宽度和走廊的宽度，除应满足使用要求外，还应满足现行《建筑设计防火规范》或《高层民用建筑设计防火规范》中规定的要求。

9.6.2.3 标准层平面形式举例

旅馆常用的标准层平面形式包括板式、塔式、中庭式及混合式。以上四种形式的平面举例分别如图 9-21、图 9-22 所示。

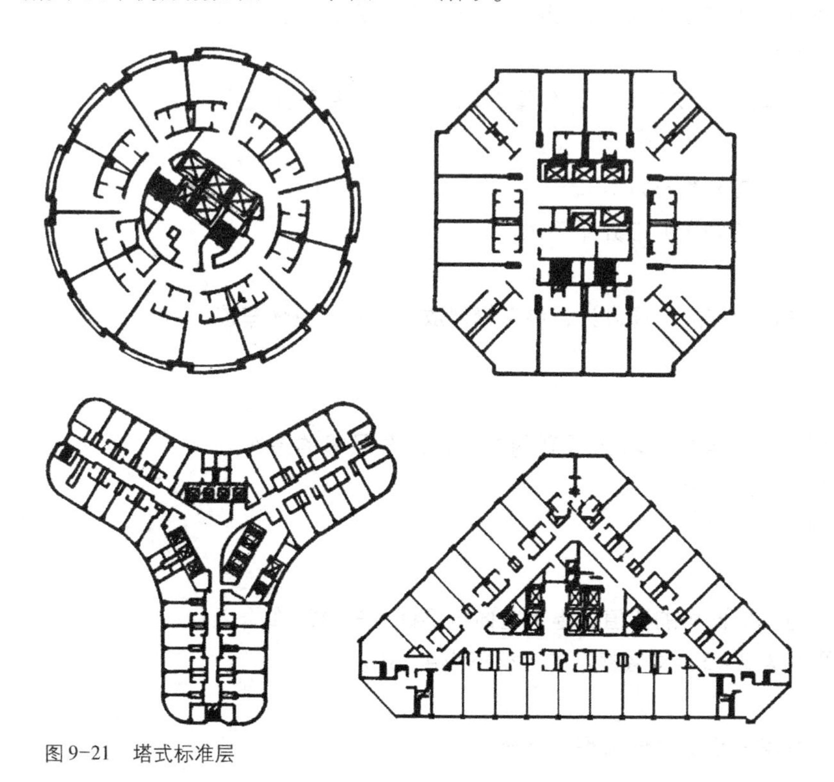
图 9-21 塔式标准层

9.6.3 其他各层的组合

旅馆除标准层外，应将门厅、餐厅、厨房等组合在首层，或将餐厅设置在二、三层。也有将厨房和餐厅设置在顶层的。

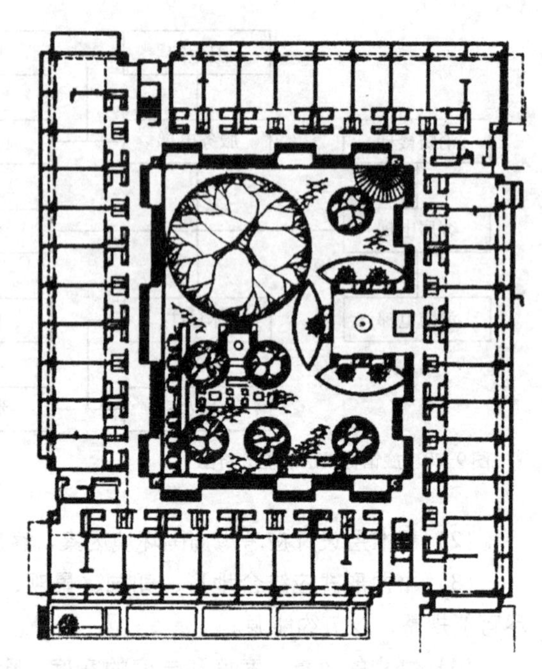

图9-22 中庭式标准层

9.7 旅馆的总平面设计

旅馆除主体建筑外，还包括停车场、广场、庭院、绿化用地、杂物堆放场地等。有些旅馆的辅助部分也可能不组合在主体建筑之内，有的名胜古迹和风景区设计旅馆时，可结合周围环境布置游泳池、露天茶吧等。

9.7.1 设计要点

9.7.1.1 旅馆的出入口

旅馆的出入口包括主要出入口、辅助出入口、职工出入口、货物出入口、垃圾污物出口等，有些大型、高级旅馆还设有团体出入口。

(1) 主要出入口的位置应显著，宜面向主干道。

(2) 规模大、标准高的旅馆应设置辅助出入口，用于出席宴会、会议及商场购物等的非住宿人员使用。

(3) 职工出入口：用于职工上下班出入，位置应隐蔽，常设在职工工作区域附近。

(4) 货物出入口：用于旅馆货物出入。

(5) 垃圾污物出口：位置应隐蔽并应处于下风向。

9.7.1.2 广场

根据旅馆的规模大小进行相应的广场设计，供车辆停放、回转，应使车流顺畅，出入车辆不应相互交叉。

9.7.1.3 停车场

根据旅馆标准、规模、基地条件和城市规划的要求，设置足够的停车场地，当用地紧张时，可以考虑地下停车场。

9.7.1.4 技术经济指标

1. 容积率

容积率是总建筑面积与基地面积的比值，地下室面积不计入总建筑面积之内；通常多层旅馆的容积率为2~3，高层旅馆的容积率为4~10。

2. 覆盖率

覆盖率为建筑的水平投影面积与用地面积的百分比。

3. 空地率

空地率为用地范围内的空地面积与用地面积的百分比。空地率与覆盖率之和应为100%。

4. 绿化系数

绿化系数是用地范围内的绿化面积与用地面积的百分比。

9.7.2 总平面布置方式

9.7.2.1 集中式

集中式的总平面布置适用于用地紧张的基地。这种方式建筑体形紧凑，有利于节约能源，但应注意停车场地的布置、绿化组织和整体空间效果（图9-23）。

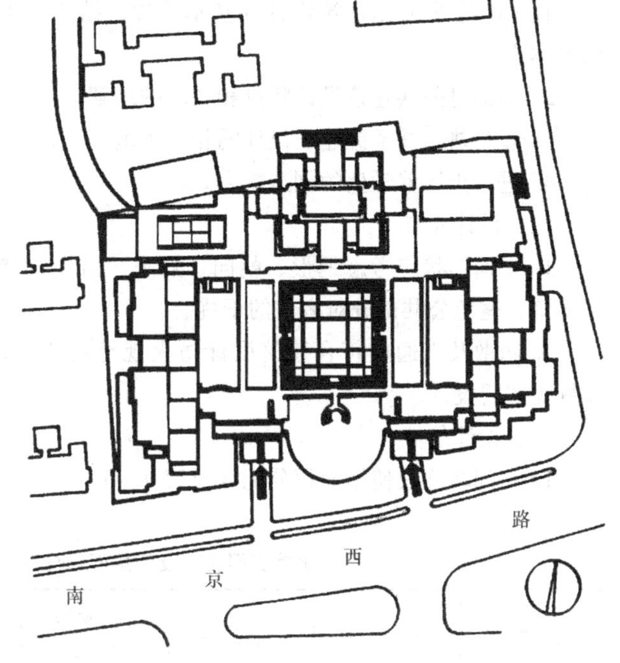

图9-23 集中式总平面图

9.7.2.2 分散式

分散布置的总平面适用于基地较大、等级高的旅馆。这种布置方式可使旅馆的各部分功能分区合理，但不宜太分散，须注意节约能源。这种形式用于迎宾馆、度假村等旅馆的平面布置形式（图9-24）。

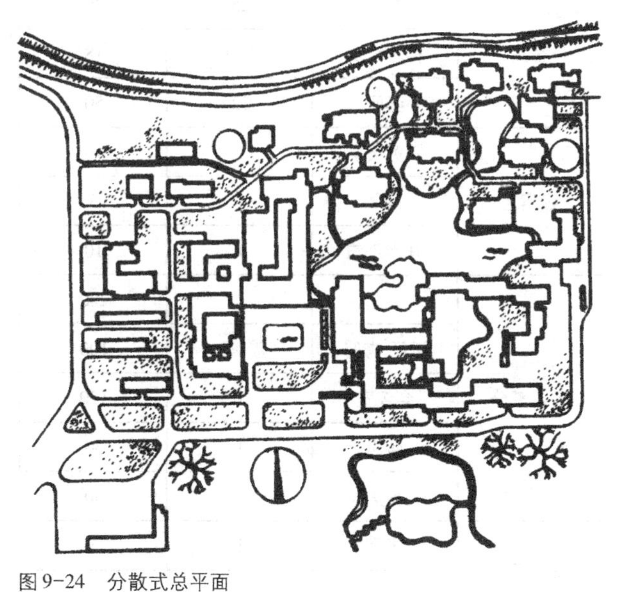

图9-24 分散式总平面

理论知识训练

1. 旅馆按功能分几个大部分？各部分有哪些使用空间？

2. 旅馆客房的设计要求有哪些？

3. 旅馆门厅一般包括哪些功能？门厅的设计要求有哪些？

4. 旅馆餐饮部分的设计要求有哪些？

5. 旅馆的厨房由哪些功能空间组成？厨房的设计要点是什么？

6. 通常旅馆的标准层有哪些平面形式？试分析其各自的特点。

7. 旅馆的总平面有哪几种布置方式？试分析其各自的特点。

8. 旅馆的出入口有哪几种？各自的功能是什么？

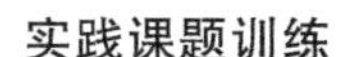

实践课题训练

题目：250床多层旅馆的平面设计

一、训练目的

1. 初步掌握旅馆建筑设计的基本原理，结合相关专业知识提高建筑设计的基本素质。

2. 加深对公共建筑设计特点和要求的理解。

3. 逐步熟悉并掌握建筑设计的相关规范。

4. 进一步培养学生的创造能力。

二、设计要点

1. 平面形状应考虑地形、朝向、景观、结构及造价等因素，做到功能分区明确，避免公共部分对客房的干扰。

2. 疏散及交通应符合建筑设计防火规范的要求，满足残疾人使用要求，作好无障碍设计。

三、设计条件

1. 房间名称及使用面积分配（见表9-4）。

旅馆房间名称及使用面积分配　　表9-4

空间类别	房间名称	数量（间）	每间面积（m^2）	合计面积（m^2）	备注
客房	单人	25	20	500	
	标准客房	100	18	1800	
	套间	22	50	1100	
客房层	服务员室	1	10	10	
	储藏	1	5	5	
	开水消毒	1	10	10	
公共部分	大堂	1	200	200	
	酒吧 咖啡	1	100	100	
	会议室	1	150	150	
	商店	1	50	50	
	美容美发	1	30	30	
餐厅部分	餐厅	1	350	350	包括卫生间
	厨房部分	1	300	300	
辅助用房	洗衣	1	30	30	
	变电室	1	15	15	
	消防控制室	1	15	15	包括广播
	医务	1	15	15	
	办公室	6	15	90	

2. 建设地段平面图（图 9-25）

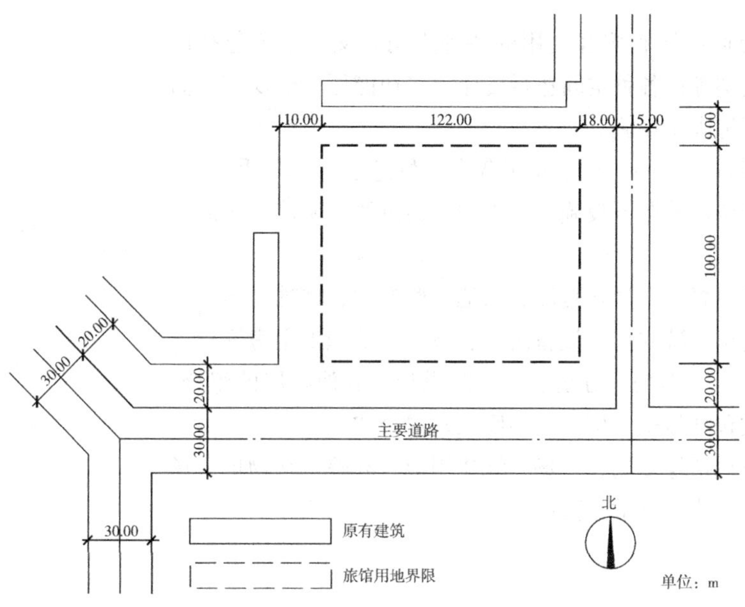

图 9-25　旅馆建设地段平面图

四、设计成果

1. 图纸部分

（1）各层平面图（1∶200～1∶150）。

（2）标准客房平面布置详图（1∶50）。

2. 文字图表

（1）设计说明。

（2）主要技术经济指标。

本章小结

旅馆是供旅客住宿、就餐、宴会等的综合性建筑。旅馆可按其使用功能、规模、设备和设施标准以及所在环境等分类。

旅馆按其服务对象不同，功能由简单到复杂，功能组成由少到多，差别是很大的。

旅馆由使用部分和交通系统两大部分组成。由于旅馆的特殊性，通常按使用要求把旅馆分为客房部分、公共部分和辅助部分。

客房是旅馆建筑使用部分中最基本和最重要的房间，客房的设计根据客房的功能选择和布置家具，确定朝向、尺度。

客房的类型分为多床间客房、双床间客房、单人间客房、双人床间客房、普通套间客房、灵活套间客房、三套间客房、跃层式套间客房、豪华套间客房。

客房的净面积、室内净高、采光标准、门和阳台、卫生间应满足现行规范要求。

旅馆的公共部分包括交通系统和旅客使用的各种空间。交通系统包括门廊、门厅、过厅、走廊和楼梯等；各种空间包括餐厅、多功能厅、会议室、商店、酒吧、美容美发室及各种康乐设施。

大堂是旅客进出旅馆的重要空间。包括总服务台、休息会客、外币兑换、邮电通信、物品寄存及预订票证等服务设施。大堂内交通流线应明确，人流组织合理，流线简单。

旅馆餐饮部分主要包括中餐厅、风味餐厅、酒吧、西餐厅、咖啡厅等。

旅馆的辅助部分包括厨房、洗衣房、设备用房、备品库及职工用房等。

旅馆的平面组合内容包括基本功能分析、标准层设计、其他各层的组合。旅馆常用的标准层平面形式包括板式、塔式、中庭式及混合式。

旅馆除主体建筑外，还包括停车场、广场、绿化用地、庭院、杂物堆放场地等。总平面布置方式有集中式、分散式两种。

第10章　办公建筑设计

办公建筑通常是指供机关、团体和企事业单位办理行政事务和从事各类业务活动的建筑物。建筑物内供办公人员办公的房间称为办公室；以此单位集合成一定数量的建筑物则可以称为办公建筑。

10.1　办公建筑的类型

10.1.1　按照使用对象分类（表10-1）

按照使用对象分类　　表10-1

类别	使用对象
行政办公楼	各级党政机关、人民团体、事业单位和工矿企业的行政办公楼
专业性办公楼	为专业单位办公使用的办公楼，如科学研究办公楼（不含实验楼），设计机构办公楼，商业、贸易、信托、投资等行业办公楼
商务写字楼	在统一的物业管理下，以商务为主，由一个或数个单元办公平面组成的租赁办公建筑
综合性办公楼	公寓式办公楼：由统一物业管理，根据使用要求，可由一种或数种平面单元组成。单元内设有办公、会客空间和卧室、厨房和厕所等房间的办公楼
	酒店式办公楼：提供酒店式服务和管理的办公楼

10.1.2　办公建筑按高度划分

（1）建筑高度24m以下的为低层或多层办公建筑；

（2）建筑高度超过24m的而未超过100m的为高层办公建筑；

（3）建筑高度超过100m的为超高层办公建筑。

10.1.3　常见办公室形式

（1）单间式办公室：以一个开间或多个开间组成的办公室，一般为双面布房或单面布房形式；

（2）开放式办公室：大空间办公空间形式；

（3）单元式办公室：由接待空间、办公空间、专用卫生间以及服务空间等组成的相对独立的办公空间形式；

（4）公寓式办公室：指在单元式办公室的基础上设置卧室、会客室及厨房等房间的办公室。

10.2　办公建筑总体设计

10.2.1　基地选址

（1）办公建筑基地的选择，应符合当地总体规划的要求。

（2）办公建筑基地宜选在地质条件有利、市政设施完善、交通和通信方便的地段。

（3）办公建筑基地与易燃易爆物品场所和产生噪声、尘烟、散发有害气体等污染源的距离，应符合安全、卫生和环境保护有关标准的规定。

10.2.2 总平面布置原则

（1）总平面布置应布局合理、功能分区明确、用地节约、交通组织顺畅，并应满足当地城市规划的有关规定和要求（图10-1）。

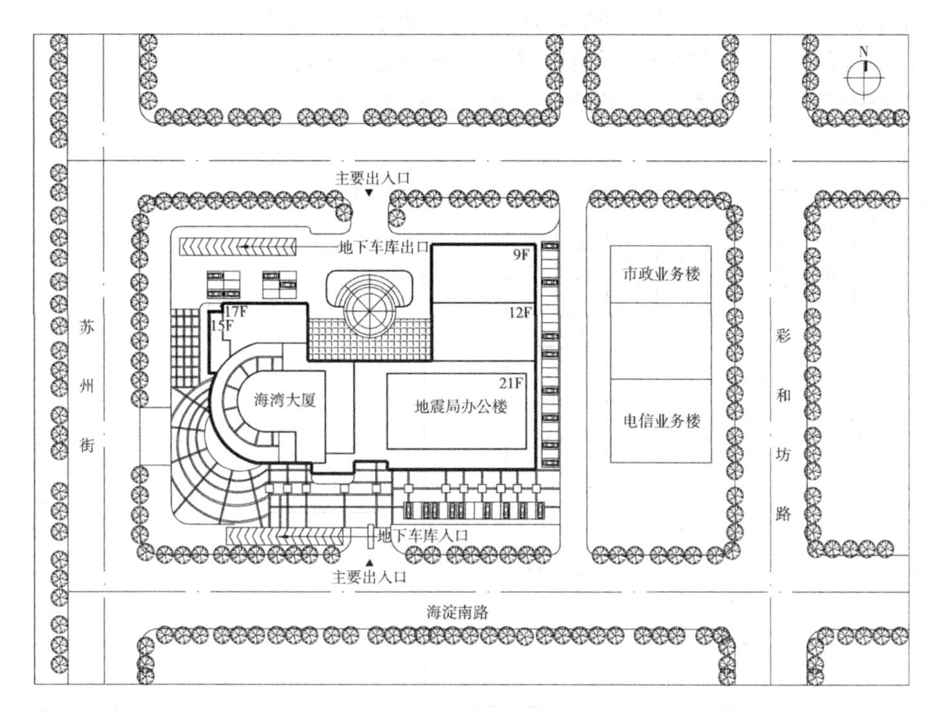

图10-1 总平面布置

（2）总平面布置应进行环境和绿化设计。绿化与建筑物、构筑物、道路和管线之间的距离，应符合有关标准的规定。

（3）当办公建筑与其他建筑共建在同一基地内或与其他建筑合建时，应满足办公建筑的使用功能和环境要求，分区明确，宜设置单独出入口。

（4）总平面应合理布置设备用房、附属设施和地下建筑的出入口。后勤、货物及垃圾等物品的运输应设有单独通道和出入口。

（5）基地内应设置机动车和非机动车停车场（库）。

（6）总平面设计应符合现行《城市道路和建筑物无障碍设计规范》的有关规定。

（7）覆盖率与容积率的指标：办公建筑基地覆盖率一般应为25%～40%。低、多层办公建筑基地容积率一般为1～2；高层、超高层建筑基地容积率一般为3～5；用地紧张的地区，基地容积率应按当地规划部门的规定来确定。

10.3 办公建筑设计

10.3.1 功能分析

办公建筑应根据使用性质、建设规模与标准，确定各类用房。一般由办公用房、公共用房、服务用房和设备用房等组成。

办公建筑应根据使用要求，结合基地面积、结构选型等情况按建筑模数选择开间和进深，合理确定建筑平面，提高使用面积系数，并宜留有发展余地。体形设计不宜有过多的凹凸与错落。外围护结构热工设计应符合现行《公共建筑节能设计标准》中有关节能的要求。办公楼的功能组成示意图如图10-2所示。

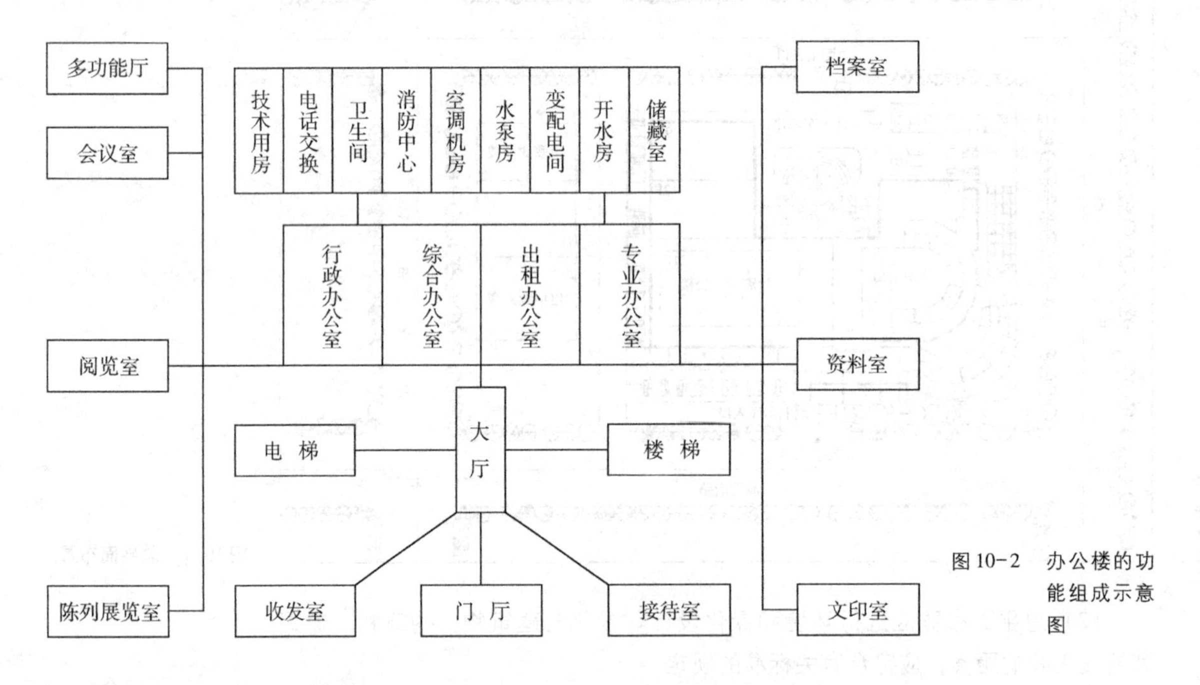

图10-2 办公楼的功能组成示意图

10.3.2 办公用房

办公用房包括：普通办公室和专用办公室。专用办公室包括设计绘图室和研究工作室等，办公用房宜有良好的朝向和自然通风，并且不宜布置在地下室。

10.3.2.1 普通办公室

普通办公室宜设计成单间式办公室、开放式办公室或半开放式办公室，特殊需要可设计成单元式办公室、公寓式办公室或酒店式办公室（图10-3）。值班办公室可根据使用需要设置，有夜间值班室时，宜设专用卫生间。普通办公室每人使用面积不应小于4m²，单间办公室净面积不应小于10m²。

10.3.2.2 专用办公室

设计绘图室宜采用开放式或半开放式办公室空间，并用隔断、家具等进行分隔；研究工作室（不含实验室）宜采用单间式，自然科学研究工作室宜靠

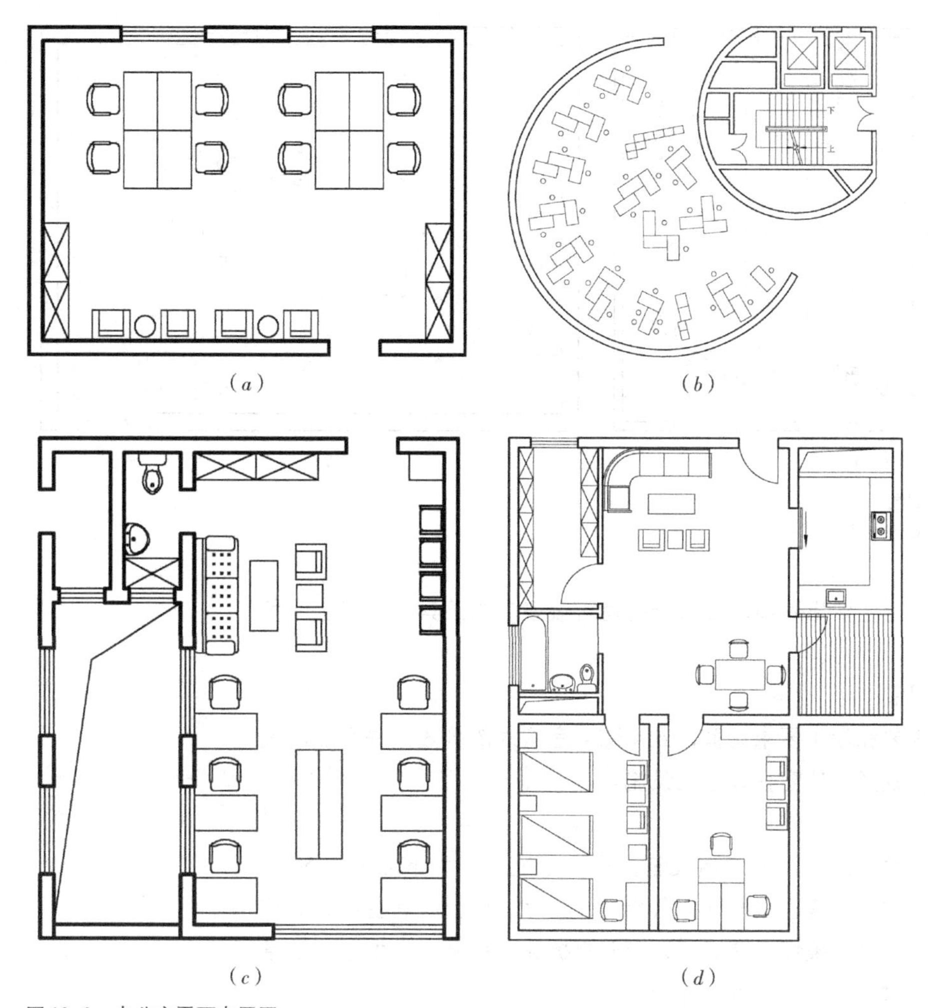

图 10-3　办公室平面布置图
(a) 普通办公室；(b) 开放式办公室；(c) 单元式办公室；(d) 公寓式办公室

近相关的实验室。设计绘图室，每人使用面积不应小于 6m²；研究工作室每人使用面积不应小于 5m²。

10.3.3　公共用房

公共用房一般包括会议室、对外办事厅、接待室、陈列室、公共厕所、开水间等。

10.3.3.1　会议室

会议室根据需要可分设中、小会议室和大会议室，中、小会议室可分散布置（图 10-4）。

10.3.3.2　对外办事厅

对外办事大厅宜靠近出入口或单独分开设置，并与内部办公人员出入口分开。

10.3.3.3　接待室

接待室根据使用要求设置，专用接待室应靠近使用部门，行政办公建筑的

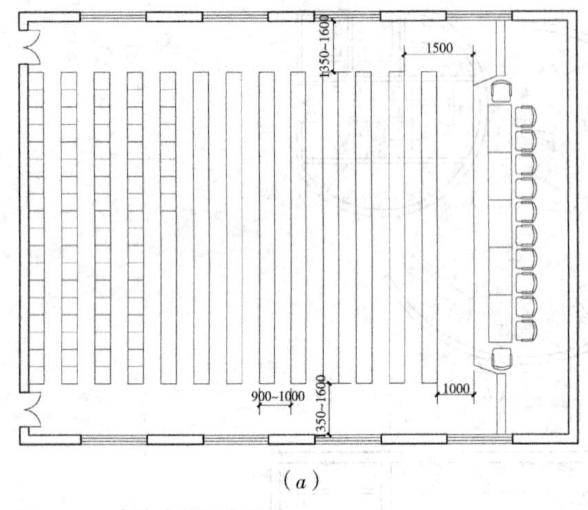

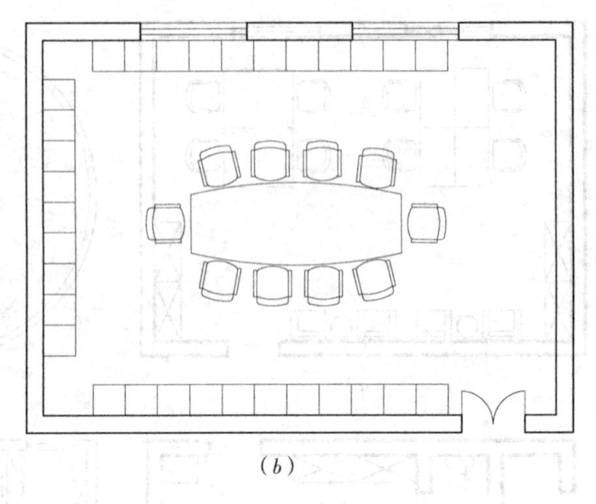

图 10-4　会议室平面布置图
(a) 大会议室平面；(b) 小会议室平面

群众来访接待室宜靠近主要出入口。高级接待室可设置专用茶具间、卫生间和储藏间等。

10.3.3.4　陈列室

陈列室应根据需要和使用要求设置，专用陈列室应对陈列效果进行照明设计，避免阳光直射及眩光，外窗宜设避光设施。

10.3.3.5　公用厕所

公用厕所应设供残疾人使用的专用设施，距离最远工作点不应大于 50m，应设前室，公用厕所的门不宜直接开向办公用房、门厅、电梯厅等主要公共空间。宜有天然采光、通风；条件不允许时，应有机械通风措施。卫生洁具数量应符合现行《城市公共厕所设计标准》的规定。

10.3.3.6　开水间

开水间宜分层或分区设置。宜直接采光通风，条件不允许时应有机械通风措施；应设置洗涤池和地漏，并宜设洗涤、消毒茶具和倒茶渣的设施。

10.3.4　服务用房

服务用房应包括一般性服务用房和技术性服务用房，一般性服务用房为档案室、资料室、图书阅览室、文秘室、汽车库、非机动车库、员工餐厅、卫生管理设施间等；技术性服务用房为电话交换室、计算机房、晒图室等。

10.3.4.1　档案室、资料室、图书阅览室

档案室、资料室、图书阅览室等可根据规模大小和工作需要分设若干不同用途的房间，包括库房、管理间、查阅间或阅览室等；档案室、资料室和书库应采取防火、防潮、防尘、防蛀、防紫外线等措施；地面应不起尘、易清洁，并有机械通风措施；档案和资料查阅间、图书阅览室应光线充足、通风良好，避免阳光直射及眩光。机要室、档案室和重要库房等隔墙的耐火极限不应小于 2h，楼板不应小于 1.5h，并应采用甲级防火门（图 10-5）。

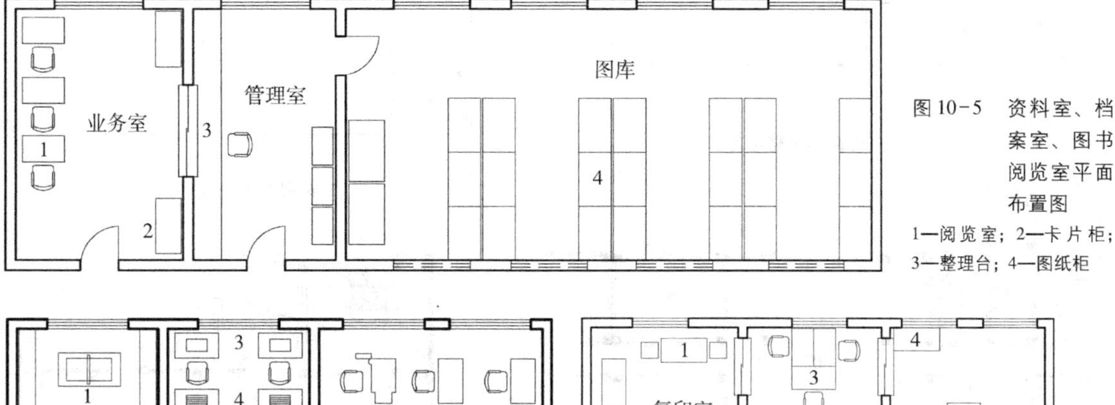

图 10-5　资料室、档案室、图书阅览室平面布置图

1—阅览室；2—卡片柜；3—整理台；4—图纸柜

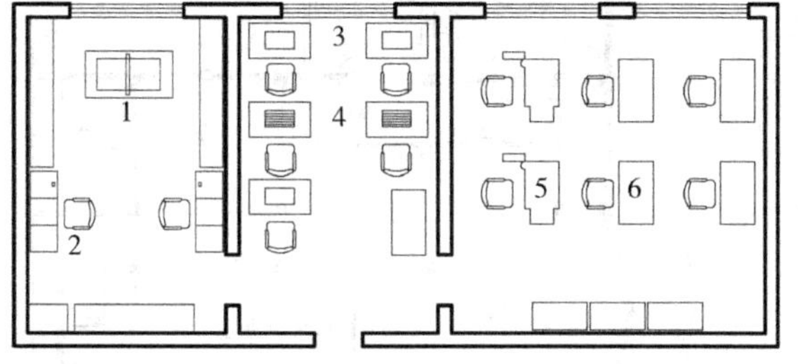

图 10-6　打字文印室平面布置图

1—文印机；2—文印台；3—校对台；4—蜡板台；5—铅字打字桌；6—电脑打字桌

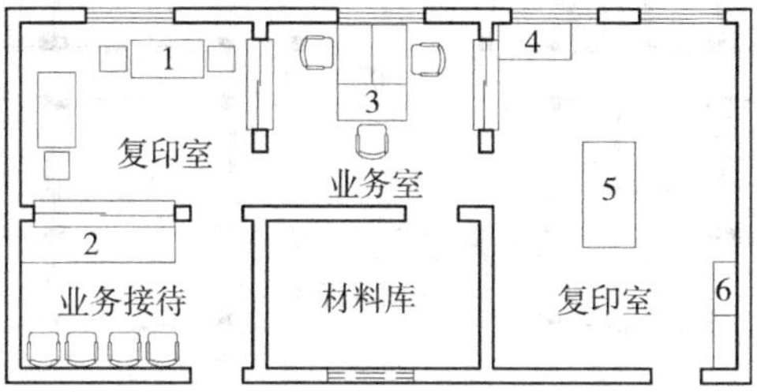

图 10-7　复印室平面布置

1—小复印机；2—桌子；3—办公桌；4—整理台；5—打复印机；6—备件柜

10.3.4.2　文秘室

文秘室应根据使用要求设置，位置应靠近被服务部门。应设打字、复印、电传等服务性空间（图 10-6、图 10-7）。

10.3.4.3　卫生管理设施间

垃圾收集间应有不向邻室对流的自然通风或机械通风措施，垃圾收集间宜靠近服务电梯间。宜在底层或地下层设垃圾分级集中存放处，存放处应设冲洗排污设施，并有运出垃圾的专用通道。

每层宜设清洁间，内设清扫工具存放空间和洗涤池，位置应靠近厕所间。每层应设清扫工具存放室和清洗水池。

10.3.5　交通部分设计

5 层及 5 层以上办公建筑应设电梯，超高层的办公建筑的电梯应分层分区停靠。门厅内可附设传达、收发、会客、接待、问讯、展示等功能房间（场所）（图 10-8），根据使用要求也可设商务中心、咖啡厅、警卫室、电话间等。楼梯、电梯厅宜与门厅邻近。严寒和寒冷地区的门厅应设门斗或其他防寒设施，有中庭空间的门厅应组织好人流交通，并应满足防火疏散要求。综合楼内的办公部分的疏散出入口不应与同一楼内对外的商场、营业厅、娱乐、餐饮等人员密集场所的疏散出入口共用。门厅办公用房的组成，应根据办公楼的性质和规模来确定（图 10-9）。

走道最小净宽不应小于表 10-2 的规定，走道地面有高差，当高差不足两级踏步时，不宜设置台阶而应设坡道，其坡度不宜大于 1∶8。

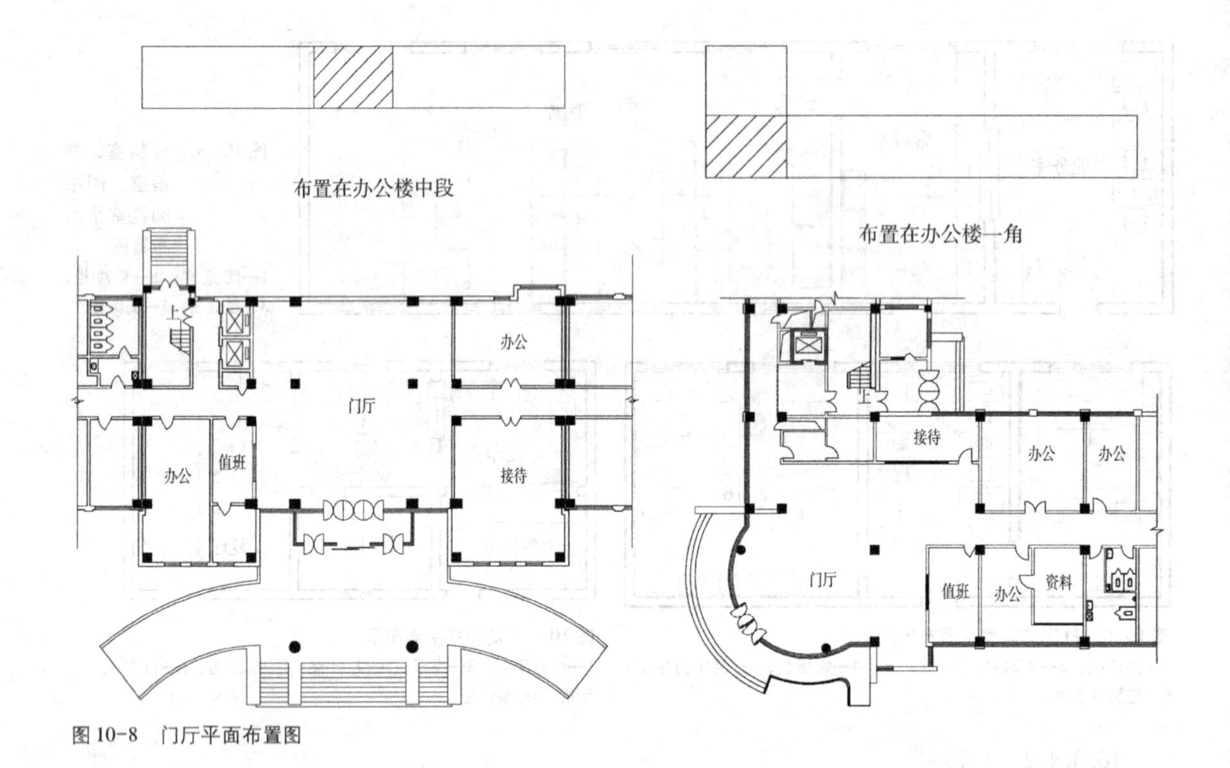

图 10-8　门厅平面布置图

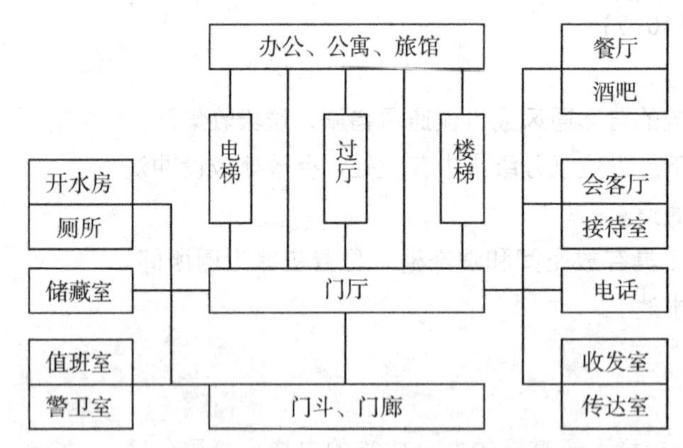

图 10-9　门厅用房的组成

走道最小净宽（m）　　　　**表 10-2**

走道长度	走道净宽	
	单面布房	双面布房
≤40	1.30	1.40
>40	1.50	1.80

注：内筒结构的回廊式走道净宽最小值同单面布房走道。

10.3.6 门窗设置

10.3.6.1 窗

底层及半地下室外窗宜采取安全防范措施，高层及超高层办公建筑采用玻璃幕墙时应设有清洁设施；外窗不宜过大，可开启面积不应小于窗面积的30%，并应有良好的气密性、水密性和保温隔热性能，满足节能要求。全空调的办公建筑外窗开启面积应满足火灾排烟和自然通风要求。

10.3.6.2 门

门洞口宽度不应小于1.00m，高度不应小于2.10m，机要办公室、财务办公室、重要档案库、贵重仪表间和计算机中心的门应采取防盗措施，室内宜设防盗报警装置。办公建筑的开放式、半开放式办公室，其室内任何一点至最近的安全出口的直线距离不应超过30m。

10.3.7 办公楼平面布置形式

办公楼根据使用性质、房间组成、建筑材料、结构形式等进行全面的功能组合，常用平面布置形式如图10-10～图10-14所示。

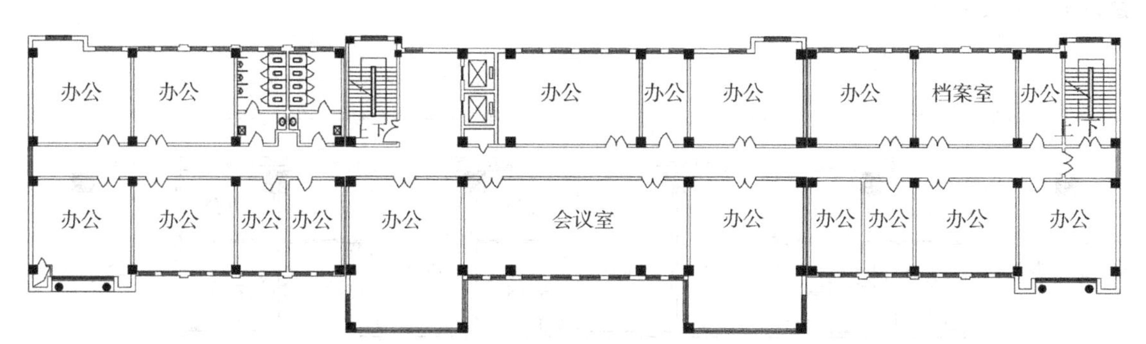

图10-10 内走道办公楼

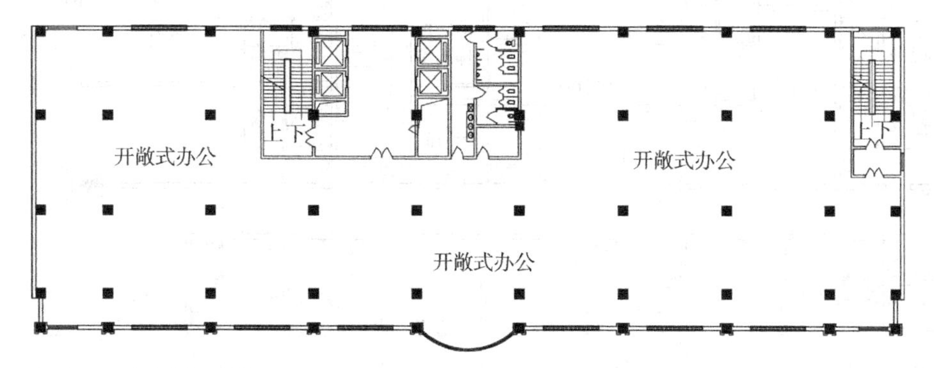

图10-11 大空间办公楼

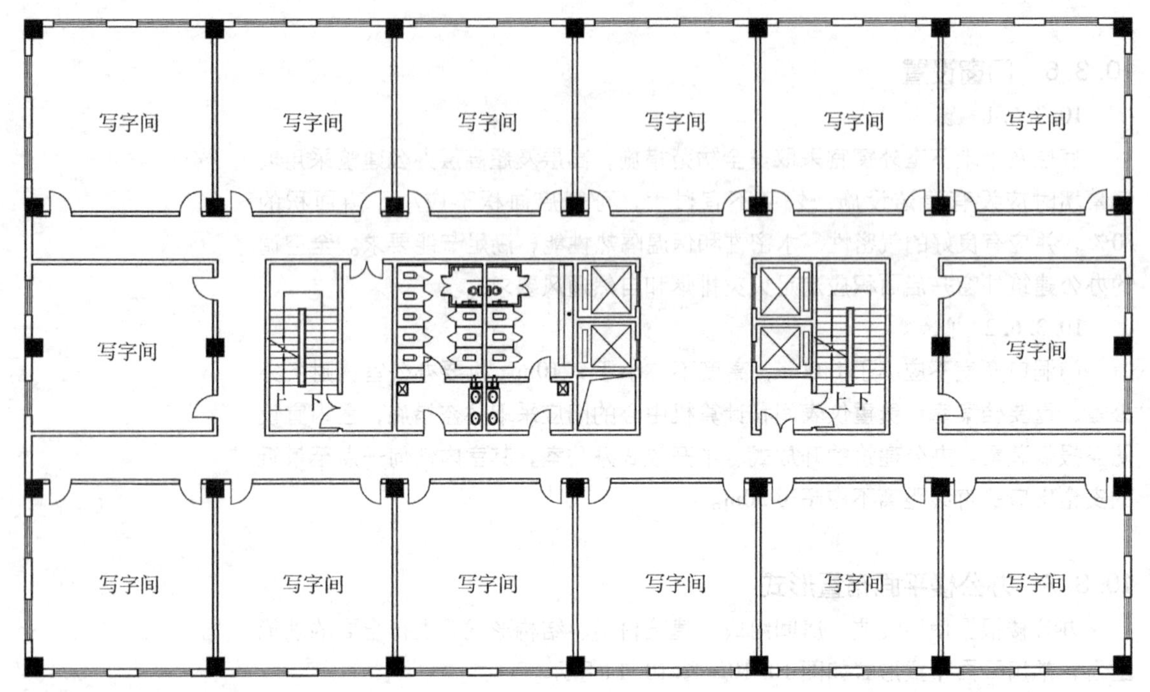

图 10-12　双走道办公楼

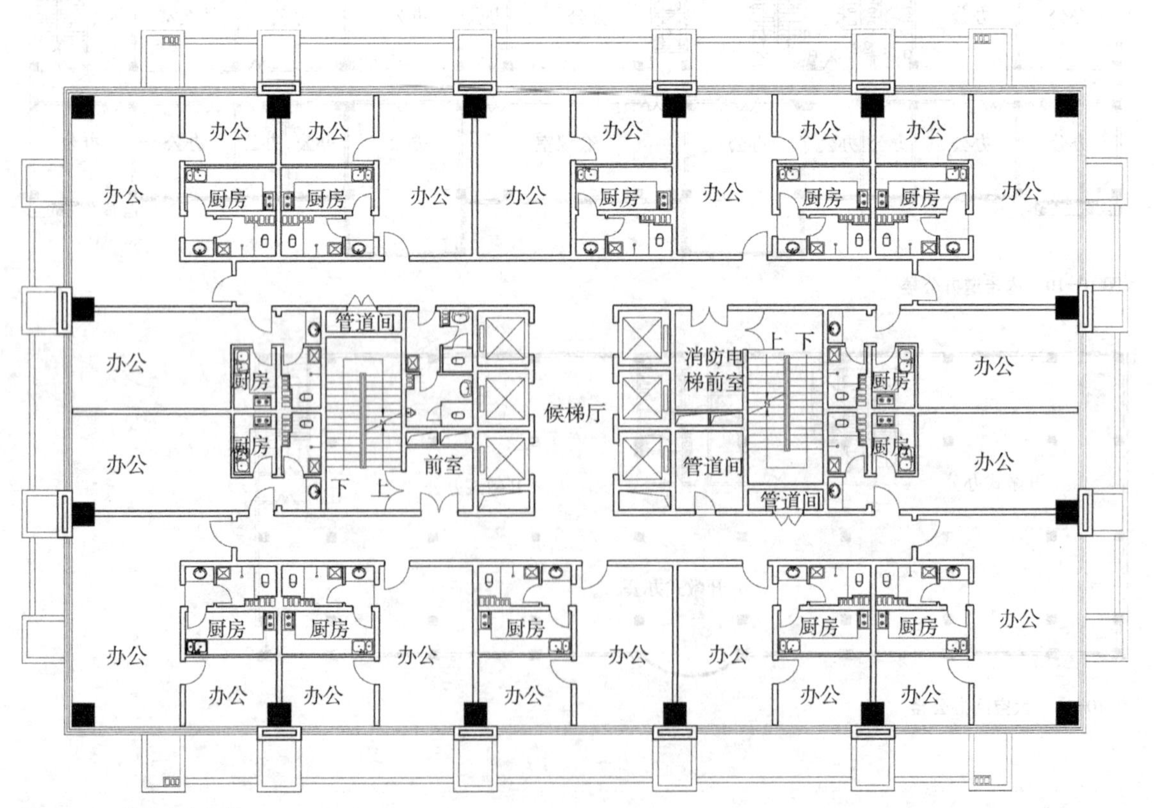

图 10-13　公寓式办公楼

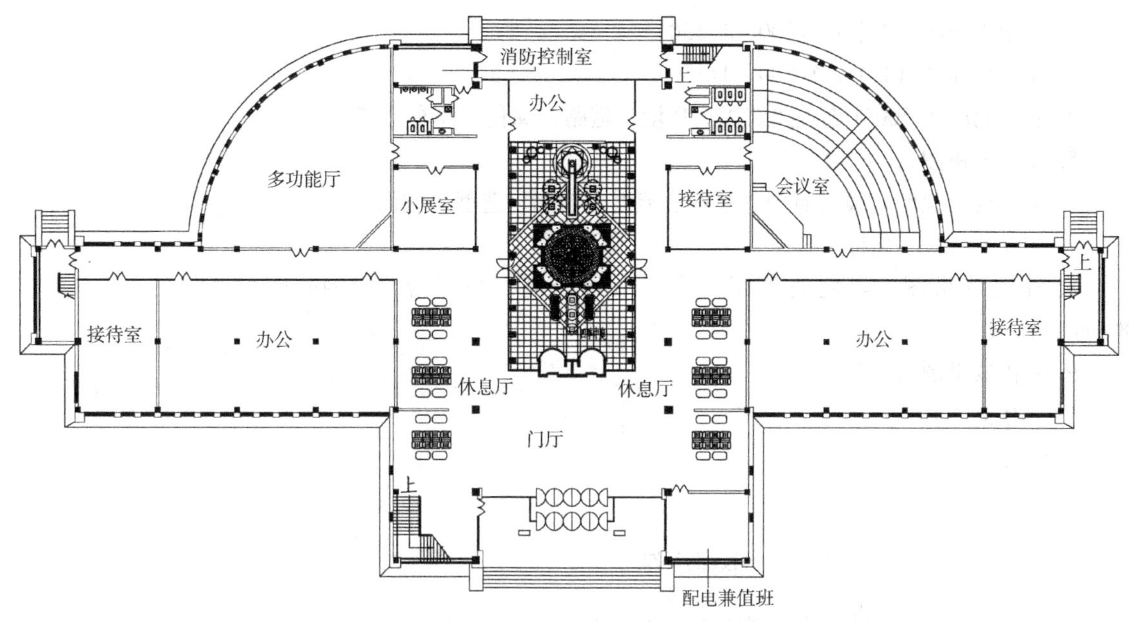

图 10-14　内天井式办公楼

理论知识训练

1. 办公楼选址的基本原则是什么？

2. 总平面布置的原则是什么？

3. 常见的办公室形式有哪些？

4. 结合实例分析办公建筑平面组合有何特点？单间办公室的舒适尺度是多少？

5. 对办公楼走道宽度有哪些规定？对层高有什么规定？

6. 对门窗有什么设计要求？

7. 对办公楼室内环境有哪些方面的要求？

实践课题训练

题目：办公楼设计

一、实训目的

1. 掌握办公建筑设计的基本原理。

2. 建筑造型设计具有时代感，应充分反映办公楼的建筑形象。

二、实训条件

规模 $3500m^2$（按轴线计算，上下浮动不超过 5%）；框架结构四层；房间包括（三开间 $60m^2$/每套办公室、大小相间若干间普通办公室 $2000m^2$、小会议室两套 $100m^2$/每套、中会议室一套 $20m^2$、卫生间 $40m^2$/层、门厅、楼梯、电梯、库房、值班保卫）。

三、实训内容及深度

1. 各层平面图（相同层可画一个）1∶200～1∶150；

2. 主要立面图（2个）1∶200～1∶150；

3. 主要剖面图（1个）1∶200～1∶150；

4. 总平面图1∶500（表现建筑周边环境、道路、绿化、停车位等）；

5. 功能分析图；

6. 方案设计说明（设计意图、总图、流线、功能、造型等方面）；

7. 主要经济技术指标；

8. 外观效果图：彩色效果图，手工工具绘制，A1图幅（594mm×841mm）；

9. 室内效果图（1个）。

四、附录

地形图。

本章小结

办公建筑通常是指供机关、团体和企事业单位办理行政事务和从事各类业务活动的建筑物。建筑物内供办公人员办公的房间称为办公室；以此单位集合成一定数量的建筑物则可以称为办公建筑。

常见办公室形式：单间式办公室、开放式办公室、单元式办公室、公寓式办公室。

办公建筑基地的选择，应符合当地总体规划的要求，宜选在地质条件有利、市政设施完善、交通和通信方便的地段。与易燃易爆物品场所和产生噪声、尘烟、散发有害气体等污染源的距离，应符合安全、卫生和环境保护有关标准的规定。

总平面布置应布局合理、功能分区明确、用地节约、交通组织顺畅，并应满足当地城市规划行政主管部门的有关规定和指标。且应进行环境和绿化等方面的设计。

办公建筑一般由办公用房、公共用房、服务用房和设备用房等组成。办公用房包括普通办公室和专用办公室；公共用房一般包括会议室、对外办事厅、接待室、陈列室、公共厕所、开水间等；服务用房应包括一般性服务用房和技术性服务用房，一般性服务用房为档案室、资料室、图书阅览室、文秘室、汽车库、非机动车库、员工餐厅、卫生管理设施间等。技术性服务用房为电话总机房、计算机房、晒图室等。

门厅内可附设传达、收发、会客、服务、问讯、展示等功能房间（场所）；走道最小净宽不应小于规范的规定。

外窗不宜过大，可开启面积不应小于窗面积的30%。

第 二 篇

建筑构造部分

第 11 章　民用建筑构造概述

11.1 民用建筑构造概述

建筑物是由基础、墙或柱、楼地层、楼梯、门窗、屋顶等构件组成的。建筑构造就是研究组成建筑物的构、配件的组合原理及构造方法的科学。建筑构造原理就是以选型、选材、工艺、安装为依据，研究各种构、配件及其细部构造的合理性，以便能更有效地满足建筑的使用功能；而构造方法则是研究如何运用各种材料，有机地组合各种构、配件以及使构、配件之间牢固组合的具体方法。

11.1.1 建筑的构件组成与作用

学习建筑构造，首先应该了解建筑物的构件所处的位置及其各自的作用(图 11-1)。

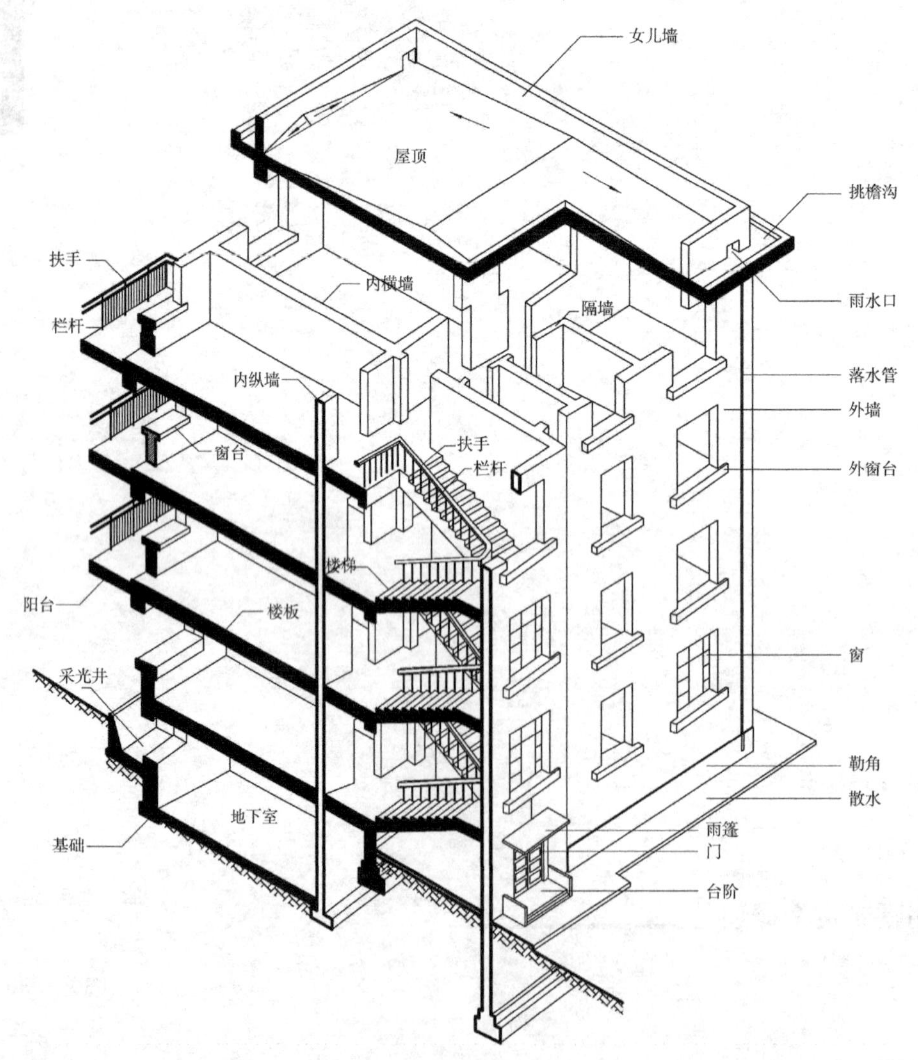

图 11-1　建筑构件组成

11.1.1.1 基础

基础是墙或柱下面的承重构件，埋在地面以下，承受建筑物的全部荷载，并将这些荷载传给地基。基础必须有足够的强度和稳定性，并能抵御地下水、冰冻等各种有害因素的影响。

11.1.1.2 墙（柱）

墙（柱）承受楼板和屋顶传给它的荷载。在墙承重的建筑中，墙既是承重构件，又是围护构件；在框架结构的建筑中，柱是承重构件，而墙只是围护构件或分隔构件。作为承重构件，墙（柱）必须具有足够的强度和稳定性；作为围护构件，外墙须具有保温、隔热的能力。内墙则须具有隔声、防火和防水等能力。

11.1.1.3 楼板和楼地面

楼板是水平承重构件，它将所承受的荷载传给墙或柱。同时楼板搭在墙上或梁上，也起着水平支撑作用，增强建筑的刚度和整体性，并用来分隔楼层之间的空间。楼板除须具有足够的强度和刚度外，还须具有隔声及防潮、防水性能。

地面，又称地坪，它是底层空间与土壤之间的分隔构件，它承受底层房间的使用荷载，须具有防潮、防水和保温能力。

11.1.1.4 楼梯

楼梯是建筑物上、下层之间的垂直交通设施。楼梯应有适当的坡度、足够的通行宽度和疏散能力。除此之外，为保证安全，楼梯还应具有足够的强度和刚度，以及良好的防滑性能等。

11.1.1.5 屋顶

屋顶是建筑物顶部构件，它既是承重构件，又是围护构件。屋顶应具有足够的强度和刚度，并要有防水、保温、隔热等能力。

11.1.1.6 门窗

门主要是供联系内外交通用，兼有采光、通风作用。窗的作用主要是采光、通风及眺望。门窗对建筑物也有一定的围护作用。根据建筑使用要求不同，门和窗还应具有一定的保温、隔声、防火等功能。

除上述六大基本组成部分外，不同使用功能的建筑，还有其他的构件和配件，如阳台、雨篷、台阶、散水、垃圾道、烟道等。

11.1.2 影响建筑构造设计的因素

为了提高建筑物对外界各种影响的抵御能力，满足建筑物使用功能的要求，在进行建筑物构造设计时，必须充分考虑到各种影响因素。影响建筑构造设计的因素很多，归纳起来大致分为以下几个方面。

11.1.2.1 外界作用力的影响

外力包括人、家具和设备的重量、结构自重、风力、地震力以及雪重等，这些通称为荷载，分为静荷载和动荷载。无论是静荷载还是动荷载，对选择结构类型和构造方案以及进行细部构造设计都是非常重要的。在荷载中，风力往往是高层建筑水平荷载的主要因素，地震力是目前自然界中对建筑物影响最大、破坏最严重的一种因素，因此，必须引起重视，采取合理的构造措施，予以设防。

11.1.2.2　人为因素的影响

人们在使用建筑物时，往往会产生诸如火灾、噪声、机械振动、化学腐蚀等破坏因素，因此，在建筑构造上需采取相应的防火、隔声、防振、防腐等措施，以避免对建筑物使用功能产生的影响和损害。

11.1.2.3　气候条件的影响

自然界中的日晒雨淋、风雪冰冻、地下水等均对建筑物使用功能和建筑构件使用质量有影响。对于这些影响，在构造上必须考虑相应的防护措施，如防水防潮、保温隔热、防冻胀、防蒸汽渗透等。

11.1.2.4　建筑标准的影响

建筑标准所包含的内容较多，与建筑构造关系密切的主要有建筑的造价标准、建筑等级标准、建筑装修标准和建筑设备标准等。对于大量性民用建筑，构造方法往往是常规做法；而对大型公共建筑，建筑标准较高，构造做法上对美观的考虑也更多。

11.1.2.5　建筑技术条件的影响

建筑技术条件指建筑材料技术、结构技术和施工技术等。随着这些技术的不断发展和变化，建筑构造技术也在改变着。

11.1.3　建筑构造的设计原则

构造设计要考虑使用功能、材料性能、荷载情况、施工工艺及建筑艺术等因素；设计者应本着坚固适用、技术先进、经济合理、美观大方的基本原则，选择合理的构造方案，才能保证建筑的使用合理性、安全性及建筑的整体性。

11.1.3.1　坚固适用

除根据荷载大小、结构的要求确定构件的必须尺度外，对构、配件的连接等也必须在构造上采取必要的措施，来确保房屋的整体刚度、安全可靠、经久耐用。

11.1.3.2　技术先进

建筑构造设计应该从材料、结构、施工三方面引入先进技术，选用新型建筑材料，采用标准设计和定型构件，以提高建设速度，改善劳动条件，保证施工质量。

11.1.3.3　经济合理

构造设计中，既要注意降低建筑造价，减少材料、能源消耗，又要有利于降低日常运行、维修和管理的费用，考虑其综合的经济效益。即在保证质量的前提下，降低建筑造价。

11.1.3.4　美观大方

建筑要做到美观大方，构造设计是非常重要的一环。构造设计在现有经济条件下要充分考虑其造型、尺度、质感、色彩等艺术和美观问题。

11.2　建筑模数制

为了实现建筑制品、建筑构配件定型化、工厂化，尽量减少构配件的类型，简化其规格尺寸，提高通用性和互换性，使建筑物及其各部分的尺寸统一协调，同时加快建设速度，提高施工质量和效率，降低建筑造价，我国颁布了《建筑模数协调统一标准》。标准中规定了模数数列，几种几何尺寸间的关系和定位轴线。

11.2.1　模数数列

11.2.1.1　基本模数

为了使建筑物及其各部分的尺寸统一协调，首先要选定一个标准尺度单位，作为建筑制品、建筑构配件以及有关设备尺寸相互协调的基础，这个标准尺度单位就称为基本模数，其数值为100mm，用符号M表示，即1M＝100mm。

11.2.1.2　模数数列

（1）扩大模数：是指基本模数的倍数，其基数为3M、6M、12M、15M、30M、60M共6个，相应的尺寸分别为300、600、1200、1500、3000、6000mm作为建筑参数。

扩大模数主要用于建筑物中的较大尺寸，如跨度、柱距、开间、进深、层高等处。

（2）分模数：是指整数除基本模数的数值，其基数为1/10M、1/5M、1/2M，相应尺寸为10、20、50mm。分模数主要用于缝隙、构造节点和构配件断面尺寸等。

（3）模数数列：是以基本模数、扩大模数、分模数为基础扩展成的一个数值系统（表11-1）。

11.2.2　定位线

（1）定位线是确定主要结构构件和设备的位置及标志尺寸的基线，用于平面时称平面定位线（即定位轴线）；用于竖向时称竖向定位线。

定位线之间的距离（如跨度、柱距、层高等）应符合模数数列的规定。规定定位轴线的布置以及结构构件与定位线关系的原则，是为了统一与简化结构或构件尺寸和节点构造，减少规格类型，提高互换性、通用性和标准化，满足建筑构件工业化生产要求。

（2）水平定位线是施工中定位、放线的重要依据。凡承重墙、柱子、大梁或屋架等主要承重构件，均应有定位轴线以确定其位置。对于非承重的隔断墙、次要承重构件或建筑配件的位置，则由定位轴线与附近轴线间的尺寸确定。

模数数列（mm）　　表 11-1

基本模数	扩大模数						分模数		
1M	3M	6M	12M	15M	30M	60M	1/10M	1/5M	1/2M
100	300	600	1200	1500	3000	6000	10	20	50
100	300						10		
200	600	600					20	20	
300	900						30		
400	1200	1200	1200				40	40	
500	1500			1500			50		50
600	1800	1800					60	60	
700	2100						70		
800	2400	2400	2400				80	80	
900	2700						90		
1000	3000	3000		3000	3000		100	100	100
1100	3300						110		
1200	3600	3600	3600				120	120	
1300	3900						130		
1400	4200	4200					140	140	
1500	4500			4500			150		150
1600	4800	4800	4800				160	160	
1700	5100						170		
1800	5400	5400					180	180	
1900	5700						190		
2000	6000	6000	6000	6000	6000	6000	200	200	200
2100	6300							220	
2200	6600	6600						240	
2300	6900								250
2400	7200	7200	7200					260	
2500	7500			7500				280	
2600		7800						300	300
2700		8400	8400					320	
2800		9000		9000				340	
2900		9600	9600						350
3000				10500					
3100			10800						
3200								380	
3300			12000	12000	12000	12000		400	400
3400					15000				450
3500					18000	18000			500
3600					21000				550
					24000	24000			600
					27000				650
					30000	30000			700
					33000				750
					36000	36000			800
									850
									900
									950
									1000

11.3 建筑节能

建筑节能是指加强建筑用能管理，采取技术上可行、经济上合理、自然环境和社会都可以承受的措施，减少从能源生产到消费各个环节中的损失和浪费，合理有效地使用能源，其核心是提高能源利用的效率。

建筑消耗的能量，在社会总能量消耗中占有很大的比例，而且社会经济越发达，生活水平越高，这个比例越大。西方发达国家建筑能耗占社会总能耗的30%～45%。我国建筑能耗占社会总能耗的20%～25%，正逐步向30%逼近。

11.3.1 建筑热工设计气候分区及建筑节能设计要点

11.3.1.1 居住建筑节能设计气候分区

居住建筑节能设计气候分区为：严寒地区（分A、B、C三个区）、寒冷地区（分A、B两个区）、夏热冬冷地区、夏热冬暖地区（分南、北两个区）、温和地区（分A、B两个区）。居住建筑主要城市所处气候分区如表11-2所示。

居住建筑部分主要城市所处气候分区　　表11-2

气候分区		代表性城市
严寒地区（Ⅰ区）	严寒A区	博克图、满洲里、海拉尔、呼玛、海伦、伊春、富锦、大柴旦
	严寒B区	哈尔滨、安达、佳木斯、齐齐哈尔、牡丹江
	严寒C区	大同、呼和浩特、沈阳、本溪、阜新、长春、西宁、乌鲁木齐、哈密、张家界、银川、伊宁、吐鲁番、鞍山
寒冷地区（Ⅱ区）	寒冷A区	唐山、太原、大连、青岛、安阳、拉萨、兰州、平凉、天水、喀什
	寒冷B区	北京、天津、石家庄、徐州、济南、西安、宝鸡、郑州、洛阳、德州
夏热冬冷地区（Ⅲ区）		南京、蚌埠、南通、合肥、安庆、武汉、上海、杭州、宁波、宜昌、长沙、南昌、株洲、永州、桂林、重庆、成都、遵义
夏热冬暖地区（Ⅳ区）	北区	福州、莆田、龙岩、梅州、兴宁、龙川、新丰、英德、贺州、柳州、河池
	南区	泉州、厦门、漳州、汕头、广州、深圳、梧州、海口、南宁
温和地（Ⅴ区）	温和地区A区	西昌、贵阳、安顺、遵义、昆明、大理、腾冲
	温和地区B区	攀枝花、临沧、蒙自、景洪、澜沧

11.3.1.2 公共建筑节能设计气候分区

公共建筑节能设计气候分区为：严寒地区A区、严寒地区B区、寒冷地区、夏热冬冷地区、夏热冬暖地区。公共建筑主要城市所处气候分区如表11-3所示。

公共建筑部分主要城市所处气候分区　　表 11-3

气候分区	代表性城市
严寒地区 A 区	海伦、博克图、伊春、满洲里、齐齐哈尔、哈尔滨、牡丹江、克拉玛依、佳木斯、安达
严寒地区 B 区	长春、乌鲁木齐、呼和浩特、沈阳、大同、哈密、张家口、伊宁、吐鲁番、西宁、银川
寒冷地区	兰州、太原、唐山、北京、天津、大连、石家庄、西安、拉萨、济南、青岛、郑州
夏热冬冷地区	南京、蚌埠、合肥、武汉、上海、杭州、宜昌、长沙、南昌、重庆、成都、贵阳
夏热冬暖地区	福州、兴宁、英德、河池、柳州、厦门、广州、深圳、湛江、汕头、海口、南宁

注：本表摘自《公共建筑节能设计标准》GB 50189—2005。2. 1. 3 建筑热工设计应与地区气候相适应。

（1）严寒地区：必须充分满足冬季保温要求，一般不考虑夏季防热。

（2）寒冷地区：应满足冬季保温要求，部分地区兼顾夏季防热。

（3）夏热冬冷地区：必须满足夏季防热要求，适当兼顾冬季保温。

（4）夏热冬暖地区（北区）：必须充分满足夏季防热要求，同时兼顾冬季保温；（南区）：必须充分满足夏季防热要求，可不考虑冬季保温。

（5）温和地区：部分地区应考虑冬季保温，一般可不考虑夏季防热。

11. 3. 2　建筑总体布局

11. 3. 2. 1　总体布局原则

建筑总平面的布置和设计，宜充分利用冬季日照并避开冬季主导风向，利用夏季凉爽时段的自然通风。建筑的主要朝向宜选择本地区最佳朝向，一般宜采用南北向或接近南北向，主要房间应避免夏季受东、西向日晒。

11. 3. 2. 2　选址

建筑的选址要综合考虑整体的生态环境因素，充分利用现有城市资源，符合可持续发展的原则。

11. 3. 2. 3　外部环境设计

在建筑设计中，应对建筑自身所处的具体的环境加以充分利用和改善，以创造能充分满足人们舒适要求的室内外环境。如在建筑周围种植树木、植被，可有效阻挡风沙，净化空气，同时起到遮阳、降噪的效果。有条件的地区，可在建筑附近设置水面，利用水面来平衡环境温度、湿度、防风沙及收集雨水。

也可通过垂直绿化、屋面绿化、渗水地面等，改善环境温湿度，提高建筑物的室内热舒适度。

11.3.2.4　规划和体形设计

在建筑设计中，应对建筑的体形以及建筑群体组合进行合理的设计，以适应不同的气候环境。如在沿海湿热地区，为有效改善自然通风，规划布局上可利用建筑的向阳面和背阴面形成风压差，使建筑单体得到一定的穿堂风。建筑高度、宽度的差异可产生不同的风影效应，所以应合理确定建筑单体体量，防止出现不良风环境。

11.3.2.5　日照环境设计

1）建筑物的朝向、间距会对建筑物内部采光、得热产生很大的影响，所以应合理确定建筑物的日照间距及朝向。建筑的日照标准应满足相应规范的要求。

2）居住建筑应充分利用外部环境提供的日照条件，其间距应以满足冬季日照标准为基础，综合考虑采光、通风、消防、视觉等要求。

住宅日照标准应符合表11-4的规定。旧区改造项目内新建住宅的日照标准可酌情降低，但不应低于大寒日日照1h的标准。

3）根据现行《民用建筑设计通则》规定：

（1）每套住宅至少应有一个居室空间能获得冬季日照；

（2）宿舍半数以上的居室，应获得同住宅居住空间相等的日照标准；

（3）托儿所、幼儿园的主要生活用房，应能获得冬至日不小于3h的日照标准；

（4）老年人住宅、残疾人住宅的卧室、起居室，医院、疗养院半数以上的病房和疗养室，中小学半数以上的教室应能获得冬至日不小于2h的日照标准。

住宅建筑日照标准　　**表11-4**

建筑气候分区	Ⅰ、Ⅱ、Ⅲ、Ⅶ气候区		Ⅳ气候区		Ⅴ、Ⅵ气候区
	大城市	中小城市	大城市	中小城市	
日照标准	大寒日			冬至日	
日照时数（h）	≥2	≥3		≥1	
有效日照时间带（h）（当地真太阳时）	8～16			9～15	
日照时间计算点	底层窗台面（距室内地坪0.9m高的外墙位置）				

注：1. 本表中的气候分区与全国建筑热工设计分区的关系见《民用建筑设计通则》GB 50352—2005表3.3.1。

2. 本表摘自《城市居住区规划设计规范》GB 50180—1993（2002年版）。

11.3.3　建筑单体节能设计要点

11.3.3.1　建筑单体体形设计要求

（1）建筑单体的体形设计应适应不同地区的气候条件。严寒、寒冷气候区的建筑宜采用紧凑的体形，缩小体形系数，从而减少热损失。干热地区建筑的体形宜采用紧凑或有院落、天井的平面，易于封闭、减少通风，减少极端温度时热空气进入。湿热地区建筑的体形宜主面长、进深小，以利于通风与自然采光。

（2）居住建筑的体形系数不满足要求时，则应进行围护结构的综合判断。严寒、寒冷地区应调整外墙和屋顶等围护结构的传热系数，使建筑物的耗热量指标达到规定的要求；夏热冬冷地区，建筑的采暖年耗电量和空调年耗电量之和不应超过标准规定的限值；夏热冬暖地区，建筑的空调采暖年耗电指数（或耗电量）不应超过参照建筑的空调采暖年耗电指数（或耗电量）。

11.3.3.2　建筑单体设计要求

建筑单体设计，在充分满足建筑功能要求的前提下，应对建筑空间进行合理分隔（包括平面分隔与竖向分隔），以改善室内通风、采光、热环境等。如在北方寒冷地区的住宅设计中，可将厨房、餐厅等辅助房间布置在北侧，形成北侧寒冷空气的缓冲区，以保证主要居室的舒适温度。

11.3.3.3　外门窗（包括透明幕墙）、遮阳的基本要求

1）建筑设计中应对外门窗（包括透明幕墙）、遮阳进行合理设计，以调节建筑室内的通风、采光等，改善建筑室内环境的舒适度。设计中应采用气密性良好的外门窗，气密性等级要符合规范要求。

2）公共建筑外门窗、遮阳设计要符合规范要求。

3）居住建筑外门窗（包括阳台门上部透明部分）、遮阳设计：

（1）建筑外窗（包括阳台门上部透明部分）与天窗面积不宜过大。不同地区、不同朝向的窗墙比不应超过规范规定。

（2）不同气候区、建筑外窗不同的窗墙面积比，对建筑外窗（包括阳台门上部透明部分）、天窗的传热系数与遮阳系数有着不同的要求。

（3）夏热冬暖地区、夏热冬冷地区以及寒冷地区空调负荷大的建筑的外窗宜设置外部遮阳，遮阳的设置除能够有效地遮挡太阳辐射外，还应避免对窗口通风产生不利影响。

（4）生活、工作的房间的通风开口有效面积不应小于该房间地板面积的1/20。

（5）住宅卧室、起居室（厅）、厨房的外窗窗地比不应小于1/7。离地面高度0.50m的窗洞口面积不计入采光面积内。窗洞口上沿距地面高度不宜低于2m。

（6）住宅应有自然通风。单朝向住宅应采取通风措施：

① 卧室、起居室（厅）、明卫生间的通风开口有效面积不应小于该房间地面面积的1/20。

② 厨房的通风开口有效面积不应小于该房间地面面积的1/10，并不小于0.60m^2。

③ 严寒地区居住建筑的厨房、卫生间应设自然通风道或通风换气设施。

自然通风道的位置应设于窗户或进风口相对的一面。

（7）夏热冬暖地区居住建筑外窗的可开启面积不应小于外窗所在房间地面面积的8%或外窗面积的45%。

理论知识训练

1. 民用建筑主要是由哪几部分组成的？各部分的作用是什么？
2. 民用建筑各组成构件的设计要求是什么？
3. 建筑构造设计的影响因素有哪些？
4. 建筑构造设计应遵循哪些原则？
5. 制定建筑模数的意义是什么？其内容包括哪些？
6. 什么是定位轴线？其作用是什么？
7. 标志尺寸、构造尺寸、实际尺寸之间的关系如何？

实践课题训练

题目：建筑构造认识参观

一、实训目的

通过实地参观，使学生认识建筑基本组成构件的部位，理解建筑构造的具体内容。

二、实训条件

参考选定本地区有代表性的砖混结构和框架结构工程的建筑，给出认识参观大纲及要求。

三、实训内容及深度

1. 任课教师带领学生实地参观，并进行现场讲解。
2. 要求学生写出1500字左右的参观实训报告。
3. 组织一次认识参观实训报告交流会。

本章小结

民用建筑通常是由基础、墙或柱、楼地层、楼梯、屋顶、门窗等六部分组成的。这些组成部分构成了建筑物的主体，它们位于建筑物的不同部位，起着不同的作用。

影响建筑构造设计的因素是外界作用力的影响、人为因素的影响、气候条件的影响、建筑标准的影响、建筑技术条件的影响等。建筑构造设计是建筑初步设计的继续和深入，应遵循坚固适用、技术先进、经济合理、美观大方的基本原则，选择合理的构造方案，才能保证建筑的使用安全性及建筑的整体性。

为了实现建筑制品、建筑构配件定型化、工厂化，尽量减少构配件的类型，简化其规格尺寸，提高通用性和互换性，使建筑物及其各部分的尺寸统一协调，同时加快建设速度，提高施工质量和效率，降低建筑造价，首先要选定一个标准尺度单位基本模数，其数值为100mm。

模数数列是以基本模数、扩大模数、分模数为基础扩展成的一个数值系统。扩大模数主要用于建筑物中的较大尺寸，如跨度、柱距、开间、进深、层高等处。分模数主要用于缝隙、构造节点和构配件断面尺寸等。

定位轴线是确定主要结构或构件的位置及标志尺寸的基准线，是施工中定位、放线的重要依据。凡承重墙、柱子、大梁或屋架等主要承重构件，均应有定位轴线以确定其位置。对于非承重的隔断墙、次要承重构件或建筑配件的位置，则由定位轴线与附近轴线间的尺寸确定。

建筑节能就是减少建筑中能量的散失。建筑节能是指加强建筑用能管理，采取技术上可行、经济上合理、自然环境和社会都可以承受的措施，减少从能源生产到消费各个环节中的损失和浪费，有效、合理地使用能源。其核心是提高能源利用的效率。

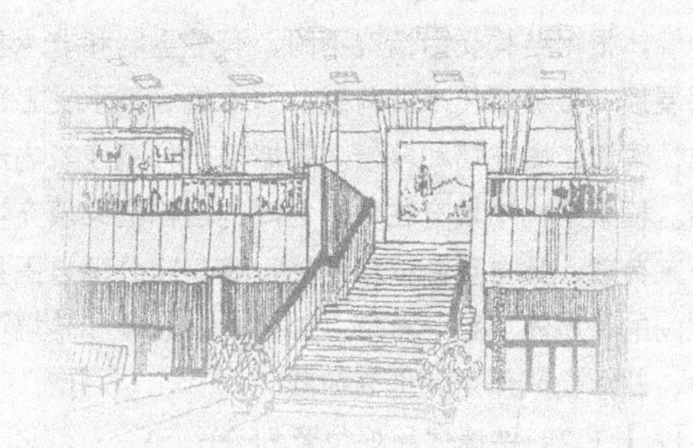

第12章 墙 体

12.1 概述

墙体是建筑物的承重和围护构件。因此对结构受力、空间限定、建筑节能起着重要的作用，墙体的布置与构造是建筑设计的重要内容。

12.1.1 墙体的类型

墙体按其受力、位置、方向、材料及施工方法不同分为如下几种类型。

12.1.1.1 按墙体受力划分

墙体根据结构受力情况不同，有承重墙和非承重墙之分。承重墙直接承受上部屋顶、楼板所传来的荷载。非承重墙不承受上部构件传来的荷载，非承重墙包括隔墙、填充墙和幕墙。隔墙用于分隔建筑内部空间，并把自重传给楼板或梁。框架结构中填充在柱子之间的墙称框架填充墙。在框架结构中，墙不承受外来荷载，其自重由框架承受，墙仅起分隔与围护作用。悬挂于骨架外部或楼板间的轻质外墙称为幕墙。外部的填充墙和幕墙不承受上部楼板层和屋顶的荷载，却承受风作用和地震荷载。

12.1.1.2 按墙体所处位置划分

墙体依其在房屋所处位置的不同，分为内墙和外墙。外墙位于建筑物外界四周，是房屋的外围护结构，能抵抗大气的侵袭，保证建筑物内部空间的舒适。内墙位于建筑内部，主要是分隔内部空间。

12.1.1.3 按墙体方向划分

墙体按其方向又可分为纵墙和横墙。沿建筑物短轴方向布置的墙称横墙，横向外墙一般称山墙。沿建筑物长轴方向布置的墙称纵墙，纵墙有内纵墙与外纵墙之分。在一片墙上，窗与窗或门与窗之间的墙称窗间墙；窗洞下部的墙称窗下墙。墙体的名称如图 12-1所示。

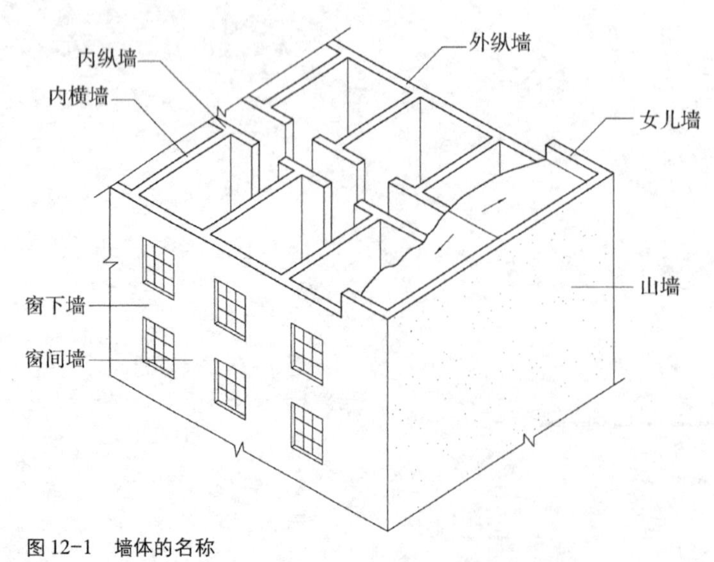

图 12-1　墙体的名称

12.1.1.4　按墙体构造方式划分

墙体按构造方式可以分为实体墙、空体墙和复合墙（图12–2）。实体墙包括普通砖墙、实心砌块墙等。空体墙可由单一材料砌成内部空腔，如空斗墙；也可用具有孔洞的砌块材料砌成或拼装而成，如空心砌块墙、空心板材墙等。复合墙是由两种以上材料组合而成的多功能墙体。例如，混凝土、加气混凝土复合板材墙，其中混凝土起承重作用，加气混凝土起保温隔热作用，二者结合，各取所长。

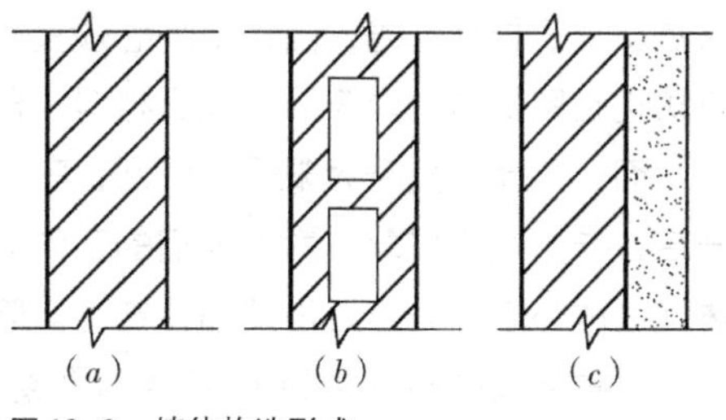

图12–2　墙体构造形式
(a) 实体墙；(b) 空体墙；(c) 复合墙

12.1.1.5　按墙体施工方法划分

墙体按施工方法可分为叠砌式块材墙、装配式墙及板筑墙三种。由砂浆等胶结材料将砖石块材等组砌而成的墙体称为叠砌式块材墙。例如，砖墙、砌块墙和石墙等。装配式墙是在工厂预制成系列墙板，然后运到施工现场进行机械安装的墙体，包括预制混凝土大板墙、各种轻质条板内隔墙等板材墙、多种组合墙和幕墙等。装配式墙机械化程度高、施工速度快、工期短，是建筑工业化的方向。板筑墙是在现场支模板，然后在模板内夯筑或浇筑材料捣实而成的墙体，如古代的夯土墙、灰砂土筑墙以及现代的滑模、大模板等现浇混凝土墙等。墙体按所用材料不同，可分为砖墙、石墙、砌块墙和混凝土墙等。近年来，我国已提出限制和禁止使用实心黏土砖墙；砌块墙是今后建筑墙体发展的趋势。

12.1.2　墙体的设计要求

墙体在建筑中必须满足强度和稳定性要求，还要满足保温、隔热、隔声、防火以及防潮等功能要求。

12.1.2.1　墙体的强度和稳定性

强度是指墙体承受荷载的能力。承重墙应有足够的强度来承受楼板及屋顶的竖向荷载，墙体的强度与所用材料有关。地震区还应考虑地震作用下的墙体承载力，多层砖混建筑一般以抵抗水平方向的地震作用为设计依据。

采用合适的墙体高厚比是保证墙体稳定的重要措施。墙体越薄、越高或柱子越细长其高厚比越大，其稳定性也就越差。建筑墙体的高厚比必须控制在允许范围以内。为满足高厚比要求，构造上通常采取增加墙体厚度，在墙体开洞口部位设置门垛，在长而高的墙体中设置壁柱、圈梁等办法增加墙体稳定性。

抗震设防地区，为了增加建筑物的整体刚度和稳定性，在多层砖混结构房屋的墙体中，还需设置贯通的圈梁和钢筋混凝土构造柱，使之相互连接，形成空间骨架，加强墙体抗弯、抗剪能力。

12.1.2.2　墙体的节能要求

节能主要以保温与隔热为主。作为围护结构的外墙，对热工的要求十分重要。采暖建筑的外墙应有足够的保温能力，寒冷地区冬季室内温度高于室外，热量从高温传至低温，围护结构必须具有保温能力，以减少热量损失。同时还应防止在围护结构内表面和保温材料内部出现凝结水现象，降低保温效果。

而炎热地区夏季太阳辐射强烈，室外热量通过外墙传入室内，使室内温度升高，产生过热现象，影响人们的工作与生活，甚至损害人的健康，因此，炎热地区的外墙应具有足够的隔热能力。除考虑建筑朝向、通风外，可以选用热阻大、重量大的材料或选用光滑、平整、浅色的材料，以增加对太阳的反射能力。

12.1.2.3　墙体的隔声要求

墙体作为房屋的围护结构必须具有足够的隔声能力，以避免噪声对室内环境的干扰。为保证建筑的室内使用要求，不同类型的建筑具有相应的噪声控制标准。如城市住宅为42dB、教室为38dB、剧场为34dB。

为控制噪声，对墙体一般采取以下措施：

（1）加强墙体的密缝处理；

（2）增加墙体密实性及厚度，避免噪声穿透墙体及带动墙体振动；

（3）采用有空气间层或多孔性材料的夹层墙，提高墙体的减振和吸声能力；

（4）在可能的情况下，利用垂直绿化降噪。

12.1.2.4　防火要求

墙体材料应符合《建筑设计防火规范》规定的相应耐火极限和燃烧性能。并在较大的建筑中设置防火墙对建筑进行防火分区，以防止火灾蔓延。

12.1.2.5　墙体的防水与防潮要求

为保证墙体的坚固耐久性，卫生间、厨房、实验室等有水的房间及地下室的墙体应采取防潮或防水措施。选择良好的防水材料以及恰当的构造做法，使室内有良好的卫生环境。

12.1.2.6　建筑工业化要求

进行墙体改革，提高机械化施工程度，采用轻质高强的墙体材料。

12.1.3　墙体的结构布置

建筑设计首先要确定结构布置方案，建筑结构布置分为墙承重和骨架承重两种。砖混结构即为墙承重方案，墙体不仅是分隔、围护构件，也是承重构件。墙体布置必须既满足建筑的功能与空间布局的要求，又应选择合理的墙体结构布置方案，砖混结构墙体结构布置方案分为横墙承重、纵墙承重、纵横墙承重、半框架承重等几种体系（图12-3）。

12.1.3.1　横墙承重体系

承重墙体主要由垂直于建筑物长度方向的横墙组成。当建筑物内的房间使用面积不大，墙体位置比较固定时，楼板的两端搁置在横墙上，楼面荷载依次通过楼板、横墙、基础传递给地基。由于横墙数量多，具有整体性好、房屋空间刚度大等优点，有利于抵抗风力、地震力和调整地基不均匀沉降；缺点是建

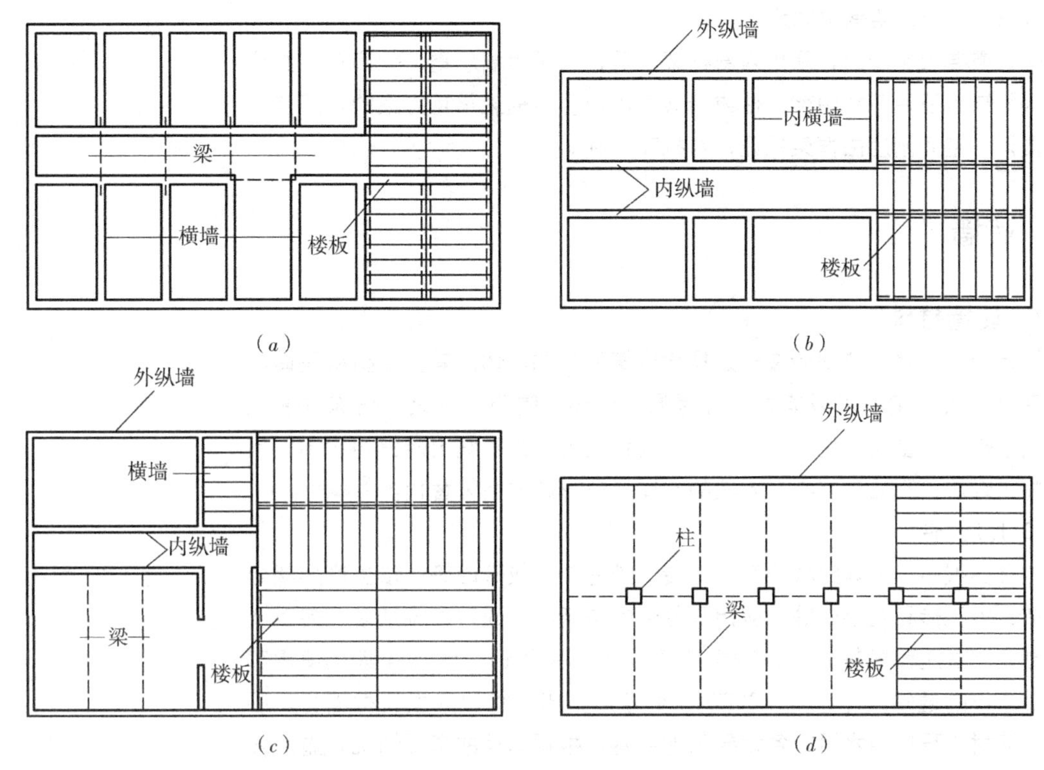

图 12-3 墙体结构布置方案

(a) 横墙承重；(b) 纵墙承重；(c) 纵横墙承重；(d) 半框架承重

筑空间组合不够灵活。在横墙承重体系中，纵墙不承重，只起围护、分隔和联系作用，所以对在纵墙上开门、窗限制较少。适用于房间的使用面积不大、墙体位置比较固定的建筑，如住宅、宿舍、旅馆等。

12.1.3.2 纵墙承重体系

承重墙体主要由平行于建筑物长度方向的纵墙组成。当房间要求有较大空间，横墙位置在同层或上下层之间可能有变化时，通常把大梁或楼板搁置在内、外纵墙上，构成纵墙承重体系。楼面荷载依次通过楼板、梁、纵墙、基础传递给地基。在纵墙承重方案中，由于横墙数量少，房屋刚度差，应适当设置承重横墙，与楼板一起形成纵墙的侧向支撑，以保证房屋空间刚度及整体性的要求。纵墙承重方案的优点是空间划分较灵活，但限制了设在纵墙上的门、窗大小和位置。适用于对空间的使用上要求有较大空间以及划分较灵活的建筑，如教学楼中的教室、阅览室、实验室等。

12.1.3.3 纵横墙承重体系

承重墙体由纵横两个方向的墙体混合组成。当房间的开间、进深变化较多时，结构方案可根据需要在一部分房屋中用横墙承重，另一部分中用纵墙承重，形成纵横墙混合承重方案。此方案的优点是空间刚度较好，建筑组合灵活，但墙体材料用量较多。适用于开间、进深变化较多的建筑，如住宅、医院、实验楼等。

12.1.3.4　半框架承重体系

当建筑需要大空间时，采用内部框架承重，四周为墙承重，如商店、综合楼等。楼板自重及活荷载由梁、柱或墙共同承担。半框架承重方案的特点是空间划分灵活，空间刚度由框架保证，对抗震不利。

12.2　砖墙

12.2.1　砖墙材料

砖墙是用砂浆将一块块砖按一定规律砌筑而成的砌体。其主要材料是砖与砂浆。砖墙具有一定的承载能力，且保温、隔热、隔声、防火、防冻性能较好；但由于砖墙自重大、施工速度慢、劳动强度大，并且黏土砖占用农田，因此砖墙将由轻质、高强、空心、大块的墙体材料形成的墙体替代。

12.2.1.1　砖

砖的种类很多，依其材料分有黏土砖、炉渣砖、灰砂砖等；依生产形状分为实心砖、多孔砖和空心砖等，应用最普遍的是烧结普通砖、烧结多孔砖以及蒸压灰砂砖、蒸压粉煤灰砖等。2007 年建设部《关于进一步加强禁止使用实心黏土砖工作的通知》（建科［2007］74 号）指出，加快开发新型墙材，不断提高新墙材工程应用水平。各地要因地制宜，根据本地的资源情况，重点发展利用尾矿、粉煤灰、建筑渣土、煤矸石、江河湖泊淤泥、工业废渣等固体废弃物作为主要原料的新型墙材，尤其要注重开发淤泥节能砖等本土生产、利废与节能一体的新型自保温墙材。

我国标准黏土砖的规格为 240mm × 115mm × 53mm（图 12-4）。为适应模数制的要求，近年来开发了多种符合模数的砖型，其尺寸为 90mm × 90mm × 190mm、90mm × 190mm × 190mm、190mm × 190mm × 190mm 等。

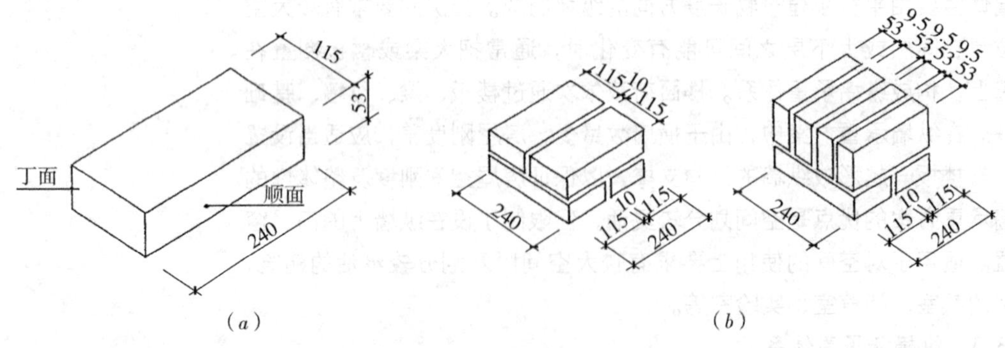

图 12-4　标准砖规格

砖的强度等级是根据标准试验方法所测得的抗压强度划分的，单位为 N/mm^2，普通砖的强度分为 MU30、MU25、MU20、MU15、MU10 五级。

12.2.1.2　砂浆

砂浆是砌体的粘结材料，它将砖块胶结成为整体，并将砖块之间的空隙填平、密实，便于使上层砖块所承受的荷载能逐层均匀地传至下层砖块，以保证砌体的强度，能提高防寒、隔热和隔声的能力。砌筑砂浆要求有一定的强度，以保证墙体的承载能力，还应该有良好的和易性，以便于砌筑。

常用的砌筑砂浆有水泥砂浆、石灰砂浆和混合砂浆三种。水泥砂浆由水泥、砂子加水拌合而成，属于水硬性材料，具有强度高、耐潮湿的特点，适合于砌筑潮湿环境下的砌体；石灰砂浆由石灰膏、砂子加水拌合而成，属于气硬性材料，强度不高，耐潮湿性差，多用于砌筑次要的民用建筑中地面以上的砌体；混合砂浆系由水泥、石灰膏、砂加水拌合而成，这种砂浆强度较高，和易性和保水性较好，常用于砌筑地面以上的砌体。

砂浆的强度等级是用龄期为 28d 的标准试块的抗压强度划分的，单位为 N/mm^2，分为 M15、M10、M7.5、M5、M2.5 五个级别。

12.2.2 实体砖墙的组砌原则和方式

12.2.2.1 砖墙的组砌方式

砖墙的砌式是指砖在砌体中的排列方式。以标准砖为例，砖墙可根据砖块尺寸和数量采用不同的排列，借砂浆形成的灰缝，组合成各种不同的墙体。

如果墙体表面或内部的垂直缝处于一条线上，即形成通缝，在荷载作用下，使墙体的强度和稳定性显著降低。当墙面为清水砖墙时，组砌还应考虑墙面美观，预先设计好图案（图 12-5）。

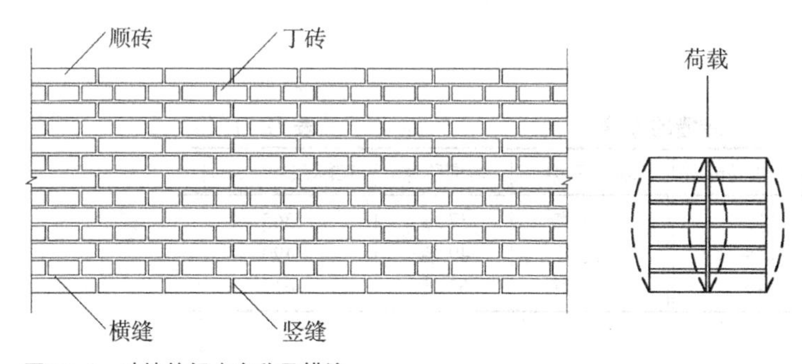

图 12-5 砖墙的组砌名称及错缝

砖墙的组砌中，把砖的长方向垂直于墙面砌筑的砖叫丁砖，把砖的长度平行于墙面砌筑的砖叫顺砖。上下匹之间的水平灰缝称横缝，左右两块砖之间的垂直缝称竖缝。普通黏土砖实体墙常用的组砌方式有全顺式（12 墙）、一顺一丁、多顺一丁、十字式、两平一侧式（18 墙）等几种形式（图 12-6）。

12.2.2.2 砖墙的组砌原则

为了保证墙体的强度，作为砖砌体，必须遵循的组砌原则是：砖缝必须横平、竖直；上下错缝，内外搭接，避免上下通缝；砖缝砂浆饱满，薄厚均匀，保证砖墙的整体性。

12.2.2.3 砖墙的尺度

砖墙的尺度包括厚度和墙段尺寸等。厚度和墙段尺寸的确定应以满足结构

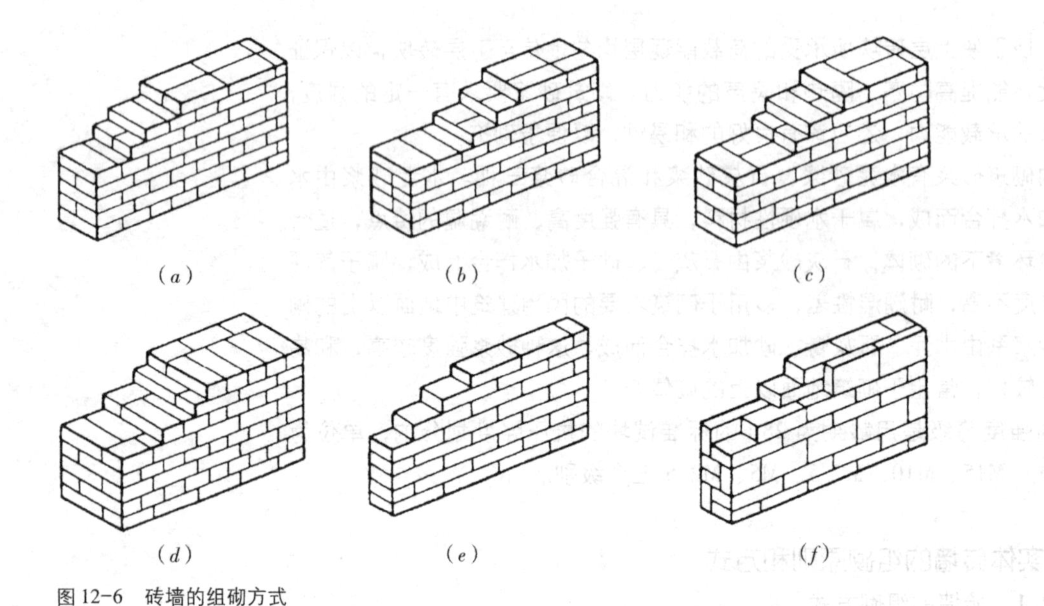

图 12-6 砖墙的组砌方式

和功能设计要求为依据，还要符合砖的规格。

实砌黏土砖墙的厚度是以标准黏土砖的规格 53mm × 115mm × 240mm（厚 × 宽 × 长）为基数的。灰缝一般按 10mm 进行组合时，砖厚加灰缝，砖宽加灰缝，与砖长之间成 1∶2∶4 为其基本特征。即（4 个砖厚 + 3 个灰缝） = （2 个砖宽 + 1 个灰缝） = 1 砖长（图 12-4）。用标准砖砌筑墙体，常见的墙体厚度及名称如表 12-1所示。

砖墙的厚度 **表 12-1**

墙厚名称	习惯称号	实际尺寸（mm）	墙厚名称	习惯称号	实际尺寸（mm）
半砖墙	12 墙	115	一砖半墙	37 墙	365
3/4 砖墙	18 墙	178	二砖墙	49 墙	490
一砖墙	24 墙	240	二砖半墙	62 墙	615

12.2.3 墙体的细部构造

墙体既是承重构件，又是围护构件。为了保证墙体的耐久性和稳定性，应对墙体的相应部位作构造措施，砖墙的节点构造包括墙脚、门窗洞口等。

12.2.3.1 墙脚的构造

墙体在室内地面以下，基础以上部分的称为墙脚，内外墙都有墙脚，墙脚包括勒脚、防潮层及散水或明沟，墙脚的位置如图 12-7所示。

图 12-7 墙脚的位置

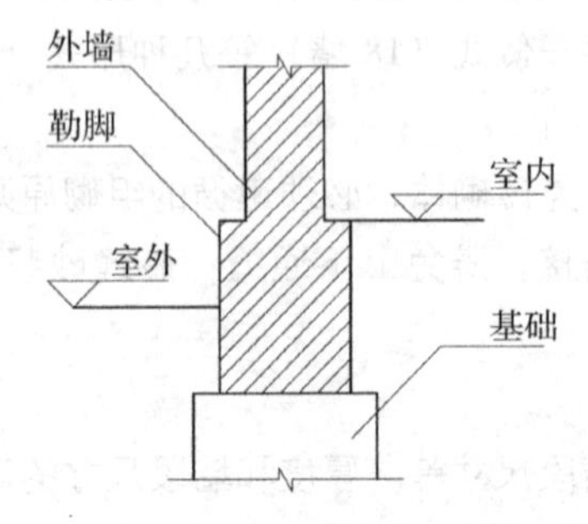

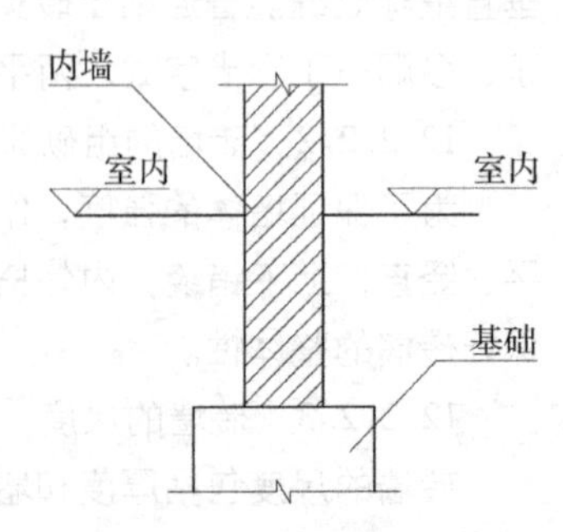

1. 墙身防潮层

1）水平防潮层

水平防潮层是沿建筑物内外墙体

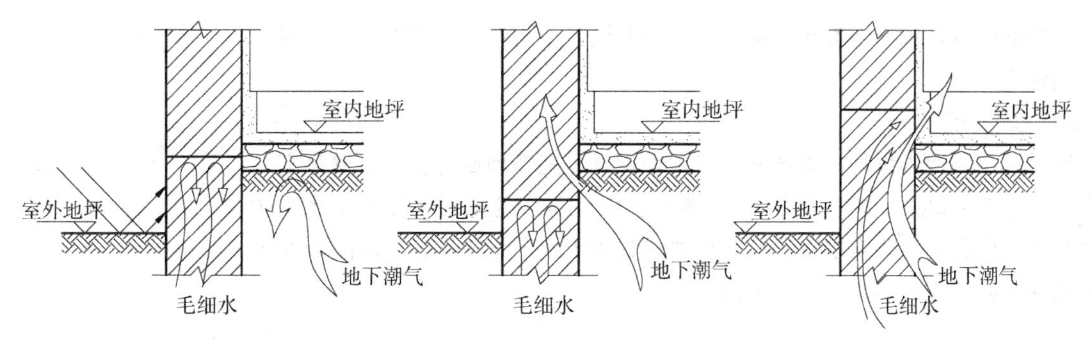

图 12-8　水平防潮层的设置位置

设在勒脚处水平灰缝内的防潮层，以隔绝地下潮气等对墙身的影响。

水平防潮层位置按底层房间垫层采用透水材料与不透水材料加以确定。当垫层采用不透水材料时，其位置应设置在距室外地面 150mm 以上，以防止地表水反溅；同时在地坪的垫层厚度之间的砖缝处，即标高为 -0.06m 处，使其更有效地起到防潮作用（图 12-8）。当垫层采用透水材料时，其位置应设置在地面以上。

常用的水平防潮层有防水砂浆防潮层、配筋细石混凝土防潮层（图 12-9）。

配筋细石混凝土防潮层是采用 60mm 厚的 C20 配筋细石混凝土防潮带（图 12-9*a*），内配 3ϕ6 钢筋，这种做法防潮性能好，抗裂性能好，且能与砌体合为一体，多用于整体刚度要求较高或可能产生地基不均匀沉降的建筑中。

防水砂浆防潮层是设置 20~25mm 厚 1∶2 加入 3%~5% 防水剂的水泥砂浆层或用防水砂浆砌筑 2~3 皮砖的防潮层（图 12-9*b*、图 12-9*c*）。这种做法构造简单，但防水砂浆防潮层系脆性材料，易开裂，故不宜用于结构变形较大或可能产生地基不均匀沉降的建筑中。

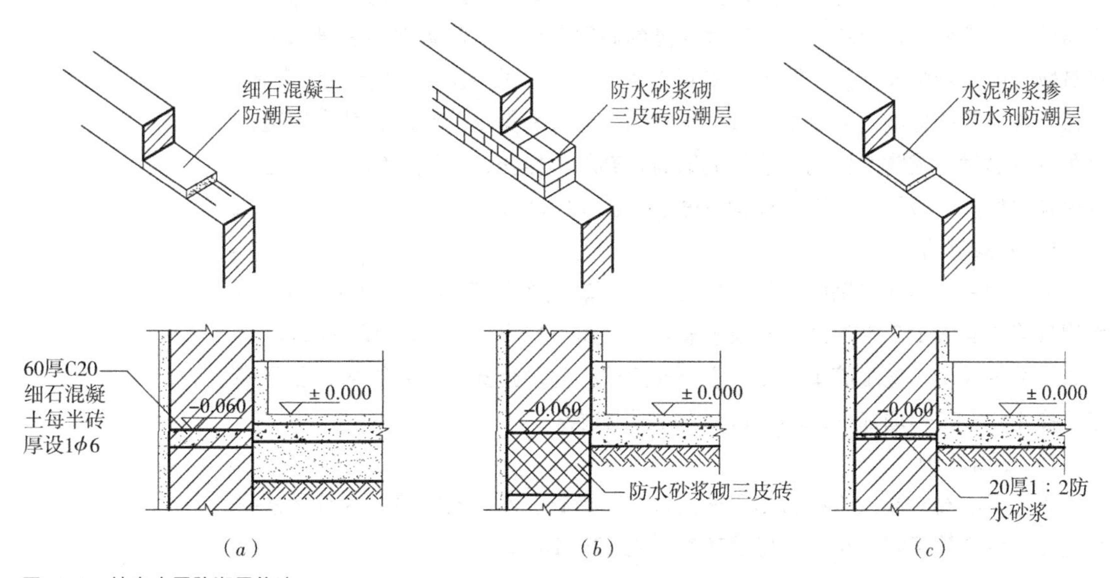

图 12-9　墙身水平防潮层构造

(*a*) 配筋细石混凝土防潮层；(*b*) 防水砂浆砌三皮砖防潮层；(*c*) 防水砂浆防潮层

当基础处设置钢筋混凝土圈梁时，可将圈梁设在防潮层的位置，利用圈梁代替防潮层。

2）垂直防潮层

当首层相邻室内地坪出现高差或室内地坪低于室外地面时，为了避免高地坪房间（或室外地面）填土中的潮气侵入墙身，应在迎潮气一侧两道水平防潮层之间的墙面上设垂直防潮层。其做法是先用水泥砂浆找平，再涂防水涂料或采用防水砂浆抹灰防潮（图 12-10）。

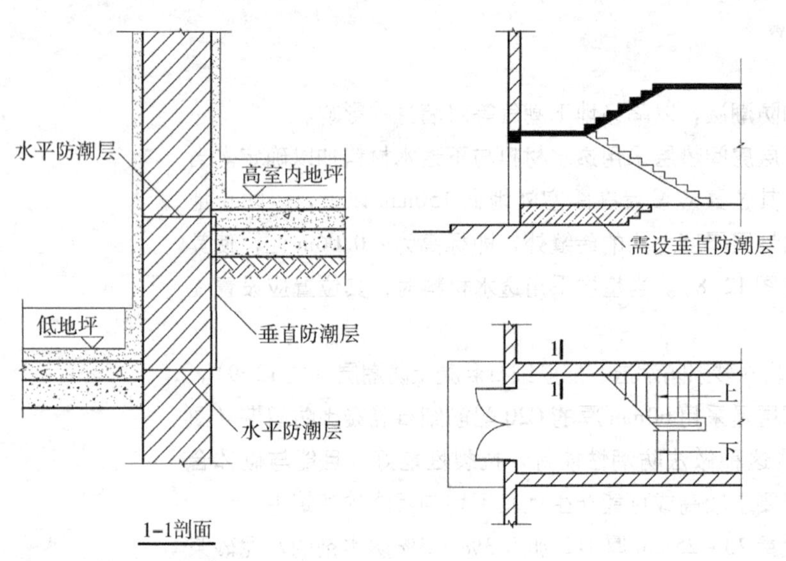

图 12-10　垂直防潮层

2. 勒脚

勒脚是墙身接近室外地面的部分。一般情况下，其高度为室内地坪与室外地面的高差部分。也有的将勒脚高度提高到底层窗台。它起着保护墙身和增加建筑物立面美观的作用。它既容易受到土壤中水分的侵蚀，又会受到地表水、机械力等外界的影响，以致影响到建筑物的耐久性和美观。因此，勒脚应选用耐久性好的材料或防水性能好的外墙饰面，勒脚的做法、高度、色彩等也应结合建筑造型。一般采用以下几种构造做法（图 12-11）。

1）抹灰勒脚

为防止室外雨水对勒脚部位的侵蚀，常对勒脚的外表面采用 20mm 厚 1∶3 水泥砂浆抹面或 1∶2 水泥白石子浆水刷石或斩假石抹面处理（图 12-11*a*）。这种做法造价经济，施工简单，多用于一般建筑。为防止抹灰起壳脱落，除严格施工操作外，常用增加抹灰的“咬口”进行加强。

2）贴面勒脚

可用天然石材或人工石材贴于表面，如花岗石、水磨石板等。这种做法耐久性强，装饰效果好，用于高标准建筑（图 12-11*b*）。

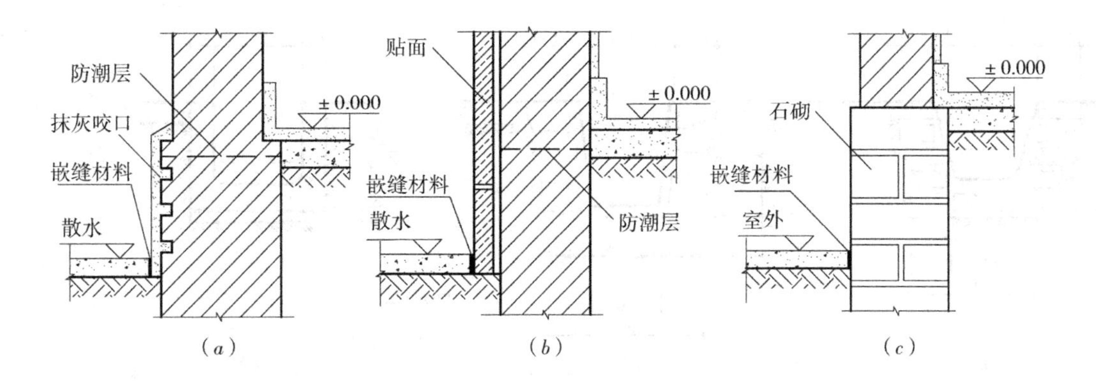

图 12-11　勒脚
(a) 抹灰勒脚；(b) 贴面勒脚；(c) 石砌勒脚

3）石砌勒脚

采用条石、毛石等坚固的材料进行砌筑，同时可以取得特殊的艺术效果，在天然石材丰富的地区应用较多（图 12-11*c*）。

3. 明沟与散水

为保护墙基不受雨水和室外积水的侵蚀，常在外墙四周设置明沟与散水，将雨水迅速排走。散水是外墙四周向外倾斜的排水坡面，明沟是在外墙四周设置的排水沟。

散水所用材料一般用混凝土现浇随打随抹；或用砖砌，水泥砂浆抹面（图 12-12）。散水坡度约 3% ~5%，宽一般不宜小于 600mm。当屋面排水方式为自由落水时，要求其宽度较屋顶出檐多 200mm。

北方寒冷地区为防止土壤冻胀破坏，散水下应设厚度为 300 ~ 500mm 的中粗砂防冻层。

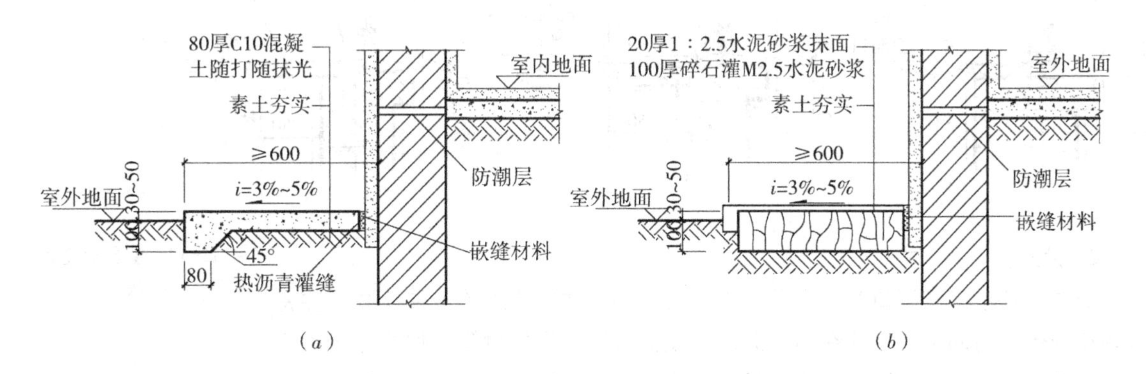

图 12-12　散水构造做法
(a) 混凝土散水；(b) 石砌散水

明沟可将通过水落管流下的屋面雨水等有组织地导向地下排水集井（又称集水口），而流入下水道，起到保护墙基的作用。明沟材料同散水，沟底应做 1% ~1.5% 的纵坡（图 12-13）。房屋四周的明沟或散水任做一种，一般雨水较多地区多做明沟，干燥地区多做散水。

12.2.3.2　门窗洞口构造

1. 窗台

为避免沿窗面流下的雨水渗入墙身，在窗下聚积并沿窗下槛渗入室内，同时为避免雨水污染外墙面，常于窗下靠室外一侧设置泄水构件，即窗台。由于

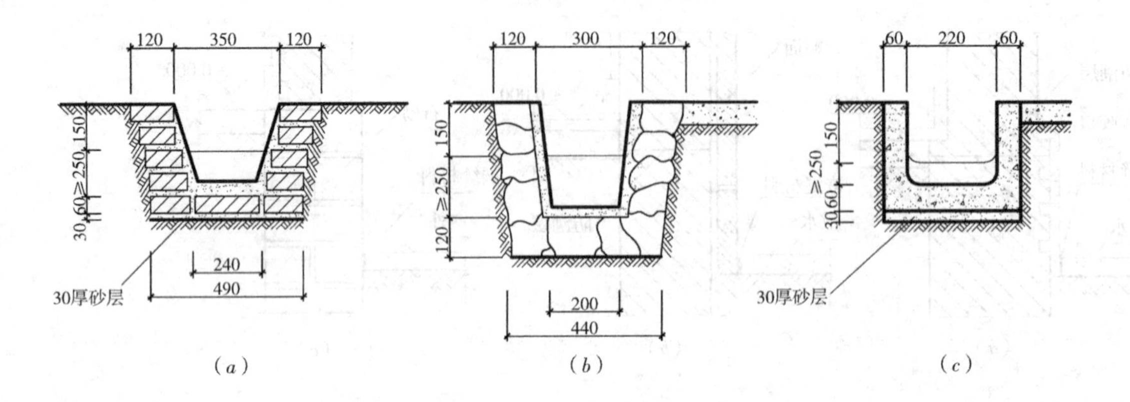

图 12－13　明沟构造做法

(a) 砖砌明沟；(b) 石砌明沟；(c) 混凝土明沟

窗台也是建筑立面处理的重点部位，因此其构造应满足排水和装饰的双重功能。

窗台按构造形式有悬挑窗台和不悬挑窗台两种。悬挑窗台用砖砌或预制钢筋混凝土板，应向外出挑 60mm，窗台长度每边应比窗洞宽出不小于 120mm，表面用水泥砂浆等作抹灰或贴面处理，并做一定的排水坡度。在外沿下部抹出滴水槽或滴水线，引导上部雨水能垂直下落而不致影响窗下墙面（图 12－14）。

此外，应注意抹灰与窗下槛处的交接处理，防止水沿窗下槛处向室内渗透。

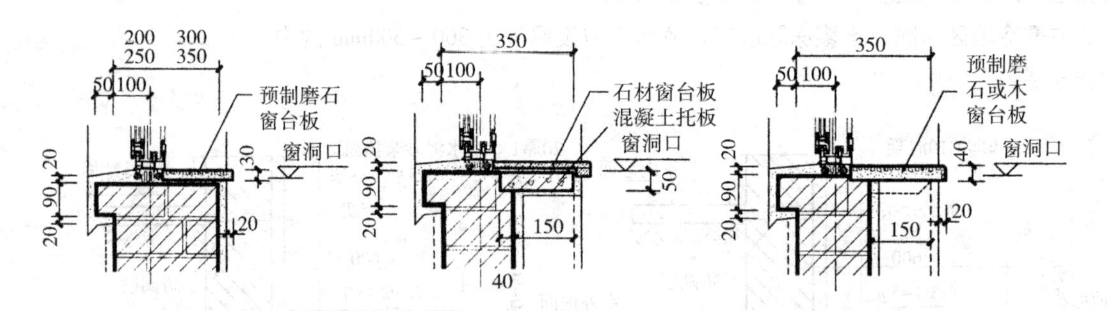

图 12－14　窗台构造做法

2. 过梁

墙体上开设门窗洞口时，为了支承洞口上部砌体所传来的各种荷载，并将这些荷载传给窗间墙，必须在门窗洞口上设置过梁。根据材料和构造方式的不同，有砖拱、钢筋砖过梁和钢筋混凝土过梁等三种。砖拱、钢筋砖过梁是我国的传统式过梁，由于承载力低，对地基不均匀沉降和振动荷载、集中荷载较敏感，对抗震不利，跨度受限，在工程中已很少采用。随着建筑技术的发展和对建筑结构要求的提高，目前工程中应用最多的是钢筋混凝土过梁。钢筋混凝土过梁承载力强，一般不受跨度的限制（图 12－15）。

钢筋混凝土过梁的断面形式有矩形和 L 形两种，矩形断面施工制作方便，是常用的形式。按施工方式钢筋混凝土过梁可分为现浇和预制两种。

北方寒冷地区为了避免在过梁内产生凝结水，或有窗套的建筑，外墙上的过梁常用 L 形断面。过梁的宽度一般同墙厚，高度应配合砖的规格。常用的有

60、120、180、240mm，过梁两端的支承长度不应小于240mm。L形断面过梁挑板厚度为60mm，出挑长度一般为60mm或120mm。

12.2.3.3　墙身的加固构造

当墙身由于承受集中荷载、开洞以及地震等因素的影响，为了提高建筑物的整体刚度和墙体稳定性，对墙身应采取相应的加固措施。

1. 设置圈梁

对抗震设防地区利用圈梁加强墙身是常用的方法，圈梁是沿外墙四周及部分内横墙设置的连续闭合的梁。圈梁可提高建筑物的空间刚度及整体性，增强墙体的稳定性，减少由于地基不均匀沉降而引起的墙身开裂。

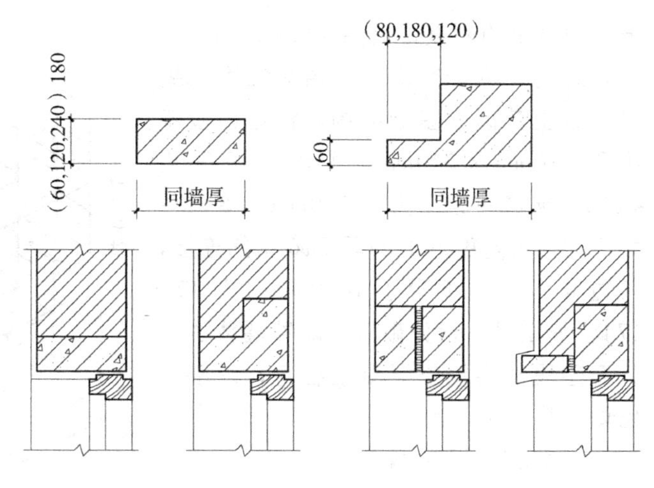

图12-15　钢筋混凝土过梁

钢筋混凝土圈梁其宽度与墙同厚，高度一般不小于120mm。常见的为180mm和240mm。北方寒冷地区外墙圈梁宽度可比墙厚小些，但不宜小于墙厚的2/3。钢筋混凝土圈梁常用混凝土的强度等级为C20，纵向钢筋不宜小于4ϕ12，箍筋直径为ϕ6，间距不大于250mm。

圈梁的数量和位置与建筑物的高度、层数、地基情况及抗震设防烈度有关。当设一道圈梁时，应设在顶层墙体与屋面板交接处；圈梁的数量为两道以上时，除在顶层设一道圈梁外，其余分别设在基础顶部、楼板层部位。

非抗震设防地区的多层民用建筑，一般三层以下设一道圈梁，超过四层时，视具体情况设置。抗震设防地区的多层民用建筑，圈梁的数量和位置应按现行《建筑抗震设计规范》的相关规定设置。当遇到门、窗洞孔致使圈梁不能闭合时，应在洞口上部或下部设置一道不小于圈梁截面的附加圈梁。附加圈梁与圈梁的搭接长度L应不小于$2h$，亦不小于1000mm（图12-16）。抗震设防地区，圈梁应完全闭合，不得被洞口截断。

2. 设置构造柱

由于砖砌体系脆性材料，抗震能力差，因此在7度以上的地震设防区，对砖石结构建筑的总高度、横墙间距、圈梁的设置以及墙体的局部尺寸等，都提出了一定的限制和要求，必须按抗震设计规范考虑。此外，为增强建筑物的整体刚度和稳定性，还要求提高砌体砌筑砂浆的强度以及必要时采用钢筋混凝土构造柱。

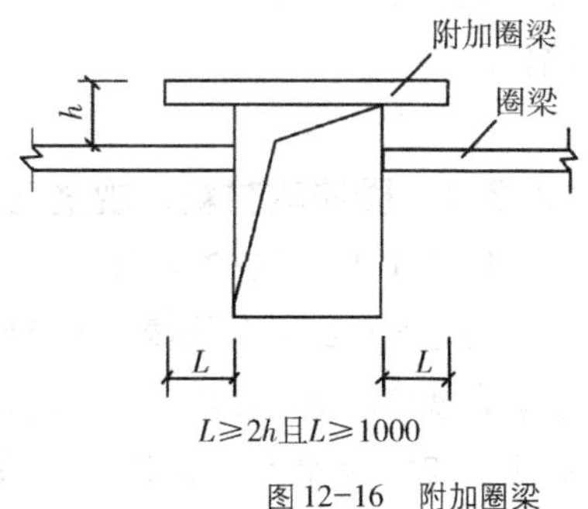

图12-16　附加圈梁

钢筋混凝土构造柱是从构造角度考虑设置的，一般设在建筑物的四角、内外墙交接处、楼梯间、电梯间以及某些较长的墙体中部。构造柱必须与圈梁及墙体紧密连接，从而增强了建筑物的刚度，提高了墙体的延性，使墙裂而不倒。构造柱下端应锚固于钢筋混凝土基础或基础梁内。柱截面应不小于 180mm × 240mm。主筋一般采用 $4\phi12$，钢箍间距不大于 250mm，墙与柱之间应沿墙高每 500mm 设 $2\phi6$ 钢筋连接，每边伸入墙内不少于 1000mm（图 12-17）。施工时必须先砌墙，随着墙体的上升而逐段现浇钢筋混凝土柱身，以增强墙体的整体性。

3. 增设壁柱和门垛

当墙体的窗间墙上出现集中荷载，而墙厚又不足以承受其荷载；或当墙体的长度和高度超过一定限度并影响墙体稳定性时，常在墙身局部适当位置增设凸出墙面的壁柱以提高墙体刚度。壁柱突出墙面的尺寸一般为 120mm × 370mm、240mm × 370mm、240mm × 490mm 等（图 12-18*a*）。

为了便于门框的安装和保证墙体的稳定性，凡在墙上开设门洞且门洞开在纵横墙转角处或丁字交接处时，须在门靠墙一边设置门垛（图 12-18*b*）。

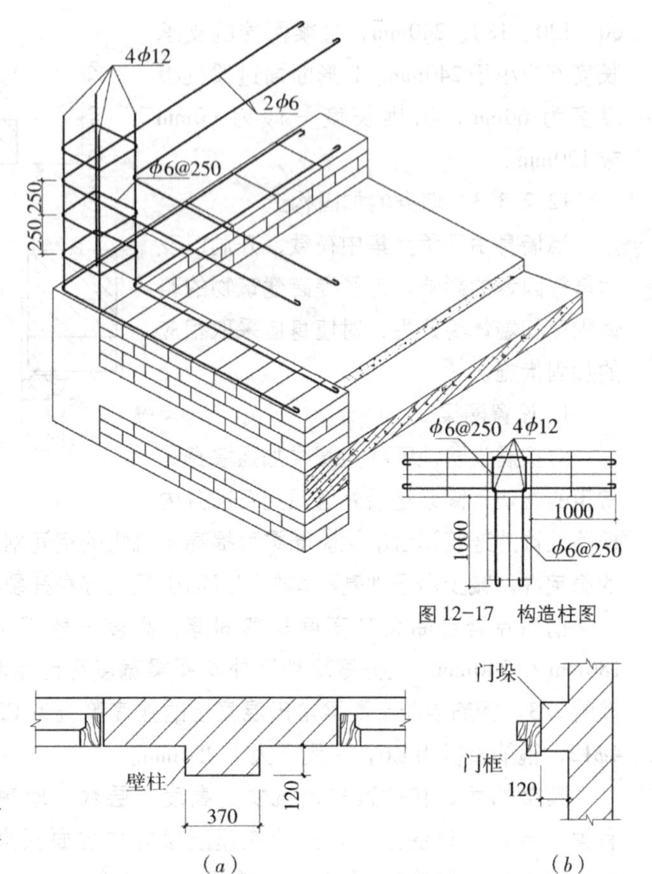

图 12-17 构造柱图

图 12-18 壁柱和门垛
(*a*) 壁柱；(*b*) 门垛

12.3 砌块墙

砌块墙是利用预制块材所砌筑的墙体（图 12-19）。砌块可以采用素混凝土或利用工业废料和地方材料制成实心、空心或多孔的块材。砌块具有自重轻，且制作方便，施工简单，运输较灵活，效率高。同时还可以充分利用工业废料，减少对耕地的破坏和节约能源。因此在大量的民用建筑中，应大力发展砌块墙体。

12.3.1 砌块的材料、规格与类型

12.3.1.1 砌块的材料

各地区应结合实际情况生产砌块，因地制宜，就地取材。目前广泛采用的材料有混凝土、加气混凝土、各种工业废料、粉煤灰、煤矸石、石碴等。

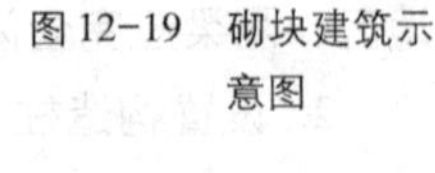

图 12-19 砌块建筑示意图

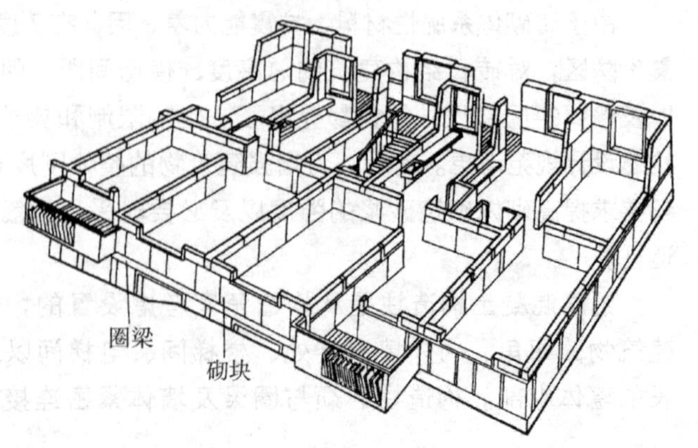

12.3.1.2 砌块的规格与类型

我国各地生产的砌块，主要分为大、中、小三种。目前，以中、小型砌块和空心砌块居多，但规格类型尚不统一（图 12-20）。

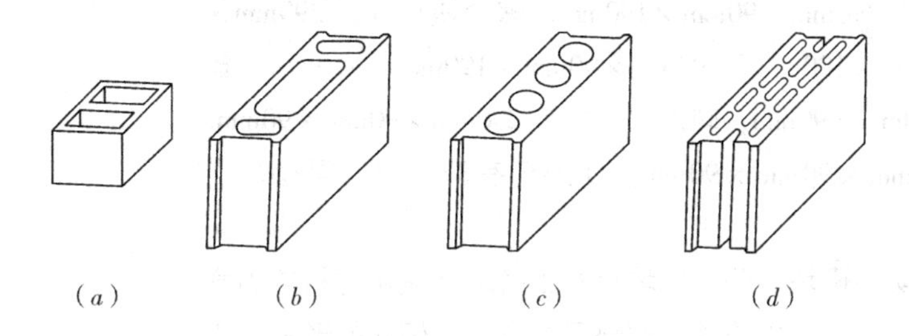

图 12-20 空心砌块的形式
(a) 单排方孔；(b) 单排方孔；(c) 单排圆孔；(d) 多排扁孔

确定砌块规格时，首先必须符合现行规范《建筑统一模数制》的规定；砌块的长、宽、高应能组合出常用房间的开间、进深、层高和门窗洞口尺寸。其次砌块的尺度应考虑到生产工艺条件，施工和起重、吊装的能力以及砌筑时错缝、搭接的可能性。既要考虑到砌体的强度和稳定性，也要考虑到墙体的热工性能。砌块的型号愈少愈好，且其主块在排列组合中，使用的次数愈多愈好。工程中为了减少砌块的规格，常在砌块墙中加少量普通砖调整尺寸。

不通孔复合保温型砌块（图 12-21），是采用炉渣混凝土与高效材料聚苯板复合，榫接而成。不通孔处理，以保温层切断热桥，便于砌筑，又避免灰浆入孔，从而使保温性能大幅提高。

目前，我国各地采用的混凝土小型空心砌块，主要采用单排通孔形，宽度分 190mm 和 90mm 两个系列。190mm 系列共有两组，一组主砌块尺寸（长 × 宽 × 高）为 390mm × 190mm × 190mm，辅助块尺寸为 290mm × 190mm ×

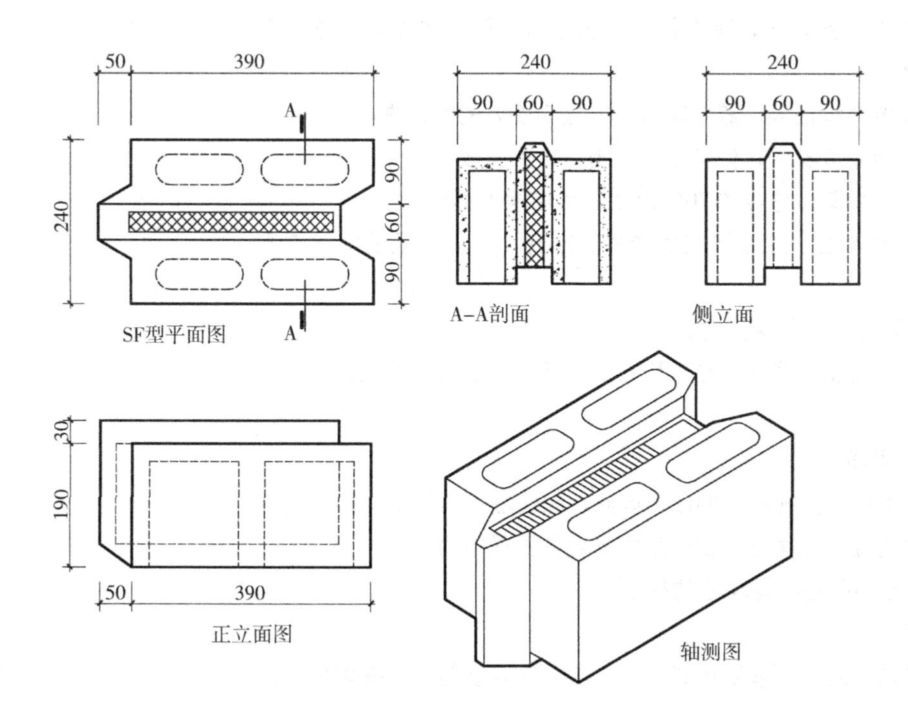

图 12-21 不通孔复合保温型砌块构造

190mm、190mm × 190mm × 190mm 和 90mm × 190mm × 190mm。另一组主砌块（长 × 宽 × 高）为 390mm × 190mm × 90mm，辅助块尺寸为 290mm × 190mm × 90mm、190mm × 190mm × 90mm 和 90mm × 190mm × 90mm。90mm 系列也分两组，主砌块（长 × 宽 × 高）为 390mm × 90mm × 190mm，辅助块尺寸为 290mm × 90mm × 190mm、190mm × 90mm × 190mm 和 90mm × 90mm × 190mm。另一组主砌块（长 × 宽 × 高）为 390 × 90mm × 90mm，辅助块尺寸为 290mm × 90mm × 90mm、190mm × 90mm × 90mm 和 90mm × 90mm × 90mm。此外还有配套用过梁砌块及芯柱开口块等。

中型砌块有空心砌块和实心砌块之分。砌块尺寸由各地区使用材料的力学性能和成型工艺确定。砌块的形状力求简单、细部尺寸合理。砌块的形式应满足建筑热工性能要求，且具有良好的受力性能。空心砌块有单排方孔、单排圆孔和多排扁孔三种形式，多排扁孔对保温有利。砌块按材料有混凝土和工业废料之分。常见中型实心砌块的尺寸（厚 × 长 × 高）为 240mm × 280mm × 380mm、240mm × 430mm × 380mm、240mm × 580mm × 380mm、240mm × 880mm × 380mm，空心砌块尺寸（厚 × 长 × 高）为 180mm × 630mm × 845mm、180mm × 1280mm × 845mm、180mm × 2130mm × 845mm。

12.3.2 砌块墙的组砌

为使砌块墙合理组合并搭接牢固，必须根据建筑的初步设计，作砌块的试排工作。即按建筑物的平面尺寸、层高，对墙体进行合理的分块和搭接，以便正确选定砌块的规格、尺寸。

12.3.2.1 砌块墙面的划分原则

1. 砌块排列应力求整齐划一，有规律性。既考虑建筑物的立面要求，又考虑建筑施工的方便。

2. 大面积的墙面要错缝搭接、避免通缝，以提高墙体的整体性。

3. 内、外墙的交接处应咬砌，使其结合紧密，排列有致。

4. 尽量使用主块，使其占总数的 70% 以上，尽可能少镶砖。

5. 使用空心砌块时，上下皮砌块应尽量将孔对齐，以便穿钢筋灌注混凝土形成构造柱。

12.3.2.2 砌块墙面砌块的排列方式

墙面砌块的排列方式应根据施工方式和施工机械的起重能力确定。

12.3.3 砌块墙的构造

砌块墙多为松散材料或多孔材料制成，因此，比砖墙更需要从构造上增强其墙体的整体性与稳定性，提高建筑物的整体刚度和抗震能力。

12.3.3.1 混凝土小型空心砌块墙的构造

1. 门窗固定构造

门窗固定有预灌预埋式和预灌后埋式两种，前者在砌筑前，先在砌块中浇筑混凝土，并同时埋入木砖或金属连接件；后者是当门窗需设混凝土芯柱时，应先灌混凝土芯柱，再钻孔埋设涂胶圆木或金属连接件。

2. 砌块组合示例

混凝土小型空心砌块墙在丁字转角、垂直转角和十字墙交接处，均需进行排列组合，加强砌块建筑的整体性（图 12-22）。

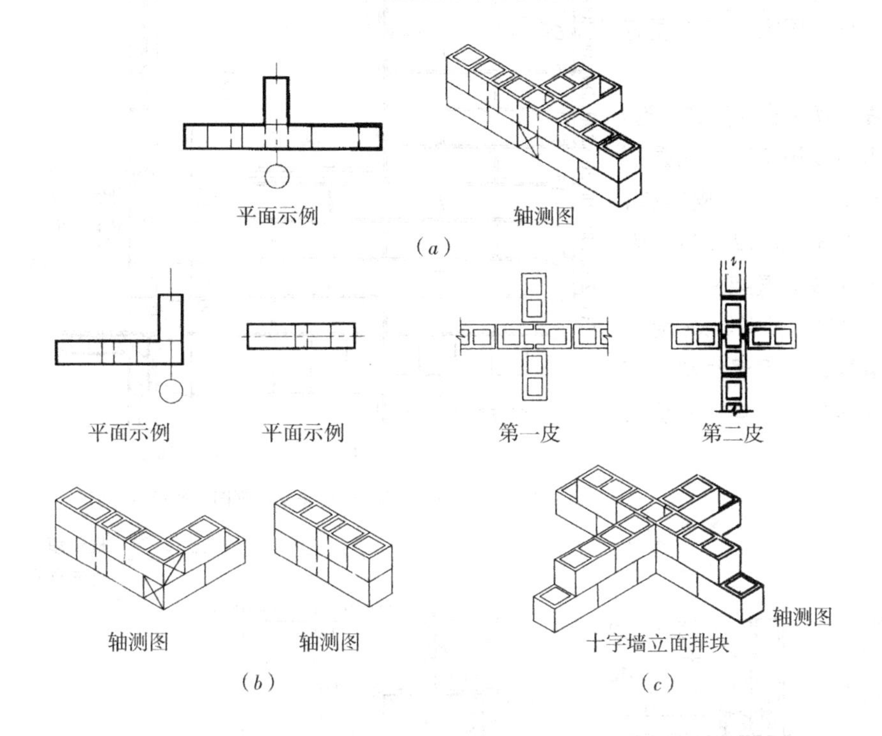

图 12-22　砌块组合

3. 圈梁与构造柱

为加强砌块建筑的整体性，多层砌块建筑应设置圈梁。当圈梁与过梁位置接近时，往往圈梁、过梁一并考虑。圈梁有现浇和预制两种形式。现浇圈梁整体性和抗震能力强，有利于对墙身的加固，但施工支模较麻烦。故工程中采用U形预制砌块来代替模板，然后在凹槽内配置钢筋，并现浇混凝土，效果很好（图 12-23）。

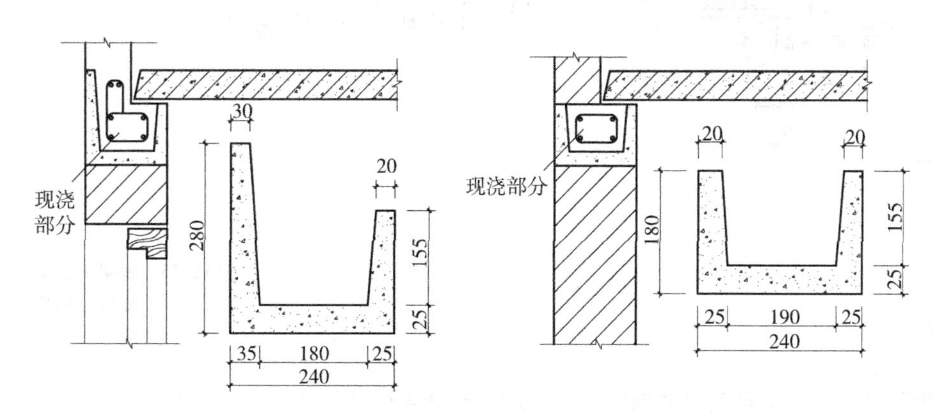

图 12-23　砌块现浇圈梁

为加强砌块建筑的整体刚度，多层砌块建筑应于外墙转角和必要的内、外墙交接处设置构造柱。构造柱多利用空心砌块将其上下孔洞对齐，在孔中配置 $\phi10 \sim 12mm$ 钢筋，并用 C20 细石混凝土分层浇灌。为增强砌块建筑的抗震能力，构造柱与圈梁、基础须有较好的连结。

12.3.3.2　框架填充砌块墙的拉结构造

框架填充砌块墙为减少施工现场切锯工作量，应进行排块设计，砌块上下皮错缝，搭接长度不宜小于块长 1/3（图 12-24）。为了保证墙体整体性，砌块墙与框架柱、梁要有可靠的连接（图 12-25）。此外北方地区建筑外墙为了保温，需要设外保温材料，砌块墙还应注意与不同材料交接的构造和防裂处理。

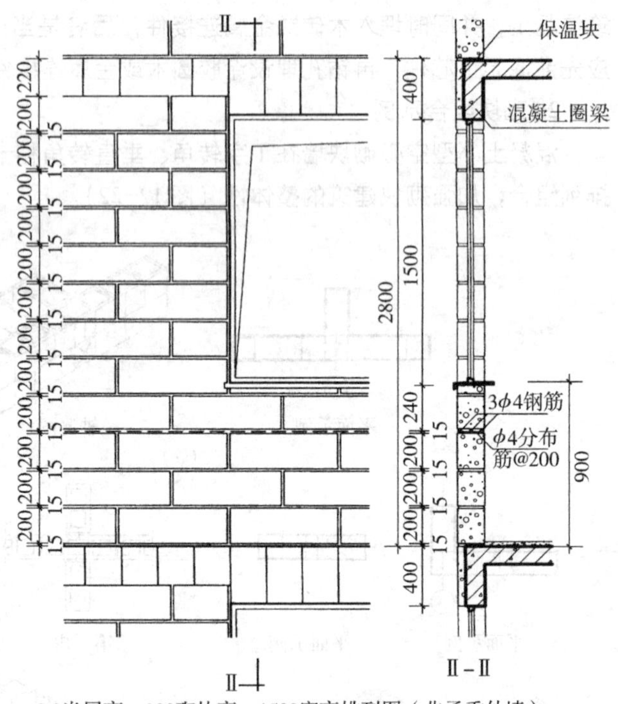

2.8米层高，200砌块高，1500窗高排列图（非承重外墙）

图 12-24　框架填充墙排块立面

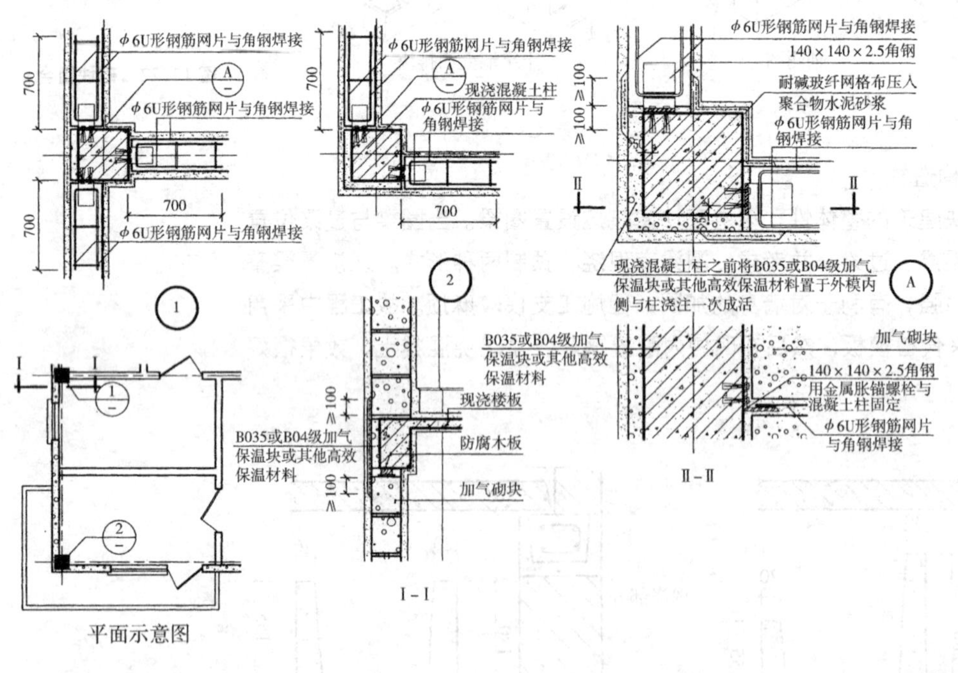

图 12-25　框架填充墙外墙拉结构造

12.4　复合墙体

复合墙体指由两种以上材料组合而成的墙体。复合墙体包括主体结构和辅助结构两部分，其中主体结构用于承重、自承重或空间限定，辅助结构用于满足特殊的功能要求，如保温、隔热、隔声、防火以及防潮、防腐蚀等要求。复合墙体具有综合性强、使用效率高等特点，对改善墙体性能、改善室内空间环境以及建筑节能等具有重要的意义。复合墙体是对传统的单一材料墙体的突破，随着科学技术的不断提高和新材料的不断开发，复合墙体的形式与材料会不断更新。

为了提高外墙的保温隔热效果，建筑外墙常采用砖、混凝土等和轻质高效保温材料结合而成的复合节能墙体。复合墙体按保温材料设置位置不同，分为外墙内保温、夹芯保温墙体和外保温三种。

12.4.1 内保温复合外墙

外墙内保温是将保温材料置于外墙体内侧，有主体结构和保温结构两部分。主体结构一般为砖砌体、混凝土墙或其他承重墙体；保温结构由保温板和空气层组成。由多孔轻质材料构成的轻质墙体或多孔轻质保温材料内保温墙体，传热系数小，保温性好，但由于轻质，热稳定性差，隔热性较差。在圈梁、楼板、构造柱处热桥不可避免，影响保温效果，内保温复合外墙的构造（图 12-26*a*）。

外墙内保温做法的施工为干法作业，可以避免保温材料受施工水分的侵害。但是在采暖建筑中，冬季外墙内外两侧因存在温度差，而形成内外水蒸气分压力差，水蒸气逐渐由室内通过外墙向室外扩散。内保温复合外墙无论是哪种主体结构都较其内侧的保温结构更为密实。为了保证保温材料在采暖期内不受潮，在保温层与主体结构之间设置一个空气层来解决保温材料受潮问题。这种结构防潮效果可靠，空气层还可以增加一定的热阻。

内保温复合外墙在构造上存在一些薄弱环节，必须对其进行保温处理。例如在丁字墙部位容易形成热桥，应保证热桥有足够的长度，并在热桥两侧加强保温，保证热桥处不结露。踢脚部位的热工特点与丁字墙类似，在此应设置防水保温踢脚。又如拐角部位的温度常常比板面温度低很多，此处的保温也应加强。龙骨部位也是保温的薄弱环节之一，龙骨一般设在板缝处，以石膏板为面层的现场拼装保温板应采用聚苯保温龙骨。

12.4.2 外保温复合外墙

外保温复合外墙的做法是在主体结构的外侧贴保温层，然后再做面层，其构造（图 12-26*b*）。外保温复合外墙的特点是保护主体结构，减少热应力的影响，主体结构表面的温度差可以大幅度降低。这种墙体还有利于室内水蒸气通过墙体向外散发，以避免水蒸气在墙体内凝结而使之受潮。此外还可以防止热桥的产生。施工时不影响室内活动，便于旧建筑加强保温。目前，常用的外墙外保温系统有五种：EPS 板薄抹灰外墙外保温系统、胶粉 EPS 颗粒保温浆料外墙外保温系统、EPS 板现浇混凝土外墙外保温系统、EPS 钢丝网架板现浇混凝土外墙外保温系统、机械固定 EPS 钢丝网架板外墙外保温系统。

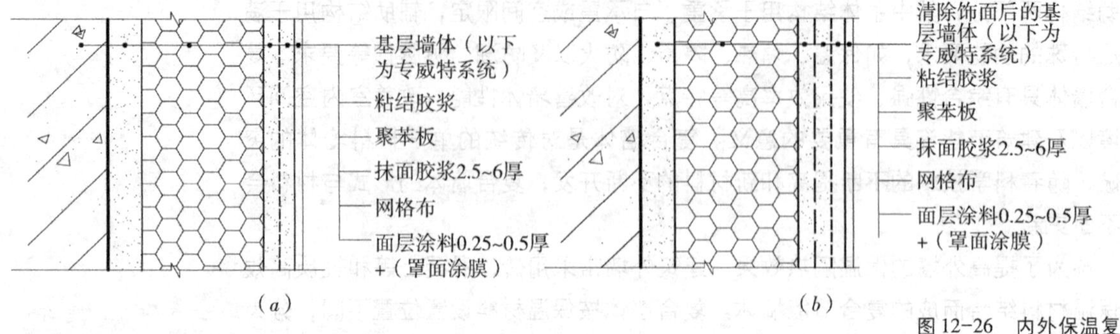

图 12-26 内外保温复合外墙
(a) 内保温；(b) 外保温

12.4.3 保温材料夹芯复合外墙

我国生产的保温材料夹芯复合外墙有钢筋混凝土岩棉复合外墙板、薄壁混凝土岩棉复合外墙板、三维板、舒乐舍板等类型。

12.5 隔墙与隔断

隔墙和隔断起到分隔建筑内部空间的重要作用，不承受任何外来荷载，本身的重量还要由其他构件来承担，是非承重的内墙。因此，考虑到建筑的经济性，要求隔墙和隔断自重轻、刚度好、厚度薄。另外，隔墙和隔断又有所不同，隔墙比较固定，通常的做法是从地面砌筑到顶棚，因此隔墙的隔声性能比隔断好，同时也适合分隔一些有防潮、防火、挂重物要求的房间。而隔断的作用主要是屏蔽视线和美化内部空间，一般不做到顶棚。

隔墙和隔断根据材料和构造的不同有多种形式。

12.5.1 隔墙

非承重的内墙通常称为隔墙，起分隔房间的作用。根据隔墙功能，应具有自重轻、隔声、防火、防潮、防水等特点。

隔墙按构造方式的不同可分为砌筑隔墙、立筋隔墙和条板隔墙。

12.5.1.1 砌筑隔墙

砌筑隔墙系指利用普通砖、多孔砖、空心砌块、玻璃砖以及轻质砌块等砌筑的墙体，一般用在永久性的分隔墙上。耐久性、隔声性和耐湿性好，但自重大，湿作业量大。

1. 砖隔墙

砖隔墙一般为用标准砖顺砌成半砖墙，当采用 M2.5 级砂浆砌筑时，其高度不宜超过 3.6m，长度不宜超过 5m；当采用 M5 级砂浆砌筑时，高度不宜超过 4m，长度不宜超过 6m。否则在构造上除砌筑时应与承重墙或柱拉结外，还应在墙身中沿高度每隔 1.2m，加 2ϕ6 拉结钢筋予以加固（图 12-27）。

此外，砖隔墙的上部与楼板或梁的交接处，不宜过于填实或使砖砌体直接顶住楼板或梁。应留有约 30mm 的空隙或将上两皮砖斜砌，以预防楼板结构产生挠度，致使隔墙被压坏。

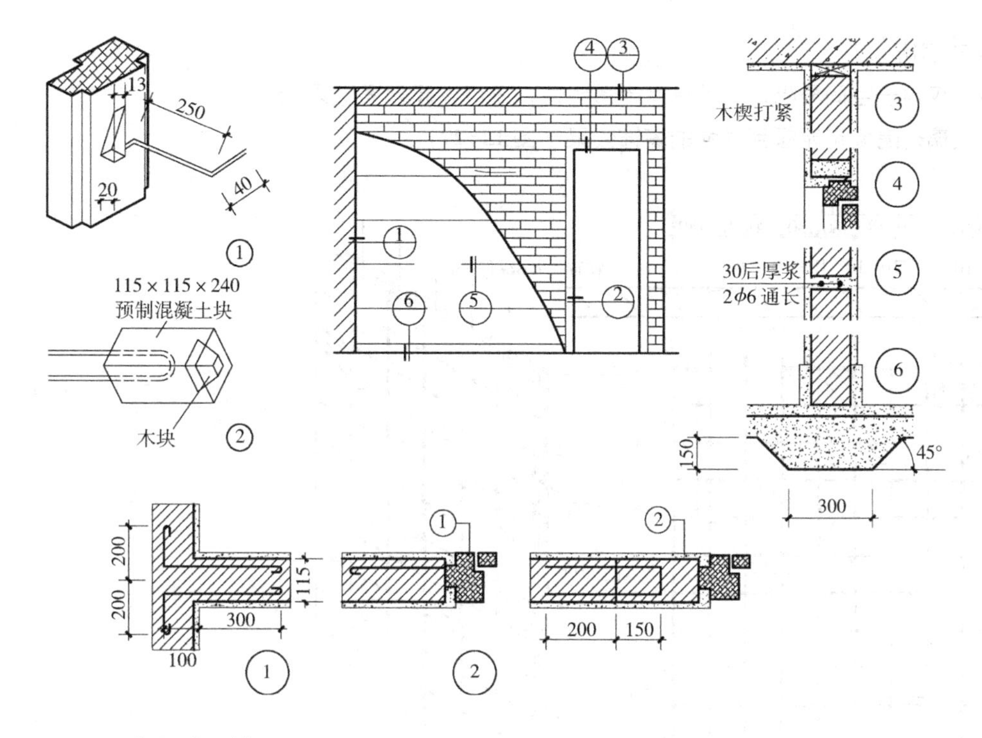

图 12-27　砖隔墙

2. 空心砖隔墙

多孔砖或空心砖隔墙具有自重轻、隔声能力强等特点。多采用立砌，一般以整砖砌筑，不足整砖的部位用实心砖填充。空心砖的孔一般上下贯通，以利于插入钢筋，然后用细石混凝土或水泥砂浆灌实，使插筋部位有类似构造柱和梁的功能。其加固措施可以参照半砖隔墙的构造进行（图 12-28）。

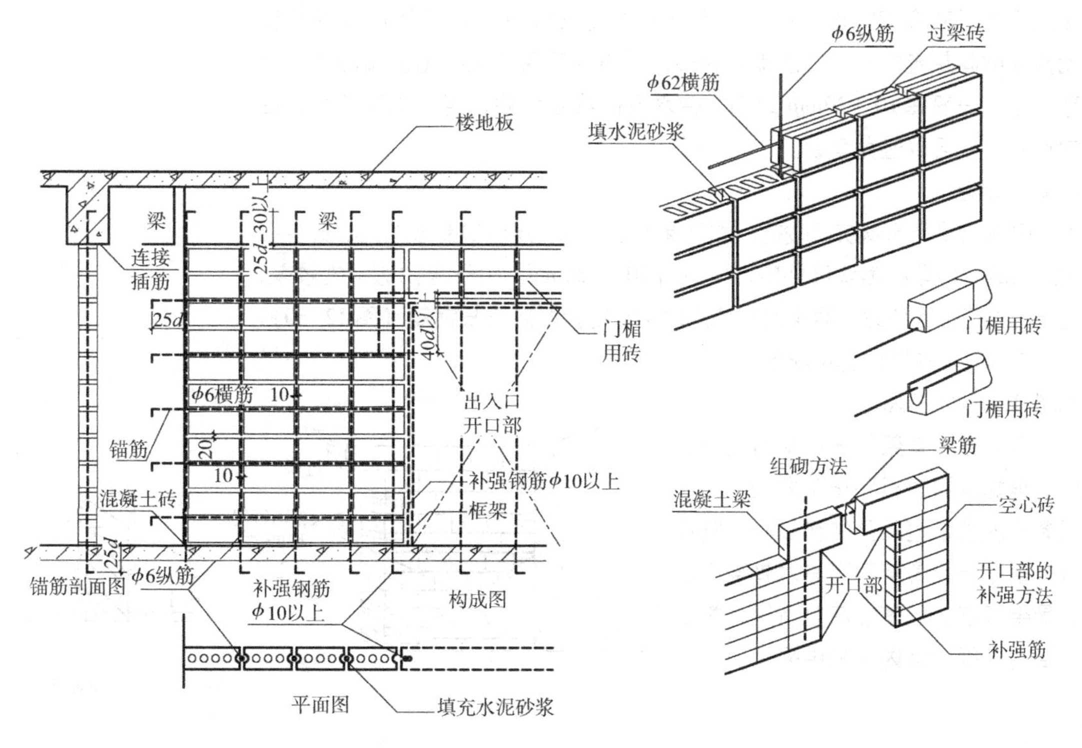

图 12-28　空心砖隔墙

3. 玻璃砖隔墙

玻璃砖隔墙不仅用于空间分隔，因其具有半透明性，还可以起到通透采光作用，在室内，玻璃砖隔墙也能起到很强的装饰效果（图12-29）。

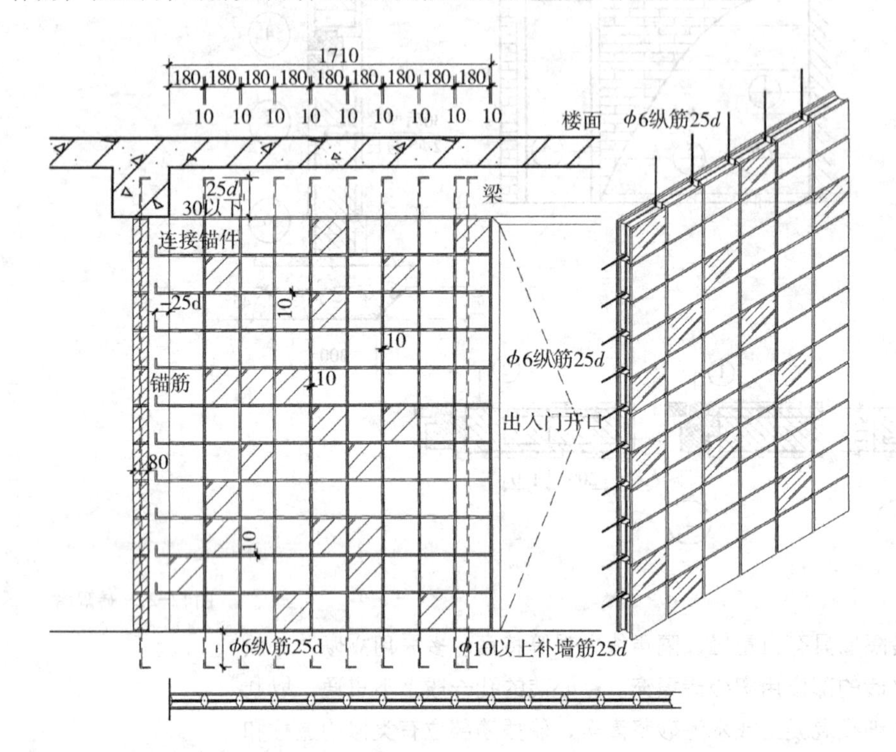

图12-29 玻璃砖隔墙

在砌筑玻璃砖隔墙时，四周一定要镶框。框可以是木质的，最好是金属的。然后用水泥砂浆砌筑玻璃砖，且上下左右每三块或四块就要放置补强钢筋，尤其在纵向灰缝内一定要灌满水泥砂浆。玻璃砖灰缝宽根据玻璃砖的排列及调整而定，一般在10～20mm之间。待水泥砂浆硬化后，用白水泥擦缝，白水泥中掺入胶水可以避免龟裂。

4. 砌块隔墙

砌块隔墙常采用粉煤灰硅酸盐、加气混凝土、水泥煤渣等制成的实心或空心砌块砌筑而成。墙厚由砌块尺寸定，一般为90～120mm。由于墙体稳定性较差，亦需对墙身进行加固处理。通常是在墙身水平灰缝内配以通长钢筋（图12-30），对空心砌块墙有时在竖向也可配筋。

12.5.1.2 立筋隔墙

立筋隔墙是由骨架和面层材料两部分组成的。根据墙面材料和施工方法的不同分为板条抹灰墙、钢丝网抹灰墙和立筋面板隔墙。根据选用骨架不同有木骨架隔墙和轻钢骨架隔墙。立筋隔墙自重轻，施工方便，目前在很多室内装修中采用。

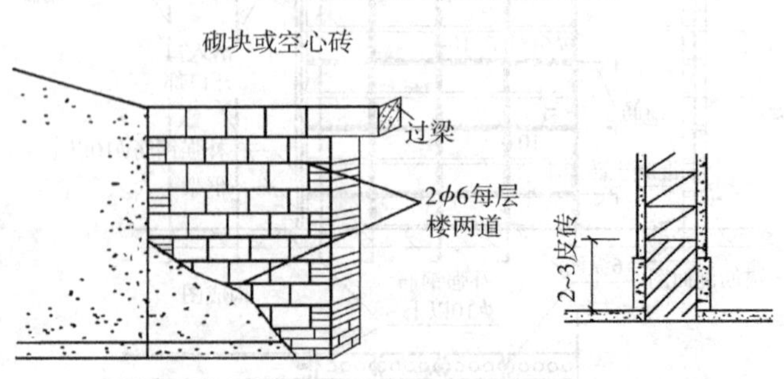

图12-30 砌块隔墙

1. 金属骨架隔墙

金属骨架隔墙是在金属骨架外铺钉各种面板而制成的隔墙。它具有节约木材、重量轻、强度高、刚度大、结构整体性强及拆装方便等特点，骨架由各种形式的薄壁型钢加工而成。目前，工程中采用最多的是轻钢龙骨纸面石膏板隔墙（图 12-31）。

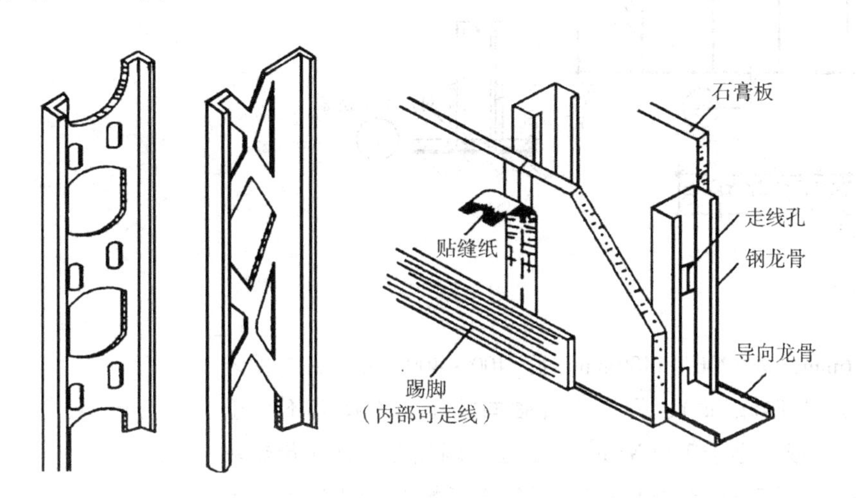

图 12-31 金属骨架装饰石膏板隔墙

钢板厚 0.6～1.5mm，经冷轧成型为槽型截面，其尺寸为 100mm×50mm 或 75mm×45mm。骨架包括上槛、下槛、墙筋和横挡。骨架和楼板、墙或柱等构件相接时，多用膨胀螺栓或膨胀铆钉来固接。螺钉间距 600～1000mm。墙筋、横挡之间靠各种配件相互连接。墙筋间距由面板尺寸定，一般为 400～600mm。

2. 木骨架隔墙

木骨架隔墙是在木骨架外铺钉各种面板而制成的隔墙，一般用于小面积的墙体装修，图 12-32 为木骨架纸面石膏板隔墙构造。

面板包括装饰吸声板、铝塑板、纸面石膏板、金属板以及各种胶合板、纤维板等，用镀锌螺钉、自攻螺钉、膨胀铆钉或金属夹子固牢在木骨架或金属骨架上。

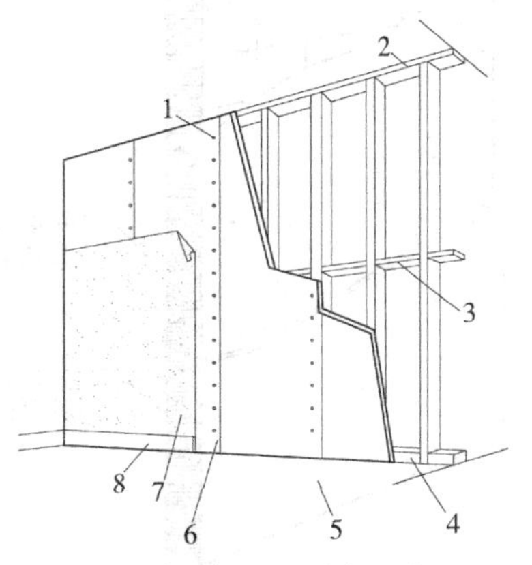

图 12-32 木骨架纸面石膏板隔墙
1—镀锌螺钉；2—上槛；3—横撑；4—下槛；5—楼地面；6—石膏板；7—壁纸或刷浆；8—踢脚

12.5.1.3 条板隔墙

条板隔墙系指采用各种轻质材料制成的各种预制薄型板材安装而成的隔墙。常见的板材有加气混凝土条板、石膏条板、泰柏板等。这些条板自重轻，安装方便。

普通条板的安装、固定主要靠各种粘结砂浆或粘结剂进行粘结，待安装完毕，再在表面进行装修（图 12-33）。

泰柏板（又名三维板）是由 $\phi 2$ 低碳冷拔镀锌钢丝焊接成三维空间网笼，中间填充 50mm 厚的阻燃型聚苯乙烯泡沫塑料构成的轻质板材，然后在现场安装并双面抹灰或喷涂水泥砂浆而组成的复合墙体。

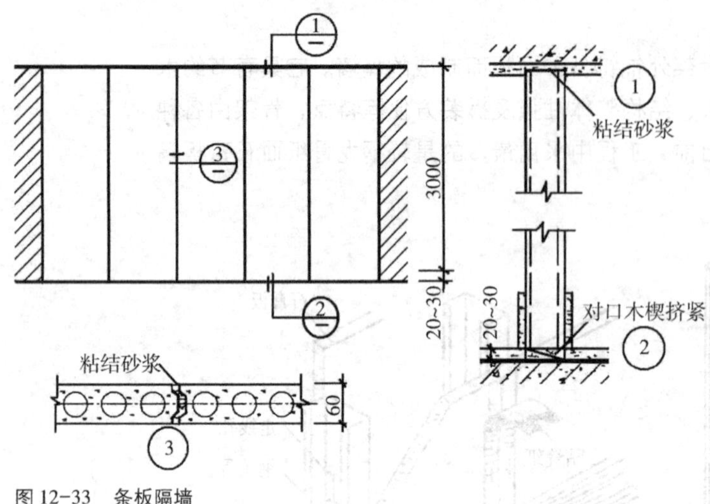

图 12-33　条板隔墙

泰柏板约厚 75～76mm、宽 1200～1400mm、长 2400～4000mm。它自重轻（3.9kg/m²，双面抹灰后重 84kg/m²）、强度高（轴向抗压允许荷载不小于 73kN/m、横向抗折允许荷载不小于 2.0kN/m²）、保温、隔热性能好［传热系数小于 1.5W/（m²·K）］，具有一定的隔声能力（隔声指数为 40dB）和防火性能（耐火极限为 1.22h），故广泛用作工业与民用建筑的内、外墙。同时在高层建筑及旧房的加层改造中，亦是适用的墙体材料。泰柏板墙体与楼、地坪的固结如图 12-34（*a*）、（*b*）所示。

但由于板材的填芯材料系苯乙烯原料，在高温下能挥发出有害气体，对防火和安全疏散不利。故泰柏板在用作内走廊两侧内墙时，应十分慎重。

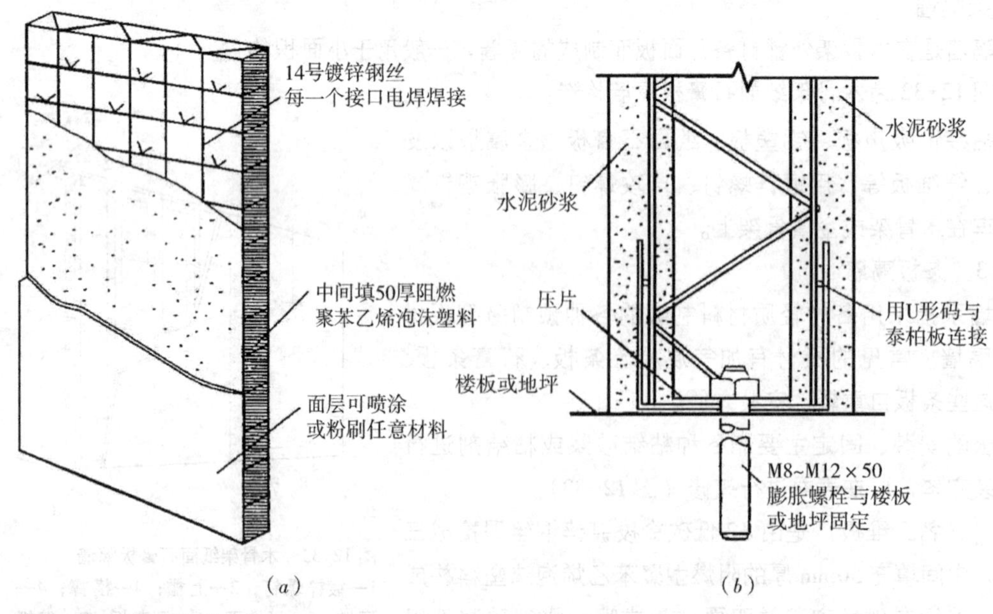

图 12-34　泰柏板隔墙
（*a*）泰柏板；（*b*）泰柏板与楼板的拉结

12.5.2 隔断

图 12-35 办公隔断示意图

隔断系指分隔室内空间的装修构件。与隔墙有相似之处，但也有根本区别。隔断的作用在于变化空间或遮挡视线。利用隔断分隔的空间，在空间的变化上，可以产生丰富的视觉效果，增加空间的层次和深度，使空间既分又合，且互相连通。利用隔断能创造一种似隔非隔、似断非断、虚虚实实的景象，是现代建筑设计中常用的一种处理手法（图 12-35）。

隔断的形式很多，常见的有屏风式隔断、镂空式隔断、玻璃墙式隔断、移动式隔断以及家具式隔断等。

12.5.2.1 屏风式隔断

屏风式隔断通常是不隔到顶，使空间通透性强。隔断与顶棚保持一段距离，起到分隔空间和遮挡视线作用，形成大空间中的小空间。常用于办公室、餐厅、展览馆以及门诊部的诊室等公共建筑中。厕所隔间、沐浴间等也多采用这种形式。隔断高一般为 1050、1350、1500、1800mm 等。可根据不同使用要求进行选用。

从构造上，屏风式隔断有固定式和活动式两种，固定式构造又可有立筋骨架式和预制板式之分。预制板式隔断借预埋铁件与周围墙体、地面固定。而立筋骨架式屏风隔断则与隔墙相似，它可在骨架两侧铺钉面板，亦可镶嵌玻璃。玻璃可以是磨砂玻璃、彩色玻璃、棱花玻璃不等。

活动式屏风隔断可以移动放置。最简单的支承方式是在屏风扇下安装一金属支承架。支架可以直接放在地面上；也可在支架下安装橡胶滚动轮或滑动轮，这样移动起来，更加方便。

12.5.2.2 镂空式隔断

镂空花格式隔断是公共建筑门厅、客厅等处分隔空间常用的一种形式。有竹、木制的，也有混凝土预制构件的，形式多样（图 12-36）。

图 12-36 镂空式隔断

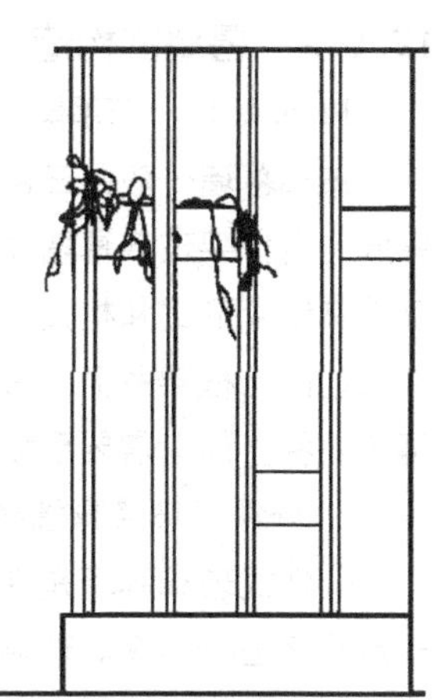

隔断与地面、顶棚的固定也根据材料不同而变化。可采用钉、焊等方式连接。

12.5.2.3　玻璃隔断

玻璃隔断有玻璃砖隔断和空透式隔断两种。玻璃砖隔断系采用玻璃砖砌筑而成。既分隔空间，又透光。常用于公共建筑的接待室、会议室等处。

透空玻璃隔断系采用普通平板玻璃、磨砂玻璃、刻花玻璃、压花玻璃、彩色玻璃以及各种颜色的有机玻璃等嵌入木框或金属框的骨架中，具有透光性。当采用普通玻璃时，还具可视性，它主要用于幼儿园、科研单位、实验室、医院病房、精密车间走廊以及仪器仪表控制室等处。彩色玻璃、压花玻璃或彩色有机玻璃除遮挡视线外，还具有丰富的装饰性，可用于餐厅、会客室、会议室等处。

12.5.2.4　其他隔断

其他尚有多种隔断，如移动式隔断是可以随意闭合、开启，使相邻的空间随之变化成独立的或合一的空间的一种隔断形式。具有使用灵活多变的特点，分为拼装式、滑动式、折叠式、悬吊式、卷帘式和起落式等多种形式。多用于餐馆、宾馆活动室以及会堂之中。

12.6　幕墙构造

幕墙是建筑物外围护墙的一种新的形式，悬挂在建筑主体结构上，除自重和风力外，一般不承受其他荷载。幕墙的特点是装饰效果好、重量轻、安装速度快，是外墙轻型化、装配化较理想的形式，因此在大型和高层建筑上得到广泛地采用。

12.6.1　幕墙的类型

常见的幕墙按饰面材料分为玻璃幕墙、金属薄板幕墙、轻质钢筋混凝土墙板幕墙及石材幕墙四种类型。

12.6.2　幕墙的构造

12.6.2.1　玻璃幕墙

玻璃幕墙一般由三部分组成，即结构框架、填衬材料和幕墙玻璃。按玻璃幕墙分有骨架玻璃幕墙体系和无骨架玻璃幕墙体系两种。其中，有骨架玻璃幕墙按其组合形式和构造方式的不同而做成框架外露式或框架隐藏式，还有用玻璃做肋的无框架系列。按施工方法的不同可分为分件式玻璃幕墙和板块式玻璃幕墙两种。前者需要现场组合，后者只要在工厂预制再到现场安装即可。

1. 分件式玻璃幕墙构造

分件式玻璃幕墙是在施工现场将金属框架、玻璃、填充材料和内衬墙，以一定顺序进行组装。玻璃幕墙通过竖梃或横挡的方式依靠金属框架把自重和风荷载传递给主体结构，因此横挡的跨度不应过大，否则要增加结构立柱的数量。目前主要采用竖梃方式，竖梃一般支搁在楼板上，布置比较灵活，国内现在大多采用分件式组装，施工速度相对较慢，精度低，施工要求也低。

2. 板块式玻璃幕墙构造

单元板块式玻璃幕墙是在工厂将玻璃、铝框、保温隔热材料组装成一块块幕墙定型单元。定型单元有平面的，也有折角的。每一单元一般由多块玻璃组成，每块单元一般以一个开间为宽度，以一个层高为高度。由于高层建筑大多采用空调来调节室内温度，故定型单元的玻璃只需开启少数窗户，大多数是固定的。高层建筑上部风大，不宜做平开窗，大多用上旋窗和推拉窗，位置根据室内布置要求确定。由于板块式玻璃幕墙单元是以一个房间的层高和开间作基本尺度，故立面线型划分比较简单。

3. 隐框式玻璃幕墙

隐框式玻璃幕墙分为全隐型和半隐型玻璃幕墙。

1）全隐型玻璃幕墙

由于在建筑物的表面不显露金属框，而且玻璃上下、左右结合部位尺寸也相当窄小，因而产生全玻璃的艺术感觉，受到目前旅馆和商业建筑的青睐。全隐型玻璃幕墙的发展首先得益于性能良好的结构粘结密封膏的出现。省掉了早期全隐型玻璃幕墙每块玻璃必须在四角开孔加扣钉的做法，避免了玻璃扣件开孔处由于变形应力不同而产生的断裂破坏。

全隐型玻璃幕墙由于玻璃四周用强力密封胶全封闭，所以它是各种玻璃幕墙中最无能量效果的一种，玻璃产生的热胀冷缩变形应力全由密封胶给予吸收，而且玻璃面所受的水平风压力和自重力也更均匀地传给金属框架和主结构件，安全性得以加强。

2）半隐型玻璃幕墙

利用结构硅酮胶为玻璃相对的两边提供结构的支持力，另两边则用框料和机械扣件进行固定，这种体系看上去只有一个方向的金属线条，安全度比较高。

4. 无框式玻璃幕墙

无框式玻璃幕墙的含义是指在视线范围内不出现金属框料，形成在某一层范围内幅面比较大的无遮挡透明墙面，为了增强玻璃墙面的刚度，必须每隔一定的距离用条形玻璃作为加强肋板，称为肋玻璃。肋玻璃可以加在面玻璃外侧、内侧或肋玻璃穿过面玻璃的接缝，肋玻璃穿过面玻璃接缝的做法适合于面幅大的幕墙。

无框型玻璃幕墙一般选用比较厚的钢化玻璃和夹层钢化玻璃。单片玻璃面积和厚度应根据最大风压要求选用。

无框型玻璃幕墙的面玻璃和肋玻璃有三种固定方式：

A 种固定：是用上部结构梁上悬吊下来的吊钩，将肋玻璃及面玻璃固定，这种方式多用于高度较大的单块玻璃（图 12-37a）。

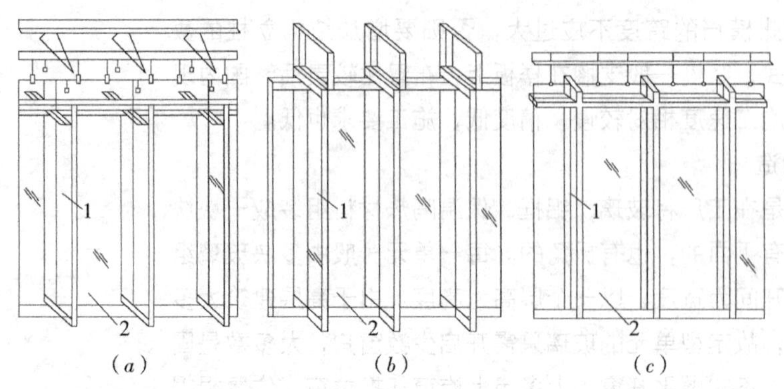

图 12-37　玻璃固定形式

(a) A 种固定；(b) B 种固定；(c) C 种固定

1—肋玻璃；2—面玻璃；3—金属竖框

B 种固定：用金属支架连接边框料固定玻璃（图 12-37b）。

C 种固定：详见图 12-37（c）。

面玻璃与肋玻璃相交部位应留出一定的间隙，用硅酮系列密封胶注满。避免“冷桥”出现，并减少金属型材的温度应力，玻璃上下结合也采用密封胶，达到很高的安全性。

12.6.2.2　金属薄板幕墙

金属薄板幕墙类似于玻璃幕墙，它是由工厂定制的折边金属薄板作为外围护墙面，与窗一起组合成幕墙，形成闪闪发光的金属墙面，有其独特的现代艺术感。

1. 金属薄板幕墙的组成和构造

金属薄板幕墙有两种体系，一种是幕墙附在钢筋混凝土墙体上的附着型金属薄板幕墙，另一种是自成骨架体系的构架型金属薄板幕墙。

（1）附着型金属薄板幕墙的特点是幕墙体系纯粹是作为外墙饰面而依附在钢筋混凝土墙体上，混凝土墙面基层用螺母锁紧锚栓来连接 L 形角钢，再根据金属板材的尺寸，将轻钢型材焊接在 L 形角钢上。而金属薄板则在板与板之间用 E 形压条把板边固定在轻钢型材上，最后在压条上再用防水填缝橡胶填充。

窗框与窗内木质窗头板也是由工厂加工后在现场装配的，外窗框与金属板之间的缝也必须用防水密封胶填充。

女儿墙的做法是沿长度方向间隔地固定方钢补强件，最后在方钢补强件外用金属薄板覆盖形成。

（2）构架型金属薄板幕墙基本上类似于隐框式玻璃幕墙的构造特点，它是用抗风受力骨架固定在楼板梁或结构柱上，然后再将轻钢型材固定在受力骨架上，板的固定方式同附着型金属薄板幕墙一样。对于女儿墙、窗台、窗楣等细部的做法，要比附着型金属薄板幕墙的做法简单，将补强件直接焊在受力钢骨架上，即可包金属板。

2. 金属薄板材料

金属薄板材料有平板和凹凸花纹板两种。材质基本是铝合金板和不锈钢板两种。铝合金幕墙板材的厚度一般为1.5～2mm，建筑的底层部位要求厚一些，以提高抗冲击能力。

为了达到建筑外围护结构的热工要求，金属墙板的内侧均要用矿棉等材料做保温和隔热层。而且，为了防止室内的水蒸气渗透到隔热保温层中，造成保温材料失效，还必须用铝箔塑料薄膜作为隔汽层衬在室内的一侧，内墙面另作装修。

12.6.3 石材幕墙

石材幕墙采用天然石材，华丽的质感是其他建筑材料所难以代替的。在施工中石材连接方式应采用比较安全可靠的槽式连接，石材幕墙中石材的连接方法有钢销式和槽式两种。

12.7 墙体饰面

墙面比地面和顶棚两个界面更为直接地影响人的视觉和心理感受。对建筑的外观，室内氛围的构成起着举足轻重的作用。墙体饰面也是直接与人体接触最为频繁的部位。

12.7.1 墙面饰面的作用

12.7.1.1 外墙饰面

由于室外装修材料直接与风霜雨雪及空气中的污染物相接触，直接受自然气候的影响，因此，外墙饰面在选材时具有良好的抗温差变化，抗磨损、抗腐蚀、抗侵蚀等性能。

12.7.1.2 内墙饰面

内墙饰面的功能与外墙饰面的要求有相同的地方，但也有许多方面存在着差异，通常可以分为以下三个方面来考虑。

1. 保护功能

在室内，墙面虽然遭受不到自然因素的侵袭，但也会受其他因素影响。如潮湿或水的作用。有时墙体还会受到人为破坏。所以室内装饰材料的选用与构造必须考虑保护墙体的作用。

2. 使用功能

为了保证人们在室内正常的生活和工作，墙面应易于清洁，具有良好的反光功能，同时具有反射声波、吸声以及保温与隔热的功能。

3. 装饰功能

装饰和美化作用是内墙饰面主要的作用，内墙装饰可以对家具和陈设起到衬托作用，同时对地面和天花的装饰也会起到一定的整体协调功能。

内墙饰面的装饰效果是由质感、色彩和线形三个因素所决定的，人们长时间逗留在室内，与墙面的距离非常近，人体会直接接触到墙面。所以我们在室内墙面装饰材料的选择时要从人的生理状况和心理情绪入手，选择和搭配好材料的质感、纹样、图案和色彩。

12.7.2　墙体饰面的类型

按材料和施工方法不同，墙体装饰分为抹灰类、贴面类、涂料类、裱糊类和铺钉类等。

12.7.2.1　抹灰类饰面

抹灰又称粉刷，抹灰类饰面是以水泥、石灰膏为胶结料，以砂或石碴料为骨料加水拌成各种水泥砂浆或混合砂浆，做成的各种饰面抹灰层，适用于普通建筑的墙面装修。抹灰类饰面因取材广、施工简单和价格低廉，所以应用相当普遍。为避免裂缝，保证抹灰与基层粘结牢固，通常都采用分层施工的做法，每次抹灰不宜太厚，其基本构造可分为三层：底层、中层和面层。

1. 底层

是墙体基层的表面处理，具有使面层和基层墙体粘牢和初步找平的作用，又称找平层或找底层，材料根据基层的材料而变化。如砖墙可采用水泥砂浆或混合砂浆；混凝土墙体用水泥砂浆；加气混凝土墙体密度小，孔隙大，吸水性极强，所以在墙面满钉 32mm×32mm 丝径为 $\phi0.7$ 的镀锌钢丝网，再抹底层。

2. 中层

中层砂浆主要起进一步找平作用，根据设计和质量要求，可以一次抹灰，也可分层操作，主要根据墙体平整和垂直偏差情况而定。同时也可作为底层与面层之间的粘结层。其用料与底层用料基本相同。

3. 面层

面层抹灰材料选用根据使用要求和标准确定（表 12-2）。

大面积的抹灰饰面，考虑材料的干缩或冷缩出现裂缝、施工接槎的需要，将饰面分块来处理。这种分块形成的线型，称为引条线。引条线设缝方式，一般采用凹缝。引条线的设置不仅是构造上的需要，也是维修需要，并且可使建筑立面更丰富。引条线的划分要考虑到门窗的位置，四周最好拉通，竖向引条线到勒脚为止。

抹灰材料及做法　　表 12-2

用途	抹灰名称	抹灰做法	特性
内墙	纸筋(麻刀)灰	12～17mm 厚（1:2.5）～（1:2）石灰砂浆（加草筋）打底 2～3mm 厚纸筋（麻刀）灰粉面	气硬性材料，和易性极佳
	水磨石	15mm 厚 1:3 水泥砂浆打底 10mm 厚 1:1.5 水泥石碴粉面，磨光、打蜡	适用于室内潮湿部位
	膨胀珍珠岩	12mm 厚 1:3 水泥砂浆打底 9mm 厚 1:16 膨胀珍珠岩灰浆粉面	适用于室内有保温及吸声要求的房间
外墙及局部内墙	混合砂浆	12～15mm 厚 1:1.6 水泥、石灰膏、砂、混合砂浆打底 1～10mm 厚 1:1.6 水泥、石灰膏、砂、混合砂浆粉面	造价低，易干缩或冷缩
	水泥砂浆	15mm 厚 1:3 水泥砂浆打底 10mm 厚 1:2.5～1:2 水泥砂浆粉面	抗潮湿及侵蚀

续表

用途	抹灰名称	抹灰做法	特性
外墙及局部内墙	斩假石	15mm 厚 1:3 水泥砂浆打底，刷素水泥浆一道 8～10mm 厚水泥石碴粉面，用剁斧斩去表面层水泥浆或石尖部分使其显出凿纹	
外墙	水刷石	15mm 厚 1:3 水泥砂浆打镀 10mm 厚 1:1.2～1:1.4 水泥石碴抹面后水刷	色泽明亮、质感丰富
	干黏石	10～12mm 厚 1:3 水泥砂浆打底 7～8mm 厚 1:0.5:2 外加质量为 5% 的 108 胶混合砂浆粘结层 3～5mm 厚彩色石碴面（用喷或甩的方法）	缩短工时，节省水泥，石粒易脱落

注：表中配比均为质量比。

12.7.2.2 贴面类饰面

贴面类饰面通常是指把天然的或人造的规格和厚度都比较小的块料面层粘贴到墙体上的一种装饰方法。这类装修具有耐久性强、施工方便、质量高、装饰效果好等特点。常用的贴面材料有各种陶瓷面砖、玻璃马赛克（又称玻璃锦砖）、水刷石、水磨石等预制板及花岗石、大理石等天然石板材。外墙的贴面类饰面，要求坚固耐久、色泽稳定、耐腐蚀、防水、防火和抗冻。

1. 陶瓷面砖

陶瓷制品由白色的瓷土或耐火黏土经焙烧而成的瓷砖，分上釉和不上釉两种。陶瓷制品具有质地均匀、结构致密、强度高、防水等特点。面砖墙面的特点是色彩丰富、色泽稳定、耐久耐污、价格适中、尺度和线型自然，是广泛使用的一种高级外墙饰面材料。为了增强面砖与砂浆之间的结合力面砖的背部，一般都有断面为燕尾形的凹槽，其规格有 108mm×108mm，152mm×152mm 的方形砖及 152mm×76mm、152mm×50mm 的矩形面砖，厚度为 5mm～6mm，此外还有各种阴角、阳角、压顶、腰线等异形构件供选用。瓷砖的品种花样繁多，包括釉面砖、有光彩色面砖，无光彩色面砖以及多种彩釉混合的花釉砖、结晶釉面砖、斑釉砖、大理石釉砖、白底图案砖、色底图案砖等。

外墙面砖俗称无当面砖，是用难熔黏土压制成型后焙烧而成。通常做成矩形，尺寸有 100mm×100mm×10mm 和 150mm×150mm×10mm 等。它具有质地坚实、强度高、吸水率低（小于 4%）等特点。

外墙面砖组合铺贴形式多种多样，砖块竖贴、横贴、顺缝、错缝；宽缝、窄缝、竖缝窄、横竖宽缝以及留分格缝等形式。

其构造是在墙体上先刷一道掺水重 10% 的 107 胶水泥砂浆，随后分层分遍抹底层砂浆（常温时配比为 1∶0.5∶4 水泥石灰膏混合砂浆，也可用 1∶3 水泥砂浆），在砖背面采用厚度 6mm～10mm，1∶2 水泥砂浆或 1∶0.2∶2 水泥石灰膏混合砂浆粘贴。

2. 陶瓷锦砖

陶瓷锦砖，又称马赛克，是一种以优质陶土烧制成的水块瓷砖，按表面性质分为有釉和无釉两种，目前各地的产品多无釉。锦砖按一定图案反贴在牛皮纸上，具有抗腐蚀、耐磨、耐火、吸水率小、强度高以及易清洗、不褪色等特点。可用于工业与民用建筑的清洁车间、门厅、走廊、卫生间、餐厅及居室的内墙，也是建筑外墙装饰的重要材料。其构造做法是在墙面上先刷一道素水泥浆（内掺水重10%的108胶），再抹2mm～3mm厚、其配比为低筋：石灰膏：水泥为1：1：2混合砂浆粘结层或用内掺水重10%的108胶的1：1.5水泥细砂浆粘结层，然后在陶瓷锦砖上抹1～2mm厚的素水泥浆或聚合物水泥砂浆及粘结灰浆，铺贴锦砖。玻璃马赛克是与陶瓷锦砖相似的透明玻璃质地饰面材料，具有质地坚硬、色彩柔和、耐热、耐蚀、不龟裂、不褪色、造价低等特点，可广泛用于卫浴间及泳池，但其不耐磨（图12-38）。

3. 板材类饰面

板材类饰面通常是指用镀锌钢制锚固件将预先制作好的天然石材板块或人造石板块与墙体的基层结合形成的高档或中档饰面。板材的规格一般边长在500～2000mm之间，厚度在20～40mm左右（图12-39）。天然石材板块有大理石板材、花岗石板材和青石板等。

大理石具有质地坚硬、纹理清晰、颜色绚丽、装饰性好等特点，但不耐酸碱，宜用于室内饰面，如墙裙和柱子，装饰服务台和吧台的立面等。花岗石构造致密，强度和硬度极高，并且有良好的耐候性、抗酸碱和抗风化能力，耐用期可达100～200年。根据对石板表面加工方式的不同可分为剁斧石、蘑菇石和磨光石三种，适用广泛。

人造石板构造与天然石板相同，只是不必在预制板上钻孔，而将人造石板背面露出的钢筋用镀锌钢丝绑牢在水平钢筋（或钢箍）上即可。饰面板的安装方法依据板材的规格有两种方法：一种是“贴”，一种是“挂”。

对于小规格的板材（一般指边长不超过400mm，厚度在10mm左右的薄板）通常用粘贴的方法安装，与面砖铺贴的方法基本相同。

块面大的板材（边长500～2000mm）或是厚度大的块材（40mm以上），由于板块重量大，如果用砂浆粘贴，有可能承受不了板块的自重，引起坍落，常采用“挂”的方法。“挂”的方法有绑扎法和锚固法两种。

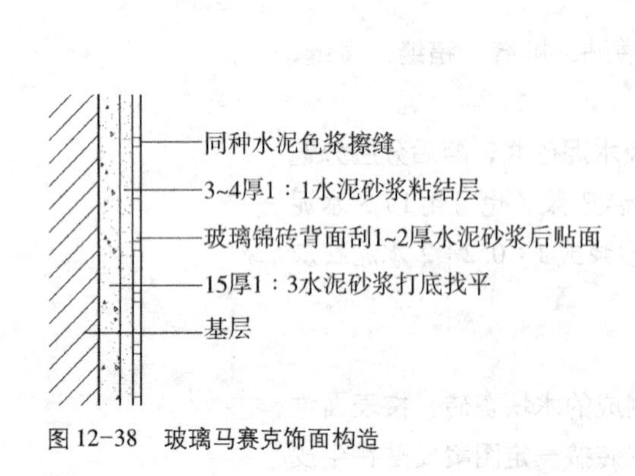

图12-38　玻璃马赛克饰面构造

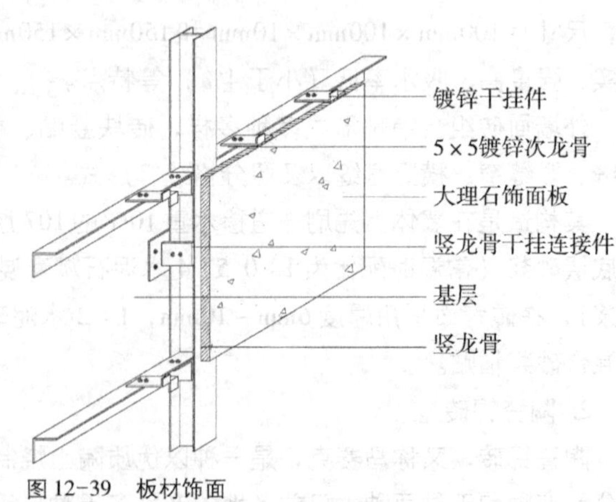

图12-39　板材饰面

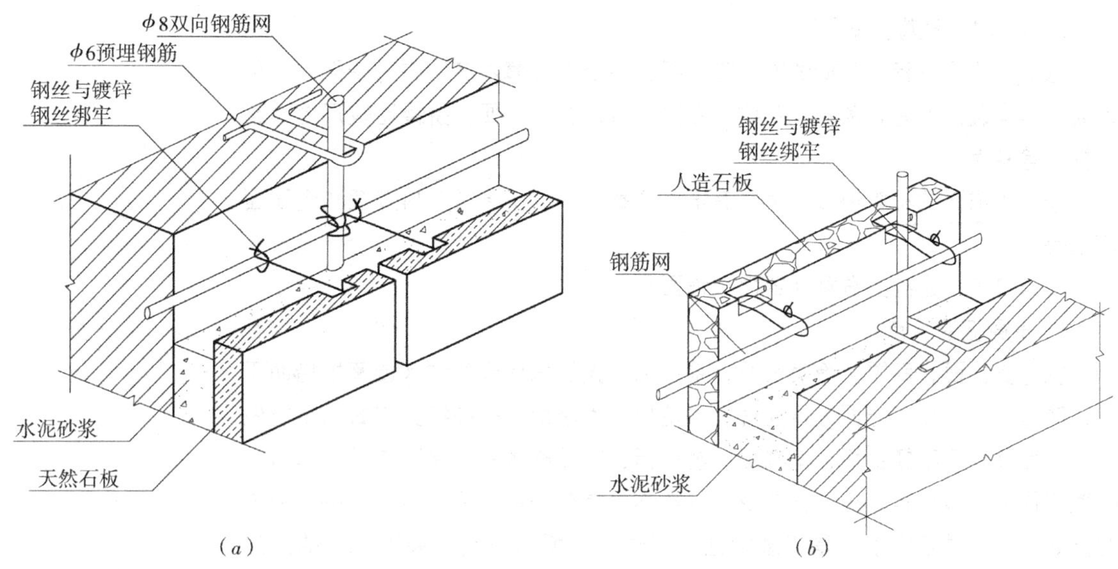

图 12-40　天然石板及人造石板的饰面（湿挂法）
（a）天然石板墙面装修；（b）人造石板墙面装修

1）湿挂法（又称绑扎法）

磨光的大理石和花岗石板往往比较薄，一般采用金属丝绑扎的方法固定板边。将 φ8 的竖向钢筋插入预埋钢筋环内，然后在外侧焊接或绑扎横向钢筋（图 12-40）。再将 16 号不锈钢丝或铜丝穿入孔内，绑扎在墙体横筋上即可。最后用水泥与砂浆质量比为 1∶3 的水泥砂浆分层灌浆嵌缝，适用于自重较轻、厚度较薄的磨光的大理石板面。

2）干挂法（又称锚固法）

锚固法是通过镀锌锚固固件与基体连接。锚固件有扁钢锚件、圆钢锚件和线形锚件等，锚固方法用锚固件代替了金属丝（图 12-41）。

锚固法工序比较简单，装配的牢固程度比绑扎法高，但是锚固件制作比较复杂，而且还要镀锌。锚固适用于块面较厚的细琢面或毛面的大理石、花岗石板材以及有线脚断面的块材。

12.7.2.3　涂料类饰面

涂料类饰面是各种饰面做法中最为简便、最为经济的一种方式，建筑物的内外墙面均可采用。涂料系指涂敷于物体表面后，与基层粘结良好，从而形成牢固而完整的保护膜的面层装饰材料。具有材源广、省工省料、工期短、造价低、工效高、自重轻、操作简单、便于维修更新等特点。

涂料按其主要成膜物的不同可分为有机和无机两大类。有机高分子涂料依其主要成膜物质和稀释剂不同分为溶剂型、水溶型和乳胶型三类。

建筑涂料的涂装一般有用喷涂罐喷涂和用压辊滚涂两种方式。

图 12-41　天然石板饰布（干挂法）

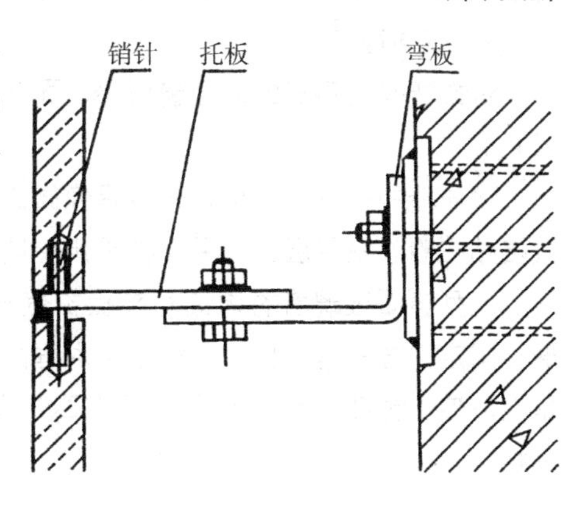

12.7.2.4 裱糊类饰面

裱糊类饰面是指用胶糊的方法将墙纸、织物或微薄木装饰在内墙面的一种饰面。具有装饰性好，色彩、花纹和图案丰富，施工方便，拼接比较严密，整体性好等特点。

卷材类饰面的种类很多，主要有纸面纸基壁纸、仿锦缎塑料壁纸和金属面墙纸等。

12.7.2.5 铺钉类饰面（罩面板饰面）

1. 罩面板的特点

铺钉类饰面，即罩面板类饰面，系指利用天然木板或各种人造薄板借助于钉、胶等固定方式对墙面进行处理。护墙板、木墙裙等是铺钉类饰面的传统做法，但目前利用不锈钢板、搪瓷板、塑料板、镜面玻璃等新兴装饰板材作为铺钉类饰面的饰面材料，应用很广泛。这类饰面具有安装简便、耐久性好、装饰性强等优点，并且大量都是用装配法干式作业，所以得到了装饰行业的广泛采用。

2. 罩面板的构造

1）夹板墙裙和护壁板

夹板墙裙和护壁板由骨架和面板两部分组成，骨架有木骨架和金属骨架两种。面板多为人造板，包括硬木条、石膏板、胶合板、纤维板、甘蔗板、装饰吸声板及钙塑板等。夹板墙裙和护壁板的具体做法是首先在墙体内预埋木砖，再钉立木骨架，最后将胶合板用镶贴、钉、拧螺钉等方法固定在木骨架上。

木骨架的断面一般采用（20～40）mm×40mm，木骨架由竖筋和横筋组成，竖筋间距为400～600mm左右，横筋间距按板的规格来定，可稍大一些，一般取600mm左右。面层类型有水曲柳、柚木、桃花芯木、桦木和紫檀木等。

2）天然木材装饰合板护壁

较高级的室内装修，以天然木材装饰合板护壁效果较好。但是因为实木板材容易弯曲变形，价钱昂贵，所以常用的做法是将贵重的木材薄切片复合到其他木板上，具有美观的纹理，不会发生干裂和翘曲，并可以降低成本。

3）镜面墙装饰

镜面墙有鱼鳞式的菱形镜面墙、面砖式的正方形镜面墙和整片的镜面墙等形式。

镜面墙的构造有两种，一种是像面砖一样，直接用强力胶带将小块的镜面直接贴在砂浆找平层上；另一种是用金属或木制压条粘结。

大型镜面玻璃墙的构造同夹板护壁一样，所不同的是在夹板面上固定玻璃，固定的方法有三种，一种是用木框固定；第二种是用金属框固定；第三种是在玻璃上钻孔，用圆头泡钉固定四个角。为了增加刚度，夹板一般采用五夹板。

玻璃面层可采用普通平板镜面玻璃，玻璃的厚度视镜面的大小而定，通常选 5mm 厚，四周需要车边。

理论知识训练

1. 墙的承重方案有几种，横墙承重方案有哪些优点？
2. 常用过梁的形式及断面是什么？
3. 圈梁应当如何设置，其构造有哪些要求？
4. 构造柱的作用是什么，主要设置在墙体的哪些位置？
5. 砌块墙在构造上有哪些要求？
6. 复合墙体有哪些构造要求？
7. 幕墙的形式有哪些，构造要求如何？
8. 隔墙的类型有哪些，构造特点是什么？
9. 简述墙面装修的基本类型，各有哪些构造要求？

实践课题训练

题目：墙体构造节点详图

一、实训目的

通过本作业使学生掌握墙体细部构造，具有识读和绘制施工图的能力。

二、实训条件

（1）给定建筑的平面图。

（2）给定建筑的结构形式、层数、层高、窗高等条件。

（3）给定建筑的室内外地面高差。

（4）给定建筑的楼板形式及板厚。

（5）墙面和地面装修做法自选。

三、实训要求

（1）绘制外墙墙身构造详图，比例 1∶20。

（2）2 号图纸一张，铅笔绘制，要求达到施工图深度，符合国家制图标准。

四、作业深度

（1）绘出定位轴线并编号。

（2）绘出散水、勒脚、防潮层构造，并用多层引出线表示出构造做法，标出散水宽度、坡度及坡向；勒脚高度；防潮层标高位置等或用详图索引。

（3）绘制出地层做法及各楼层做法，并用多层引出线表示出各构造层次的材料、配比、厚度、强度等或用详图索引。

（4）标注各楼层标高及室内外地面标高。

（5）绘出各层踢脚线，注明高度。

（6）引出墙体内外墙面装饰的构造做法或用详图索引。

（7）标注各层窗台标高、窗高及窗过梁底标高。

本章小结

墙体是建筑物的重要组成部分。在墙承重的房屋中，墙既是承重构件，又是围护和分隔构件，外墙起抵御自然界各种因素对室内侵袭的作用，内墙起划分建筑内部空间的作用。在框架结构的房屋中，柱是承重构件，而墙只是围护构件或分隔构件。墙体可按其受力、位置、方向、材料及施工方法进行分类。

多层砖混房屋形成横墙承重、纵墙承重、纵横墙承重、半框架承重等几种体系。

墙体既是承重构件，又是围护构件。为了保证砖墙的耐久性和稳定性，应对砖墙的相应部位作构造措施，包括防潮层、勒脚、散水、窗台、过梁、圈梁和钢筋混凝土构造柱。

常用建筑墙体空心砖墙有竖孔和横孔两种类型，与实心砖墙比较能节约材料，减轻墙体的自重；砌块墙是利用预制块材所砌筑的墙体。砌块可以采用素混凝土或利用工业废料和地方材料制成实心、空心或多孔的块材。砌块墙多为松散材料或多孔材料制成，构造上增强其墙体的整体性与稳定性，提高建筑物的整体刚度和抗震能力。复合墙体指由两种以上材料组合而成的墙体。目前我国使用的复合墙体主要以保温复合外墙为主，有三种组合方式，即外墙内保温、夹芯保温墙体和外保温。

隔墙和隔断起到分隔建筑内部空间的重要作用，不承受任何外来荷载，本身的重量还要由其他构件来承担，是非承重的内墙。隔墙按构造方式的不同可分为砌筑隔墙、立筋隔墙和条板隔墙。

幕墙是建筑物外围护墙的一种新的形式，悬挂在建筑主体结构上，除自重和风力外，一般不承受其他荷载。幕墙的特点是装饰效果好、重量轻、安装速度快，是外墙轻型化、装配化较理想的形式，因此在大型和高层建筑上得到广泛地采用。

外墙饰面的材料应具有良好的抗温差变化、抗磨损、抗腐蚀、抗侵蚀等性能；内墙饰面可以分为保护功能、使用功能、装饰功能三个方面。

第 13 章　楼地层

13.1 楼层的作用、组成及其设计要求

13.1.1 楼层的作用及其设计要求

楼层是多层建筑中水平方向分隔上下空间的结构构件。它除了承受并传递垂直荷载和水平荷载外，还应具有一定的隔声、防火、防水等能力。同时，建筑物中的各种水平设备管线，也将在楼板层内敷设。因此，作为楼板层，必须满足以下要求：

（1）具有足够的强度和刚度，保证安全与正常使用。

（2）楼层应具有一定的隔声能力，以避免楼层上下空间的相互干扰。

（3）楼板应满足规范规定的防火要求，保证人员生命及财产安全。

（4）对有水侵袭的楼层，为保证建筑物正常使用，避免渗透，须具有防潮防水能力。

（5）在现代建筑中，将有更多的管道、线路，所以还应具有敷设各种管线的能力。

（6）在多层建筑中，楼板结构占相当比重，因此在设计中应尽量为工业化创造条件。

13.1.2 楼板层的组成

为满足楼板层的使用要求，建筑物的楼板层通常由以下几部分构成（图13-1）。

13.1.2.1 面层

面层是楼板层与人和家具设备直接接触的部分，它起着保护楼板、分布荷载和耐磨等方面的作用，同时也对室内装饰有重要影响。

13.1.2.2 结构层

它是楼板层的承重部分，包括板和梁，主要功能在于承受楼板层的荷载，并将荷载传给墙或柱，同时还对墙身起水平支撑作用，抵抗部分水平荷载，增加建筑物的整体刚度。

13.1.2.3 附加层

附加层又称功能层，主要用以设置满足隔声、防水、隔热、保温、绝缘等作用的部分。

13.1.2.4 楼板顶棚层

它是楼板层下表面的构造层，也是室内空间上部的装修层，又称天花、天棚或平顶，其主要功能是保护楼板、装饰室内，以及保证室内使用条件。

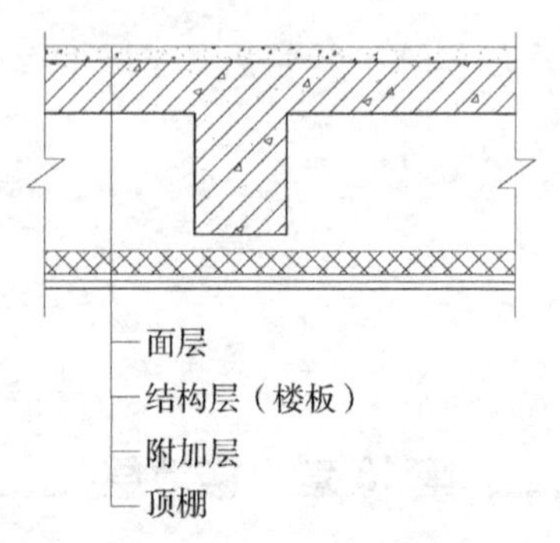

图13-1 楼板层的基本组成

13.2 钢筋混凝土楼板构造

13.2.1 钢筋混凝土楼板的类型与特点

钢筋混凝土楼板具有强度高、刚度好，既耐久又防火，还具有良好的可塑性，便于机械化施工等特点，是目前我国工业与民用建筑中楼板的基本形式。近年来，由于压型钢板在建筑上的应用，于是出现了以压型钢板为底模的钢衬板楼板。

钢筋混凝土楼板按其施工方法不同，可分为现浇式、预制装配式和装配整体式三种。

13.2.1.1 现浇式

现浇钢筋混凝土楼板是施工现场按支模、扎筋、浇灌振捣混凝土、养护等施工程序而成型的楼板结构。由于是现场整体浇筑成型，结构整体性良好，制作灵活，特别适用于有抗震设防要求的多层房屋和对整体性要求较高的建筑。对平面布置不规则、尺寸不符合模数要求、管线穿越较多和防水要求较高的楼面，应采用现浇式钢筋混凝土楼板。随着高层建筑的日益增多，施工技术的不断革新和工具式钢模板的发展，现浇钢筋混凝土楼板的应用逐渐增多。

13.2.1.2 预制装配式

预制装配式钢筋混凝土楼板是指在构件预制加工厂或施工现场外预先制作，然后运到工地现场进行安装的钢筋混凝土楼板。这种楼板缩短了施工工期，提高了施工机械化的水平，有利于建筑工业化，但楼板的整体性、防水性、灵活性较差。适用于平面形状规则，尺度符合建筑模数要求，管线穿越楼板较少的建筑物。

预制钢筋混凝土楼板有预应力和非预应力两种。预应力楼板的抗裂性和刚度均好于非预应力楼板，且板型规整、节约材料、自重轻、造价低。预应力楼板和非预应力楼板相比可节约钢材30%～50%，节约混凝土10%～30%。

13.2.1.3 装配整体式

装配整体式楼板，是先预制部分构件，然后在现场安装，再以整体浇筑其余部分的方法将其连成整体的楼板。它综合了现浇式楼板整体性好和装配式楼板施工简单、工期较短的优点，又避免了现浇式楼板湿作业量大、施工复杂和装配式楼板整体性较差等缺点。工程中常用的装配式楼板形式是叠合式楼板。

13.2.2 钢筋混凝土楼板的构造

13.2.2.1 现浇钢筋混凝土楼板

现浇钢筋混凝土楼板按其受力和传力情况可分为板式楼板、梁板式楼板、无梁楼板，此外还有压型钢板组合式楼板。

1. 板式楼板

将楼板现浇成一块平板，并直接支承在墙上，这种楼板称为板式楼板。板式楼板底面平整，便于支模施工，是最简单的一种形式，适用于平面尺寸较小的房间（多用于混合结构住宅中的厨房和卫生间等）以及公共建筑的走廊（图 13-2）。

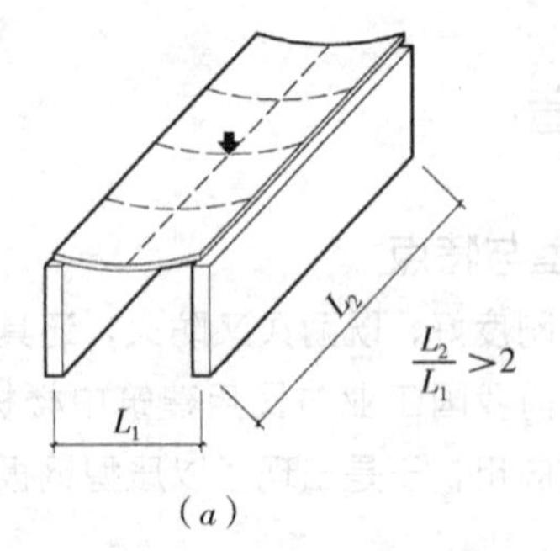

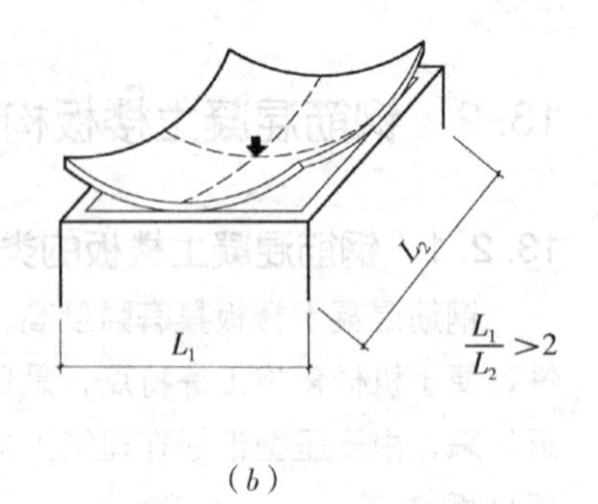

图 13-2　板式楼板
(a) 单向板；(b) 双向板

2. 梁板式楼板

当房间的平面尺寸较大，为使楼板结构的受力与传力较为合理，常在楼板下设梁以增加板的支点，从而减小板的跨度。这样楼板上的荷载是先由板传给梁，再由梁传给墙或柱。这种楼板结构称为梁板式结构，梁有主梁与次梁之分（图 13-3）。

楼板依其受力特点和支承情况，又有单向板与双向板之分。在板的受力和传力过程中，板的长边尺寸 L_2 与短边尺寸 L_1 的比例，对板的受力方式影响极大。当 $L_2/L_1>2$ 时，在荷载作用下，板基本上只在 L_1 方向挠曲，而在 L_2 方向挠曲很小（图 13-4*a*），这表明荷载主要沿 L_1 方向传递，故称单向板。当 $L_2/L_1\leqslant 2$ 时，则两个方向都有挠曲（图 13-4*b*），这说明板在两个方向都传递荷载，故称双向板。

1）梁式楼板结构的经济尺度

梁式楼板是由板、次梁、主梁组成的，为了更充分地发挥楼板结构的效力，合理选择构件的尺度是至关重要的。通过试验和实践，梁式楼板的各组成构件经济尺度有如下要求：

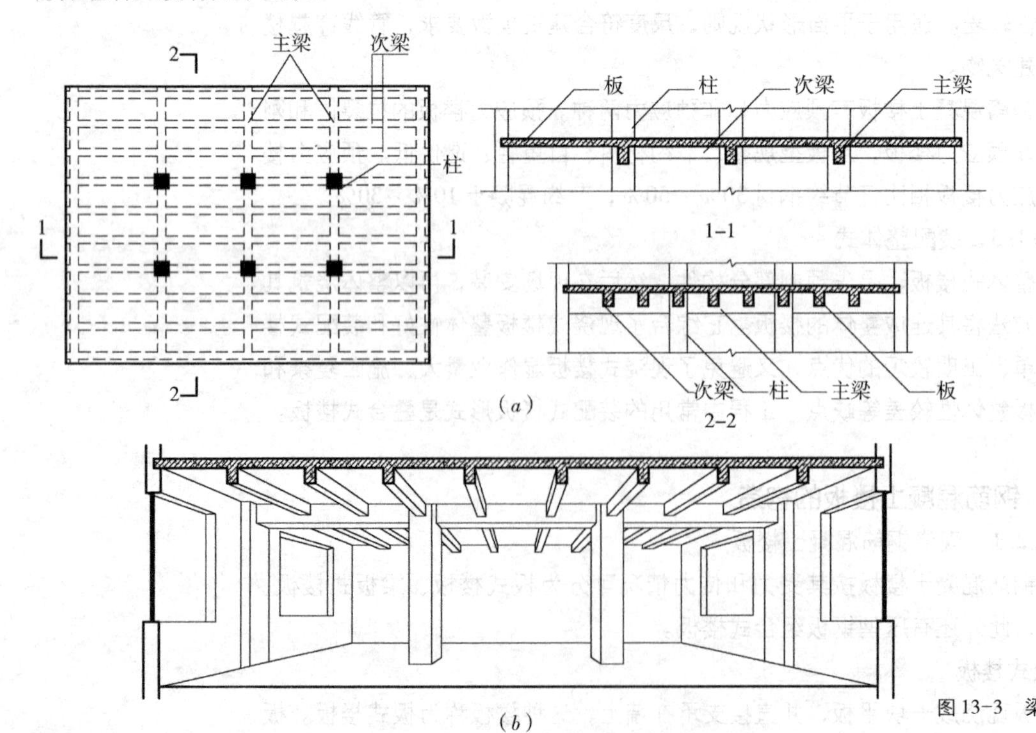

图 13-3　梁板式楼板

主梁跨度是柱距，一般为 5 ~ 9m，最大可达 12m；主梁截面高度为跨度的 1/14 ~ 1/8；次梁跨度即主梁间距，一般为 4 ~ 6m，次梁截面高度为跨度的 1/18 ~ 1/12。梁的截面宽度与高度之比一般为 1/3 ~ 1/2，其宽度常采用 250mm 或 300mm。

板的跨度即次梁（或主梁）的间距，一般为 1.7 ~ 2.5m，双向板不宜超过 5m × 5m，板的厚度根据施工和使用要求，一般有如下规定：

单向板时：屋面板板厚 60 ~ 80mm，一般为板跨的 1/35 ~ 1/30。

民用建筑楼板厚 70 ~ 100mm。

生产性建筑（工业建筑）的楼板厚 80 ~ 180mm。

当混凝土强度等级不小于 C20 时，板厚可减少 10mm，但不得小于 60mm。

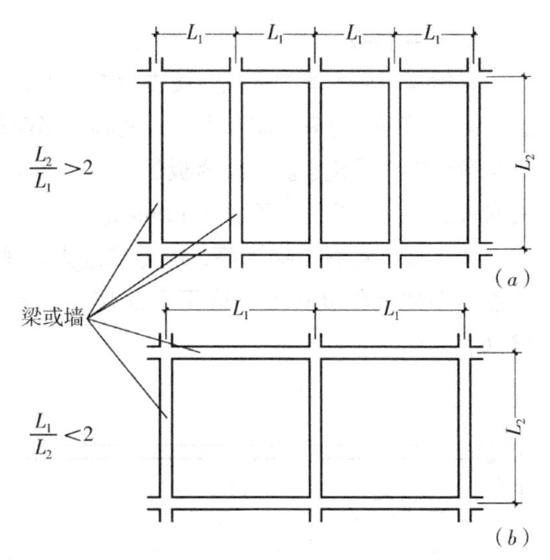

图 13-4　楼板的受力和传力
(a) 单向板；(b) 双向板

双向板时：板厚为 80 ~ 160mm，一般为板跨的 1/40 ~ 1/35。

2）楼板的结构布置

结构布置是对楼板的承重构件合理的安排，使其受力合理，并与建筑设计协调。在结构布置中，首先考虑构件的经济尺度，以确保构件受力的合理性；当房间的尺度超过构件的经济尺度时，可在房间增设柱子作为主梁的支点，使其尺度在经济跨度范围之内。其次，构件的布置根据建筑的平面尺寸使主梁尽量沿支点的跨度方向布置，次梁则与主梁方向垂直。当房间的形状为方形且跨度在 10m 或 10m 以上时，可沿两个方向等间距布置等截面的梁，形成井格形梁板结构，这种楼板称为井式楼板或井字梁式楼板。井式楼板可与墙体正交放置或斜交放置（图 13-5）。由于井式楼板可以用于较大的无柱空间，而且楼板底部的井格整齐划一，很有规律，具有较好的装饰效果，所以常用在门厅、大厅、会议室、餐厅、小型礼堂、舞厅等处。

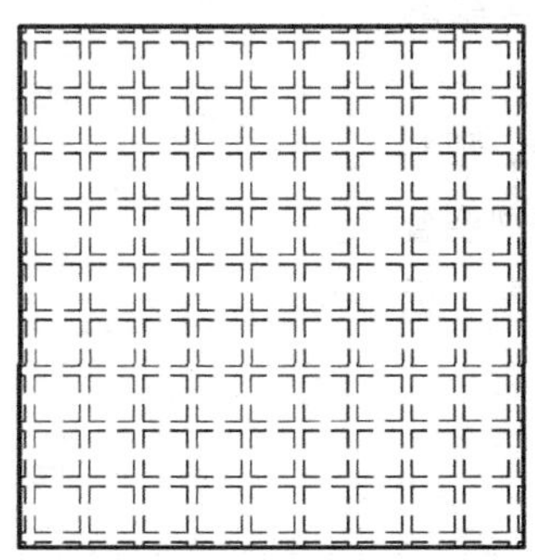

图 13-5　井式楼板

3. 无梁楼板

无梁楼板为等厚的平板直接支承在柱上，楼板的四周可支承在墙上或边梁上。无梁楼板分为有柱帽和无柱帽两种。当荷载较大时，为避免楼板太厚，应采用有柱帽无梁楼板。无梁楼板的柱网一般为正方形或矩形，间距一般在6m左右较经济，板的厚度不小于120mm。

无梁楼板具有顶棚平整、净空高度大、采光通风条件较好、施工简便等优点，但楼板厚度较大，适用于商店、书库、仓库等荷载较大的建筑（图13-6）。

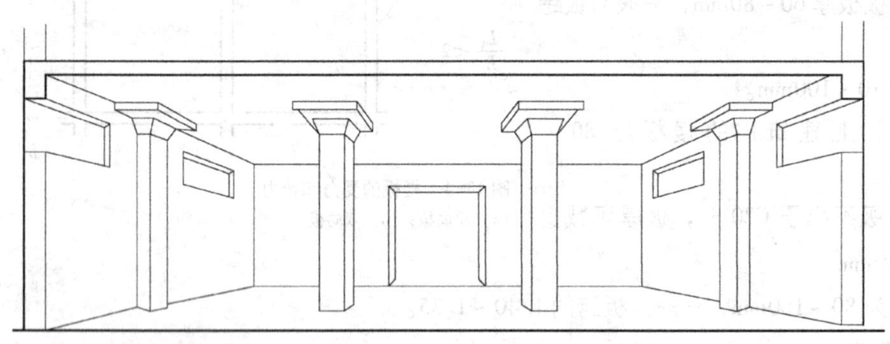

图13-6 无梁楼板（有柱帽）

13.2.2.2 预制装配式钢筋混凝土楼板

由于预制楼板的整体性差，抗震能力比现浇钢筋混凝土楼板低，因此，必须采取板缝处理、搁置、连接等一系列构造措施来加强预制楼板的整体性，构造复杂，目前工程很少采用。

13.2.2.3 装配整体式钢筋混凝土楼板

预制薄板叠合楼板是装配整体式钢筋混凝土楼板之一，以预制薄板为永久模板来承受施工荷载，板面现浇混凝土叠合层，所有楼板层中的管线均预先埋在叠合层内，现浇层内只需配置少量承受支座负弯矩的钢筋。预制薄板底面平整，作为顶棚可直接喷浆或铺贴其他装饰材料。叠合楼板跨度大、厚度小、自重减少，可节约模板并降低造价。目前，广泛用于住宅、旅馆、学校、办公楼、医院以及仓库等建筑中。但不适用于有振动荷载的建筑中。

叠合楼板跨度一般为4~6m，最大可达9m，以5.4m以内较为经济。预制预应力薄板板厚为50~70mm，板宽为1100~1800mm。为使预制薄板与现浇叠合层牢固地结合在一起，可将预制薄板的板面做适当处理，如板面刻凹槽、板面露出较规则的三角形状的结合钢筋等（图13-7）。

13.2.2.4 楼板层的细部构造

1. 楼板层防水

（1）楼面排水：对于有水地面，为便于排水，楼面须设置1%~1.5%的排水坡度，坡向地漏（图13-8）。

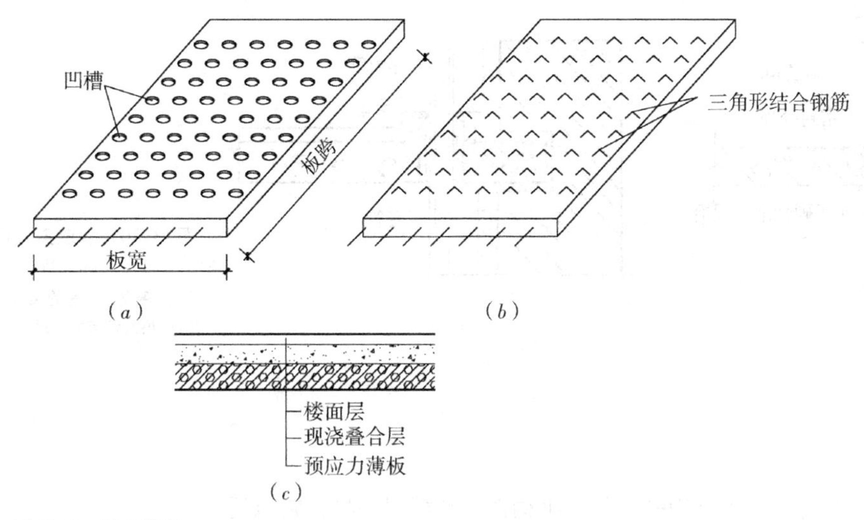

图 13-7　叠合楼板

(a) 板面刻凹槽；(b) 板面露出三角形结合钢筋；(c) 叠合组合楼板

(2) 楼板的防水处理：有水侵袭的楼板以现浇为好。对于有水的房间，可在楼板结构层与面层之间设置一道防水层，如卷材防水层、防水砂浆防水层和涂料防水层等（图 13-9）。当遇到门时，其防水层应铺出门外至少 250mm（图 13-9*a*、图 13-9*b*）。为防止水沿房间四周侵入墙身，应将防水层沿房间四周边向上伸入踢脚线内 100～150mm（图 13-9*c*）。

图 13-8　地面排水

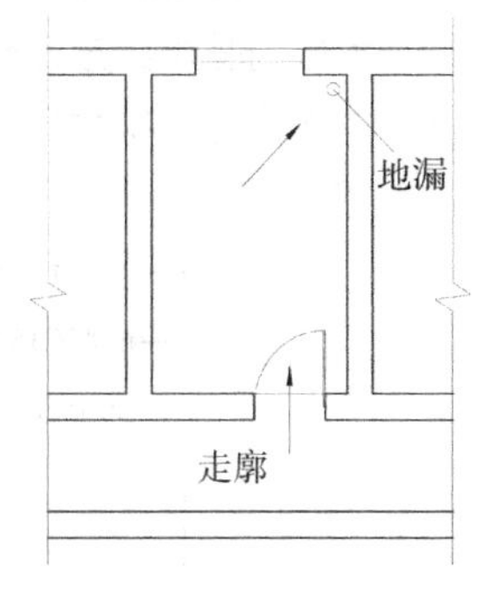

2. 立管穿楼板构造

穿楼板立管的防水处理，可在管道穿楼板处用 C20 干硬性细石混凝土振捣密实，管道上焊接方形止水片埋入混凝土中，再用两布两油橡胶酸性沥青防水涂料作密封处理（图 13-10*a*）；对于热力管道，为防止温度变化出现热胀冷缩变形，致使管壁周围漏水，可在穿管位置预埋一个比热力管直径稍大的套管，且高出地面 30mm 以上，同时，在缝隙内填塞弹性防水材料（图 13-10*b*）。

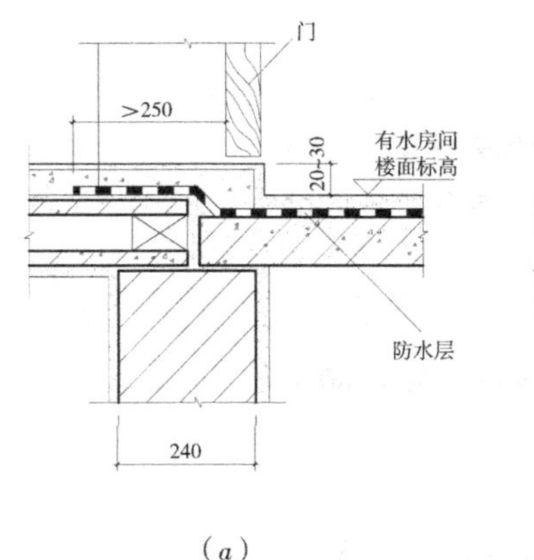

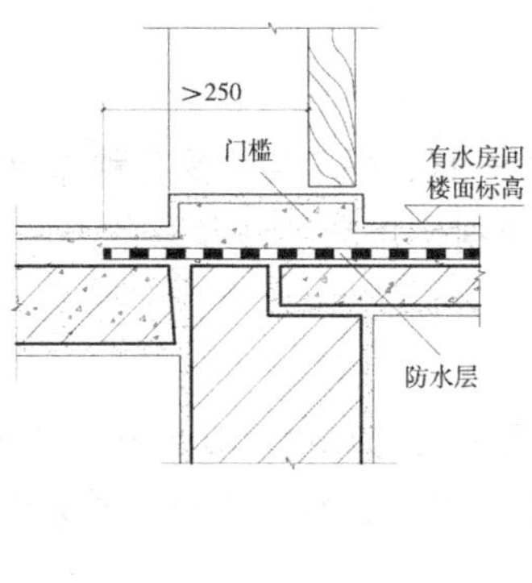

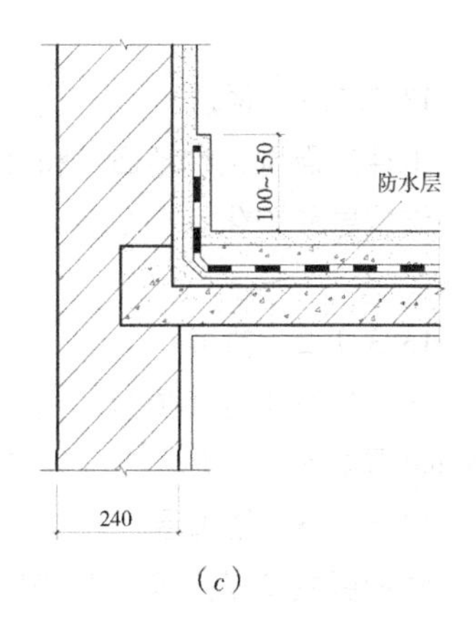

图 13-9　有水房间楼层的防水处理

(a) 地面降低；(b) 设置门槛；(c) 墙身防水

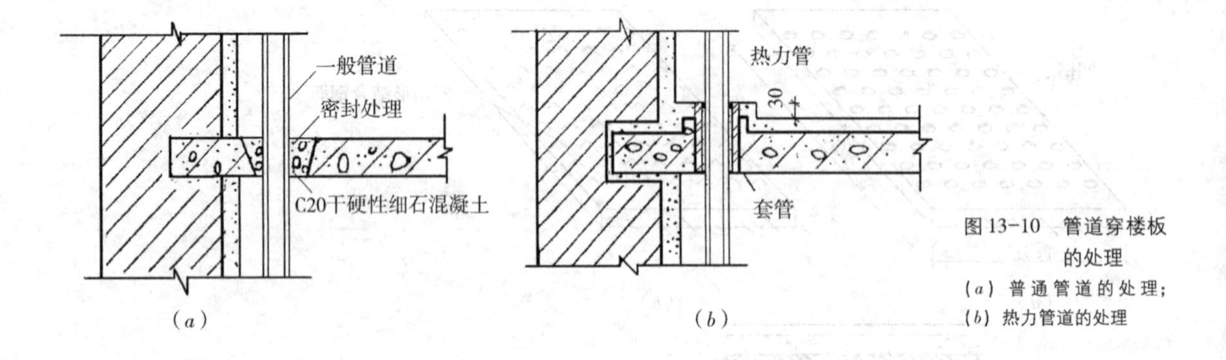

图13-10　管道穿楼板的处理
(a) 普通管道的处理；(b) 热力管道的处理

13.3　地层构造

地层系指建筑物首层房间与土壤相交处的水平构件。和楼层一样，它承受着地坪上的荷载，并均匀地传给地坪以下的土壤。

13.3.1　地层的基本组成

地层的基本组成部分有面层、结构层和垫层三部分，对有特殊要求的地坪，常在面层和结构层之间增设一些附加层（图13-11）。

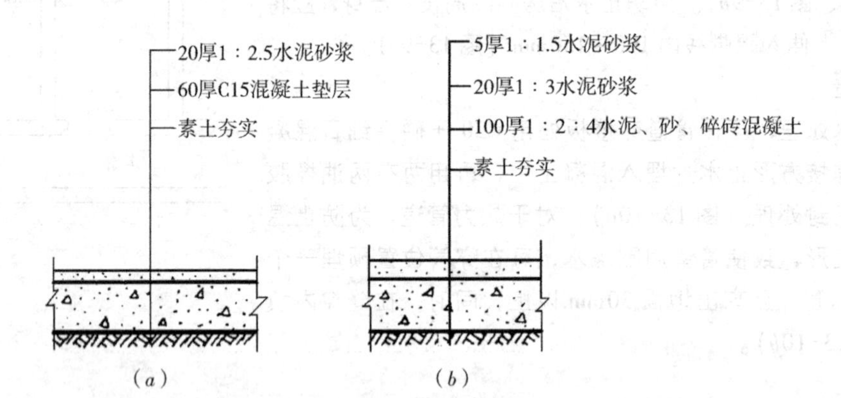

图13-11　地坪构造组成

13.3.1.1　面层

地坪的面层又称地面，和楼面一样，是直接承受各种作用的表面层，起着保护结构层和美化室内的作用。根据使用和装修要求的不同，有各种不同的做法。

13.3.1.2　垫层

垫层起着承重和传力作用，通常采用C10混凝土制成，厚度一般为80～100mm厚。有时可增加灰土、碎石、碎砖、炉渣三合土垫层等。

13.3.1.3　附加层

附加层主要是为满足某些特殊使用要求而设置的一些构造层次，如防水层、防潮层、保温层、隔热层、管道敷设层等。

13.3.2 地层防潮构造

地层返潮现象主要出现在我国南方，每当梅雨季节，气温升高，雨水较多，空气中相对湿度较大。当地坪表面温度降到露点温度时，空气中的水蒸气遇冷便凝聚成小水珠附在地表面上，当地面的吸水性较差时，往往会在地面形成一层水珠，使室内物品受潮，当空气湿度很大时，墙体和楼板层都会出现返潮现象。

避免返潮现象主要是解决两个问题：一是解决围护结构内表面与室内空气温差过大的问题，使围护结构内表面在露点温度以上；二是降低空气相对湿度，加强通风。在建筑构造上只是解决第一个问题，第二个问题可用机械设备（如去湿机）等手段来解决。改善地坪返潮可采取以下构造措施。

13.3.2.1 保温地面

对地下水位低，地基土壤干燥的地区，可在面层下面铺设一层保温层，以改善地面与室内空气温差过大的矛盾（图 13-12*a*）。在地下水位较高地区，可将保温层设在面层与结构层之间，并在保温层下设防水层（图 13-12*b*）。

13.3.2.2 吸湿地面

用黏土砖、大阶砖、陶土防潮砖做地面。由于这些材料中存在大量孔隙，当返潮时，面层会暂时吸收少量冷凝水，待空气湿度较小时，水分又能自然蒸发掉，因此地面不会让人感到有明显的潮湿现象（图 13-12*c*）。

13.3.2.3 架空式地坪

在底层地坪下设通风间层，使底层地坪不接触土壤，以改变地面的温度状况，从而减少冷凝水的产生，使返潮现象得到明显的改善。但由于增加了一层楼板，使得造价增加。

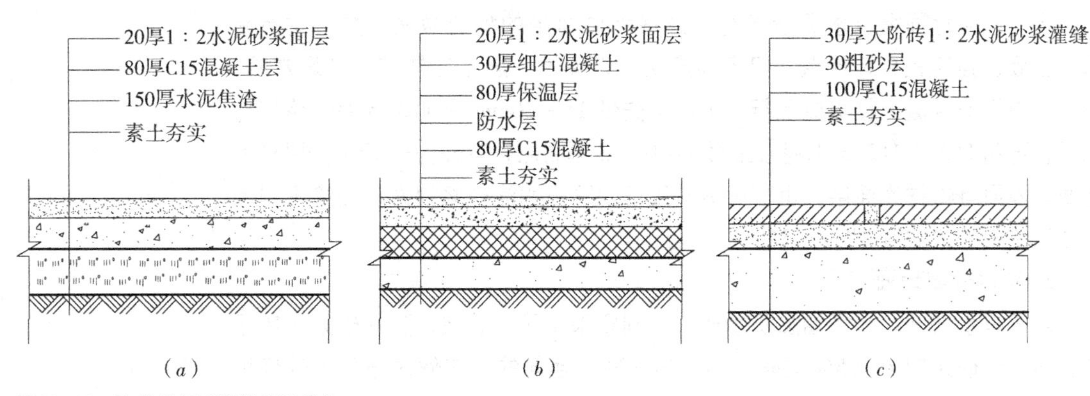

图 13-12 改善地坪返潮的构造措施

(*a*)、(*b*) 保温地面；(*c*) 吸湿地面

13.4 地面构造

13.4.1 地面的作用

地面是位于钢筋混凝土楼板或混凝土垫层上部的面层，除要满足室内装饰的美学要求，更要满足人们的使用要求，如防滑、耐磨、保温、易清洁等。

13.4.2 地面设计要求

13.4.2.1 具有足够的坚固性

即要求在各种外力作用下不易磨损破坏，且要求表面平整、光洁、易清洁和不起灰。

13.4.2.2 保温性好

即要求地面材料的热导系数小，给人以温暖舒适的感觉，冬季时走在上面不致感到寒冷。

13.4.2.3 具有一定的弹性

当人们行走时不致有过硬的感觉，同时还能起隔声作用。

13.4.2.4 满足某些特殊要求

对某些特殊要求的房间，地面还应防潮、防水、防火、防静电、耐腐蚀、无毒等。

13.4.3 地面装修构造

在进行地面和楼面的设计或施工时，应根据房间的使用功能和装修标准，选择适宜的面层和附加层，采取恰当的构造措施。

地面常用的构造类型有整体式地面、板块料地面、木地面、卷材地面等。

13.4.3.1 整体式地面装修

1. 水泥砂浆地面

水泥砂浆地面是以水泥砂浆材料形成地面面层的构造做法，具有构造简单、坚硬、强度较高等特点，但容易起灰，无弹性、热工性较差、色彩灰暗，做法是在钢筋混凝土楼板或混凝土垫层上先做15～20mm厚1:3水泥砂浆打底找平，再用1:2或1:2.5水泥砂浆做5～10mm厚面层，可作为一般装修要求的地面。表面可做抹光面层，也可做成有纹理的防滑水泥砂浆地面。接缝采用勾缝或压缝条的方式（图13-13）。

2. 防水砂浆地面

对于有水房间，为了增加防水能力，则要采用防水砂浆，防水砂浆一般是在普通水泥砂浆中掺入5%的防水剂。防水砂浆地面的构造做法与水泥砂浆地面完全相同。

3. 水磨石地面

水磨石地面又称磨石子地面，这种地面表面平整光滑、耐磨，可根据设计

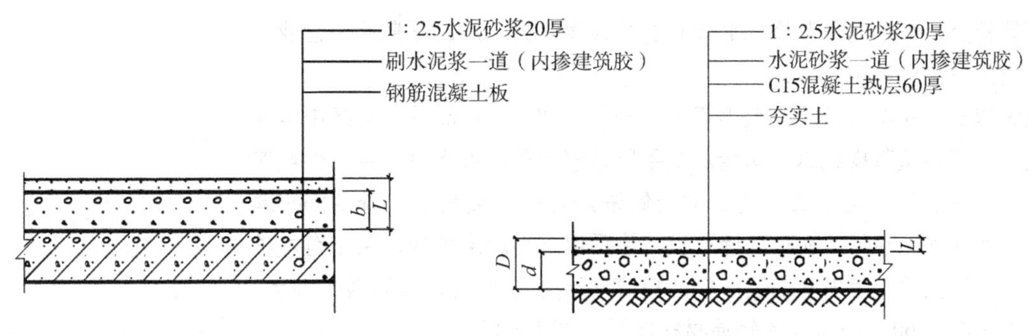

图 13-13　水泥砂浆地面

要求做成各种彩色图案，美观、大方、易清洁、不起灰、耐腐蚀，且造价不高。缺点是地面容易产生泛湿现象、弹性差，有水时容易打滑，施工较复杂，适用于公共建筑的室内地面。按施工方法分为现浇水磨石地面和预制水磨石地面两种。

现浇水磨石地面做法是先用1∶3 水泥砂浆在钢筋混凝土楼板或混凝土垫层上做 10 ~ 15mm 厚找平层，然后在其上用 1∶1 水泥砂浆固定分格条，再用(1∶2. 5 ~ 1∶1. 5) 水泥石子砂浆做面层，厚度随石子粒径的大小而变化，一般为 10 ~ 15mm 厚。待水泥石屑浆基本硬化后，经研磨清洗上蜡而成。分格条可以采用钢条、玻璃条、铜条、塑料条或铝合金条，分格尺寸一般不宜大于 1000mm。水磨石的石粒一般采用粒径 3 ~ 12mm 的白云石、大理石、花岗石等，应当质地坚硬、粗细均匀、色泽一致（图 13-14）。

13. 4. 3. 2　板块料地面装修

板块地面是指以陶瓷地砖、陶瓷锦砖、缸砖、水泥砖以及各类预制板块、大理石板、花岗岩石板、塑料板块等板材铺砌的地面。其特点是花色品质多样，经久耐用，防火性能好，易于清洁，且施工速度快，湿作业量少，因此被广泛应用于建筑中各类房间。但此类地面属于刚性地面，弹性、保温、消声等性能较差，造价较高。

1. 花岗石石材地面

花岗石石材分天然石材和人造石材两种，具有强度高、耐腐蚀、耐污染、

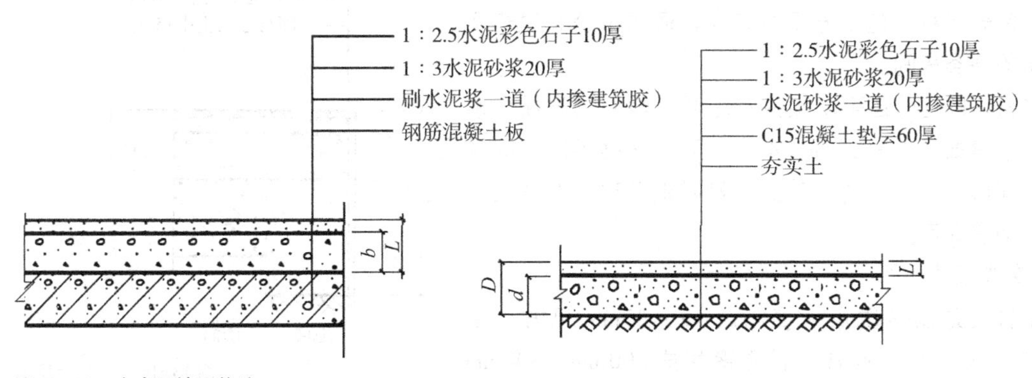

图 13-14　水磨石地面构造

施工简便等特点，一般用于装修标准较高的公共建筑的门厅、休息厅、营业厅或要求较高的卫生间等房间地面。

天然大理石、花岗石板规格大小不一，一般为 20～30mm 厚，板缝中根据地面所处环境可种植草皮或水泥勾缝。找平层砂浆用干硬性水泥砂浆，板块在铺砌前应先浸水湿润，阴干后备用。构造做法是在楼板或垫层上抹 30mm 厚 1∶4～1∶3干硬性水泥砂浆，在其上铺石板，最后用素水泥浆填缝，用于有水的房间时，可以在找平层上做防水层。如为提高隔声效果和铺设暗管线的需要，可在楼板上做厚度 60～100mm 的轻质材料垫层（图 13-15）。

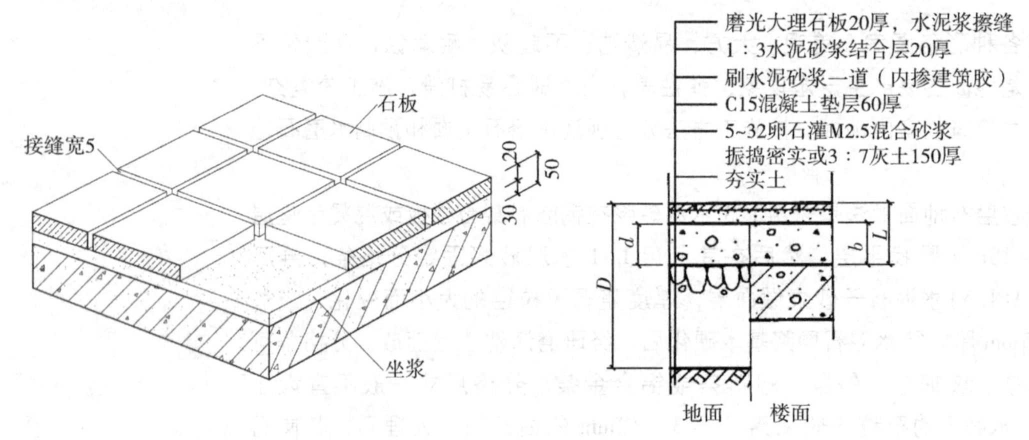

图 13-15 大理石地面构造

这类地面也可以形成碎拼大理石、花岗石地面（图 13-16）。

人造大理石、花岗石板一般为 600～1200mm 的长形或方形，板厚分为 10、15、20mm 三种，是现代装修的理想材料，构造做法与天然大理石、花岗石板基本相同。

2. 地砖地面

用于室内的地砖种类很多，目前常用的地砖材料有陶瓷锦砖（又称马赛克）、陶瓷地砖、缸砖等，规格大小也不尽相同。具有表面平整、质地坚硬、耐磨、耐酸碱、吸水率小、色彩多样、施工方便等特点，适用于公共建筑及居住建筑的各类房间。

有些材料的地砖还可以做拼花地面。地面的表面质感有的光泽如镜面，也有的凹凸不平，可以根据不同空间性质选用不同形式及材料的地砖。一般以水泥砂浆在基层找平后直接铺装即可。

1）陶瓷锦砖地面

陶瓷锦砖是以优质瓷土烧制成 19～25mm 见方，厚 6～7mm的小块。出厂前按设计图案拼成 300mm×300mm 或 600mm×600mm 的规格，反贴于牛皮纸上。具有质地

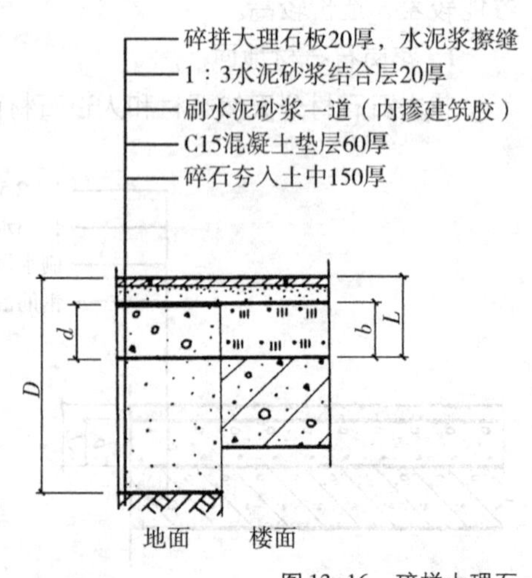

图 13-16 碎拼大理石地面构造

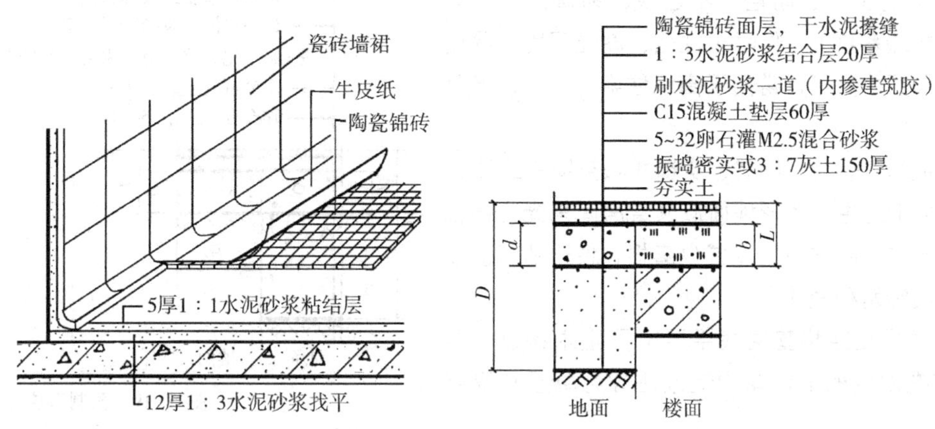

图 13-17　陶瓷锦砖地面

坚硬、经久耐用、表面色泽鲜艳、装饰效果好，且防水、耐腐蚀、易清洁，适用于有水、有腐蚀性液体作用的地面。做法是 15～20mm 厚 1∶3 水泥砂浆找平；5mm 厚 1∶1.5～1∶1 水泥砂浆或 3～4mm 素水泥浆加 108 胶粘贴，用滚筒压平，使水泥浆挤入缝隙；待硬化后，用水洗去皮纸，再用干水泥擦缝（图 13-17）。

2）陶瓷地砖地面

陶瓷地砖分为釉面和无釉面两种。目前随着生产技术和工艺水平的不断改进，这类地砖的性能和质量也有很大提高，产品逐渐向大尺寸、多功能和豪华型发展。规格有 600～1200mm 不等，形状多为方形，也有矩形，地砖背面有凸棱，有利于地砖胶结牢固。特点是表面光滑、坚硬耐磨、耐酸耐碱、防水性好、不宜变色。做法是在基层上做 10～20mm 厚 1∶3 水泥砂浆找平层，然后浇素水泥浆一道，铺地砖，最后用水泥砂浆嵌缝。对于规格较大的地砖，找平层要用干硬性水泥砂浆。接缝宽度以 10～20mm 凹缝为宜（图 13-18）。

3）预制水磨石或大理石块楼地面

这类地面具有质地坚硬、耐磨性好等优点。构造做法一般有两种：一种是在板块下干铺一层 20～40mm 厚的砂子，待校正平整后用砂子或砂浆填缝；另一种是在基层上铺 10～20mm 厚的 1∶3 水泥砂浆粘结层，然后铺贴块材，再用 1∶1 水泥砂浆嵌缝。前者施工简便，易于更换，但不易平整，适用于尺寸大而厚的预制板块；后者则坚实、平整，适用于尺寸小而薄的预制板块（图13-19）。

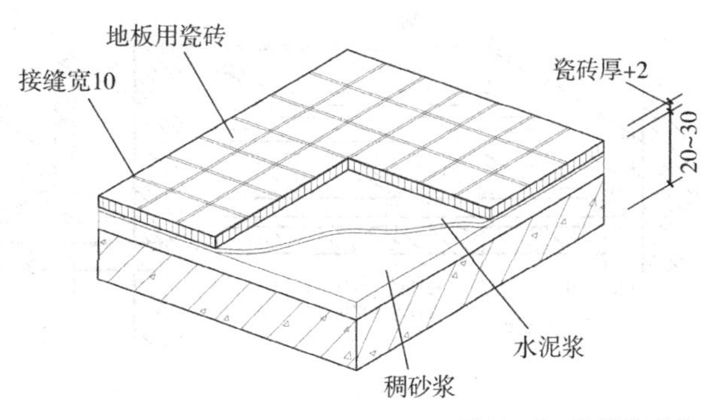

图 13-18　陶瓷地砖地面

13.4.3.3　木地面装修

木地面是指表面由木板铺钉或胶合而成

的地面，优点是富有弹性、耐磨、不起灰、易清洁、不返潮、纹理美观、导热系数小，但耐火性差、潮湿环境下易腐朽、易产生裂缝和翘曲变形，常用于高级住宅、宾馆、剧院舞台等的室内装修中。

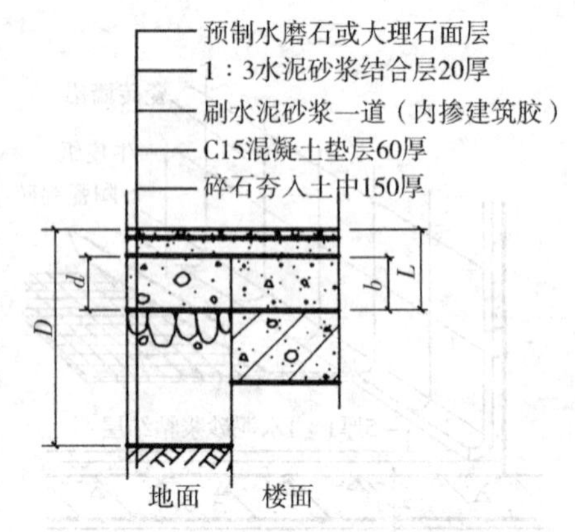

图 13-19　预制石块地面

木地面的构造做法分为粘贴式、实铺式和空铺式三种。

硬木地面以条形为主，条形地面应顺着房间采光方向铺设，走道板应沿行走方向铺设，以减少磨损，便于清扫。硬木地面有空铺与实铺两种做法。

实铺式木地面是在结构基层找平层上固定木搁栅，再将硬木地板铺钉在木搁栅上，其构造做法分为单层和双层铺钉。

双层实铺木地面做法是在钢筋混凝土楼板或混凝土垫层内预留 Ω 形铁箅子，间距为 400mm，上拴 50mm×70mm 木搁栅，间距 400mm，用 10 号镀锌钢丝与铁箅子绑扎。搁栅之间装设 50mm×50mm 横撑，横撑间距 800mm（搁栅及横撑应满涂防腐剂）。搁栅上沿 45 度或 90 度铺钉 18～22mm 厚松木或杉木毛地板，拼接可用平缝或高低缝，缝隙不超过 3mm。面板背面刷氟化钠防腐剂，与毛板之间应衬一层塑料薄膜缓冲层。面板选用水曲柳、柞木、核桃木等制作的 90mm×20mm 硬木条板，一般呈企口形，表面刷清漆并打蜡。

单层做法与双层相同，只是不做毛板一层（图 13-20*a*、13-20*b*）。

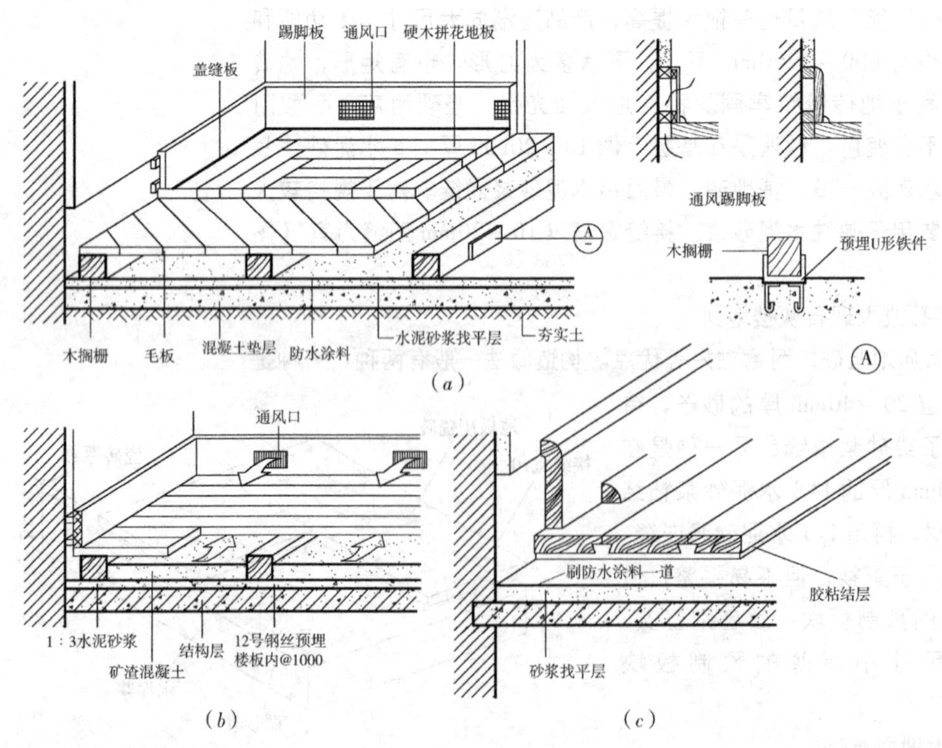

图 13-20　木地面构造

(*a*) 实铺式木地面双层构造；(*b*) 实铺式木地面单层构造；(*c*) 粘贴式木地面构造

粘贴式木地面是在钢筋混凝土楼板或混凝土垫层上做找平层，然后用粘结材料将木地板直接粘贴其上，常用小木块板，长度为150～400mm，厚度为6～12mm，如图13-20（*c*）所示。这种地板是木地板中施工最简便的，构造做法不设木龙骨，降低了造价，提高了工效，但弹性差。

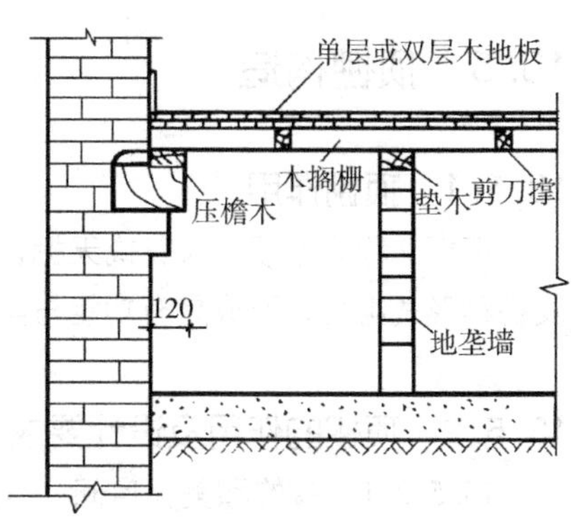

图13-21　空铺式木地面构造

空铺式木地面是将木地板用地垄墙、砖墩或钢木支架架空，具有弹性好、脚感舒适、防潮和隔声等优点，一般用于剧院舞台地面（图13-21）。

空铺木地面由木龙骨（搁栅）、剪刀撑、地垄墙、压沿木及单层或双层木地板组成。木龙骨的两端分别支承在基础墙挑出的砖檐及地垄墙上。砖檐及地垄墙墙顶为防潮要加油毡层，其上铺放垫木，木龙骨上铺放单层或双层木地面。为保证稳定并使木龙骨连成整体，应加设剪刀撑。

空铺木地面应在地板背面做防潮处理，同时也应组织好地板架空层的通风处理。其做法是在地垄墙上预留120mm×190mm的洞口，在外墙上预留同样大小的通风口，为防止鼠类等动物进入其内，应加设铸铁通风箅子。木地板与墙体的交接处应做木踢脚板，其高度在100～150mm之间，踢脚板与墙体交接处还应预留直径为6mm的通风洞，间距为1000mm。

13.4.3.4　卷材地面装修

1. 塑料地毡

塑料类地毡有油地毡、橡胶地毡、聚氯乙烯地毡等。聚氯乙烯地毡系列是塑料地面中最广泛使用的材料，优点是重量轻、强度高、耐腐蚀、吸水率小、表面光滑、易清洁、耐磨，有不导电和较高的弹塑性能。缺点是受温度影响大，须经常作打蜡维护。聚氯乙烯地毡分为玻璃纤维垫层、聚氯乙烯发泡层、印刷层和聚氯乙烯透明层等。在地板上涂上水泥砂浆底层，等充分干燥后，再用粘结剂将装修材料加以粘贴。

2. 地毯

地毯可分为天然纤维和合成纤维地毯两类。天然纤维地毯是指羊毛地毯，特点是柔软、温暖、舒适、豪华、富有弹性，但价格昂贵，耐久性又比合成纤维的差。合成纤维地毯包括丙烯酸、聚丙烯腈纶纤维地毯、聚醋酸纤维地毯、烯族烃纤维和聚丙烯地毯、尼龙地毯等，按面层织物的织法不同分为栽绒地毯、针扎地毯、机织地毯、编结地毯、粘结地毯、静电植绒地毯等。

地毯铺设方法分为固定与不固定两种，铺设分为满铺和局部铺设。不固定式是将地毯裁边、粘结拼缝成一整片，直接摊铺于地上。固定式则是将地毯四周与房间地面加以固定。固定方法有两种：一种是用施工胶粘剂将地毯的四周与地面粘贴。另一种是在房间周边地面上安装木质或金属倒刺板，将地毯背面固定在倒刺板上。

13.5 顶棚构造

13.5.1 顶棚作用

顶棚又称为吊顶、天花或天棚，是指在室内空间上部，通过采用不同材料及各种形式组合，形成具有功能与美学目的的建筑装修部分。

13.5.2 顶棚的作用及设计要求

13.5.2.1 装饰和美化房间

吊顶可以将房屋的承重结构及设备封闭起来。

13.5.2.2 满足音响效果的要求

对于有音响效果要求的建筑，如影院、剧场、音乐厅中的厅堂吊顶应满足音响方面的要求。吊顶的形式、做法应考虑吸声和反射的功能。

13.5.2.3 满足照明方面的要求

房间中的灯具，一般应安装在顶棚上。因而顶棚上要充分考虑安装灯具的要求。若采用吸顶式安装，吊顶应配合灯具的位置设计；若采用吊杆式安装，吊顶应在结构层上作好拉结；若采用暗槽式安装，应充分考虑光线的反射。

13.5.2.4 防火要求

为保证建筑物的防火性能，在选择吊顶做法和吊顶材料时，应充分考虑与建筑防火规范中规定的耐火极限相一致。

13.5.2.5 承重要求

吊顶面层上有时要安装灯具、吊扇，有的要上人检修，因而要求吊顶应有一定的承载能力。

13.5.3 顶棚的形式

顶棚的形式很多，根据不同房间，选择不同形式，按构造和施工方式的不同可分为直接式和吊式顶棚（图13-22、图13-23）。

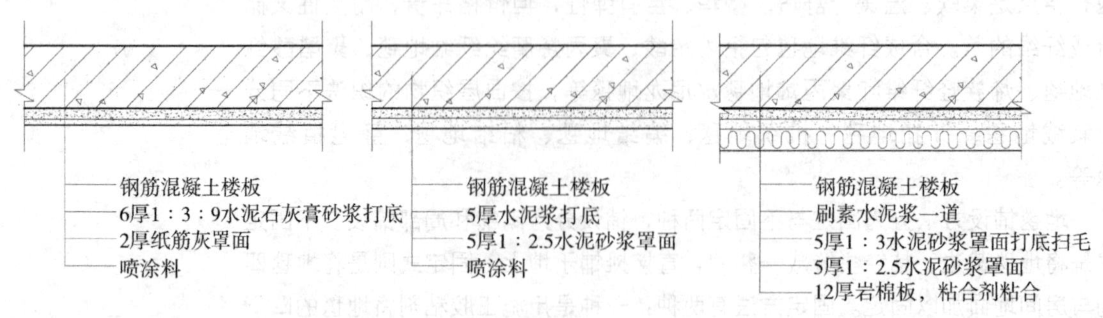

图13-22 直接式顶棚

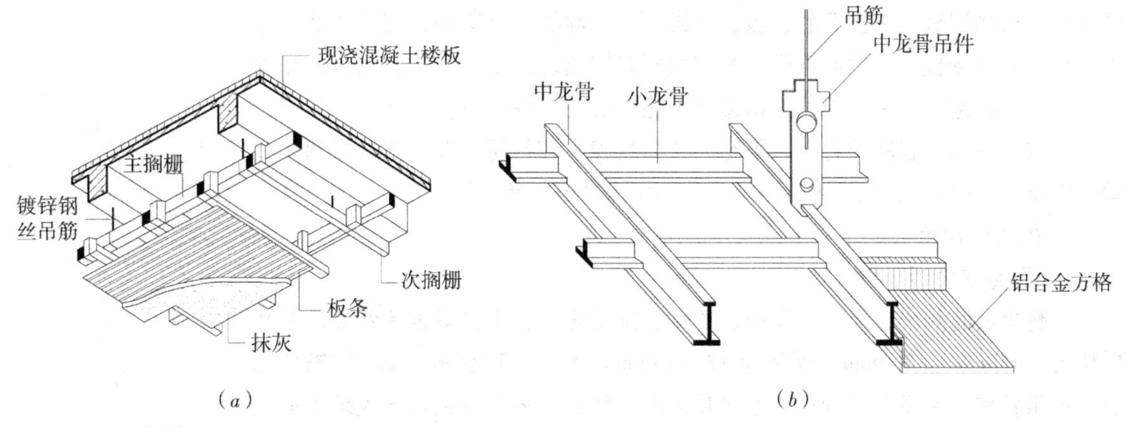

图 13-23　吊式顶棚
(a) 木龙骨吊顶；(b) 金属龙骨吊顶

13.5.4　顶棚的构造

13.5.4.1　直接式顶棚的构造

直接式顶棚是指建筑楼板底面经粉刷、粘贴，添加一些装饰线脚（木质、石膏、塑料和金属等），具有不占据净空高度、造价低、效果较好等特点，适用于家庭、宾馆标准房、学校等。不能用于板底有管网的房间。

直接式顶棚常采用线脚方法装饰，常用的线脚有木制线脚、金属线脚、塑料线脚、石膏线脚。

13.5.4.2　吊顶棚的构造

1. 吊顶形式

常见的吊顶形式有连片式、分层式、立体式、悬空式等。

2. 吊顶棚的组成

吊顶棚是通过吊筋、大小龙骨所形成的构架及丰富的面层组合而成，是一种广泛采用的顶棚形式，适用于各种场合。因此，吊顶棚主要由吊筋、龙骨和面层三部分组成。

1）吊筋

吊筋又称吊杆，分为木吊筋和金属吊筋。工程中一般多用 ϕ8 ~ 10 钢筋或型钢，不上人的吊顶也可以用 10 号镀锌钢丝。吊筋的间距主要取决于吊顶的荷载，一般为 900 ~ 1200mm。其主要作用是承受吊顶龙骨和面层材料产生的荷载。

2）龙骨

龙骨有木龙骨和金属龙骨，根据吊顶的尺寸可沿一个方向或两个方向布置；如两个方向布置，分为主龙骨和次龙骨。龙骨间距则主要根据面层选用材料的规格尺寸确定。

3）吊顶板材

吊顶板材的类型很多，一般可以分为植物型板材、矿物型板材、金属板材等几种。植物型板材主要有胶合板、纤维板、木丝板、刨花板、细木工板。矿物型板材有石膏板、矿棉吸声板。金属板材具有质轻、造型美观、耐久、耐腐蚀、防火、防潮、安装方便、立体感强、施工进度快等优点。

面层一般固定在次龙骨上，固定方法依据龙骨和面层材料而定，板材与龙骨的连接方式有："钉"、"搁"、"粘"、"吊"、"卡" 等。

3. 吊顶棚构造

1）石膏罩面板顶棚

石膏板具有防火、质轻、隔声、隔热、施工方便、可钉可锯等特点。其板规格为 1200mm × 3000mm，厚常为 12 ~ 15mm。不上人顶棚多用 $\phi 6$ 钢筋作吊筋，再用各种吊件将次龙骨吊在主龙骨之上，然后再将石膏板用自攻螺栓固定在次龙骨下，次龙骨间距要按板材尺寸规格来确定（图 13-24）。

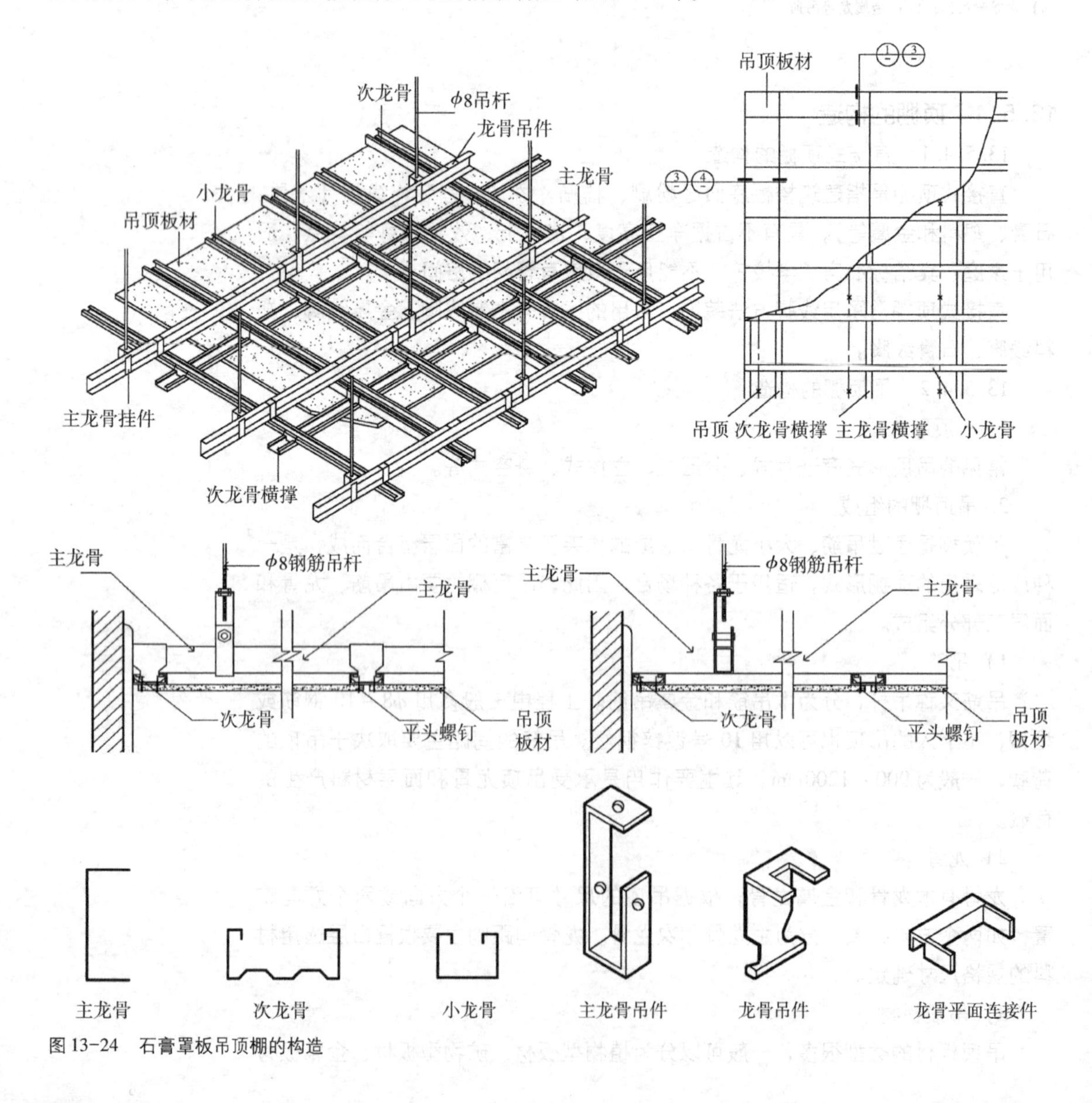

图 13-24　石膏罩板吊顶棚的构造

2）矿棉板系矿物棉（矿渣棉、岩棉）为原料制成的，表现出的风格和石膏板相近，吸声性能较好，防潮性能较差，用途和石膏板相近（图 13-25）。

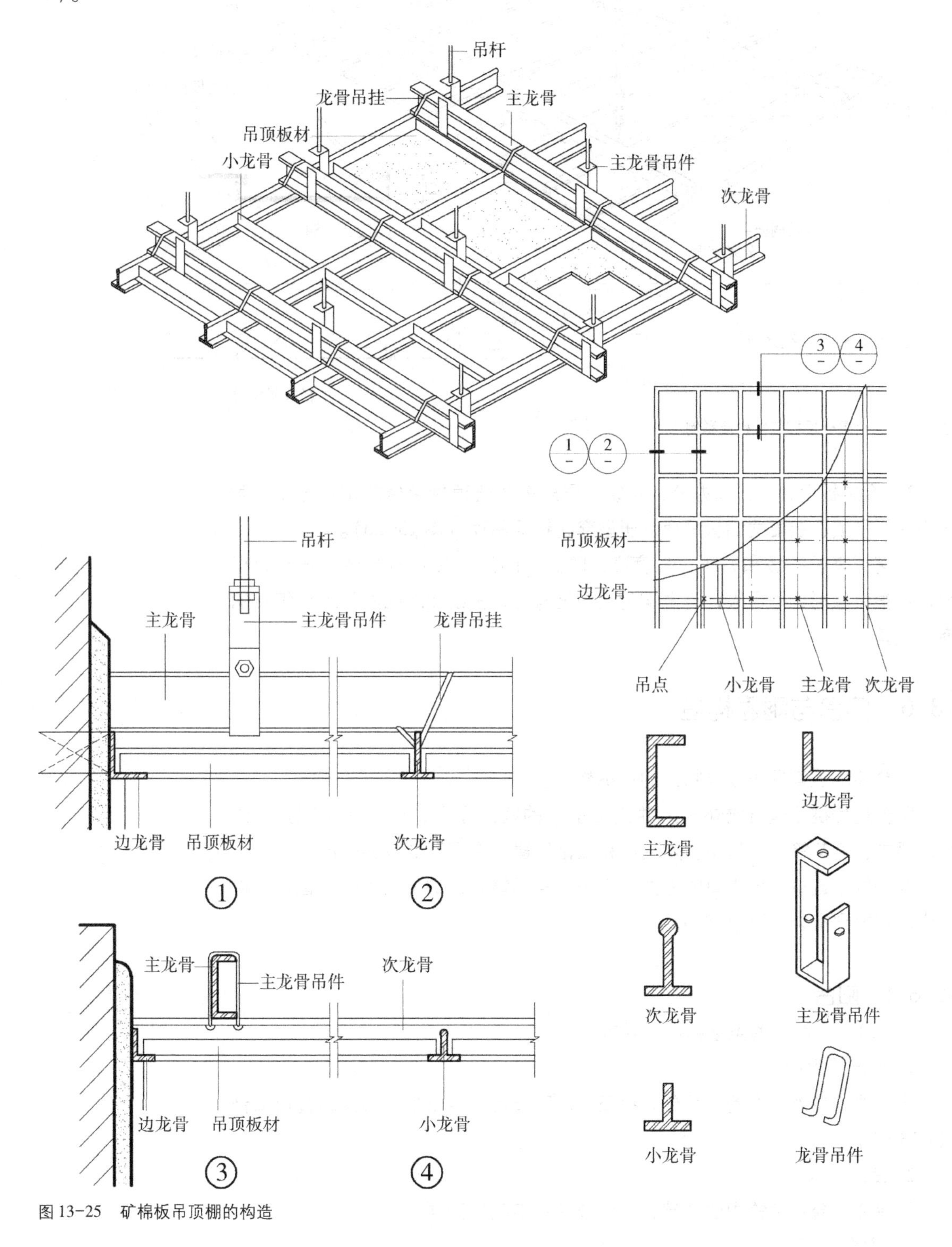

图 13-25　矿棉板吊顶棚的构造

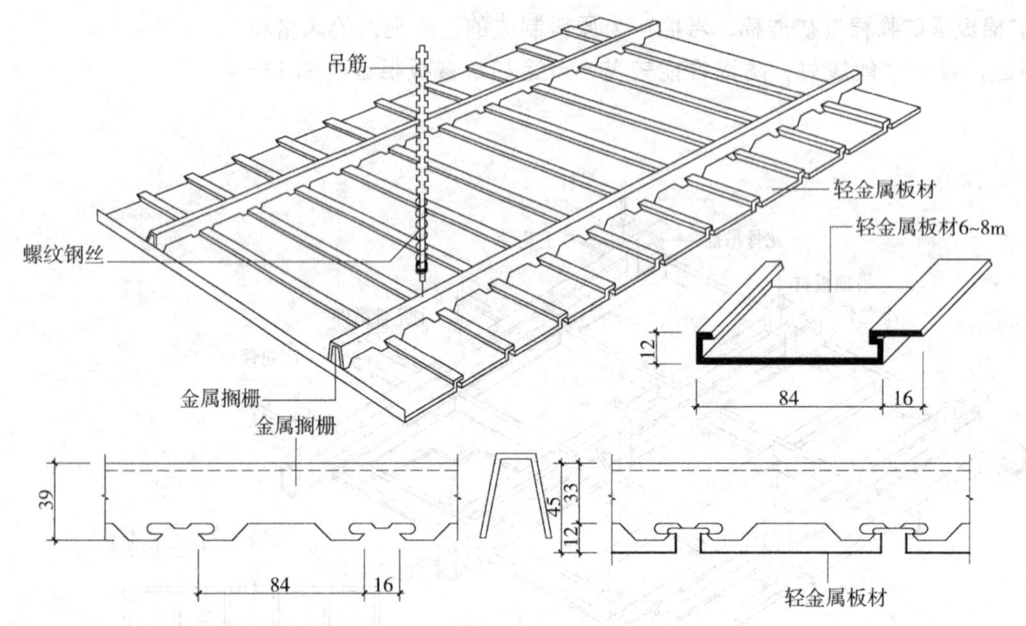

图 13-26　金属板顶棚装修构造举例

3）金属板顶棚是目前办公、餐饮、娱乐等建筑顶棚装修的常见形式，可分为铝板吊顶、装配式铝板吊顶、压型穿孔铝板吊顶（图 13-26）。

金属板有长条板和方板，强度高、防火、防潮。其表面光洁、表现力极强，若银白色则光彩照人，若古铜色则深沉有力，极易造就强烈的现代气息的商业气氛。

13.6　阳台与雨篷构造

阳台和雨篷都属于建筑物上的悬挑构件。

阳台是悬挑于建筑物外墙上并连接室内的室外平台，可以起到观景、纳凉、晒衣、养花等多种作用，是住宅和旅馆等建筑中不可缺少的一部分。

雨篷位于建筑物出入口的上方，用来遮挡雨雪，保护外门免受侵蚀，提供一个从室内到室外的过渡空间。

13.6.1　阳台

13.6.1.1　阳台的类型和设计要求

1. 阳台的类型

阳台按其与外墙面的关系分为挑阳台、凹阳台、半凸半凹阳台和转角阳台（图 13-27）。

2. 设计要求

为保证阳台在建筑中的作用，阳台应满足下列设计要求。

1）安全适用

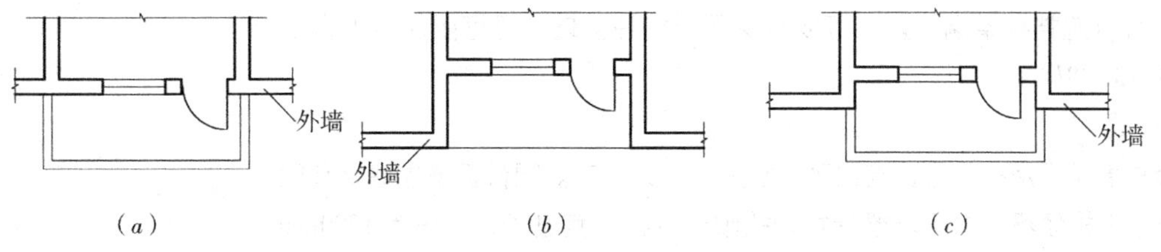

图 13-27　阳台的类型
(a) 挑阳台；(b) 凹阳台；(c) 半凸半凹阳台

悬挑阳台的挑出长度不宜过大，应保证在荷载的作用下不产生倾覆，以1000～1500mm 为宜，1200mm 左右最常见。低层、多层住宅阳台栏杆净高不低于1050mm，中高层住宅阳台栏杆净高不低于1100mm。阳台栏杆形式应防坠落（垂直栏杆间净距不应大于 110mm），为不可攀登式（不设水平分格）。放置花盆处应采取防坠落措施。

2）坚固耐久

承重结构应采用钢筋混凝土，金属构件应作防锈处理，表面装修应注意色彩的持久性和抗污染性。

3）排水通畅

为防止阳台上的雨水流入室内，要求阳台地面标高低于室内地面标高30～50mm，并将地面做出 5% 的排水坡，坡向排水孔，使雨水能顺利排除。

4）栏杆安全实用

阳台栏杆形式除考虑安全要求外，还应考虑地区气候特点。南方地区宜采用空透式栏杆，而北方寒冷地区和中高层住宅应采用实体栏板。

5）施工方便

尽可能采用现场作业，在施工条件许可的情况下，宜采用大型装配式构件。

6）形象美观

可以利用阳台的形状、栏杆的排列方式、色彩图案，给建筑物带来一种韵律感，为建筑物的形象增添美感。

13.6.1.2　阳台结构布置方式

阳台结构的支承方式分为墙承式和悬挑式。

1. 墙承式

是将板型和跨度与楼板一致的阳台板直接搁置在墙上，这种支承方式结构简单，施工方便，多用于凹阳台（图 13-28*a*）。

2. 悬挑式

1）挑梁式

当楼板为预制楼板，结构布置为横墙承重时，可选择挑梁式。即从横墙内外伸挑梁，其上搁置预制楼板，挑梁压入墙内的长度一般为悬挑长度的 1.5 倍左右。阳台荷载通过挑梁传给横墙，由压在挑梁上的墙体和楼板来抵抗阳台的倾覆力矩。这种结构布置简单，传力直接明确。为美观起见，可在挑梁端头设置面梁，既可以遮挡挑梁端头，又可以承受阳台栏杆重量，还可以加强阳台的整体性（图 13-28*b*）。

2）压梁式

阳台板与墙梁现浇在一起，墙梁可用加大的圈梁代替。阳台板依靠墙梁和梁上的墙体重量来抗倾覆，由于墙梁受扭，故阳台悬挑不宜过长，一般为 1200mm 左右，并在墙梁两端设拖梁压入墙内，来增加抗倾覆力矩（图 13-28*c*）。

3）挑板式

当楼板为现浇楼板时，可选择挑板式。即将房间楼板直接向外悬挑形成阳台板。挑板式阳台板底平整美观，且阳台平面形状可做成半圆形、弧形、梯形、斜三角形等各种形状。挑板厚度不小于挑出长度的 1/12（图 13-28*d*）。

13.6.1.3　阳台细部构造

1. 阳台栏杆与扶手

阳台栏杆主要是承担人们扶倚的侧向推力，以保障人身安全，还可以对整个建筑物起装饰美化作用。栏杆的形式有实体、空花和混合式，按材料可分为砖砌、钢筋混凝土和金属栏杆。

金属栏杆一般采用方钢、圆钢、扁钢和钢管等焊接成各种形式的空花栏杆，须作防锈处理；钢筋混凝土栏板有现浇和预制两种；砖砌栏板一般为 120mm 厚，为加强其整体性，应在栏板顶部现浇钢筋混凝土扶手，或在栏板中配置通长钢筋加固（图 13-29）。

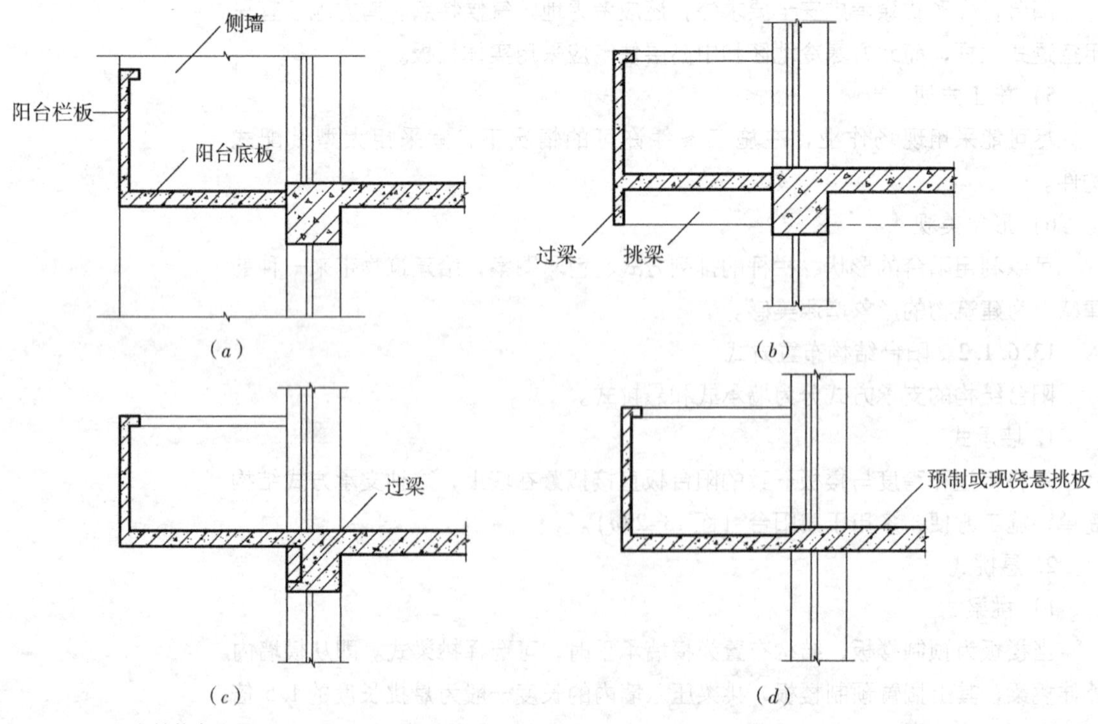

图 13-28　阳台结构布置

（*a*）墙承式；（*b*）挑梁式；（*c*）压梁式；（*d*）挑板式

扶手有金属和钢筋混凝土两种。金属扶手一般为钢管，钢筋混凝土扶手有不带花台的和带花台的。带花台的栏杆扶手，在外侧设保护栏杆，一般高180～200mm，花台净宽为250mm（图13-29*b*、图13-29*d*）；不带花台的栏杆扶手直接用作栏杆压顶，宽度有80、120、160mm等（图13-29*c*）。

2. 节点构造

阳台节点构造主要包括栏杆与扶手、栏杆与面梁、栏杆与墙体的连接等。

栏杆与扶手的连接方式通常有焊接、整体现浇等方式。扶手与栏杆直接焊接或与栏板上预埋铁件焊接，这种连接方法施工简单，坚固安全（图13-29*a*）。将栏杆或栏板内伸出钢筋与扶手内钢筋相连，然后支模现浇，扶手为整体现浇（图13-29*b*、图13-29*d*），这种做法整体性好，但施工较复杂。

栏杆与面梁或阳台板的连接方式有焊接、预留钢筋二次现浇、整体现浇等。当阳台板为现浇板时必须在板边现浇高60mm混凝土挡水带，金属栏杆可直接与面梁上预埋件焊接（图13-29*a*）；砖砌栏板可直接砌筑在面梁上（图13-29*b*）；预制的钢筋混凝土栏杆与面梁中预埋铁件焊接，也可预留钢筋与面梁进行二次浇灌混凝土（图13-29*c*）；现浇钢筋混凝土栏板可直接从面梁上伸出锚固筋，然后扎筋、支模、现浇细石混凝土（图13-29*d*）。

3. 阳台排水

阳台排水有外排水和内排水两种。内排水适用于高层建筑和高标准建筑，即在阳台内侧设置排水管和地漏，将雨水经水管直接排入地下管网（图13-30*a*），外排水适用于低层和多层建筑，即在阳台外侧设置泄水管将水排出。泄水管可采用直径40～50mm的镀锌钢管和塑料管，外挑长度不少于80mm，以防雨水溅到下层阳台（图13-30*b*）。

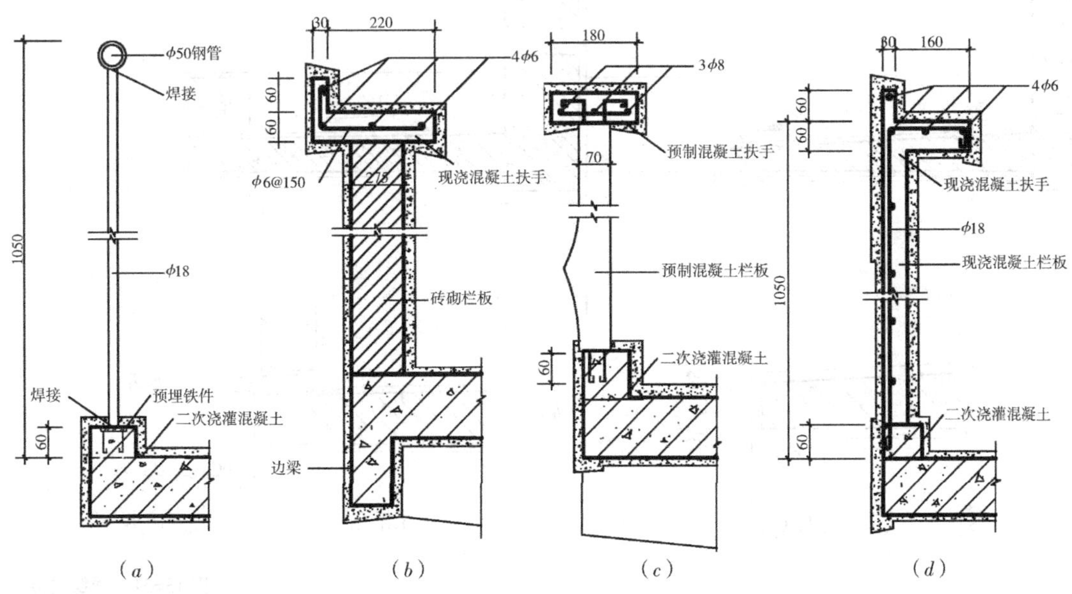

图13-29　阳台栏杆与扶手的构造

(*a*) 金属栏杆与钢管扶手；(*b*) 砖砌栏板与现浇混凝土扶手；(*c*) 预制混凝土栏杆与现浇混凝土扶手；(*d*) 现浇混凝土栏杆与现浇混凝土扶手

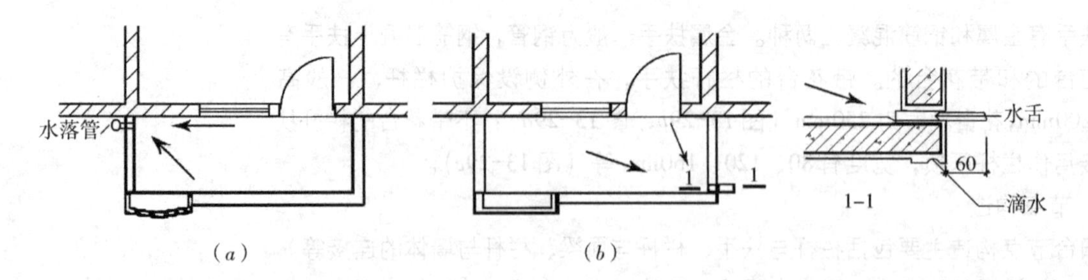

图 13-30　阳台排水处理
(a) 水落管排水；(b) 排水管排水

13.6.2　雨篷

雨篷有板式和梁式两种，为防止雨篷产生倾斜，常将雨篷与入口处门上过梁或圈梁现浇在一起。

13.6.2.1　悬板式

悬板式雨篷外挑长度一般为0.8～1.5m，板根部厚度不小于挑出长度的1/12，雨篷宽度比门洞每边宽250mm。雨篷排水方式可采用无组织排水和有组织排水两种。雨篷顶面构造要求抹15mm厚1∶2防水砂浆，雨篷与墙体相接处应做高度不小于250mm的泛水，板底抹灰可采用纸筋灰或水泥砂浆。当采用有组织排水时，板边应做翻边，高度为100mm左右，并在雨篷边设泄水管（即水舌）（图13-31*a*）。

13.6.2.2　悬挑梁板式

悬挑梁板式雨篷多用在长度较大的入口处，如影剧院、商场等。为使板底平整，可做成反梁式（图13-31*b*）。

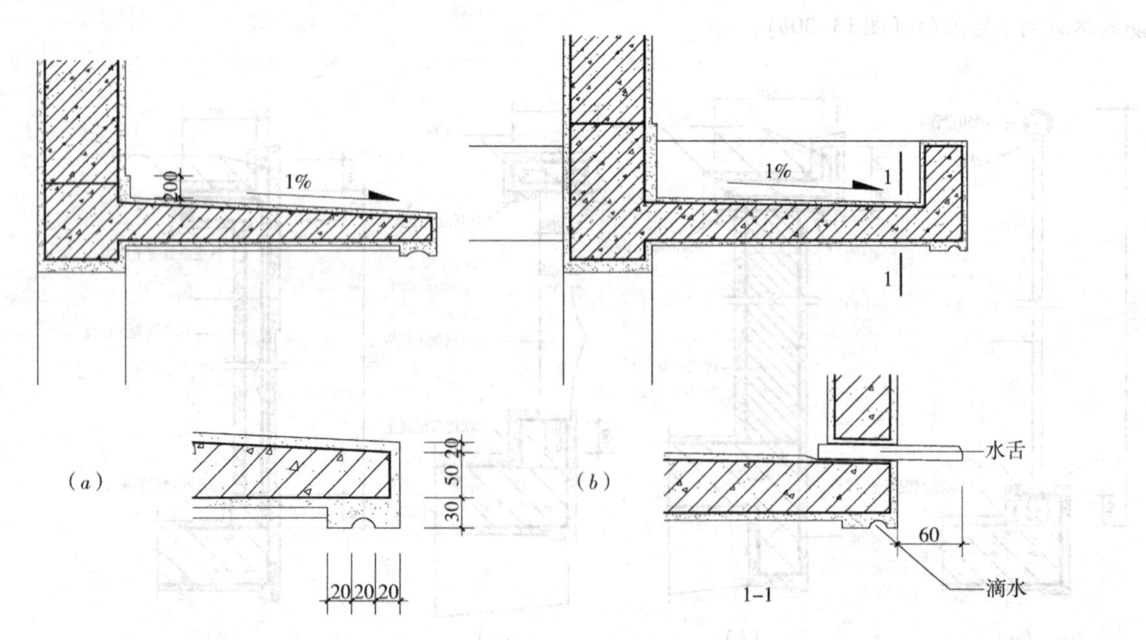

图 13-31　雨篷构造
(a) 挑板式雨篷；(b) 挑梁式雨篷

理论知识训练

1. 楼板层由哪几部分组成？对楼板有哪些要求？
2. 简述钢筋混凝土楼板的类型及特点。
3. 地面由哪些部分组成？各层有什么作用？
4. 顶棚有哪些类型？简述两类顶棚的构造做法。
5. 雨篷的作用是什么？类型有哪些？构造要求是什么？
6. 阳台的支撑结构形式有哪些？

实践课题训练

绘出本地区常见的四种以上的地面构造图。

本章小结

楼板是建筑中水平的承重构件，并用来在竖向划分建筑的内部空间。楼板承受建筑楼面的荷载，并将这些荷载传给墙或柱，同时楼板支撑在墙体上，对墙体起着水平支撑作用。楼板层应具有足够的强度、刚度，并应具有足够的防火、防水、隔声及防潮等性能。地层，又称地坪，是底层空间与土壤之间的分隔构件，承受底层房间的使用荷载，须具有防潮、防水和保温等性能。

为满足楼板层的使用要求，建筑物的楼板层通常由面层、结构层、附加层和顶棚层组成。钢筋混凝土楼板按其施工方法不同，可分为现浇式、预制装配式和装配整体式三种。现浇钢筋混凝土楼板按其受力和传力情况可分为板式楼板、梁板式楼板、无梁楼板，此外还有压型钢板组合式楼板。

常用地面的构造类型有整体式地面、块料地面、木地面、卷材地面等。

顶棚按构造方式不同分为直接式顶棚和吊顶棚；吊顶棚主要由吊筋、龙骨和面层三部分组成。

阳台和雨篷都属于建筑物上的悬挑构件。阳台是悬挑于建筑物外墙上并连接室内的室外平台，可以起到观景、纳凉、晒衣、养花等多种作用。

雨篷位于建筑物出入口的上方，用来遮挡雨雪，保护外门免受侵蚀，提供一个从室内到室外的过渡空间。

第 14 章　楼梯、电梯与台阶

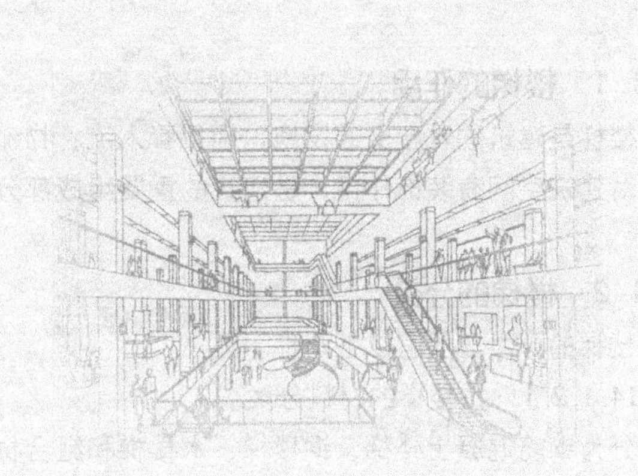

14.1 楼梯的作用、分类及组成

楼梯是房屋建筑中上、下层之间的垂直交通设施。平时楼梯只供竖向交通，遇到紧急情况时，供房屋内人员的安全疏散。楼梯在数量、位置、形式、宽度、坡度和防火性能等方面应满足使用方便和安全疏散的要求。尽管许多建筑日常的竖向交通主要依靠电梯、自动扶梯等设备，但楼梯作为安全通道是建筑不可缺少的构件。

14.1.1 楼梯的作用

楼梯是建筑的垂直交通设施，担负着人流、物流的竖向交通任务。许多楼梯还对建筑空间有装饰作用，是建筑的重要组成部分。

14.1.2 楼梯的分类

楼梯的分类一般有以下几种。

14.1.2.1 按楼梯的材料分类

分为钢筋混凝土楼梯、钢楼梯、木楼梯和组合材料楼梯。因钢筋混凝土楼梯具有坚固、耐久、防水、施工方便、造型各异的性能，得到了普遍的应用。

14.1.2.2 按楼梯的位置分类

分为室内楼梯和室外楼梯。

14.1.2.3 按楼梯的使用性质分类

分为主要楼梯、辅助楼梯、疏散楼梯及消防楼梯。

14.1.2.4 按楼梯间的平面形式分类

分为开敞式楼梯间、封闭式楼梯间、防烟楼梯间。

14.1.2.5 按楼梯的布置方式和造型分类

14.1.3 楼梯的组成

楼梯一般由梯段、平台、栏杆（或栏板）和扶手三部分组成（图 14-1）。

14.1.3.1 梯段

梯段是楼梯的主要组成部分，由若干踏步构成。每个踏步一般由两个相互垂直的面组成，供人们行走时踏脚的水平面称踏面，与踏面垂直的面称踢面。踏面和踢面应当便于人们的行走，它们之间的尺寸关系决定了楼梯的坡度。为了使人们上下楼梯时不至于过度疲劳，现行《民用建筑设计通则》规定每个梯段的踏步数不应超过 18 级，亦不应少于 3 级。两个平行梯段之间的空隙，称为楼梯井。楼梯井一般是为楼梯施工方便而设置的，其宽度公共建筑要求不小于 150mm，住宅可无梯井。儿童活动场所使用的楼梯，当楼梯井净宽大于 200mm 时，必须采取安全措施，防止儿童坠落。

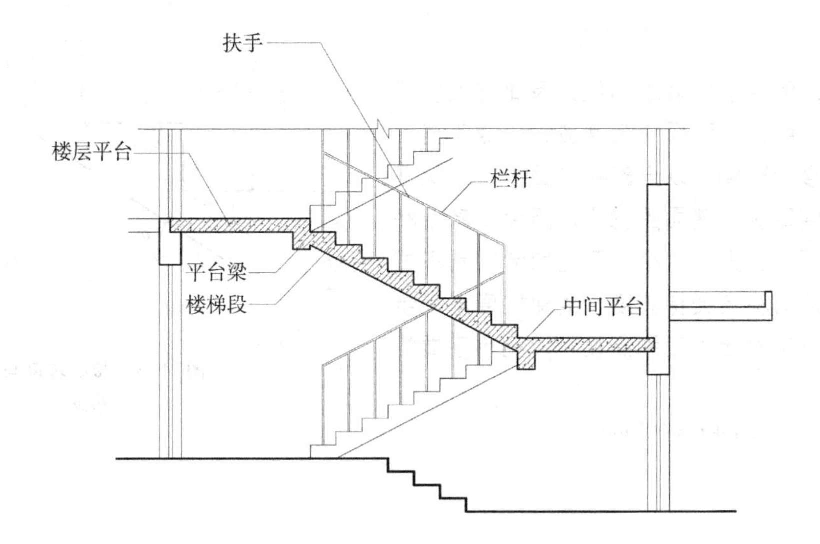

图 14-1　楼梯的组成

14.1.3.2　楼梯平台

平台是联系两个梯段的水平构件，主要是为了解决梯段的连接与转折，同时也供人们在上下楼休息之用。平台有楼层平台和中间休息平台两种。

14.1.3.3　栏杆与扶手

栏杆是为了确保人们的使用安全，在楼梯段的临空边缘设置的防护构件。扶手是栏杆、栏板上部供人们用手扶握的连续斜向配件。

14.2　楼梯的尺度

14.2.1　楼梯的坡度与踏步尺寸

14.2.1.1　楼梯的坡度

楼梯坡度是指楼梯段沿水平面倾斜的角度。楼梯的坡度小，踏步就平缓，行走就较舒适。反之，行走就较吃力。但楼梯的坡度越小，它的水平投影面积就越大，即楼梯占地面积越大。因此，应当兼顾使用性和经济性二者的要求，根据具体情况合理地进行选择。对人流集中、交通量大的建筑，楼梯的坡度应小些。对使用人数较少、交通量较小的建筑，楼梯的坡度可以略大些。

楼梯的允许坡度范围在 23°～45°之间。正常情况下应当把楼梯坡度控制在 38°以内，一般认为 30°左右是楼梯的适宜坡度。楼梯坡度大于 45°时，称为爬梯。楼梯坡度在 10°～23°时，称为台阶，10°以下为坡道。

楼梯、爬梯、坡道的坡度范围如图 14-2所示。

楼梯的坡度有两种表示方法：一种是用楼梯段与水平面的夹角表示；另一种是用踏面与踢面的投影长度之比表示。

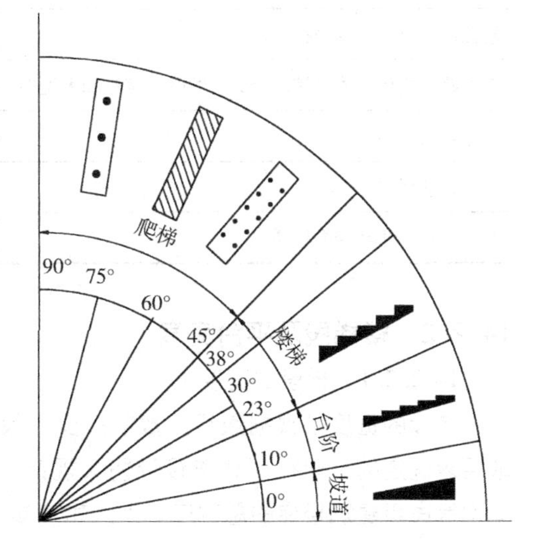

图 14-2　楼梯、爬梯、坡道的坡度

14.2.1.2　踏步尺寸

由于踏步是楼梯中与人体直接接触的部位，因此其尺度是否合适就显得十分重要。一般认为踏面的宽度应大于成年男子脚的长度，使人们在上下楼梯时脚可以全部在踏面上，以保证行走时的舒适。踢面的高度取决于踏面的宽度，因为二者之和宜与人的自然跨步长度相近，过大或过小，行走均会感到不方便。踏步尺寸高度与宽度的比决定楼梯坡度。楼梯坡度与踏步尺寸关系如图14-3所示。计算踏步宽度和高度可以利用下面的经验公式：

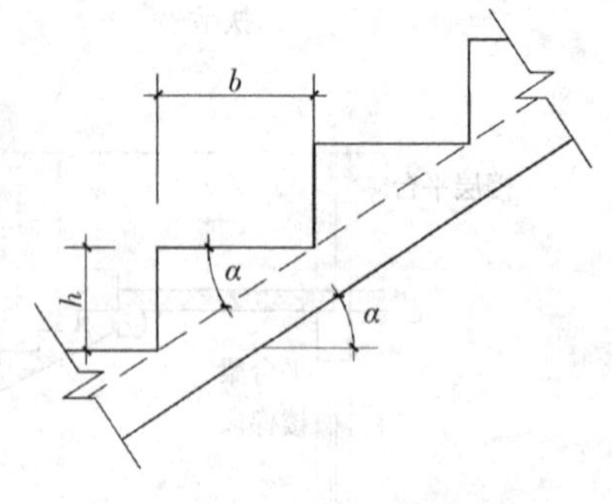

图14-3　楼梯坡度与踏步尺寸

$$2h + b = 600\text{mm}$$

式中　h——踏步高度；

b——踏步宽度。

600mm为妇女及儿童的跨步长度。

踏步尺寸一般根据建筑的使用性质及楼梯的通行量综合确定。现行《民用建筑设计通则》对楼梯踏步最小宽度和最大高度的具体规定如表14-1所示。由于楼梯的踏步宽度受到楼梯间进深的限制，可以在踏步的细部进行适当变化来增加踏面的尺寸，如采取加做踏步檐或使踢面倾斜（图14-4）。踏步檐的挑出尺寸一般不大于20mm，挑出尺寸过大，踏步檐容易损坏，而且会给行走带来不便。

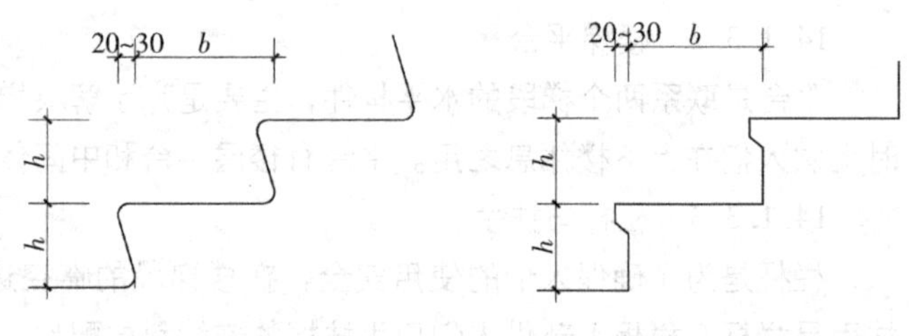

图14-4　增加踏步宽度的方法

楼梯踏步最小宽度和最大高度（m）　　　　**表14-1**

楼梯类别	最小宽度	最大高度
住宅公用楼梯	0.26	0.175
幼儿园、小学校等楼梯	0.26	0.15
电影院、剧院、体育馆、商场、医院、旅馆和大型中小学校等楼梯	0.28	0.16
其他建筑楼梯	0.26	0.17
专用疏散楼梯	0.25	0.18
服务楼梯、住宅套内楼梯	0.22	0.20

14.2.2　楼梯段及平台宽度

14.2.2.1　梯段的宽度

梯段的宽度是根据通行人数的多少（设计人流股数）和建筑的防火及疏散要求确定的。现行《建筑设计防火规范》规定了学校、商店、办公楼、候车室等民用建筑楼梯的总宽度。上述建筑楼梯的总宽度应通过计算确定，以每

100 人拥有的楼梯宽度作为计算标准，俗称百人指标（表 14-2）。我国现行《民用建筑设计通则》规定楼梯梯段宽度除应符合防火规范的规定外，供日常主要交通用的梯段宽度应根据建筑物使用特征，按每股人流 0.55 +（0 ~ 0.15）m 的人流股数确定，并不应少于两股人流，0 ~ 0.15m 为人流在行进中的摆幅，公共建筑人流众多的场所应取上限值。

非主要通行用的楼梯，应满足单人携带物品通过的需要，梯段的净宽一般不应小于 900mm。疏散宽度指标不应小于表 14-2的规定。

一般建筑楼梯的宽度指标（m/百人） **表 14-2**

耐火等级 宽度指标 层数	一、二级	三级	四级
一、二层	0.65	0.75	1.00
三层	0.75	1.00	
≥四层	1.00	1.25	

高层建筑作为主要通行用的楼梯，其楼梯段的宽度指标高于一般建筑。现行《高层民用建筑设计防火规范》规定，高层建筑每层疏散楼梯总宽度应按其通过人数每 100 人不小于 1.00m 计算。各层人数不相等时，楼梯的总宽度可分段计算，下层疏散楼梯总宽度按其上层人数最多的一层计算。疏散楼梯的最小净宽不应小于表 14-3的规定。

高层建筑疏散楼梯的最小净宽度 **表 14-3**

高层建筑	疏散楼梯的最小净宽度（m）
医院病房楼	1.30
居住建筑	1.10
其他建筑	1.20

14.2.2.2 平台净宽

为了搬运家具设备的方便和通行的顺畅，现行《民用建筑设计通则》规定楼梯平台净宽不应小于梯段净宽，并不得小于 1.2m，当有搬运大型物件需要时应适当加宽（图 14-5）。

开敞式楼梯间的楼层平台同走廊连在一起，此时平台净宽可以小于上述规定，为了使楼梯间处的交通不至于过分拥挤，把梯段起步点自走廊边线后退一段距离作为缓冲空间（图 14-6）。

图 14-5 楼梯段和平台的尺寸关系

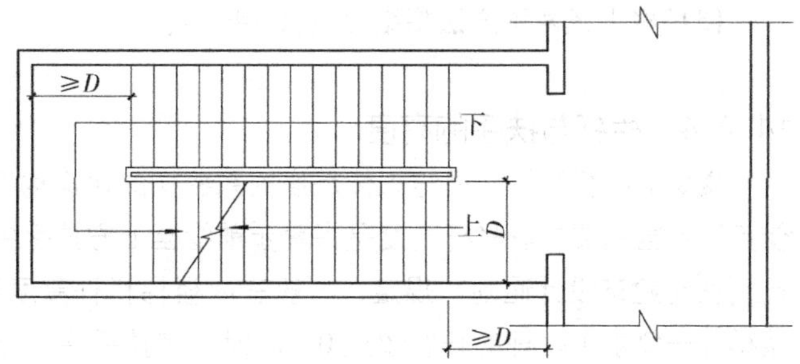

14.2.3 楼梯净空高度

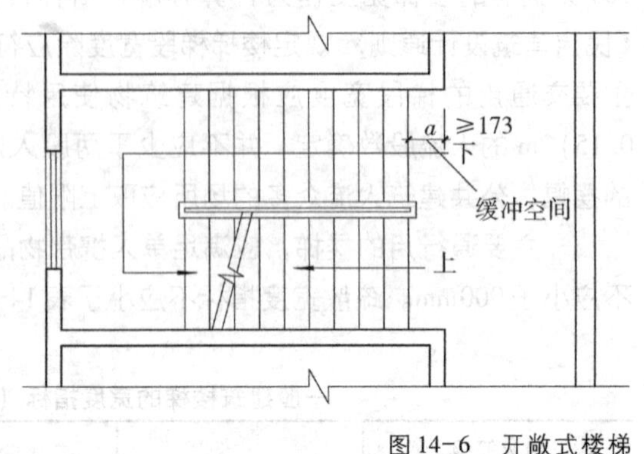

图 14-6 开敞式楼梯间楼层平台宽度

楼梯的净空高度对楼梯的正常使用影响很大，它包括楼梯段的净高和平台过道的净高两部分。梯段净高与人体尺度、楼梯的坡度有关。楼梯段的净高是指梯段空间的最小高度，即下层梯段踏步前缘至上方梯段下表面间的垂直距离，平台过道处的净高指平台过道地面至上部结构最低点的垂直距离。现行《民用建筑设计通则》规定，梯段的净高不应小于 2.20m，楼梯平台上部及下部过道处的净高不应小于 2m。起止踏步前缘与顶部突出物内缘线的水平距离不应小于 0.3m（图 14-7）。

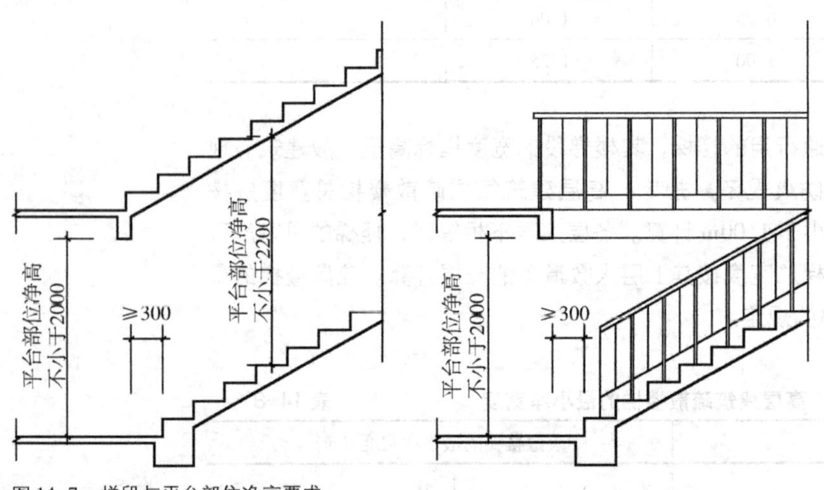

图 14-7 梯段与平台部位净高要求

当在平行双跑楼梯底层中间平台下设置通道时，为了使平台下的净高满足不小于 2.0m 的要求，主要采用如下几个办法：

(1) 在建筑室内外高差较大的前提条件下，降低平台下过道处地面标高。

(2) 增加第一梯段的踏步数（不改变楼梯坡度），使第一个休息平台标高提高。

(3) 将上述两种方法相结合（图 14-8）。

14.2.4 栏杆与扶手的高度

楼梯的栏杆和扶手是与人体尺度关系密切的建筑构件，栏杆的高度要满足使用及安全的要求。栏杆高度是指踏步前缘至上方扶手中心线的垂直距离。现行《民用建筑设计通则》规定，一般室内楼梯栏杆高度不应小于 0.9m。如果楼梯井一侧水平栏杆的长度超过 0.5m 时，其扶手高度不应小于 1.05m。室外楼梯栏杆高度：当临空高度在 24m 以下时，其高度不应低于 1.05m；当临空高

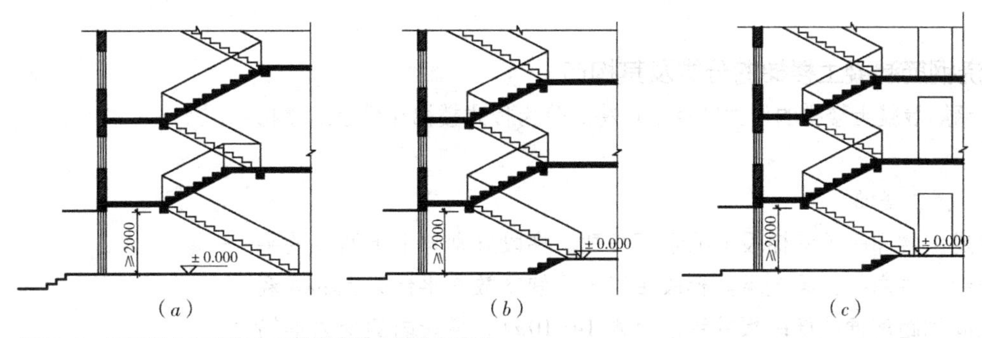

图 14-8　底层平台下作出入口时净高的几种处理方法

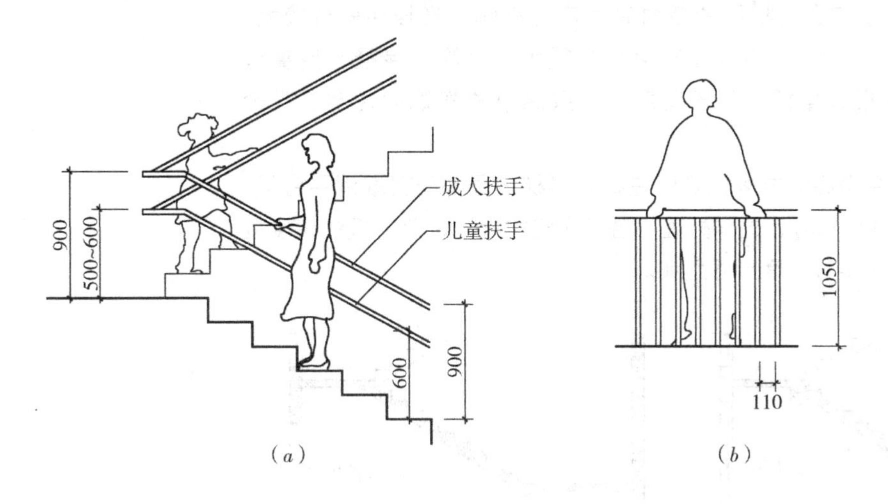

图 14-9　栏杆与扶手的高度
(a) 梯段处；(b) 顶层平台处安全栏杆

度在 24m 以上时，其高度不应低于 1.1m。幼儿园建筑，楼梯除设成人扶手外还应设幼儿扶手，其高度不应大于 0.60m（图 14-9）。

楼梯栏杆是梯段的安全设施。楼梯应至少在梯段临空一侧设置扶手，梯段净宽达三股人流时，应在楼梯的两侧设置扶手，四股人流时，应在楼梯段上加设中间扶手。

14.3　钢筋混凝土楼梯的构造

楼梯按材料的不同，可以分为钢筋混凝土楼梯、木楼梯、钢楼梯和用几种材料制成的组合楼梯等。钢筋混凝土楼梯的耐火和耐久性能均好于木材和钢材，民用建筑中大量地采用钢筋混凝土楼梯。目前，钢筋混凝土楼梯按施工方式可分为现浇式和预制装配式两类。

14.3.1　现浇钢筋混凝土楼梯的特点

现浇钢筋混凝土楼梯是指楼梯段、楼梯平台等整浇在一起的楼梯。它整体性好，刚度大，坚固耐久，抗震较为有利。

14.3.2　现浇钢筋混凝土楼梯的分类及其构造

按照现浇钢筋混凝土楼梯的传力特点，可将其分为板式楼梯和梁板式楼梯两种。

14.3.2.1　板式楼梯

板式楼梯是由楼梯段承受梯段上的全部荷载。梯段分别与上下两端的平台梁整浇在一起，并由平台梁支承。梯段相当于一块斜放在平台梁上的现浇板，平台梁之间的距离便是梯段板的跨度（图 14-10*a*），梯段内的受力钢筋沿梯段的跨度（长度）方向布置。从力学和结构的角度要求，梯段板的跨度及梯段上荷载的大小均会对梯段的截面高度产生影响。当楼梯荷载较大，楼梯段斜板跨度较大时，斜板的截面高度也将很大，钢筋和混凝土用量增加，费用增加。所以板式楼梯适用于荷载小、层高小的建筑如住宅、宿舍建筑。

有时为了保证平台净高的要求，可以在板式楼梯的局部位置取消平台梁，称为折板式楼梯（图 14-10*b*），这样处理平台下净空扩大了，此时板的跨度应为梯段水平投影长度与平台深度尺寸之和。

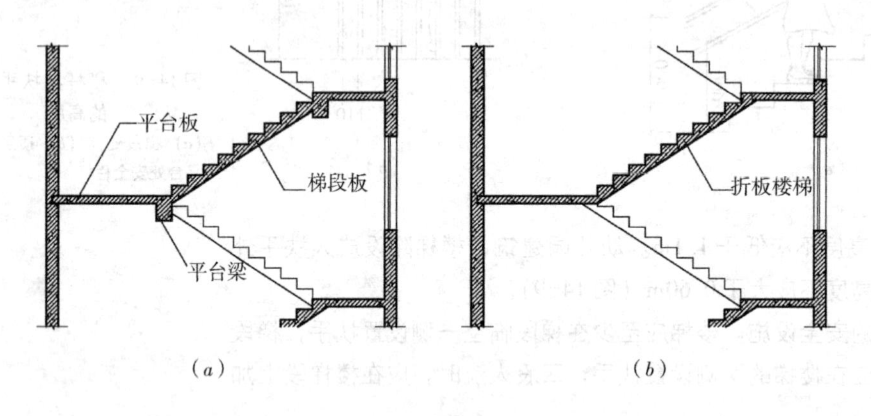

图 14-10　现浇钢筋混凝土楼梯
(*a*) 板式；(*b*) 折板式

14.3.2.2　梁板式楼梯

梁板式楼梯由踏步板、楼梯斜梁、平台梁和平台板组成。梁板式楼梯的踏步板由斜梁支承，斜梁支承在平台梁上。梁板式楼梯段的宽度相当于踏步板的跨度，平台梁的间距即为斜梁的跨度，由于通常梯段的宽度要小于梯段的长度，因此踏步板的跨度就比较小。梁板式楼梯的荷载由踏步板传给斜梁，再由斜梁传给平台梁，而后传到墙或柱上。梁板式楼梯适用于荷载较大、层高较大的建筑，如商场、教学楼等公共建筑。

梁板式楼梯在结构布置上有双梁布置、单梁布置之分。双梁式梯段系将梯段斜梁布置在踏步的两端，这时踏步板的跨度便是梯段的宽度，也就是楼梯段斜梁间的距离。单梁时，梯段板一端搁置在楼梯间横墙上，虽然经济，但砌墙时墙上需预留支承踏步板的斜槽，施工麻烦（图 14-11）。

梁板式楼梯的斜梁一般暴露在踏步板下面，从梯段侧面就能看见踏步，俗

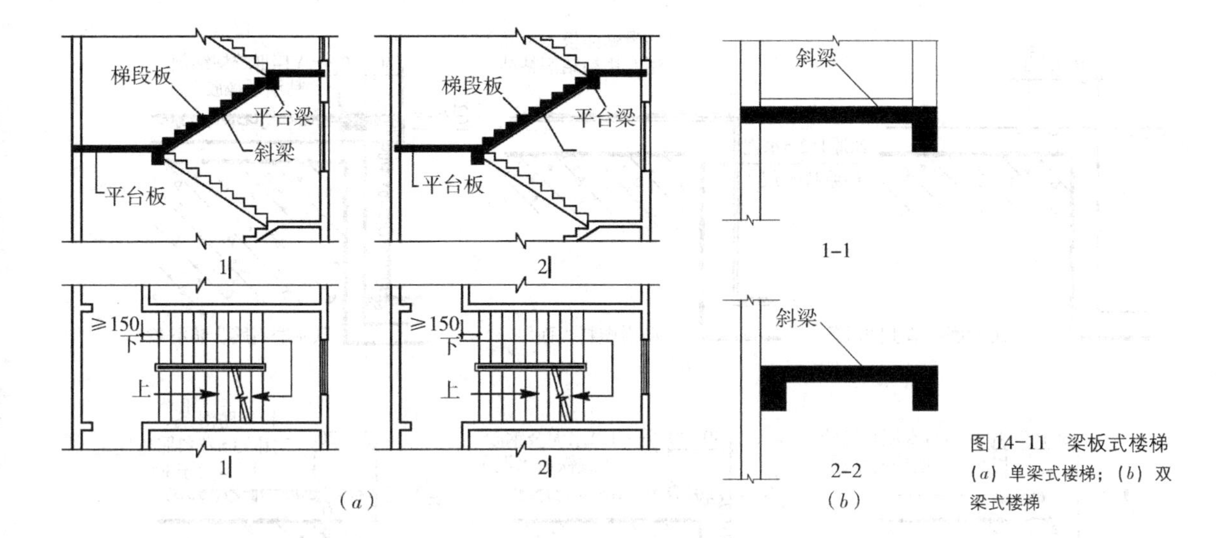

图 14–11　梁板式楼梯
(a) 单梁式楼梯；(b) 双梁式楼梯

称为明步楼梯。这种做法在梯段下部形成梁的暗角，容易积灰，梯段侧面经常被清洗踏步产生的脏水污染，影响美观。有时为了让楼梯段底表面平整或避免洗刷楼梯时污水沿踏步端头下淌，弄脏楼梯，常将楼梯斜梁反向上面，称反梁式梯段，下面平整，踏步包在梁内，常称暗步。暗步楼梯弥补了明步楼梯的缺陷，但由于斜梁宽度要满足结构的要求，往往宽度较大，从而使梯段的净宽变小（图 14–12）。

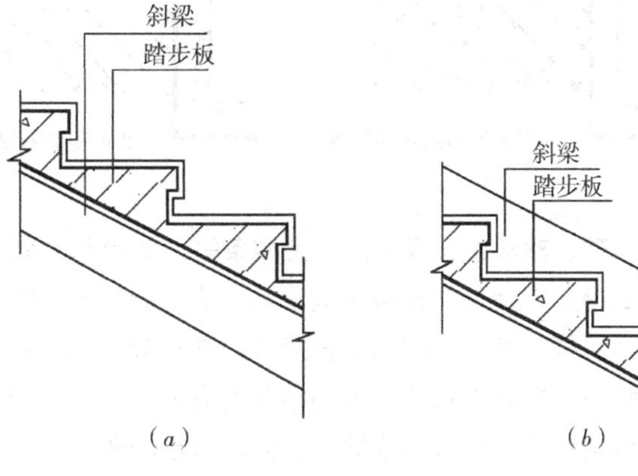

图 14–12　明步楼梯和暗步楼梯
(a) 明步楼梯；(b) 暗步楼梯

梁板式楼梯与板式楼梯相比，板的跨度小，故在板厚相同的情况下，梁板式楼梯可以承受较大的荷载。反之，荷载相同的情况下，梁板式楼梯的板厚可以比板式楼梯的板厚减薄。

14. 3. 3　现浇钢筋混凝土楼梯的细部构造

14. 3. 3. 1　踏步面层及防滑构造

1. 踏步面层材料

楼梯是供人行走的，楼梯的踏步面层应便于行走、耐磨、防滑，易于清洁，也要求美观。现浇楼梯拆模后一般表面粗糙，不仅影响美观，更不利于行走，一般需做面层。踏步面层的材料，视装修要求而定，常与门厅或走道的楼地面面层材料一致，常用的有水泥砂浆、水磨石、花岗石和铺地砖等。

2. 防滑构造

在通行人流量大或踏步表面光滑的楼梯，为防止行人使用楼梯时滑跌，踏步表面应有防滑措施。通常在踏步近踏口处设防滑条，防滑材料可采用铁屑水

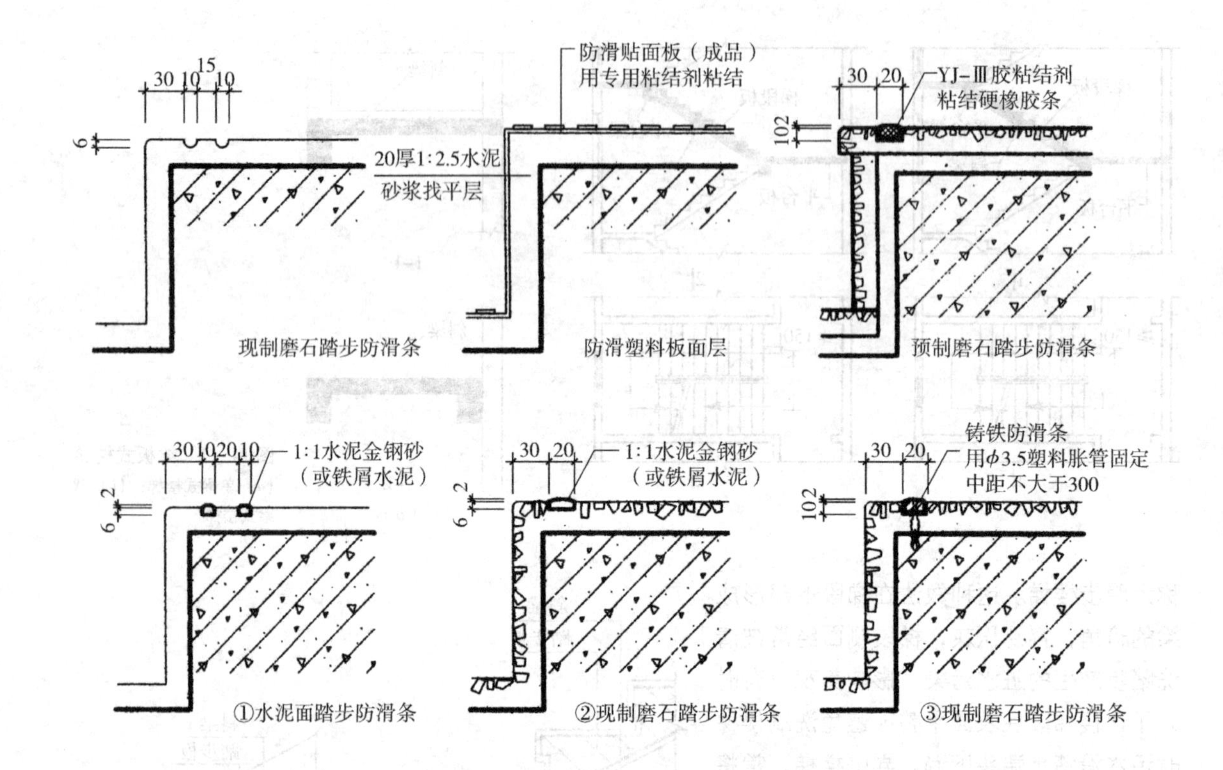

图 14-13 踏步防滑构造

泥、金刚砂、塑料条、橡胶条、金属条等。最简单的做法是做踏步面层时，留二三道凹槽，但使用中易被灰尘填满，使防滑效果不够理想，且易破损。防滑条或防滑凹槽长度一般按踏步长度每边减去150mm。还可采用耐磨防滑材料如缸砖、铸铁等做防滑包口，既防滑又起保护作用（图 14-13）。标准较高的建筑，可铺地毯或防滑塑料或橡胶贴面，行走舒适。

14.3.3.2 栏杆和扶手构造

栏杆扶手既是楼梯边缘处的围护构件，又是建筑室内空间的重要组成部分，应具有一定的强度，并具有防护和倚扶功能，兼起装饰作用。

栏杆扶手通常只在楼梯梯段和平台临空一侧设置。梯段宽度达三股人流时，应在靠墙一侧增设扶手；梯段宽度达四股人流时，须在中间增设栏杆扶手。栏杆扶手的设计，应考虑坚固安全、适用、美观等要求。

1. 栏杆的形式

楼梯栏杆应选用坚固、耐久的材料制作，栏杆一般用相同或不同规格的金属型材料焊接或铆接成各种图案，在确保安全的同时，又能起到装饰作用。栏杆具有通透性及装饰性好的特点，因此在楼梯中采用较多。栏杆多采用圆钢 $\phi16 \sim \phi25$、方钢 15mm × 15mm ~ 25mm × 25mm、扁钢（30 ~ 50）mm ×（3 ~ 6）mm 和钢管 $\phi20 \sim \phi50$ 等金属材料制作，如钢材、铝材、铸铁花饰等（图 14-14）。

栏杆应有足够的强度，能够保证在人多拥挤时楼梯的使用安全。为防止儿童穿过栏杆空当发生危险，竖向栏杆的净间距不应大于110mm，经常有儿童活动的建筑，栏杆的分格应设计成不宜儿童攀登的形式，以确保安全。

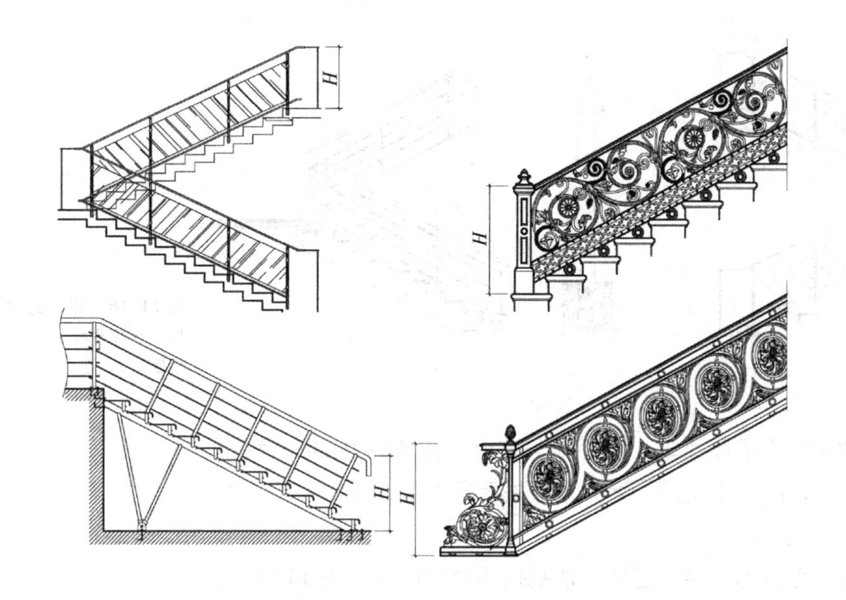

图 14-14　栏杆的形式

2. 栏杆与楼梯段连接构造

栏杆的垂直构件必须要与楼梯段有牢固、可靠的连接，连接方法视扶手材料而定。目前在工程上采用的连接方式主要有预埋铁件焊接，即将栏杆的立杆与楼梯段中预埋的钢板或套管焊接在一起；预留孔洞插接，即将栏杆的立杆端部做成开脚或倒刺插入楼梯段预留的孔洞，用水泥砂浆或细石混凝土填实；螺栓连接等（图 14-15）。

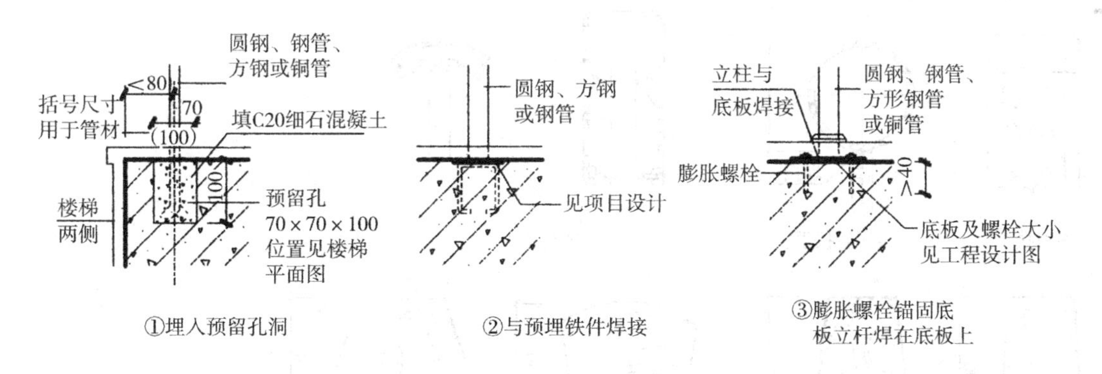

图 14-15　栏杆与楼梯段的连接

3. 栏板

栏板是用实体材料制作的，常用的有玻璃栏板、木栏板等。栏板的表面应平整光滑，便于清洗。栏板可以与梯段直接相连，也可以安装在垂直构件上（图 14-16）。

4. 扶手

扶手应选用坚固、耐磨、光滑、美观的材料制作。扶手可以用优质硬木、金属材料（铁管、不锈钢、铝合金型材等）、工程塑料等，其中硬木扶手常用于室内楼梯，室外楼梯扶手常用的是金属和塑料材料。栏板顶部的扶手可用水泥砂浆或水磨石抹面而成，也可用大理石板、预制水磨石板或木板贴面制成。

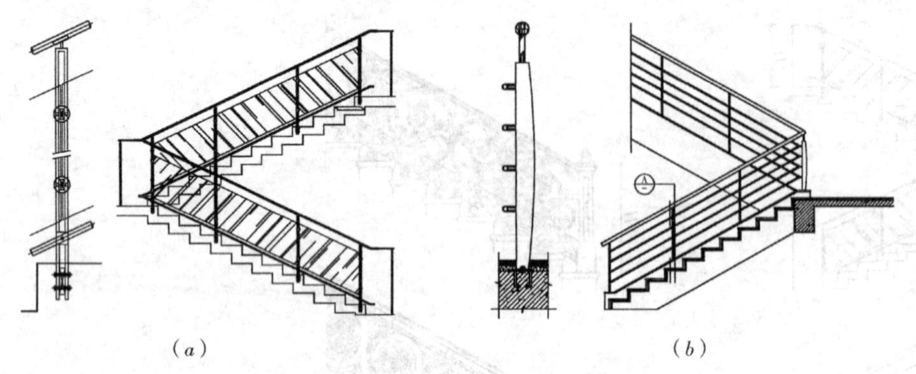

图14-16 栏板的构造
(a) 玻璃栏板；(b) 木栏板

扶手的断面形式和尺寸应便于手握抓牢，扶手顶面宽度一般40～90mm。扶手的表面必须要光滑、圆顺，以便于扶持。绝大多数扶手是连续设置的，接头处应当仔细处理，使之平滑过渡。

楼梯扶手与栏杆应有可靠的连接，连接方法视扶手材料而定（图14-17）。金属扶手与栏杆通常多用焊接，抹灰类扶手一般在栏板上端直接饰面。硬木扶手与金属栏杆的连接，通常是在金属栏杆的顶部先焊接一根带小孔的通长扁铁，然后用木螺钉将木扶手和栏杆连接成整体；塑料扶手与金属栏杆的连接方法和硬木扶手类似，塑料扶手也可通过预留的卡口直接卡在扁铁上；金属扶手与金属栏杆直接焊接。

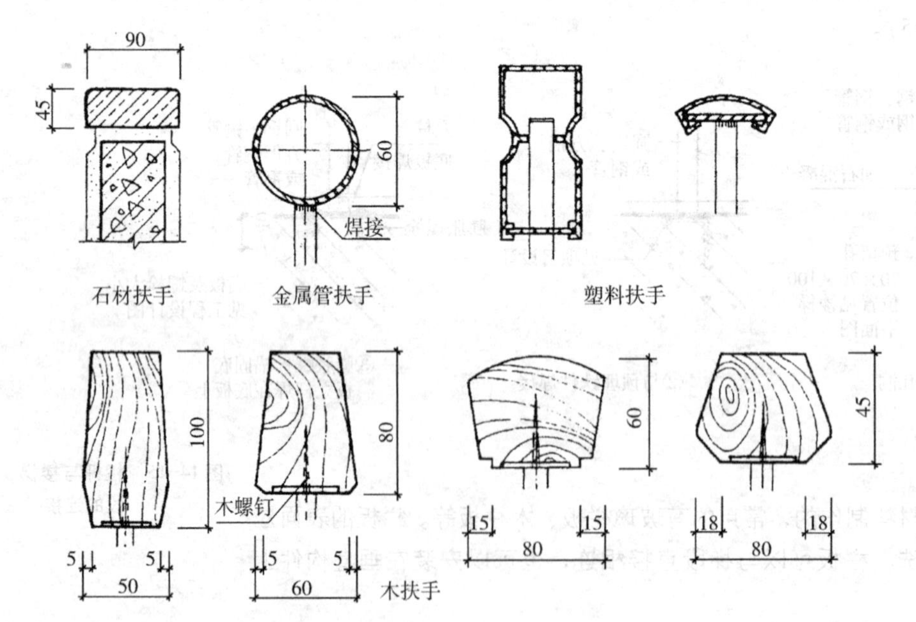

图14-17 扶手与栏杆连接构造

5. 栏杆扶手转折处理

双跑楼梯在平台转折处，上行楼梯段和下行楼梯段的第一个踏步口常设在一条竖线上。如果平台栏杆紧靠踏步口设置扶手，上下梯段的扶手在平台转弯处往往存在高差，需要在施工现场进行调整和处理。当上下梯段齐步时，上下行扶手同时伸进平台半步，平顺连接，但这种做法栏杆占用平台尺寸。平台较窄时，扶手不宜伸进平台，扶手需做成一个较大的弯曲线，形成向上弯曲的鹤颈扶手，这种处理方法费工费料，使用不便，应尽量避免。常用方法有：一是将扶手改用斜接或将上下行梯段扶手断开；二是将上下行楼梯段错开一步。此两种处理方法，扶手连接都较顺，常见的处理方法如图 14-18 所示。

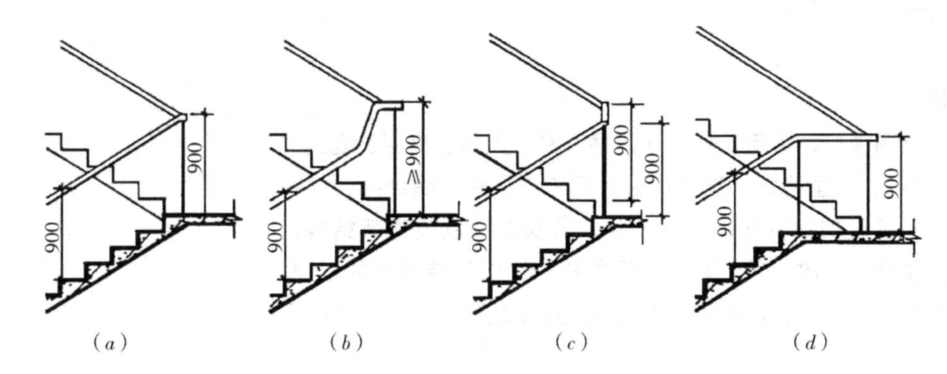

图 14-18　栏杆扶手转折处理
(a) 平顺扶手；(b) 鹤颈木扶手；(c) 斜接扶手；(d) 一段水平扶手

6. 扶手与墙的连接

楼梯扶手有时必须固定在侧面的砖墙或混凝土柱上，如顶层安全栏杆扶手、休息平台护窗扶手、靠墙扶手等。扶手与砖墙连接时，一般是在砖墙上预留 120mm × 120mm × 120mm 的预留孔洞，将扶手或扶手铁件伸入洞内，用细石混凝土或水泥砂浆填实固牢；扶手混凝土墙或柱连接时，一般在墙或柱上预埋铁件，与扶手铁件焊接，也可用膨胀螺栓连接，或预留孔洞插接（图 14-19）。

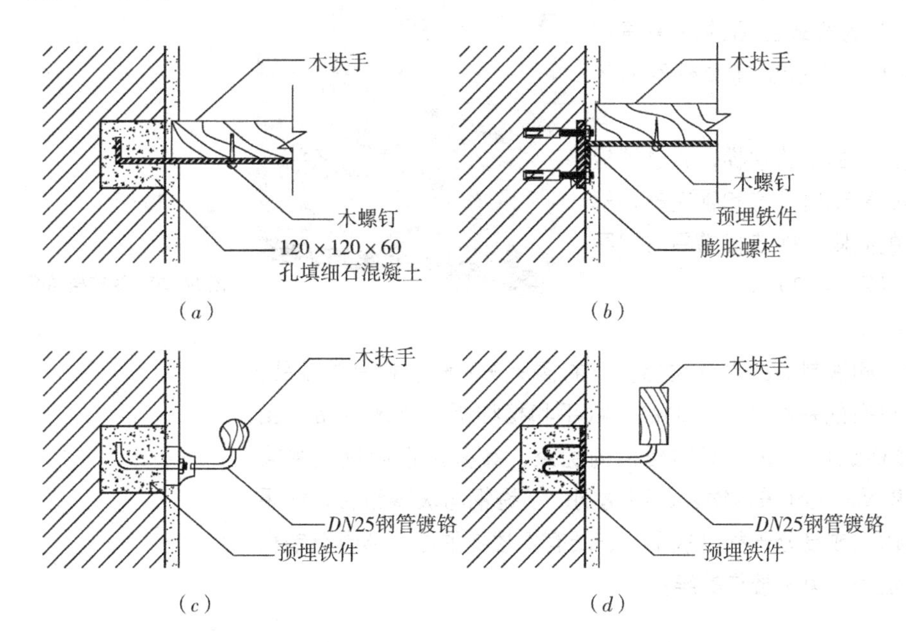

图 14-19　扶手与墙体的连接
(a) 木扶手与砖墙连接；(b) 木扶手与混凝土墙、柱连接；(c) 靠墙扶手与砖墙连接；(d) 靠墙扶手与混凝土墙、柱连接

14.3.4　预制钢筋混凝土楼梯

预制装配式钢筋混凝土楼梯构件由工厂生产，质量容易保证，施工进度快，受气候影响小，但施工时需要配套的起重设备，投资较多。预制装配式钢筋混凝土楼梯，根据构造形式、构件尺度的不同，大致可分为小型、中型和大型预制构件三种。但由于预制装配式钢筋混凝土楼梯整体性和抗震能力均较差，目前我国大部分地区都不采用。

14.3.5　钢木楼梯

钢木楼梯的使用范围很广，常用于家庭（包括别墅、阁楼、夹层、复式楼等）、酒店、宾馆、酒吧、大型商场、洗浴中心、超市、医院、综合办公楼等建筑室内。无论空间、高度如何变化都可以使用。楼梯以铁制或钢架结构为主，使现代居室内的楼梯，一改粗笨、款式老旧的格调，以简洁通透的造型、轻盈灵动的结构、自然时尚的材质，使之不再仅仅是爬楼的工具，而且具有了越来越强的实用功能。

14.3.5.1　钢木楼梯的类型

按材质分主要有纯木质楼梯、铁制品（有锻打和铸铁两种）楼梯、不锈钢楼梯、玻璃楼梯、钢木组合楼梯、大理石楼梯等几种。

1. 铁艺楼梯

金属材质楼梯与木制品楼梯相比，金属材质楼梯多了一份活泼情趣。

铁艺楼梯是工业时代的产物，铁艺楼梯取欧洲文化之精髓，是中西文化的艺术结晶，其制作古朴、高雅，既充满欧式生活的浪漫情调又不失东方艺术的纯朴，创造出高贵典雅的艺术效果。

住宅内运用螺旋上升的铁艺楼梯，通过踏板及栏杆扶手的线条排列表现出动感和飘逸感，解决建筑内部空间狭小的问题。铁艺楼梯易与周围的环境达到风格一致（图 14-20）。

图 14-20　铁艺楼梯图

2. 钢木楼梯

钢木楼梯是木制品和铁制品的复合楼梯。有的楼梯扶手和护栏是铁制品，而梯段仍为木制品；也有的是护栏为铁制品，扶手和楼梯板采用木制品（图 14-21）。钢木组合楼梯综合了钢木两种楼梯的优点，其多用钢制透空主梁（单梁及双梁）实木踏板，栏杆采用铁艺、不锈钢、不锈钢与玻璃组合，扶手则采用与踏板配套的木制或高分子材料扶手。它既有木楼梯的温馨感也有钢梯的轻盈大方，且最为坚固，免于楼梯的维护。

图 14-21　钢木楼梯图

图 14-22　玻璃楼梯图

3. 玻璃楼梯

玻璃楼梯具有强烈的现代感，其晶莹剔透的特点受到多数年轻人的青睐（图 14-22）。玻璃大都用磨砂的，不全透明，厚度在 10mm 以上，这类楼梯也用木扶手。钢及玻璃楼梯的优点是轻盈，线条感性，大都耐用，不需任何维护。

楼梯材质的选择主要由装修风格决定。如装修风格以古典中式为主，则采用木质楼梯最好（实木踏板、雕花小柱式）；如装修以现代简洁为主，则采用钢木组合式，钢与玻璃组合；如装修以欧式为主，则选用铁艺栏杆，扶手可选用与地板相配的木扶手。

14.3.5.2　钢木楼梯的组成与构造

钢木楼梯是由楼梯立柱、楼梯板、扶手和楼梯配件等组成（图 14-23）。

14.4　室外台阶与坡道

室外台阶和坡道都是建筑物入口处连接室内外不同标高地面的构件，一般多采用台阶，当有车辆通行或室内外地面高差较小时，可采用坡道。踏步数不应少于 2 级，当高差不足 2 级时，应按坡道设置。

14.4.1　室外台阶

室外台阶一般包括踏步和平台两部分。台阶的坡度应比楼梯小，一般为 1∶6 ~ 1∶4，通常踏步高度为 100 ~ 150mm，踏步宽度为 300 ~ 400mm。平台设置在出入口与踏步之

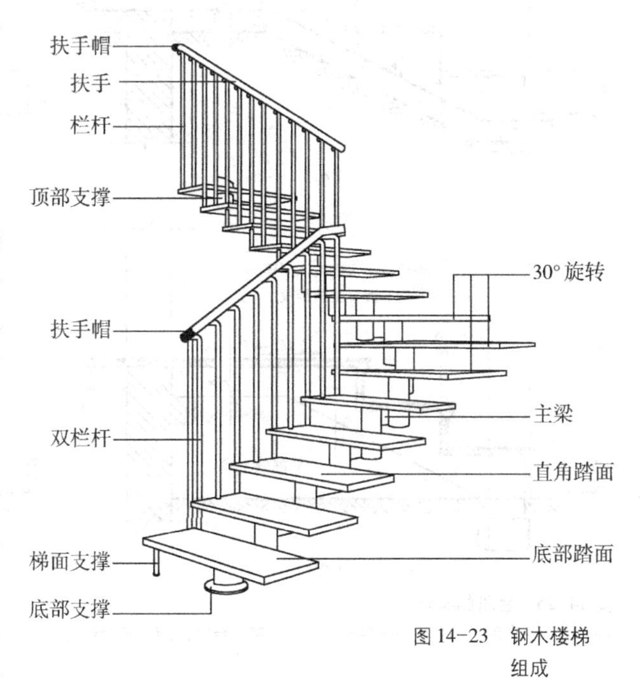

图 14-23　钢木楼梯组成

间，起缓冲作用。为了满足基本的使用要求，台阶平台的宽度应大于所连通的门洞口宽度，一般至少每边宽出500mm。平台深度一般不小于900mm，为防止雨水积聚或溢水室内，平台面宜比室内地面低20～60mm，并向外找坡0.5%～1%，以利排水（图14-24）。

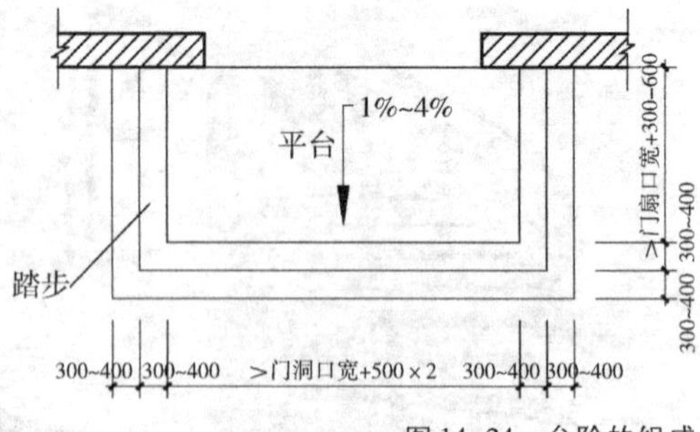

图14-24　台阶的组成及尺度

室外台阶应坚固耐磨，具有较好的耐久性、抗冻性和抗水性。台阶按材料不同，有混凝土台阶、石台阶和钢筋混凝土台阶等。台阶面层可用水泥砂浆或水磨石面层，也可采用缸砖、陶瓷锦砖、天然石或人造石等块材面层。混凝土台阶应用最普通（图14-25*a*）。北方寒冷地区，为不受土壤冻胀的影响，台阶下应设置厚度为300～500mm的中砂防冻层（图14-25*b*），或采用钢筋混凝土架空台阶。当地基较差或踏步数量较多时，为防止台阶与建筑物因沉降不同，而出现裂缝，应将台阶与主体结构之间分开，或在建筑主体完成后，再进行台阶施工（图14-25*c*），钢筋混凝土架空台阶构造同楼梯。石台阶有毛石台阶和条石台阶。毛石台阶构造同混凝土台阶，条石台阶通常不另做面层（图14-25*d*）。

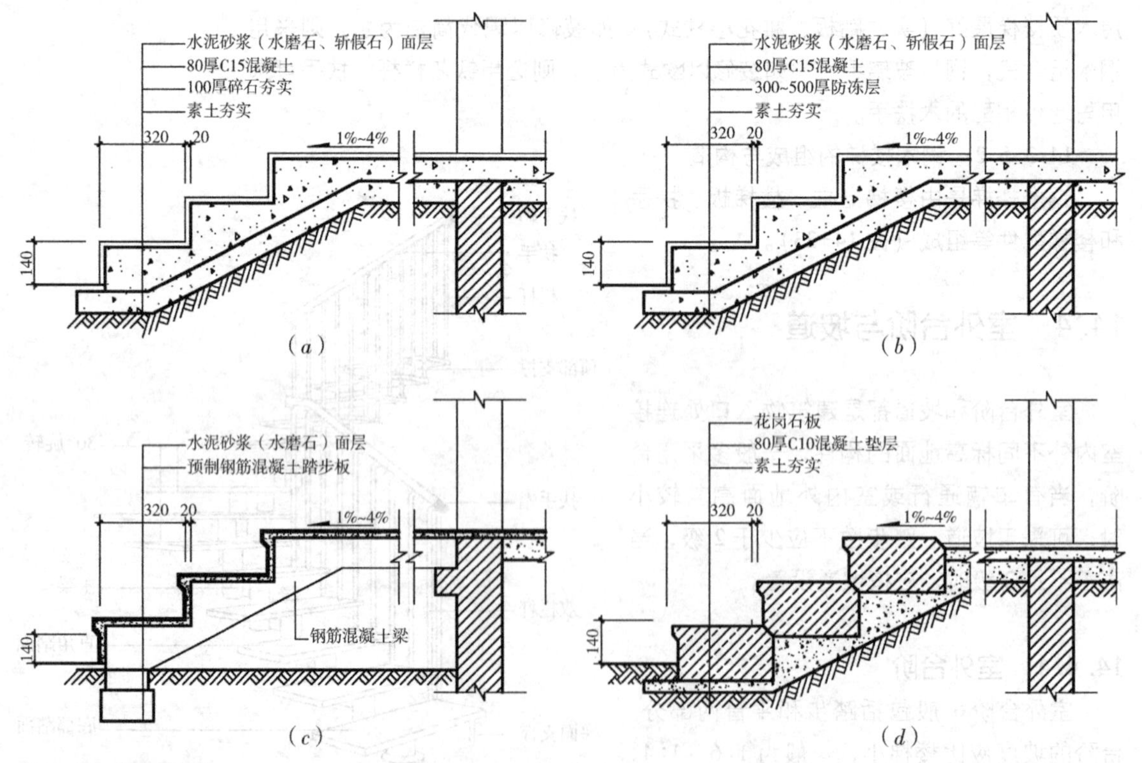

图14-25　台阶的构造

(*a*) 混凝土台阶；(*b*) 设防冻层台阶；(*c*) 架空台阶；(*d*) 石材台阶

14.4.2　坡道

室内坡道坡度不宜大于1∶8，室外坡道坡度不宜大于1∶10；室内坡道水平投影长度超过15m时，宜设休息平台，平台宽度应根据使用功能或设备尺寸所需缓冲空间而定；供轮椅使用的坡道不应大于1∶12，困难地段不应大于1∶8；自行车推行坡道每段长度不宜超过6m，坡度不宜大于1∶5；机动车坡道应符合国家现行标准《汽车库建筑设计规范》的规定，坡道应采取防滑措施。

坡道构造与台阶一样，坡道也应采用耐久、耐磨和抗冻性好的材料，一般多采用混凝土坡道，也可采用天然石坡道等。坡道的构造要求和做法与台阶类似，但坡道对防滑要求较高，特别是坡度较大时。混凝土坡道可在水泥砂浆面层上划格，以增加摩擦力，坡度较大时，可设防滑条，或做成锯齿形（图14-26）。天然石坡道可对表面作粗糙处理。

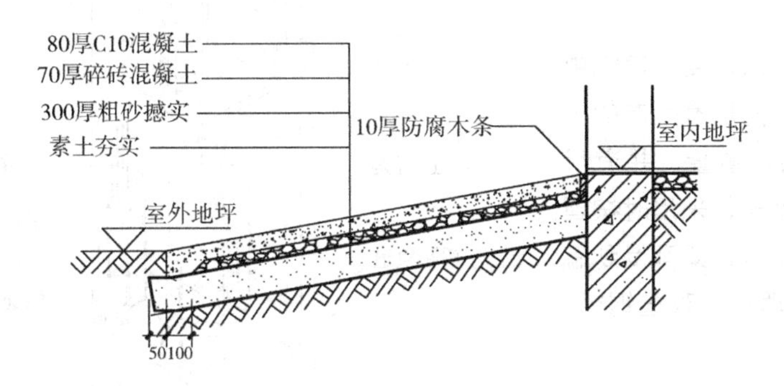

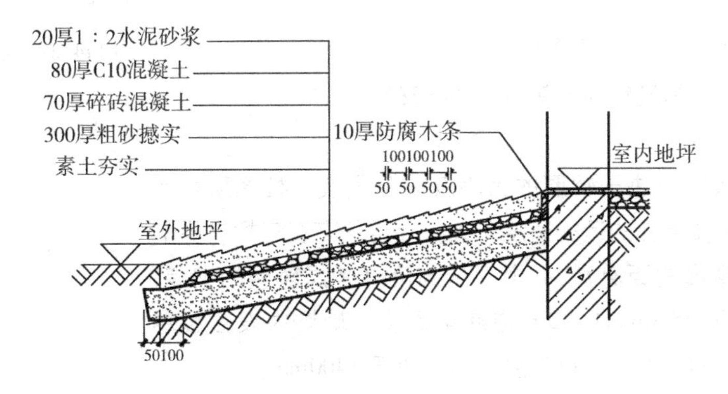

图14-26　坡道的构造

14.5　电梯与自动扶梯简介

14.5.1　电梯

在高层建筑中，依靠电梯和楼梯来保持正常的垂直运输与交通，同时高层建筑还需设置消防电梯，电梯还是最重要的垂直运输设备。一些公共建筑，如商店、宾馆、医院等，虽然层数不多，但为了经常运送沉重物品或特殊需要，也多设置电梯。现行《民用建筑设计通则》规定，以电梯为主要垂直交通的公共高层建筑和12层以上的高层住宅，每栋楼设置电梯的台数不应少于2台。设置电梯的建筑仍需按防火疏散要求设置疏散楼梯。

14.5.1.1　电梯的类型及组成

(1) 电梯的类型：电梯按使用功能分为乘客电梯、载货电梯、客货电梯、医用电梯、住宅电梯、杂物电梯、消防电梯等；按行驶速度分为高速电梯（5～10m/s）、中速电梯（2～4m/s）、低速电梯（0.5～1.75m/s）；按拖动形式分为交流电梯（交流电动机拖动）、直流电梯（直流电动机拖动）、液压电梯（靠液压力传动），我国多用交流调速电梯。

(2) 电梯的组成：电梯作为垂直运输设备，主要由起重设备（电动机、传动滑车轮、控制器、选层器等）和轿厢两大部分组成（图14-27）。

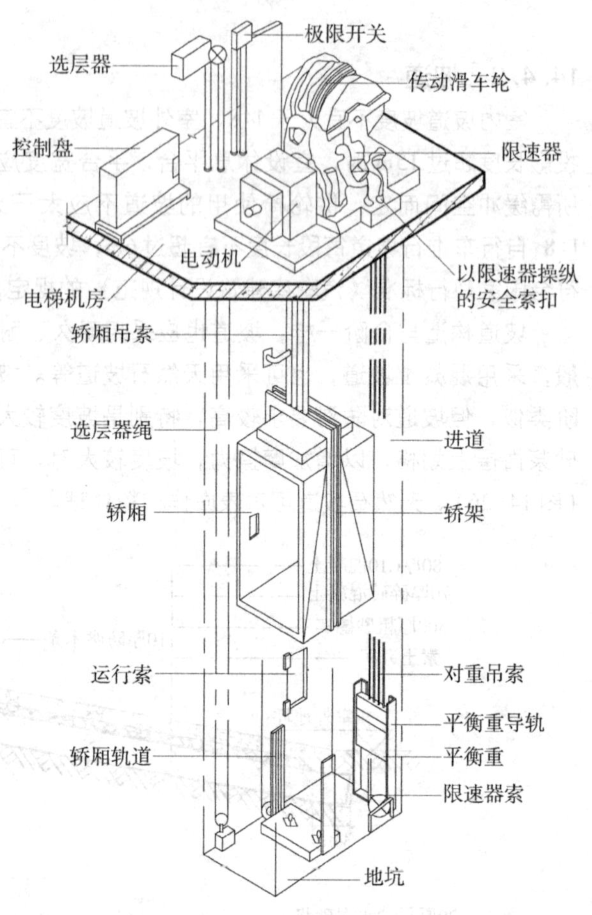

图14-27　电梯的组成示意图

由于电梯的组成与运行特点，要求建筑中设置电梯井道和电梯机房。不同厂家生产的电梯有不同系列，按不同的额定重量、井道尺寸、额定速度等又分为若干型号，采用时按国家标准图集只需确定类型、型号，即可得到有关技术数据，及有关留洞、埋件、载重钢梁、底坑等构造做法。

14.5.1.2　电梯井道

电梯井道是电梯运行的通道，电梯井道内除安装轿厢外，还有导轨、平衡锤及缓冲器等（图14-28）。

1. 井道尺寸

电梯井道的平面形状和尺寸取决于轿厢的大小及设备安装、检修所需尺寸，也与电梯的类型、载重量及电梯的运行速度有关。井道的高度包括电梯的提升高度（底层地面至顶层楼面的距离）、井道顶层高度（考虑轿厢的安装、检修和缓冲要求，一般不小于4500mm）和井道底坑深度；地坑内设置缓冲器，减缓电梯轿厢停靠时产生的冲力，地坑深度一般不小于1400mm。

2. 井道的防火与通风井道

井道的防火与通风井道是穿通建筑各层的垂直通道，为防止火灾事故时火焰和烟气蔓延，井道的四壁必须具有足够的防火能力，一般多采用钢筋混凝土井壁，也可用砖砌井壁。为使井道内空气流通和火警时迅速排除烟气，应在井道的顶部和中部适当位置以及底坑处设置不小于300mm×600mm的通风口。

14.5.1.3　电梯机房

电梯机房是用来布置电梯起重设备的空间，一般多位于电梯井道的顶部，也可设在建筑物的底层或地下室内。机房的平面尺寸根据电梯的起重设备尺寸及安装、维修等需要确定。电梯机房开间与进深的一侧至少比井道尺寸大

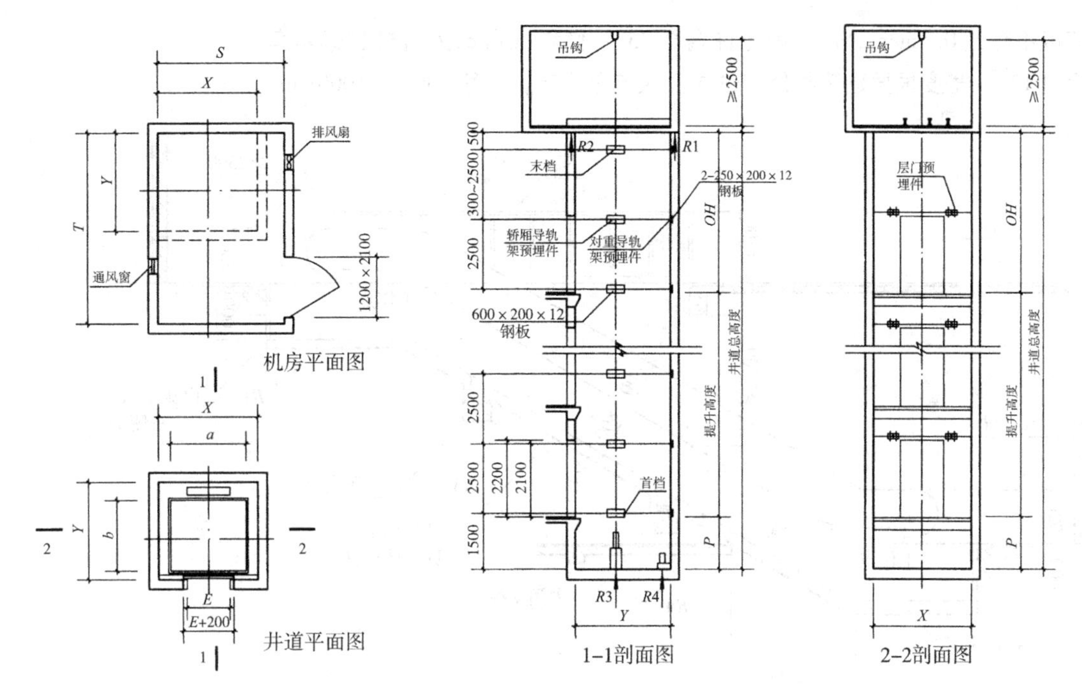

图 14-28　电梯井道及机房

600mm，净高一般不小于 3000mm。通向机房的通道和楼梯宽度不得小于 1200mm，楼梯坡度不宜大于 45°。为减轻设备运行时产生的振动和噪声，机房的楼板应采取适当的隔振和隔声措施，一般在机房机座下设置弹性垫层。

当建筑高度受限或设置机房有困难时，还可以设无机房电梯。

14.5.2　自动扶梯

自动扶梯是建筑物层间连续运输效率最高的载客设备，多用于有大量连续人流的建筑物，如机场、车站、大型商场、展览馆等。一般自动扶梯均可正、逆向运行，停机不运转时，可作为临时楼梯使用。自动扶梯的竖向布置形式有平行排列、交叉排列、连续排列等方式。平面中可单台布置或双台并列布置（图 14-29）。

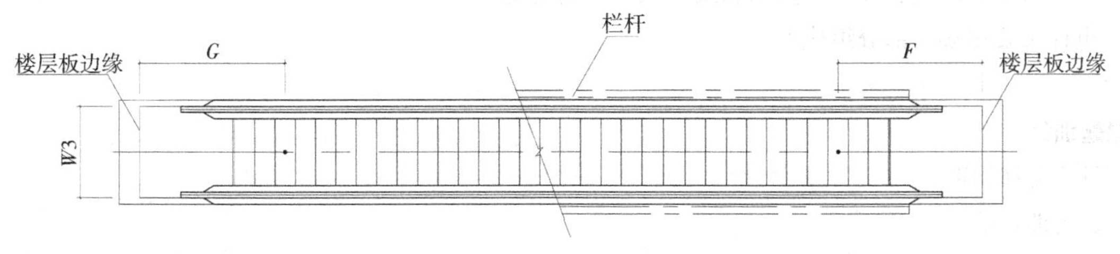

图 14-29　自动扶梯的平面

自动扶梯的机械装置悬在楼板下，楼层下作装饰外壳处理，底层则需做地坑（图 14-30）。自动扶梯的坡度一般不宜超过 30°，当提升高度不超过 6m，额定速度不超过0.5m/s时，倾角允许增至35°；倾斜式自动人行道的倾斜角不应超过12°。宽度根据建筑物使用性质及人流量决定，一般为600～1000mm。

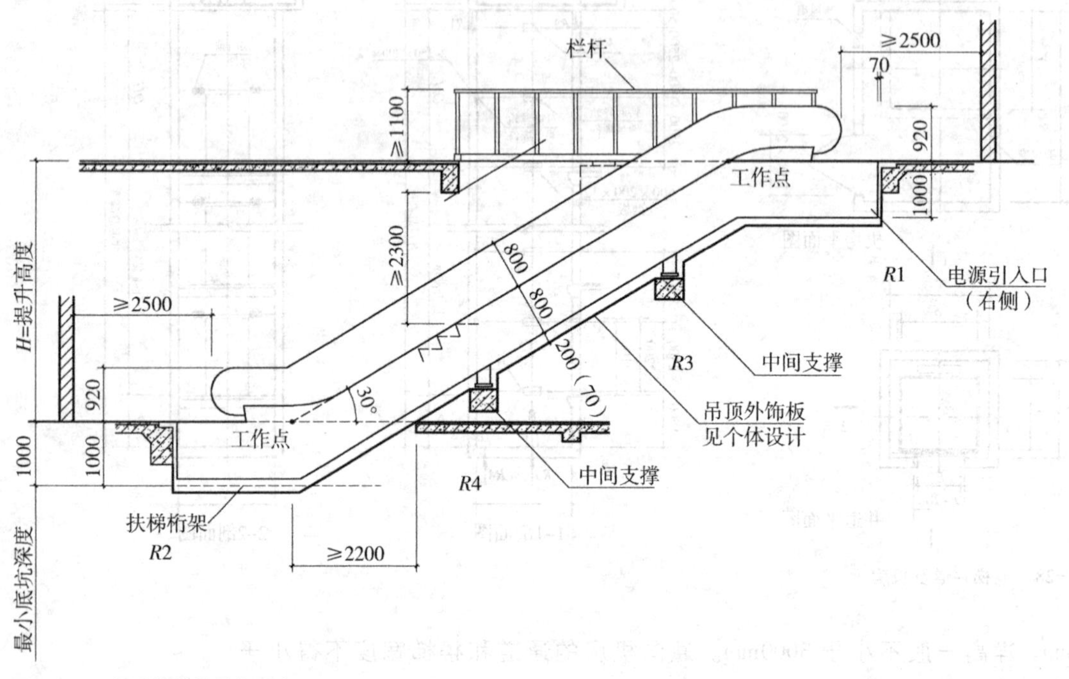

图14-30　自动扶梯的基本尺寸

理论知识训练

1. 楼梯的作用是什么？为什么在设置电梯的建筑中仍然要设置楼梯？
2. 常见的楼梯有几种？
3. 楼梯主要由哪几部分组成？
4. 楼梯、爬梯和坡道的坡度范围是什么？楼梯的适宜坡度是多少？
5. 楼梯间的种类有几种？各自的特点是什么？
6. 楼梯段的最小净宽有何规定？平台宽度和梯段宽度的关系如何？
7. 如何调整楼层首层通行平台下的净高？
8. 台阶的平面形式有几种？踢面和踏面尺寸如何规定？
9. 电梯主要由哪几部分组成？

实践课题训练

题目：楼梯构造

一、实训目的

掌握楼梯的计算和细部的构造做法，能正确识读和绘制楼梯的平面图、剖面图和节点详图。

二、实训条件

1）任课教师给定某办公楼建筑层数、层高、窗高等条件。

2）任课教师给定楼梯间的开间和进深尺寸。

3）任课教师给定楼梯的形式及要求。

三、实训内容及深度

用2号制图纸，以铅笔或墨线笔绘制下列图样，比例给定。要求达到施工图深度，符合国家制图标准。

1）绘制楼梯各层平面图和剖面图，比例1∶50。

2）绘制楼梯剖面图，比例1∶50。

3）绘制楼梯节点详图。

4）深度：

（1）在楼梯各平面图中绘出定位轴线，标出定位轴线至墙边的尺寸。绘出门窗、楼梯踏步、折断线。以各层地面为基准标注楼梯的上、下指示箭头，并在上行指示线旁注明到上层的步数和踏步尺寸。

（2）在楼梯各层平面图中注明中间平台及各层地面的标高。

（3）在首层楼梯平面图上注明剖面剖切线的位置和编号，注意剖切线的剖视方向。剖切线应通过楼梯间的门和窗。

（4）平面图上标注三道尺寸。

①进深方向：

第一道：平台净宽、梯段长=踏面宽×步数。

第二道：楼梯间净长。

第三道：楼梯间进深轴线尺寸。

②开间方向：

第一道：楼梯段宽度和楼梯井宽。

第二道：楼梯间净宽。

第三道：楼梯间开间轴线尺寸。

（5）首层平面图上要绘出室外（内）台阶、散水。如绘二层平面图应绘出雨篷，三层或三层以上平面图不再绘雨篷。

（6）剖面图应注意剖视方向，不要把方向弄错，剖面图可绘制顶层栏杆扶手，其上用折断线切断，暂不绘屋顶。

（7）剖面图的内容为：楼梯的断面形式，栏杆（栏板）、扶手的形式，墙、楼板和楼层地面、顶棚、台阶、室外地面、首层地面等，或用详图索引说明。

（8）标注标高：室内地面、室外地面、各层平台、各层地面、窗台及窗顶、门顶、雨篷上下皮等处。

（9）在剖面图中绘出定位轴线，并标注定位轴线间的尺寸。注出详图索引号。

（10）详图应注明材料、做法和尺寸；与详图无关的连续部分可用折断线断开。标出详图编号。

本章小结

楼梯是房屋建筑中上、下层之间的垂直交通设施。平时楼梯只是竖向交通通道，遇到紧急情况时供使用者安全疏散。由于楼梯关系到建筑使用的安全性，因此，楼梯在数量、位置、布局形式、宽度、坡度、防火性能等方面均有严格的要求。目前，许多建筑的竖向交通主要依靠电梯、自动扶梯等设备解决，但楼梯作为安全通道仍然是建筑不可缺少的组成部分。

楼梯作为建筑的重要组成部分，一般由连续的梯级、休息平台及栏杆（或栏板）和扶手三部分组成。

现浇钢筋混凝土楼梯是指楼梯段和楼梯平台是整体浇筑在一起的，其整体性好、刚度大、施工不需要大型起重设备，有板式楼梯和梁板式楼梯两种。

楼梯踏步面层应便于行走、耐磨、防滑，并易于清洁。踏步面层的材料一般与门厅或走道的楼地面材料一致，常用的有水泥砂浆、水磨石、花岗石和铺地砖等。踏步表面应有防滑措施，防滑条的材料有金刚砂、陶瓷锦砖、橡皮条和金属材料等。

栏杆扶手是楼梯边缘处的围护构件，具有防护和倚扶功能，并兼起装饰作用。栏杆的垂直构件必须要与楼梯段有牢固、可靠的连接，连接方法视扶手材料而定。

室外台阶和坡道都是建筑物入口处连接室内外的构件，台阶包括踏步和平台两部分。室外台阶应坚固耐磨，具有较好的耐久性、抗冻性和抗水性。当有车辆通行或室内外地面高差较小时，可采用坡道。坡道构造与台阶类似，坡道也应采用耐久、耐磨和抗冻性好的材料。

在高层和标准较高的多层建筑中，依靠电梯和楼梯来保持正常的垂直运输与交通，其中电梯是最重要的垂直运输设备。设置电梯的建筑仍需按防火疏散要求设置疏散楼梯。

自动扶梯是建筑物层间连续运输效率最高的载客设备，多用于有大量连续人流的建筑物，如机场、车站、大型商场、展览馆等。

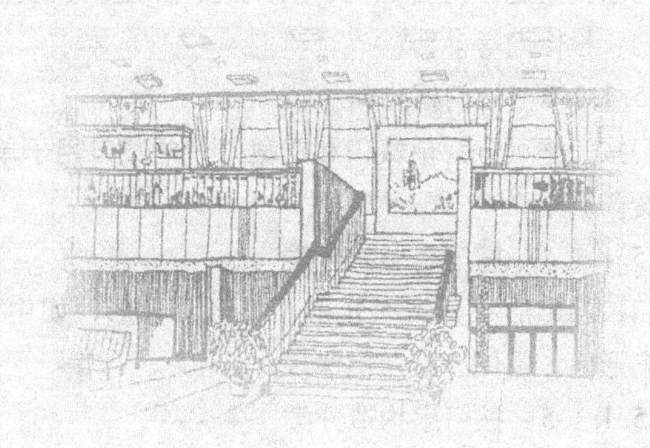

第 15 章　门与窗

15.1 门与窗的分类与尺度

15.1.1 门的分类与尺度

门的分类方法很多，大致有以下几种。

15.1.1.1 按其使用位置分类

门按其使用位置分为内门和外门。

15.1.1.2 按其技术用途分类

门按其用途分为普通门、防火门、保温门、安全门、防风沙门、车库门、壁橱门、检修门等。

15.1.1.3 按门框分类

门按门框可分为单裁口和双裁口。单裁口用于单层门，双裁口用于双层门或弹簧门。

15.1.1.4 按门扇形状分类

门按门扇形状分类有矩形、方形、异形，如中国传统园林住宅中的月洞门、扇形门、圆门、花瓶门等。

15.1.1.5 按门扇构造分类

按门扇构造分类有夹板门、镶板门、拼板门、镶玻璃门、带纱扇门等。

15.1.1.6 按门扇数量分类

门按门扇数量分为单扇门、双扇门、多扇门。单扇门一般用于小房间，双扇门一般用于使用面积稍大的房间，多扇门一般用于建筑物的出入口处。

15.1.1.7 按材料分类

门按材料分为木门、铝合金门、塑钢门、玻璃门等。其中木门轻便、手感好、密闭性好，很受广大用户的欢迎，在居住建筑中应用广泛。

15.1.1.8 艺术风格分类

1. 中国传统风格

2. 欧式风格

门的功能主要是分隔空间和交通联系，兼有采光、通风、防火的作用。门的立面形式与细部处理在装饰设计中是一个重要组成部分。

门的基本尺度要根据交通运输和安全疏散等要求进行设计。普通门门高2100mm左右，亮子高度为300～600mm；门宽：考虑人流宽度和行走时身体的摆幅，最小门宽为700mm，普通单扇门900～1000mm，双扇门为1200～1800mm。具体设计尺寸要满足各类建筑相应的设计规范。

门的数量要满足使用要求和安全疏散的要求。

15.1.2 窗的分类与尺度

1. 窗按使用位置分侧窗、高侧窗、天窗

高侧窗和天窗多用于博物馆、展览馆、库房和工业厂房等。

2. 按技术用途分类

按技术用途分类有：

1）防火窗：发生火灾时能隔断火焰蔓延的窗。

2）隔声窗：能减少噪声传递的窗。

3）保温窗：能减少传热的窗。

4）防射线窗：能抗各种射线干扰的窗。

5）换气窗：窗扇中附加的开启小窗扇，作通风换气用。

3. 按材料分类

窗以材料不同分木窗、钢窗、铝合金窗、塑钢窗等几类。

1）木窗

木窗具有自重轻、制作简单、维修方便、密闭性好等特点。但耐火、耐久性差，而且浪费木材。

2）钢窗

钢窗具有坚固耐久、防潮、断面小、采光系数大等特点，透光率约为木窗的160%，但密封性和保温差，不节能，易锈蚀，现在已较少采用。

3）铝合金窗

优点是与钢窗相同，而且密闭性好，不易锈蚀，美观漂亮，装饰性好，应用越来越广泛。

4）塑钢窗

与铝合金窗一样是新型材料窗，窗扇、窗框可以用硬质PVC直接挤压成型，也可用塑料包覆在木材或金属表面而制成。这种窗美观大方，价格较贵，应用广泛。

4. 按艺术风格分类

按窗的艺术风格分有中国传统风格的窗和欧式风格的窗。

窗的尺度一般根据采光通风要求、结构构造要求和建筑造型等因素决定，同时应符合模数制要求。一般平开窗的窗扇宽度为400～600mm，高度为800～1500mm，亮子高300～600mm，固定窗和推拉窗尺寸可大些。窗是外围护构件的一部分，窗的尺度一般应根据房间用途、面积、建筑造型等因素决定，

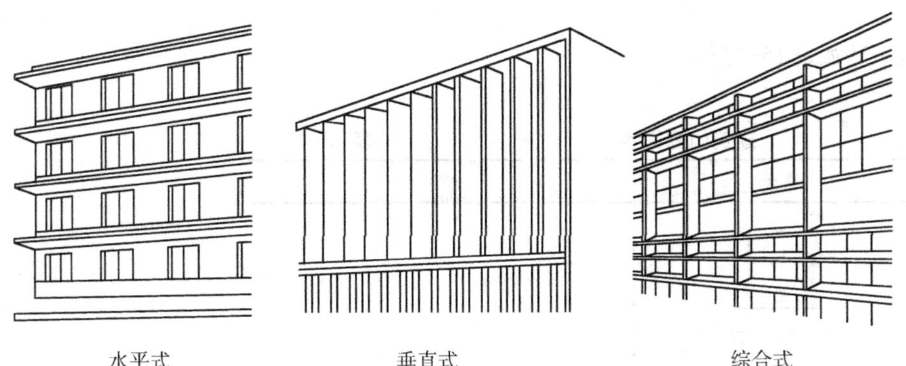

图15-1 遮阳板类型

同时应考虑模数制要求。窗台高度一般不宜低于900mm。当窗台过高或上部开启时，应考虑使用时开启方便。

在考虑建筑防热设计的地区，窗的隔热设计是一个主要内容。其主要措施是窗口遮阳，遮阳的基本形式包括水平式、垂直式、综合式、挡板式、活动遮阳（图15-1）。

15.2 门窗开启方式及木门的构造

15.2.1 门窗的开启方式

15.2.1.1 门的开启方式

1. 平开门

平开门是最常见的一种开启方式，它是在门扇一侧用铰链与门框相连；平开门又有内开与外开之分。一般门都为内开，以免妨碍走道交通，开向疏散走道及楼梯间的门扇，开足时不应影响走道及楼梯平台的疏散宽度。安全疏散出入口的门应该开向疏散方向。

2. 弹簧门

弹簧门将平开门门扇与门框的连接铰链加设弹簧便为弹簧门，它在开启后可自动关闭。弹簧门可以分为单面弹簧、双面弹簧、地弹簧等几种。幼儿园、托儿所等建筑中，不宜采用弹簧门。

3. 推拉门

推拉门是左右推拉的门，门扇安装在设于门上部或下部的滑轨上，分为上悬式和下滑式两种。

4. 折叠门

折叠门由两扇以上门扇用铰链相连，开启时门扇相互折叠在一起。这种门少占用空间，但是构造较复杂。

5. 具有特殊功能的门

例如：转门、卷帘门、自动门等。

疏散门不应采用推拉门、转门。自动门、旋转门的旁边应设置平开门作为疏散门。

常见门的图例及表达如表15-1所示。

建筑门窗图例 **表15-1**

序号	名称	图例	说明
1	单扇平开门		

续表

<table>
<tr><th>序号</th><th>名称</th><th>图例</th><th>说明</th></tr>
<tr><td>2</td><td>双扇平开门</td><td></td><td rowspan="2">1. 门的名称代号用 M。
2. 图例中剖面图左为外，右为内；平面图中下为外，上为内。
3. 立面图开启方向线交角的一侧为装合页的一侧。
4. 平面图上门线应 90°或 45°开启，开启弧线宜绘出。
5. 立面图上开启线在设计图中可不表示，在详图和室内设计图中应表示。
6. 立面形式应按实际情况绘制</td></tr>
<tr><td>3</td><td>对开折叠门</td><td></td></tr>
<tr><td>4</td><td>推拉门</td><td></td><td>1. 门的名称代号用 M。
2. 图例中剖面图左为外，右为内；平面图中下为外，上为内。
3. 立面图开启方向线交角的一侧为装合页的一侧</td></tr>
<tr><td>5</td><td>单扇弹簧门</td><td></td><td rowspan="4">1. 门的名称代号用 M。
2. 图例中剖面图左为外，右为内；平面图中下为外，上为内。
3. 立面图开启方向线交角的一侧为装合页的一侧。
4. 平面图上门线应 90°或 45°开启，开启弧线宜绘出。
5. 立面图上开启线在设计图中可不表示，在详图和室内设计图中应表示。
6. 立面形式应按实际情况绘制</td></tr>
<tr><td>6</td><td>双扇弹簧门</td><td></td></tr>
<tr><td>7</td><td>转门</td><td></td></tr>
<tr><td>8</td><td>自动门</td><td></td></tr>
</table>

15. 2. 1. 2　窗的开启方式

窗以开启方式不同分为固定窗、平开窗、转窗、悬窗、推拉窗、百叶窗、折叠窗等几种基本类型（图 15-2）。

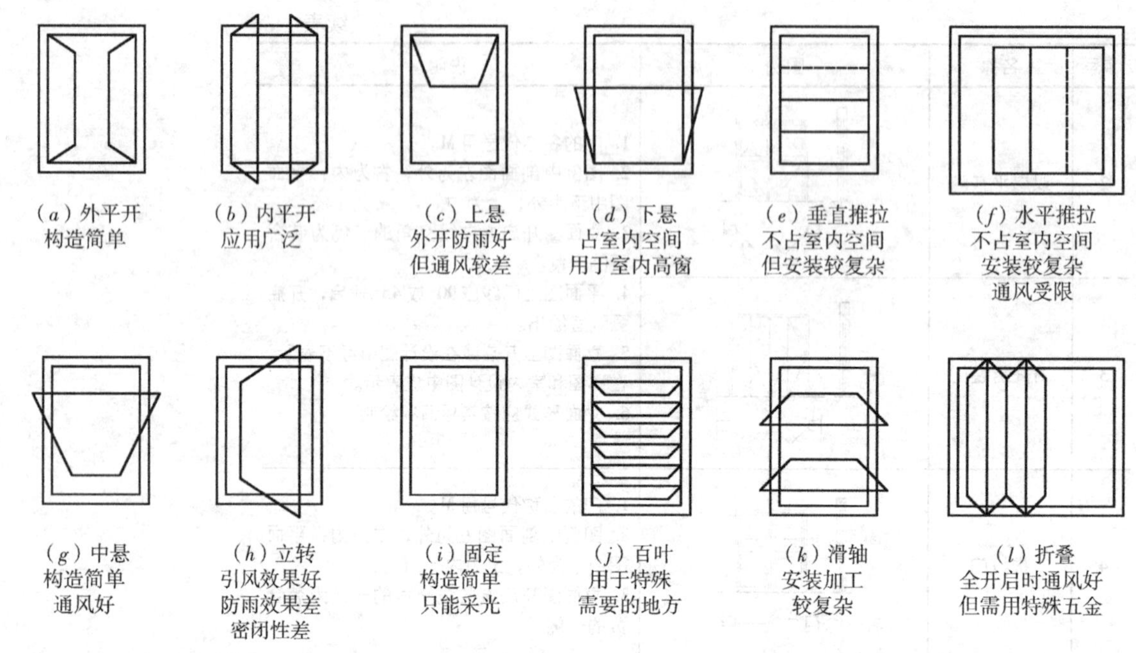

图 15-2 窗的开启方式

15.2.2 木门的构造方式

木门适用范围较广，一般建筑除对外所开的大门、消防门，特殊用途房间外，基本都可以采用木门，它造价便宜，质量轻，样式多，是一般建筑中常用的门的种类。

平开木门主要由门框（也称门樘）、门扇和五金零件组成。根据需要，还可附设门帘盒、贴脸板等。门框可根据亮子和多扇门的要求设置中横档和中竖框（图 15-3）。

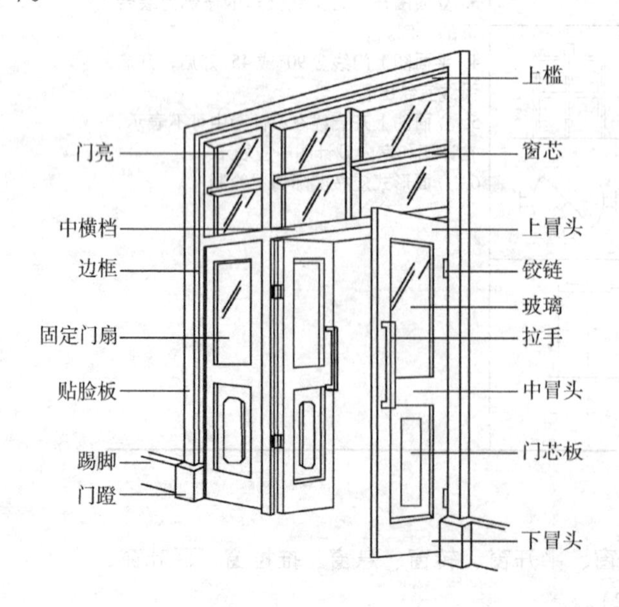

图 15-3 平开木门的组成

15.2.2.1 门框

1. 门框的组成

门框又称门樘，一般由两根边框和上槛组成，有腰窗的门要设中横档，多扇门要设中竖梃，有些门需要做下槛，起防风、隔尘、防虫等作用。有的木门还有其他附件，如压缝条、贴脸板、筒子板等。

（1）压缝条为 10 ~ 15mm 见方的小木条，用于填补门框与墙间的缝隙，防止热量散失、防噪声。

（2）贴脸板用于遮挡门框与墙间缝隙。

（3）筒子板在门洞口两侧墙面和门过梁底部板包钉镶嵌。

2. 门框的断面

门框的断面形状如图 15-4 所示。门框上槛与边框的结合，通常在上槛上打眼，在边框端头开榫。门框的边框与中横档的连接，是在边框上打眼，中横档的两端开榫。

门框与门窗之间要开启方便，又要有一定的密闭性，因此在门框上应留有裁口，或者在门框上钉小木条形成裁口。

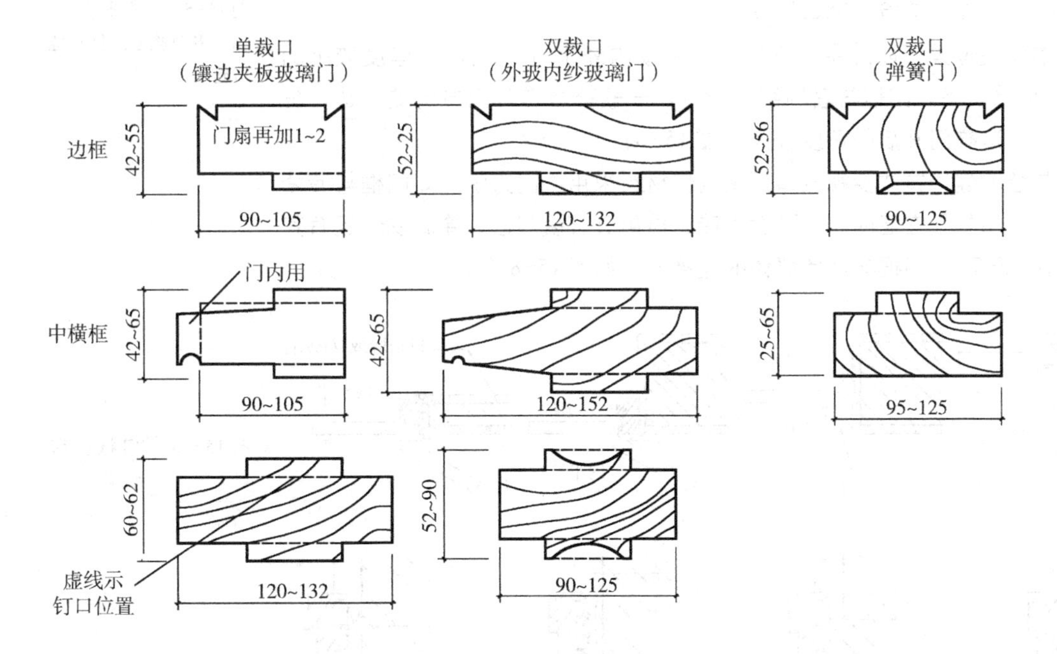

图 15-4 门框断面形式和尺寸

3. 门框的安装

门框的安装方法有两种，一种是“塞口”法，一种是“立口”法。“塞口”是先砌砖墙，预留出门洞口，并隔一定距离预埋木砖，墙体砌筑完工后，将门框塞入门洞口内，与预埋木砖钉固牢。一般木砖沿门高按每 600mm 加设一块，每侧应不少于 2 块。木砖尺寸为 120mm × 120mm × 60mm，表面应进行防腐处理（图 15-5a）。“立口”是先立门框，后砌墙体。在门槛上槛两端各伸出 120mm 左右的端头，俗称“羊角头”。这样使门框与墙体连接紧密。另外每隔一定距离在边梃上钉木拉砖，木拉砖也伸入墙身，保证门框的牢固

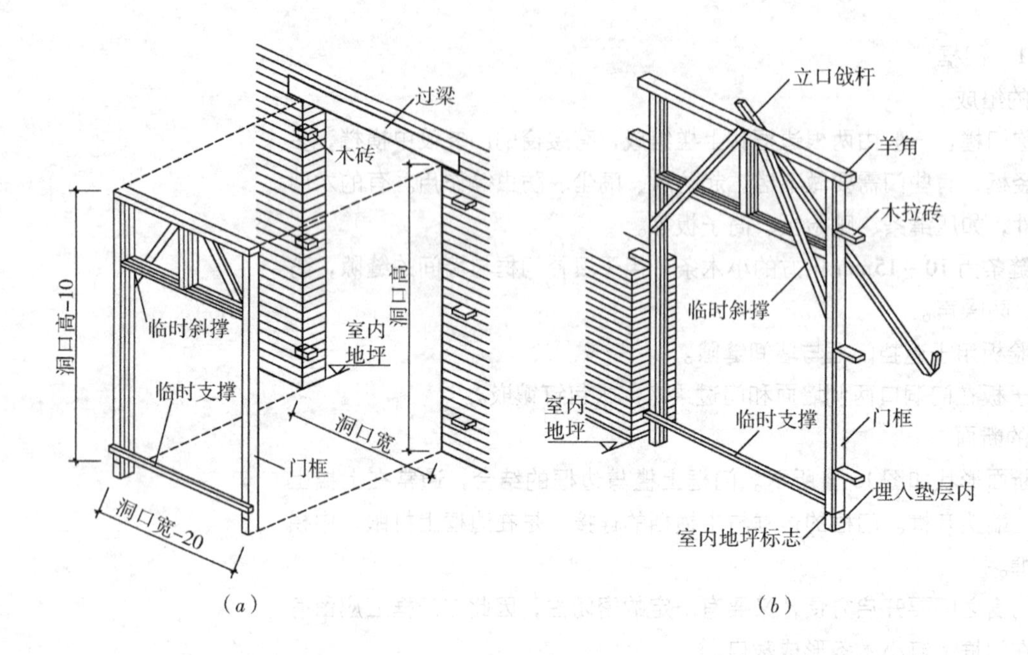

图 15-5　门框安装
(a) 塞口施工；(b) 立口施工

(图 15-5b)。工程中常用“塞口”法。

门框的安装位置可以外平、立中、内平或内外平（一般用于厚度较小的隔墙)。一般情况下，门框与墙的结合位置，一般都做在开门方向的一边，与抹灰面平齐，这样门开启的角度较大（图 15-6)。

门框与墙的连接方式要视洞口周围墙体材料采用不同方法。如门框与砖墙的连接方式常用的是在墙内砌入防腐木砖，再用钉钉装门框，除此以外还有其他方法（图 15-7)。门框与其他墙体的连接方式如图 15-8所示。

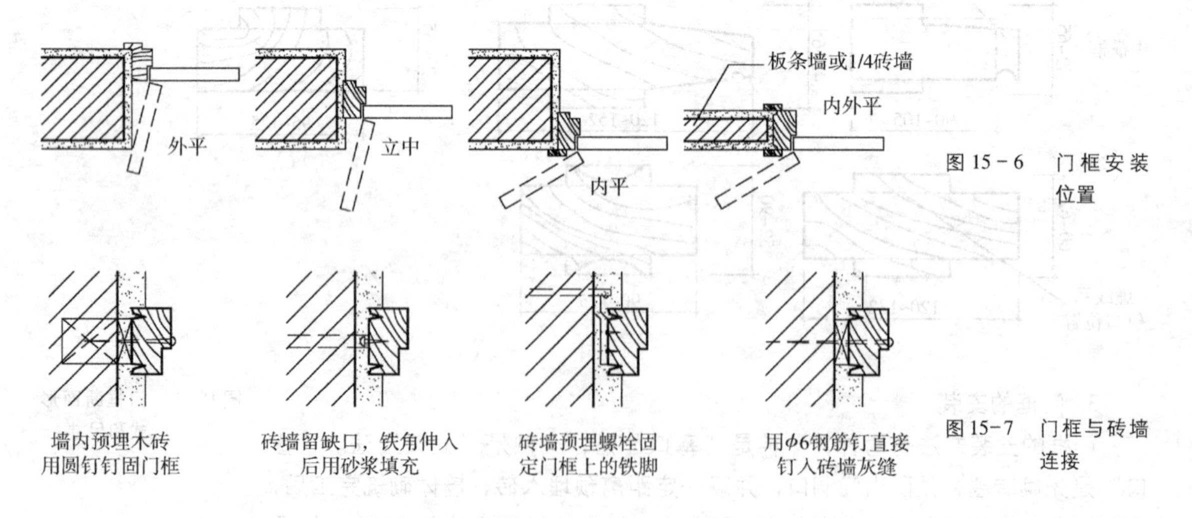

图 15-6　门框安装位置

图 15-7　门框与砖墙连接

15.2.2.2　门扇

各种不同的门，其主要区别在于门扇。门扇按其骨架和面板的拼装方式，一般常见的有镶板门、夹板门、拼板门。

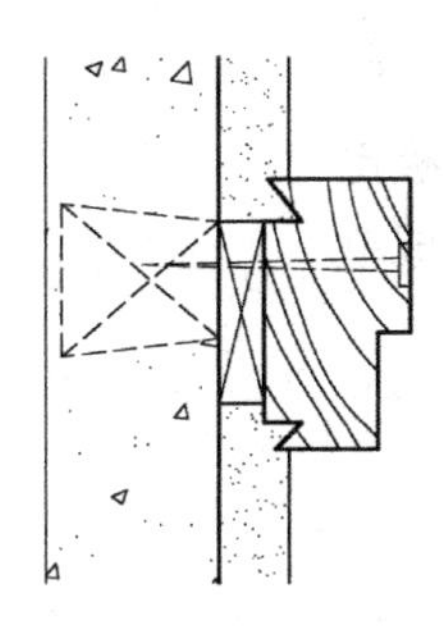
混凝土墙预埋木砖固定门框

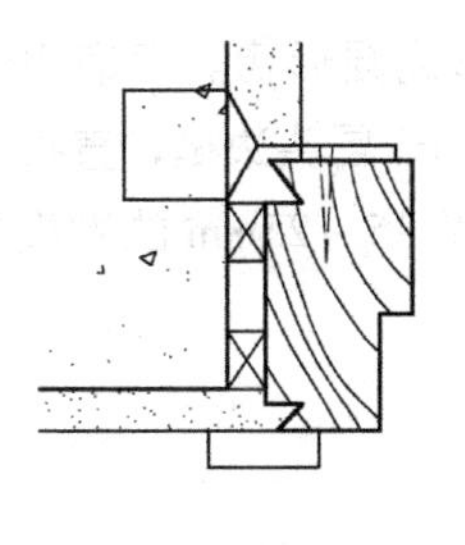
空心砌块与门框用铁件连接

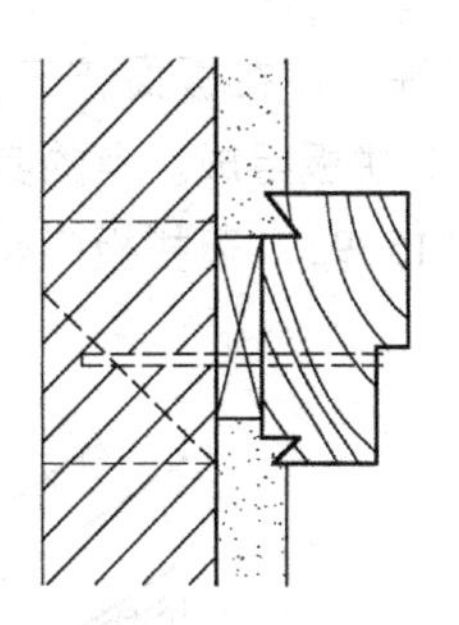
空心砖墙及土筑墙洞口四周砌实心砖

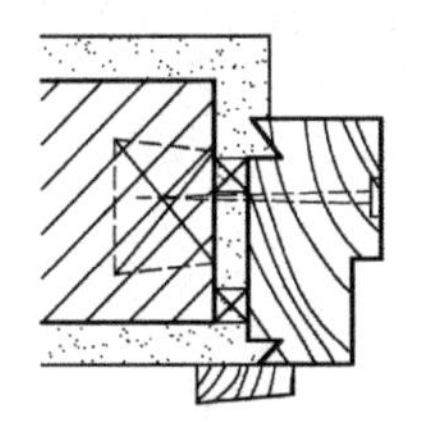
120砖墙内砌入埋有木砖的混凝土块

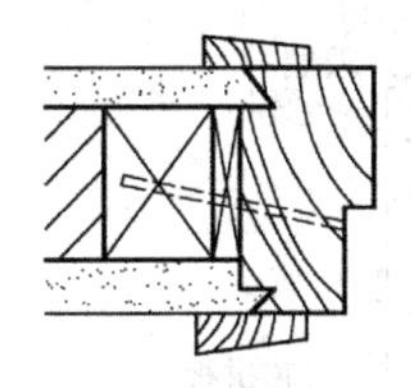
1/4砖墙用通天木立柱固定门框

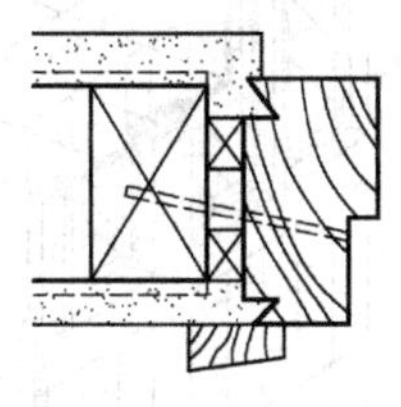
木骨架轻质隔墙固定门框

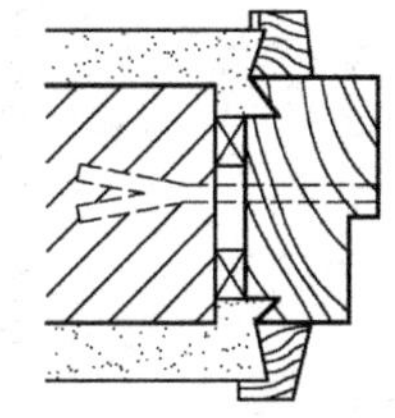
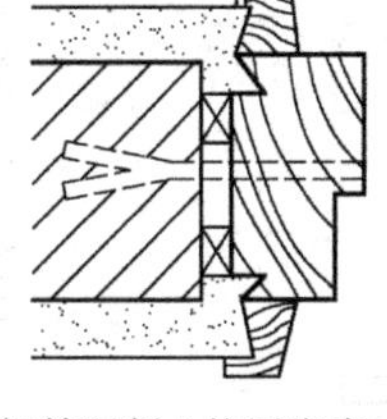
钢筋混凝土柱用膨胀螺栓固定门框

图 15-8 门框与其他墙体连接

1. 镶板门

镶板门由上冒头、中冒头、下冒头、门扇梃、门芯板等组成。门扇的组合连接主要是指上、中、下冒头与扇边梃的组合方式。

门芯板可用木板、胶合板、硬质纤维板、玻璃等。门芯板与扇冒头的连接可采用暗槽、单面槽及双边压条、单面油灰等构造形式，其共同的质量要求是门芯板与扇边梃、冒头结合牢固。门芯板换为玻璃，即为玻璃门，换为纱或百叶则为纱门或百叶门。门芯板也可根据需要组合，如上部玻璃，下部木板；或上部门板，下部百叶等。门扇边框的厚度一般为 40 ~ 45mm，上冒头和两旁边梃的宽度 75 ~ 120mm，下冒头考虑踢脚比上冒头加大 50 ~ 120mm，中冒头和竖梃同上冒头和边梃的宽度。中冒头如考虑门锁安装可适当加宽。门扇底端至地面应留 5mm 的门隙，以利门扇启闭。镶板门（大芯）具有自重大，坚固耐用，保温隔声效果好，造价高等特点。

2. 夹板门

夹板门是中间为轻型木骨架，外贴面板的木门。先用小截面木条（35 ~ 50mm@ 300 ~ 400mm）钉成骨架，门锁处附加木块，然后在两面钉胶合板或纤维板，为整齐美观四周再用 15 ~ 20mm 厚木条镶边。如功能上需要，可在上部做玻璃，下部做百叶，以利视线和通风。夹板门自重轻，造型轻巧，但防潮性较差，一般多用作建筑内门。

3. 拼板门

拼板门是由木板拼合而成的门。一般有厚板拼成的实拼门及单面或双面拼成的薄板拼板门。其特点是坚固耐久、费料、自重大。实拼门，一般由厚 40mm 的木板拼成，每块的宽度约 100 ~ 150mm。为了预防木料收缩裂缝常做成高低缝、企口缝、错口等，并在板面铲三角形或圆形槽。门扇由边梃、中梃、上、中、下冒头、门芯拼板组成。有的实拼门无冒头边梃，直接由木板用扁钢、螺栓连接而成（图 15-9）。薄拼板门是由厚 15～25mm 的木板拼合成单面或双面的拼板门。

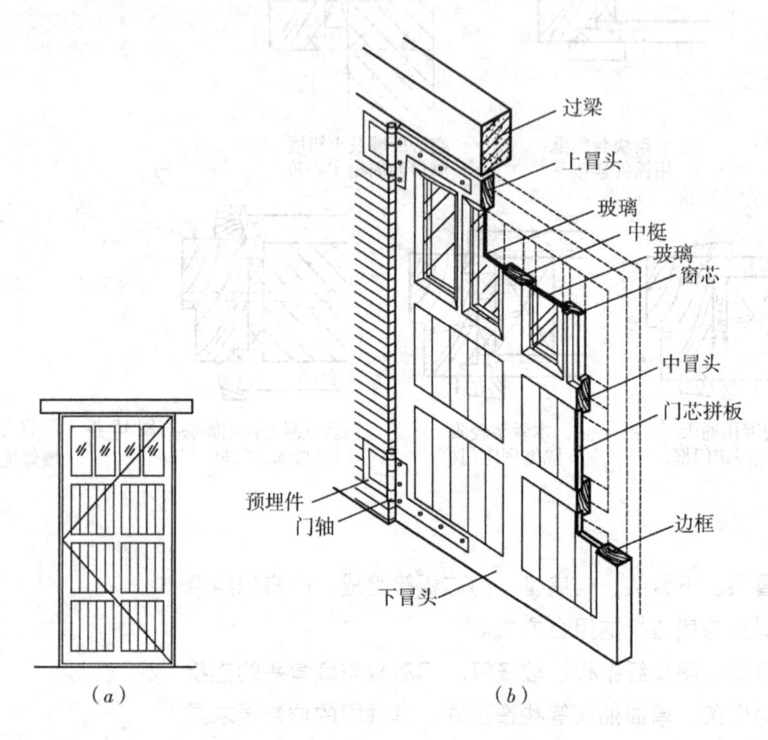

图 15-9 拼板门的构造
(a) 立面；(b) 构造示意

15.2.2.3 五金零件

木门的五金零件有铰链、铁三角、插销、拉手、门锁等。

15.2.2.4 门套

1. 门套的作用

门框与墙的连接部位考虑门的悬吊重力和碰撞力均较大，门框四周的抹灰极易开裂，在此抹灰要嵌入门边梃铲口内，并用贴脸板盖缝。一般贴脸板约 15～25mm 厚，30～75mm 宽，背面可开槽避免木条挠曲。贴面板与地板踢脚线收头处，一般做有比贴脸木条放大的木块，称为门蹬（图 15-10）。门套将

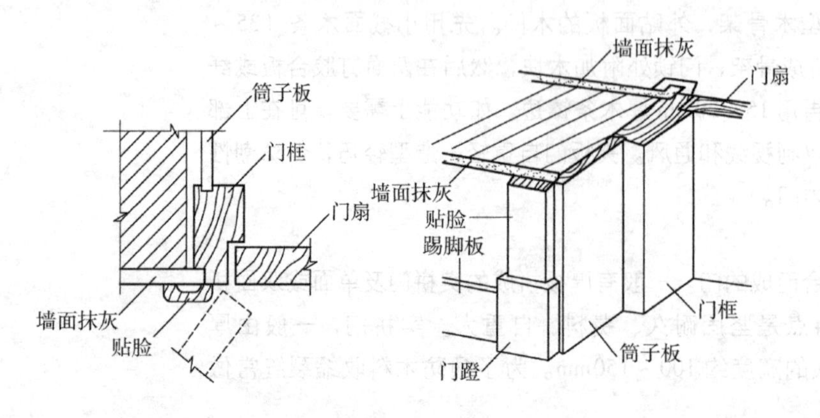

图 15-10 门套的构造

门洞口的周边包护起来，避免磕碰损伤，且易于清洁。

2. 门套的组成

门套通常由贴面板和筒子板组成。

3. 门套的形式

门套一般采用与门扇相同的材料，如木门采用木门套。为取得特定的装饰效果也可用石材做门套。根据装饰效果要求，门套可以用与墙面反差较大的色彩，与门洞周边形成醒目的边框，也可以用与墙面相近的色彩，弱化边框的感觉。木质贴面板一般厚15～20mm不等，截面形式多种多样。

4. 门套节点构造

在门框与墙面接缝处用筒子板盖缝，筒子板与墙面交接处用贴脸板收头压缝。

15.2.3 平开木窗的构造方式

木窗主要由窗框（窗樘）和窗扇组成。窗扇有玻璃窗扇、纱窗扇、板窗扇和百叶窗扇等。还有铰链、风钩、插销、拉手等五金零件，有时要加设窗台、贴脸、窗帘盒等。由于木窗的构造复杂，防火性和防水性较差，受框料断面影响，透光率也较差，已很少采用。

15.3 铝合金门窗构造

15.3.1 铝合金门窗的开启方式

铝合金门窗常用的开启方式有平开和推拉两种。

15.3.2 铝合金门窗的特点

铝合金门窗是近年发展起来的一种门窗。具有透光系数大、强度大、重量轻、不生锈、密封性能好、隔声、隔热、耐腐蚀、易保养等优点。

15.3.2.1 铝合金门窗的基本性能

（1）风压强度：风压强度是以抗风荷载的能力来衡量的。在风压作用下主要受力杆挠度应小于1/300。

（2）空气渗漏：空气渗漏是指门窗在内外气压差的作用下，门窗框每米每小时所通过的空气量，不同等级标准有不同要求。有时用气密性代表。

（3）雨水渗漏：雨水渗漏指门窗框不能有漏水及飞溅现象。有时也用水密性代表。

（4）隔声性能：隔声性能指声音屏蔽的特性。

（5）保温性能：保温性能是以其热阻和热对流阻抗值的大小衡量。

（6）使用性能：使用性能包括开启力、强度、滑动耐久性、开闭锁耐久性等，要求门窗应开关灵活，关闭时四周严密等。

在上述几项基本性能中，风压强度、空气渗漏和雨水渗漏性是窗档次高低的重要指标。

15.3.2.2 铝合金门窗的类型

铝合金门窗框料的系列名称是以门窗框的厚度构造尺寸来区分的，如平开门门框厚度构造尺寸为50mm宽，即称为50系列铝合金平开门；推拉铝合金窗的窗框厚度构造尺寸为90mm，即称为90系列铝合金推拉窗（表15-2）。

铝合金门窗的类型 **表15-2**

门的类型	窗的类型
50系列平开铝合金门	40系列平开铝合金窗
55系列平开铝合金门	50系列平开铝合金窗
70系列平开铝合金门	70系列平开铝合金窗
70系列推拉铝合金门	55系列推拉铝合金窗
90系列推拉铝合金门	60系列推拉铝合金窗
70系列铝合金门地弹簧门	70系列推拉铝合金窗
100系列铝合金门地弹簧门	90系列推拉铝合金窗
	90-1系列推拉铝合金窗

15.3.3 铝合金门窗的构造方式

铝合金门窗由门窗框、门窗扇、五金零件及连接件组成。

15.3.3.1 框

框料断面不同的生产厂家，其产品的断面形式也不同。框一般由上槛、下槛及两侧边框组成。框料的拼接属于临时固定性质，框一旦固定在洞口上，其连接作用也就消失。所以边框与上、下槛的拼接一般为直口拼接，并通过碰口胶垫和自攻螺钉固定（图15-11）。

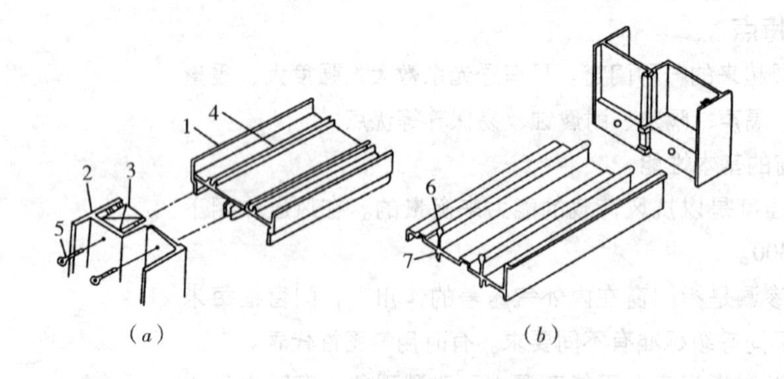

图15-11 窗框的组合连接
(a) 窗框上框的连接组装；(b) 窗框下框的连接组装
1—上滑道；2—边封；3—碰口胶垫；4—上滑道上的固紧槽；5—自攻螺钉；6—下滑道的滑轨；7—下滑道下的固紧槽孔

框料的安装一般采用塞口法。框与墙之间的缝隙大小视面层材料而定；一般情况下洞口抹灰处理，其间隙不小于20mm；洞口采用石材、陶瓷贴面，间隙可增大到35~40mm。并应保证面层与框垂直相交处正好与窗扇边缘相吻合，不能将框遮盖。

框与墙连接将一端与框连接的镀锌连接板用射钉打入墙、梁或柱上，连接板的间距应小于500mm（图15-12）。铝合金门窗框固定好后，应按设计进行

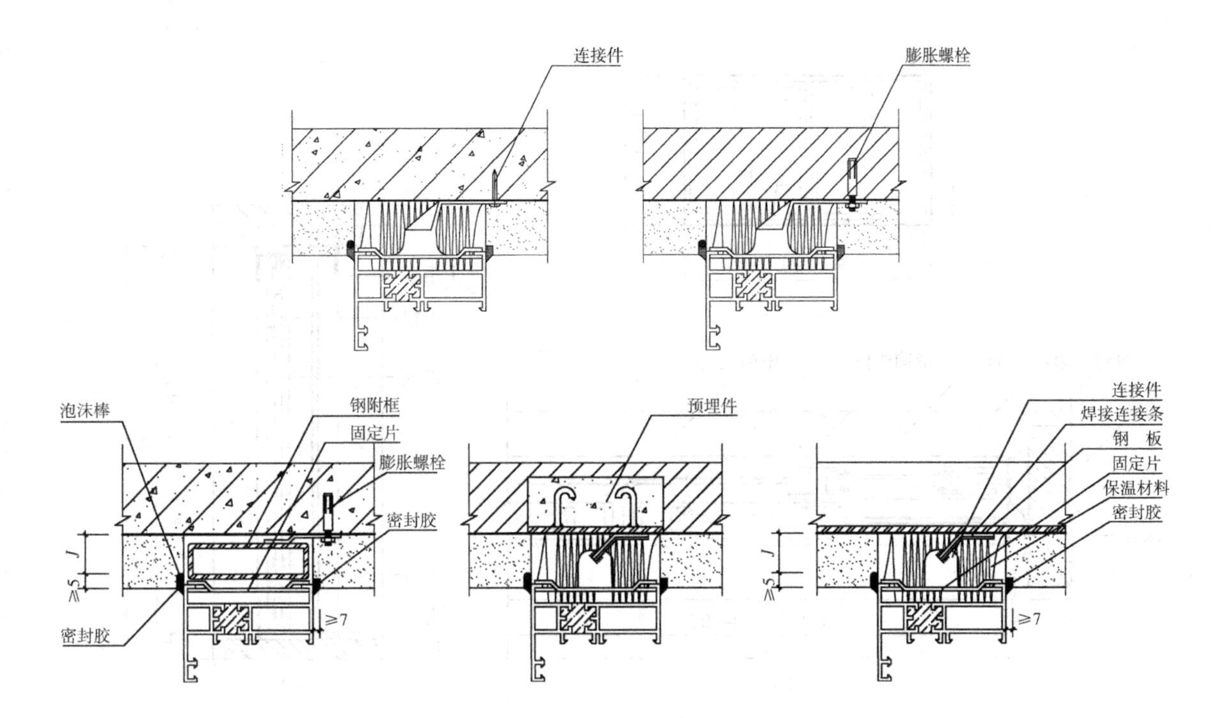

图 15-12　窗框的安装

填缝。目前常用的做法有两种，一是采用软质保温材料填塞，如泡沫塑料条、泡沫聚氨酯条、矿棉毡条、玻璃丝棉毡条等，分层填实，外表留 5 ~ 8mm 深的槽口用密封膏密封。这种做法能起到防寒、防风、隔热的作用。另一种是在与铝合金接触面作防腐处理后，用 1∶2 水泥砂浆将洞口与框之间的缝隙分层填实。

15.3.3.2　扇

铝合金门窗扇由上下冒头、边梃及密封毛条组成。窗扇有玻璃窗扇和纱窗扇两种。玻璃窗扇使用的玻璃通常为 5mm 厚玻璃。窗扇和窗框之间为了开启和固定，需要设五金零件，如安装在窗扇下的冒头之中的导轨滚轮。

1. 推拉窗构造（图 15-13）

铝合金推拉窗窗扇料的组装拼接包括窗扇料的拼接、锁钩安装和玻璃固定等。

2. 平开窗构造

平开窗扇的连接组装，是采用钻孔，开榫眼，再用螺栓和榫连接。窗扇框料在组装拼接前，应先将密封条穿入槽内，窗扇框料为 45°拼接。

15.3.3.3　玻璃

玻璃是用石英砂、纯碱、石灰石等主要原料与其他一些辅助性材料，在 1550 ~ 1600℃的高温下熔融，并经拉制、压制、浮法等工艺成型，经急冷而成。用于门窗工程的玻璃有普通门窗玻璃、磨光玻璃、磨砂玻璃、压花玻璃、夹层玻璃、中空玻璃等几种。门窗扇玻璃的安装应按设计要求选用玻璃品种、规格和色彩。安装时应将玻璃板放在凹槽中间，为使窗严密和玻璃固定牢，内外两侧的间隙应不小于 2mm，不大于 5mm。玻璃下部设置

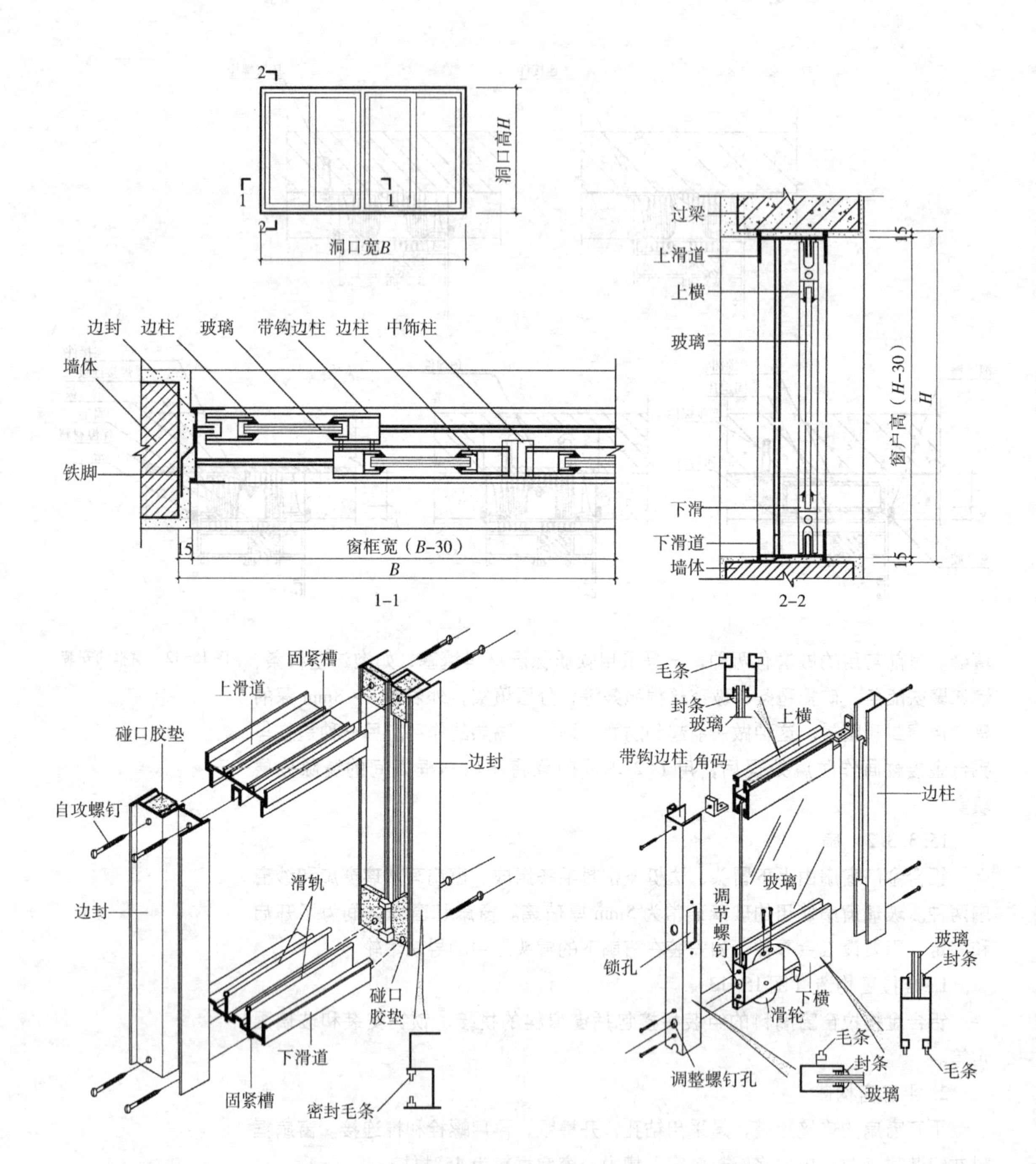

图 15–13　铝合金推拉窗的构造

3mm 厚的氯丁橡胶或尼龙垫。玻璃与窗扇料的固定方法有三种：一种是用塔形胶条封缝挤紧；另一种是用塔形橡胶挤紧，然后在胶条上注密封胶；第三种是用长 10mm 的橡胶块将玻璃挤住，再注密封胶。密封毛条可安装在凹槽内。

15.3.3.4　门窗附件

铝合金平开窗门窗附件包括扇拉手、风撑、扇扣紧件等。窗扇拉手装在窗扇边梃中部。风撑是平开窗窗扇的支撑铰链，起控制窗扇开启角度的作用。风撑有 90°和 60°两种。窗扇扣紧件是为了使窗扇关闭严密所安装的零件，它包括固定于窗扇上的扣件及固定在竖框上的拉手。

15.3.3.5　铝合金门窗的适用范围

铝合金门窗适用于有密闭、保温、隔声要求的宾馆、会堂、体育馆、影剧院、图书馆、科研楼、办公楼、电子计算机房，以及民用住宅等现代化高级建筑的门窗工程。

15.4　塑钢门窗构造

15.4.1　塑钢门窗的特点

塑钢门窗，是指为了加强门窗的强度和刚度，在塑料型材的竖框、中横框或拼樘料等主要受力杆件中加入钢、铝等增强型材。塑钢门窗具有优异的绝缘性能，保温隔热性能好，耐腐蚀性好，制作工艺简单，抗风压性能、耐候性较好，高雅美观。

15.4.2　塑钢门窗的开启方式

塑钢门窗和铝合金门窗的开启方式一样，采用平开式和推拉式，另外还有平开上悬式等。

15.4.3　塑钢门窗的构造方式

15.4.3.1　塑钢门的构造

塑钢门的构造组成与其他门基本相同，由门框、门扇玻璃、附件组成。门框由上框、下框、边框、加强筋、中竖框、中横框组成。门扇由上冒头、下冒头、边梃组成。平开门的门框厚度基本系列有50、55、60mm等几种，推拉门的门框厚度基本系列有60、75、80、85、90、95、100mm等。

塑钢门门框扇所用材料均为工厂加工的成品异型材，分为门框异型材、门扇异型材、增强异型材三类（图15-14）。

1. 塑钢门用异型材

1）门框异型材

门框异型材包括主门框异型材和加强型钢。门框异型材断面上向外伸出部分的作用是遮盖门边；加强型钢的作用是提高门框的强度。

2）门扇异型材

门扇异型材包括两个组成部分，即门芯板异型材和门扇边框异型材。门芯板异型材又可分为大门芯板异型材和小门芯板异型材两种，以适应拼装各种不同尺寸的门板。在门芯板的两侧，均带有企口槽，以便将门芯板相互牢固地连接起来。门扇边框异型材也可分为门扇边框和门扇下冒头两种。

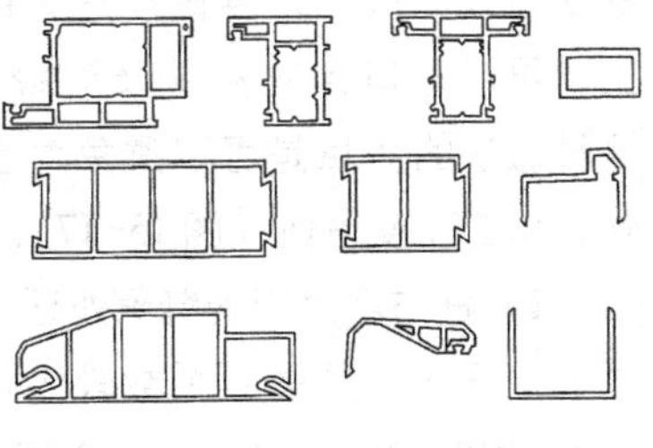

图15-14　塑钢门用异型材

3）增强型材

为了能牢固地安装铰链和门锁、把手等五金零件，增加门扇的刚度，通常在门扇的门芯板两端插入增强金属型材。

2. 塑钢门安装

1）框与墙的连接

塑钢门框与扇的连接是在工厂中组装。塑料门框在墙体上的固定方法和缝隙处理有以下几种。

（1）连接件法

连接件法指的是通过一个专门制作的Z形件将墙与框连接，其优点是比较经济，可以保证门的稳定性（图15-15）。

（2）直接固定法

直接固定法是在门窗洞口施工时先预埋木砖，门窗框放入洞口校正定位后，用木螺钉直接穿过门窗框异型材与木砖连接。或采用在墙体上钻孔后，用尼龙胀管螺栓直接把门窗框固定在墙体上的方法（图15-16）。

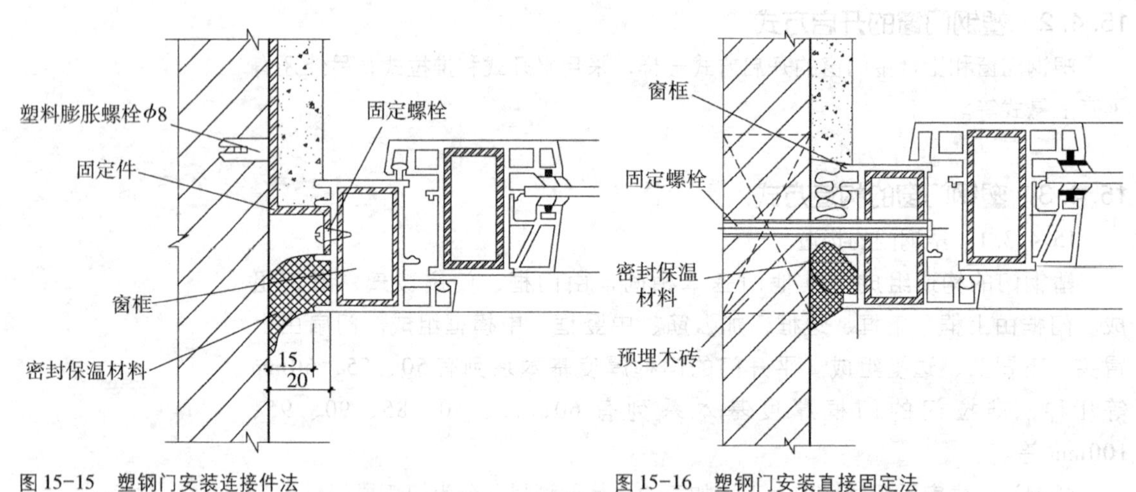

图15-15　塑钢门安装连接件法

图15-16　塑钢门安装直接固定法

（3）假框法

此方法是先在门框洞口内安装一个与塑料门窗框相配套的“Ⅱ”形镀锌钢板框，或是当将木窗换为塑钢窗时，把原有的木窗框保留，等抹灰装饰完成后，再直接把塑钢框固定在木框上，再以盖口条对接缝及边缘部分进行装饰。这种做法的优点是可以避免对塑料门窗造成损伤，施工速度也快（图15-17）。

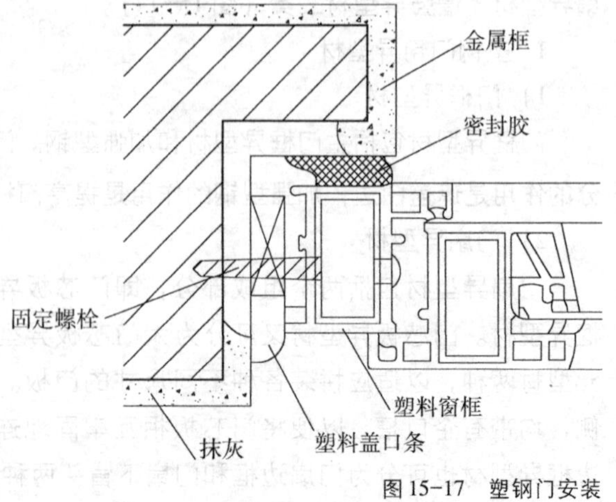

图15-17　塑钢门安装假框法

2）框与墙之间的缝隙处理

由于塑料的膨胀系数较大，在框与墙之间应留出10~20mm的间隙。缝隙内填入矿棉、玻璃棉或泡沫塑料等材料作为缓冲层，缝口两侧采用弹性封缝材料加以密封，然后进行墙面抹灰封缝，也可加装塑料盖口条。这种方法具有封闭性好，造价高等特点。另一种构造方法是以毡垫缓冲层替代泡沫材料缓冲层，不用封缝材料而直接抹水泥砂浆抹灰。这种方法具有封闭性好，造价低的特点。

15.4.3.2　塑钢窗的构造

塑钢窗框与墙体预留洞口的间隙可视墙体饰面材料而定（表 15-3）。

墙体洞口与窗框间隙　　表 15-3

墙体面层材料	洞口与窗框间隙（mm）
清水墙	10
墙体外饰面抹水泥砂浆或贴陶瓷锦砖	15～20
墙体外饰面贴釉面砖	20～25
墙体外饰面贴大理石或花岗石	40～50

塑钢窗与墙体固定应采用金属固定片，固定片的位置应距墙角中竖框、中横框 150～200mm，固定片之间的间距应小于或等于 600mm。塑钢窗型材系中空多腔，壁薄，材质较脆，因此先钻孔后用自攻螺钉拧入。塑钢窗与墙体连接构造如图 15-18 所示。不同的墙体材料，安装固定的方法也不一样。混凝土墙洞口应采用射钉或塑料膨胀螺钉固定（图 15-19）。砖墙洞口应采用塑料膨胀螺钉或水泥钉固定，不得固定在砖缝处。当采用预埋木砖方法与墙体连接时，木砖应进行防腐处理，加气混凝土墙应先预埋胶粘圆木，然后用木螺钉将金属固定片固定于胶粘圆木之上。设有预埋铁件的洞口，应采用焊接的方式固定，也可在预埋件上按紧固件规格打孔，然后用紧固件固定。

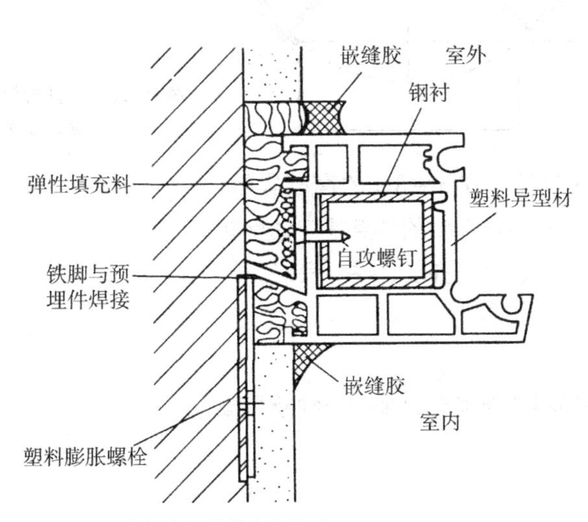

图 15-18　塑钢窗与墙体连接构造

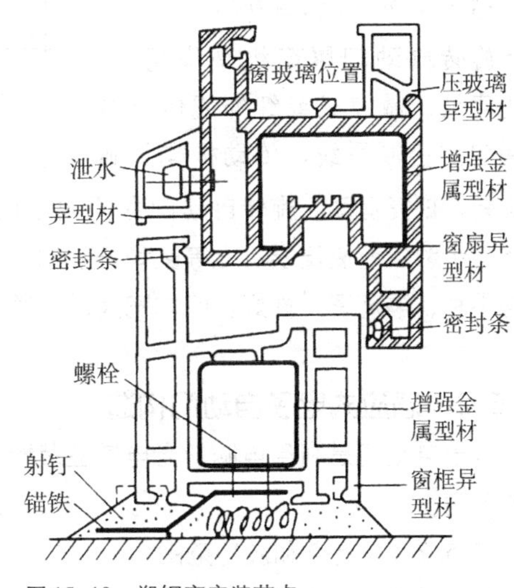

图 15-19　塑钢窗安装节点

15.4.4　塑钢门窗的适用范围

塑钢门窗适用于宾馆、住宅、高层楼房、民用建筑和工业建筑，尤其适用于具有酸碱盐等各类腐蚀性介质和潮湿性环境的工业厂房（五金零件应选用耐潮湿、耐腐蚀性材料）。但使用环境条件必须在允许范围之内（如使用温度为 -40 ~ 70℃、风荷载为 3500Pa 以下的地区可以使用）。

15.5　其他形式门窗构造

15.5.1　旋转门构造

15.5.1.1　普通转门

普通转门为手动旋转，旋转方向为逆时针，门的惯性转速可通过阻尼调节装置按需要进行调整。转门的构造复杂，结构严密，防风保温效果好，并能控制人流通行量。

普通转门按圆形门罩内门扇的数量分四扇式、三扇式。四扇式转门，扇之间夹角为 90°，三扇式转门，扇之间的夹角为 120°。普通转门按材质分铝合金、钢质、钢木结合三种类型。

转门不适用于人流量大的场所，不能作为疏散门使用。转门两侧必须设置平开疏散门（图 15-20）。

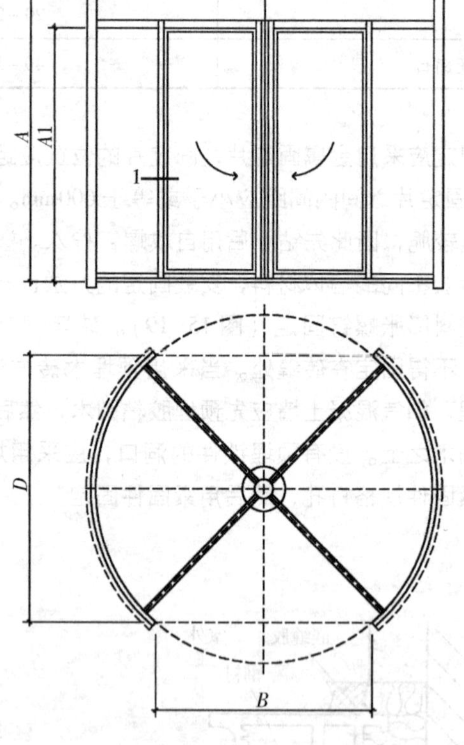

图 15-20　普通转门平面、立面

15.5.1.2　旋转自动门

旋转自动门属高级豪华用门。采用声波、微波式或红外线传感装置和电脑控制系统，传动机构为弧线旋转，往复运动。旋转自动门主要用于门洞口尺寸在 3 ~ 8m 的高档宾馆，酒店、金融、商厦及候机厅等豪华场所的外门。旋转自动门的特点是门体旋转均匀平稳、隔离密封性好，门体宽大、流通性能好、功能齐全、性能良好。

15.5.2　感应式电子自动门构造

电子自动门是利用电脑、光电感应装置等高科技而发展起来的一种新型高级自动门。

15.5.2.1　特点和应用范围

1. 感应式电子自动门的特点

感应式电子自动门运行平稳，动作协调，通行效率高；运行安全可靠，可确保人和物的安全；具有自动补偿功能，环境适应性强；密闭性能好，节约能源；自动启闭，使用方便。

2. 感应式电子自动门的应用范围

感应式电子自动门主要用于楼宇、大厦等建筑外门及内门，如高级宾馆、酒店、金融财政机构、商厦、医院、机场候机厅等高级繁华场所的厅门、内部的房门，给人以新潮、舒适、方便的感觉。

15.5.2.2 感应式电子自动门的类型

1. 按开启方式分类

按门扇开启方式分推拉和平开两种。推拉自动门有左开、右开和对开三种。推拉自动门扇的电动传动系统为悬挂导轨式，而地面上又装有起止摆稳定作用的导向性轨道，加之有快慢两种速度自动变换，使门扇运行平稳。平开电动门有单向、双向、单扇、双扇等多种。可根据需要内开或外开，适合于人流单向通道。推拉式、平开式自动门均装有遇阻反馈系统。电路，遇有人或障碍物或门扇被异物卡阻，门体将自动停止。同时，还设计有遇到停电时门扇能手动开启的机械传动装置。

2. 按自动门体材料分类

按门体材料分铝合金门体、钢制门体、玻璃门体、不锈钢门体、木质门体。

3. 按感应原理不同分类

按感应原理不同可分为微波传感、超声波传感和远红外传感三种类型。微波和光电感应器属自控探测装置，其原理是通过微波、声波和光电来捕捉物体的移动，这类装置通常安装在门上框居中位置，使门前能形成不同半径的圆弧探测区域。当通行者进入传感器（装置）的感应范围时，门扇便自动打开。当通行者离开时，门扇便自动关闭。

4. 按感应方式分类

感应电子自动门按感应方式分探测传感器装置和踏板式传感器装置。

15.5.2.3 感应电子自动门的构造

感应电子自动门主要由传感部分、驱动操作部分及门体部分组成。传感部分是自动检测人体或通过人工操作将检测信号传给控制部分的装置。驱动操作部分由驱动装置和控制装置构成。驱动装置由动力、传动及门体吊挂等三部分构成。门体部分由门框、门扇、门楣及导轨组成。

15.5.3 全玻璃无框门构造

全玻璃无框门通常采用10mm以上厚度的平板玻璃、钢化玻璃板，按一定规格加工后直接用作门扇的无门框的玻璃门。其特点是玻璃通透光亮，简洁明快。

全玻璃无框门按开启功能分手动门和电动门两种。手动采用门顶枢轴和地铰链人工开启，电动门安装门马达和感应装置自动开启，开启角度为90°单开和180°自由开。

全玻璃无框门按开启方式有平开式和推拉式两种。

推拉门的标准尺寸同平开门，有单扇推拉和双扇推拉。门扇用顶端的移动滑轮吊在轨道上，下部装有起稳定作用的凹槽导轨，平开门最大尺寸门高 2500mm，门宽 1200mm。门扇玻璃为平板玻璃，最大规格 2000 ~ 2500mm，厚度为 8、10、12、15、19mm，钢化玻璃最大规格为 2100mm × 4000mm，厚度同平板玻璃。

15.5.4 弹簧门的构造

弹簧门安装有弹簧铰链，开启后会自动关闭。常用的弹簧铰链有单面弹簧、双面弹簧地弹簧、门顶闭门器等。

弹簧门按开启方向分为单向和双向。单向弹簧门一般是单扇，常用于卫生间、厨房纱门等。双向弹簧门通常是双扇，常用于公共建筑和人流较多的门，通常在人视线的高度位置安装玻璃，防止出入人流碰撞。双向弹簧门扇必须用硬木，用料尺寸比一般镶板门稍大一些，扇厚度为 42 ~ 50mm，上冒头及边框宽度为 100 ~ 120mm，下冒头宽为 200 ~ 300mm，为了避免门扇之间相互碰撞和门扇之间缝隙过大，通常上下冒头做成平缝，边框做弧形面，其弧面半径约为门厚的 1 ~ 1.2 倍左右（图 15-21）。

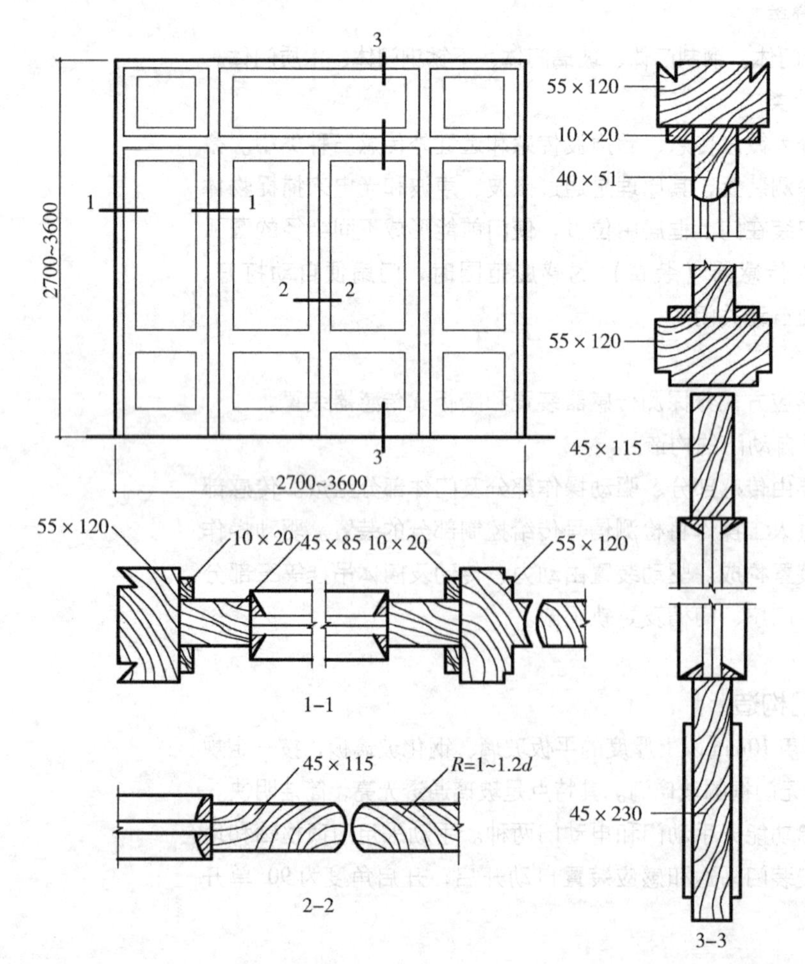

图 15-21　弹簧木门构造

地弹簧门为使用地弹簧作开关装置的平开门，门可以向内或向外开启。铝合金地弹簧门分为有框地弹簧门和无框地弹簧门。

地弹簧又称落地闭门器，或地铰链。多用于重型门扇的开启，安装在门扇底部地坪上，无需再安装铰链、定位器等。落地闭门器采用液压装置，当门开启运行时，回转轴杆；动凸轮旋转，使活塞压缩弹簧，通过液压油路，使液压油进入阀体。调节快慢速度，地弹簧外露面有铜面、铝面、不锈钢面，壳体埋于地下，隐蔽性好。门顶闭门器又称多功能闭门器，速度可自动调节。一般安装在门的顶部有铰链的一侧，闭门器壳体可调节的一端应面向可开启的一边。

15.5.5 推拉门构造

推拉门在上下轨道上左右滑行开启。推拉门由门扇、门框、滑轮、导轨等部分组成。推拉门有单扇、双扇或多扇。推拉门用材有木、铝合金、塑钢等。推拉门的构造有上挂式和下滑式两种。当门扇高度小于4m时，采用上挂式；门扇高度大于4m时宜用下滑式。推拉门的门扇受力状态好，对滑轮导轨的加工安装要求较高。

上挂式推拉门的上导轨需承受门扇的荷载。要求平直，有一定的强度，导轨端部悬臂不应过大。上导轨可是明装或暗装，暗装时需考虑检查的可能性，下部应设导向装置。滑轮处应采取措施防止脱轨。下滑式是下导轨承受门扇的荷载，要求轨道平直不变形，易于清理积灰。

15.5.6 折叠门

折叠门可分为侧挂式折叠门和推拉式折叠门两种。由若干扇门扇构成，每扇门扇宽度500～1000mm，一般以600mm为宜，适用于宽度较大的门洞。侧挂式折叠门与普通平开门相似，只是门扇之间用铰链相连。侧挂门扇超过两扇时，需使用特制铰链。推拉式折叠门与推拉门构造相似，在门顶或门底装滑轮及导向装置，每扇门之间连以铰链，开启时门扇通过滑轮沿着导向装置移动。折叠门开启时占空间少，但构造复杂，一般用作商业建筑的门，或公共建筑中作灵活分隔空间用。

15.6 特殊用途门的构造

15.6.1 隔声门

隔声门指可以隔除噪声的门。多用于室内噪声允许较低的播音室、录音室等房间。隔声门的隔声效果，与门扇隔声量、门扇和门框间的密闭程度有关。普通木门的隔声能力为19～25dB。双层木门，间距50mm时，隔声能力为30～34dB。门扇构造与门缝处理要相适应，隔声门的隔声效果应与安装隔声门的墙体结构的隔声性能相适应。门扇隔声量与所用材料、材料组合构造方式有关。密度大、密实的材料，隔声效果较好。一般隔声门多采用多层复合结构，利用空腔和吸声材料提高隔声性能。复合结构不宜层次过多、厚度过大和重量过重。采用空腔处理时，空腔以80～160mm为宜。为避免产生缝隙，门扇的面层以采用整体板材为宜。

门缝处理对隔声效果有很大影响。门扇从构造上考虑裁口不宜多于两道，以避免变形失效或开关困难。铲口形式最好是斜铲口，容易密闭，可以避免门扇胀缩而引起的缝隙不严密。门框与门扇间缝的处理可用橡胶条钉在门框或门扇上；将橡胶管用钉固定在门扇上；泡沫塑料条嵌入框用胶粘牢；海绵橡胶条用钢板压条固定在门扇上等方法。

门缝消声处理是门扇四周以及门框上贴穿孔板，如穿孔金属薄板、穿孔纤维板、穿孔电化铝板等，后衬多孔吸声材料。当声音透过门缝时，由于遇到布包吸声材料而减弱（图15-22）。

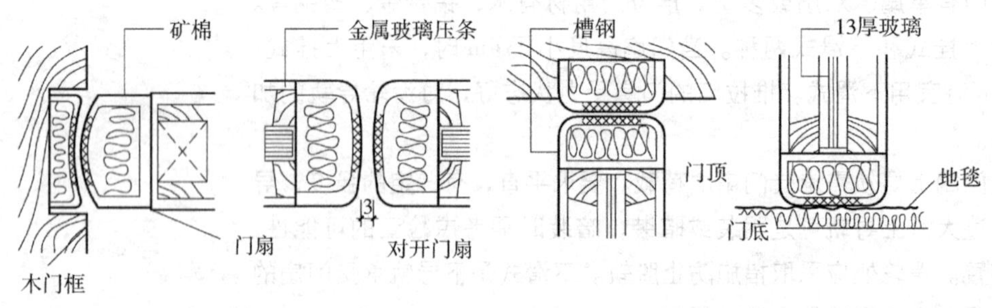

图15-22　门缝的消声处理

门扇底部底缝的处理如图15-23所示。用毛毡或海锦橡胶钉在门底图15－23（a）；橡胶条或厚帆布用薄钢板压牢图15-23（b）；盖缝是普通橡胶图15-23（c），压缝用海绵橡胶；用海绵橡胶外包人造革，门槛下垫浸沥青毡子图15-23（d）。

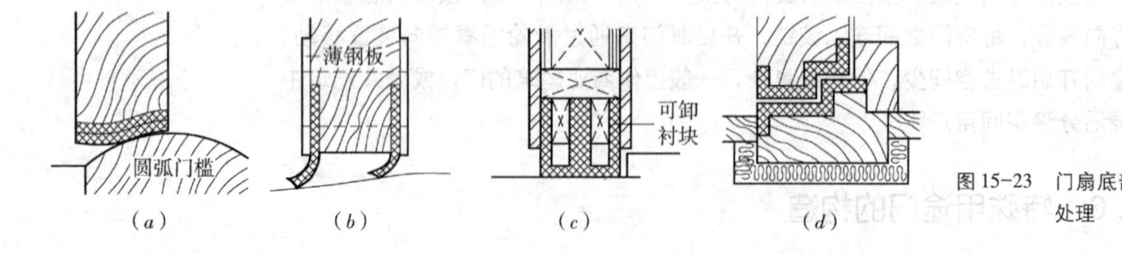

图15-23　门扇底部的处理

15.6.2　防火门

建筑物为了满足消防防火要求，通常要分隔为若干个防火分区间，各防火分区之间应设置防火墙，防火墙上最好不要设置门窗，如必须开设时，应采用防火门窗。一般民用建筑中防火门按耐火极限分为三级，甲级防火门耐火极限为1.2h，主要用于防火分区之间防火墙上的洞口；乙级防火门的耐火极限为0.9h，主要用于疏散楼梯与消防电梯前室的进出口处；丙级防火门的耐火极限为 0.6h，用于管道井壁上的检修门。防火门按材料不同分钢门、木板铁皮门等。防火钢门是由两片 1～1.5mm 厚的钢板做外侧面、中间填充岩棉、陶瓷棉等轻质耐火纤维材料组成的特种门。防火钢门使用的护面钢板应为优质冷轧钢板。甲级防火钢门使用的填充材料应为硅酸铝耐火纤维毡或陶瓷棉；乙级、丙级防火门则多为岩棉、矿棉等耐火纤维。

木板铁皮门是在木板门扇外钉 5mm 厚的石棉板及一层铁皮，门框上也包上石棉板和铁皮。单面包铁皮时，铁皮面应面向室内或有火源的房间。铁皮一般为 26 号镀锌薄钢板。由于火灾发生时，木门扇受高温碳化，分解出大量气体，为了防止胀破门扇，在门扇上还应设置泄气孔。

15.6.3 防辐射门

医院中的放射科室会产生辐射，X 射线对人体健康有害。防辐射的材料以金属铅为主，其他如钡混凝土、钢筋混凝土、铅板应用较为广泛。X 光防护门主要镶钉铝板，其位置可以夹钉于门板内或包钉于门板外。

理论知识训练

1. 门的分类有哪些？
2. 窗的分类有哪些？
3. 门的尺寸有哪些？
4. 窗的尺寸有哪些？
5. 门的开启方式有哪些？
6. 特殊门窗有哪些？有什么样的特点？
7. 简述防火门的构造。
8. 铝合金门窗有哪些特点，型材如何分类？
9. 常见木门有几种，夹板门和镶板门各有什么特点？
10. 铝合金门窗与洞口连接方式有几种？射钉连接不适用于哪种情况？

实践课题训练

某酒店需要安装门，有大厅、客房、卫生间三种位置，试根据所学知识，安装合适的门，并绘制出所安门的大小、构造图。

1. 图纸为 2 号图纸，图面整齐，分别绘出三种门的平面、立面及详图。
2. 要求表达清晰，墨线绘图。
3. 要求写出为什么要用所选门的类型。（仿宋字体，写在图面上）

本章小结

门和窗是建筑中的围护构件。门在建筑中的作用主要是交通联系，并兼有采光、通风之用；窗的作用主要是采光和通风。另外，门窗的形状、尺度、排列组合以及材料，对建筑物的立面效果影响很大。实际工程中，门窗的制作生产已具有标准化、规格化和端口化的特点，各地都有标准图供设计者选用。

门框的安装方法有两种，一种是“塞口”法，一种是“立口”法。构造上主要是连接和密封处理。常用门窗有铝合金、塑钢等。另外还有一些特殊部位使用的特种门窗，如防噪声门、防辐射门、防火门等。

16.1　屋顶的分类及其特点

屋顶是房屋最上部的外围护构件，要具有能够抵御自然界中的风、雨、雪、太阳辐射、气温昼夜的变化和各种外界不利因素对建筑物的影响的能力；屋顶也是承重结构，受到材料、结构、施工条件等因素的制约。屋顶形式对建筑物的造型有很大影响，设计中还应注意屋顶的美观。

16.1.1　屋顶的分类

屋顶的形式与房屋的使用功能、屋面材料、结构类型及建筑造型有关。也与地域、民族、宗教、时代和科技水平的高低有关，形式千姿百态，数不胜数。

16.1.1.1　按外观形态可以分为以下类型

平屋顶、坡屋顶、曲面屋顶、复合屋顶等（图 16-1）。

1. 平屋顶

平屋顶是指屋面坡度为 2% ~5% 的屋顶，根据檐口形式的不同，平屋顶又可分为挑檐平屋顶、女儿墙平屋顶、女儿墙带挑檐平屋顶、盝顶平屋顶等。

2. 坡屋顶

坡屋顶是指屋面坡度为 10% 以上的屋顶，坡屋顶的屋面为斜面，根据斜面的数量和状况可有多种类型的坡屋顶。

1）斜面由直线构成时，可分为单坡顶、双坡顶、四坡顶。

2）斜面由曲线构成时，可分为庑殿顶、歇山顶、攒尖顶。

（1）庑殿顶：前后左右四面都有曲面的斜坡屋顶成为庑殿顶，前后斜面相交成一条正脊，左右两斜面同前后斜面相交成四条垂脊。四坡五脊构成庑殿顶的外形特征，所以又称四阿顶或五脊顶，是中国古代建筑屋顶的最高形式。

（2）歇山顶：庑殿顶与悬山顶的结合，两坡面形成小山尖，古代称歇山顶。小山尖处设百叶窗，有利于屋顶通风。歇山顶由一条正脊、四条垂脊、四条戗脊共九条脊构成其外形特征，又称九脊顶。

（3）攒尖顶：所有的脊汇成一点，又称宝顶、斗顶或无脊顶。

3）斜面檐口与山墙处理不同，又可分为悬山顶、硬山顶、出山顶。

（1）悬山顶：即山墙处设有挑檐的坡屋顶。挑檐可保护墙身，有利于排水，并有一定的遮阳作用，常用于南方多雨地区。

（2）硬山顶：斜面到山墙处停止不外挑，即山墙不出檐的坡屋顶，北方少雨地区采用较广。

（3）出山顶：山墙高出坡屋面，作为防火墙或装饰之用的坡屋顶。

3. 曲面屋顶

曲面屋顶是由各种薄壁结构或悬索结构所构成，有筒拱形、球形、双曲面等形式，适用于大跨度、大空间和造型特殊的建筑屋顶。

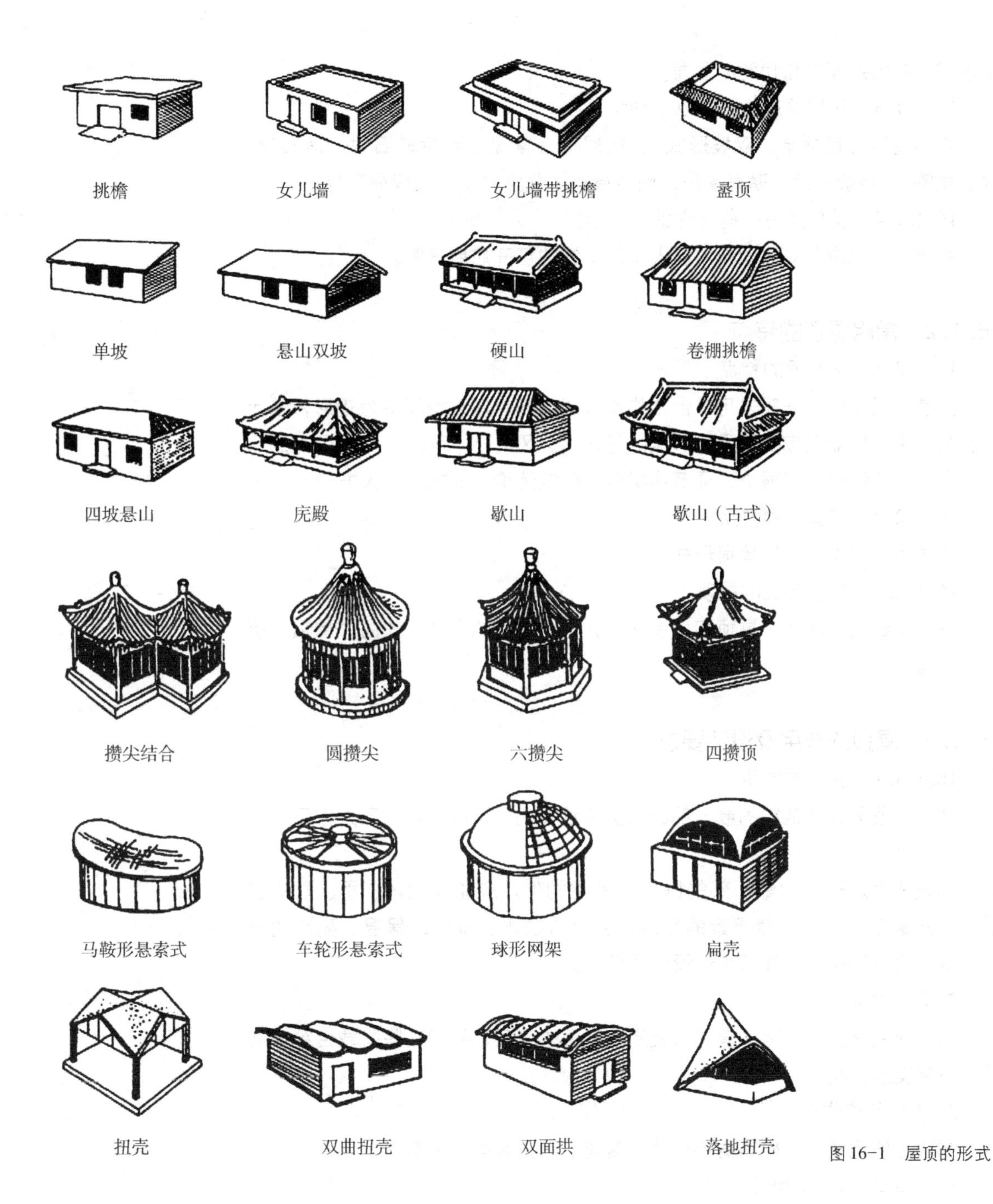

图 16-1　屋顶的形式

4. 复合屋顶

复合屋顶是指由多种形式复合而成的屋顶。如平屋顶与坡屋顶结合，坡屋顶与曲面屋顶组合，以及曲面屋顶之间的组合等。

16.1.1.2　按饰面材料分有以下种类

卷材屋面（包括改性沥青卷材、高分子卷材等）、瓦屋面（包括黏土瓦、小青瓦、平瓦、筒瓦、波形瓦、琉璃瓦等）、金属板屋面（包括金属薄板、金属压型板、金属夹心板等）、混凝土屋面、玻璃屋面等。此外还有种植屋面、蓄水屋面等特殊要求和功能的屋面。

16.1.1.3　按屋盖形式分有以下种类

刚架屋顶（包括单、双坡形式）、拱屋顶（常见的包括砖石拱、落石拱、双曲拱等）、折板屋顶、薄壳屋顶、网架屋顶、悬索屋顶、索膜屋顶等。

16.1.1.4　其他还有一些特殊的屋顶形式

如天文馆观测室的活动球顶、大型体育馆的可开启屋盖等。

16.1.2　常用屋顶的特点

16.1.2.1　平屋顶的特点

大量性民用建筑一般采用混合结构或框架结构，建筑空间多为矩形，采用平屋顶。平屋顶能适应各种平面形状的建筑；迎风面小，可减少水平风力的压力；平屋顶的结构空间很小，可节约材料，降低造价；形式简朴大方。

16.1.2.2　坡屋顶的特点

坡屋顶是我国的传统屋顶形式。

16.1.2.3　其他形式的屋顶

在民用建筑中除了平屋顶和坡屋顶外，也有其他的形式，如曲面屋顶、折面屋顶等。

16.1.3　屋顶的作用及设计要求

16.1.3.1　屋顶的作用

屋顶是覆盖在建筑物的最上部的围护和承重构件，具有以下三大作用。

1. 围护作用

屋顶作为建筑物的最上部的围护和承重构件，应能抵抗风、雨、雪的侵袭，以及避免日晒等自然因素的影响，应具有防水、排水、保温、隔热的能力。其中防水和排水是屋顶构造设计的核心。

2. 承重作用

屋顶应能承受风、雨、雪、人及屋顶本身的荷载，并把这些荷载传给墙和柱等下部支承结构。

3. 美化环境作用

屋顶是体现建筑风格的重要构件，对建筑造型具有很大影响。

16.1.3.2　屋顶的设计要求

屋顶的设计要做到结构安全，构造上满足保温、隔热、防水、排水等要求。

1. 防水排水要求

在屋顶设计中，要防止屋面漏水，一方面，选择好的屋面防水材料，使屋顶避免产生漏水现象；另一方面，组织设计好屋面的排水坡度，将雨水迅速排除，使屋顶不产生积水现象。我国现行的《屋面工程技术规范》根据建筑物类别、防水层耐用年限、防水层选用材料、设防要求等将屋面防水划分为四个等级。屋面的防水等级和设防要求详见表 16-1。

屋面防水等级和设防要求　　　　表 16-1

项目	屋面防水等级			
	Ⅰ	Ⅱ	Ⅲ	Ⅳ
建筑物类别	特别重要或对防水有特殊要求的建筑	重要的建筑和高层建筑	一般的建筑	非永久性的建筑
防水层合理使用年限	25 年	15 年	10 年	5 年
防水层选用材料	宜选用合成高分子防水卷材、金属板材、合成高分子防水涂料	宜选用卷材、合成高分子防水卷材、金属板材、合成高分子防水涂料、高聚物改性沥青防水涂料、细石混凝土、平瓦、油毡瓦等材料	宜选用三毡四油沥青防水卷材、高聚物改性沥青防水卷材、合成高分子防水卷材、金属板材、合成高分子防水涂料、高聚物改性沥青防水涂料、细石混凝土、平瓦、油毡瓦等材料	可选用二毡三油沥青防水卷材、高聚物改性沥青防水涂料等材料
设防要求	三道或三道以上防水设防	二道防水设防	一道防水设防	一道防水设防

2. 保温隔热的要求

屋顶应按所在地区的节能标准或建筑热工要求设置相应的保温、隔热层，从而保证冬季保温和夏季隔热，创造建筑物良好的热工环境。

3. 建筑结构要求

屋顶必须有足够的强度和刚度，以保证房屋的结构安全。房屋的支撑结构一般有平面结构和空间结构两种，平面结构包括梁板式结构和屋架式结构，空间结构有网架、悬索、壳体、折板等结构形式。

4. 建筑艺术要求

屋顶的形式要与建筑整体造型的构图统一协调，充分体现不同地域、不同民族的建筑特色。

5. 其他要求

国内外的一些建筑，如美国的华盛顿水门饭店、香港葵芳花园住宅、广州东方宾馆、北京长城饭店等，利用屋顶或天台铺筑屋顶花园，不仅拓展了建筑的使用空间，美化了屋顶环境，也改善了屋顶的保温隔热性能。再如现代超高层建筑出于消防扑救和疏散的需要，要求屋顶设置直升机停机坪等设施；某些有幕墙的建筑要求在屋顶设置擦窗机轨道；某些节能型建筑要求利用屋顶安装太阳能集热器等。

16. 1. 4　屋顶的基本构造组成

16. 1. 4. 1　屋面

即屋顶的面层。屋面材料应具有防水和自然侵蚀的性能，并有一定强度。

16.1.4.2 承重结构层

屋顶结构层，承受风、雨、雪及屋顶本身的荷载。屋盖形式选择是根据房屋空间尺度、结构材料的性能、建筑整体造型的需要及防水材料特点而定。屋盖的形式有屋面板、屋架、网架、壳体、悬索结构等。不同的屋盖结构形式可采用木材、钢材、钢筋混凝土等材料制成。

根据使用要求的不同，屋顶还可设保温、隔热、隔声、隔蒸汽、防水等构造层次（图16-2）。

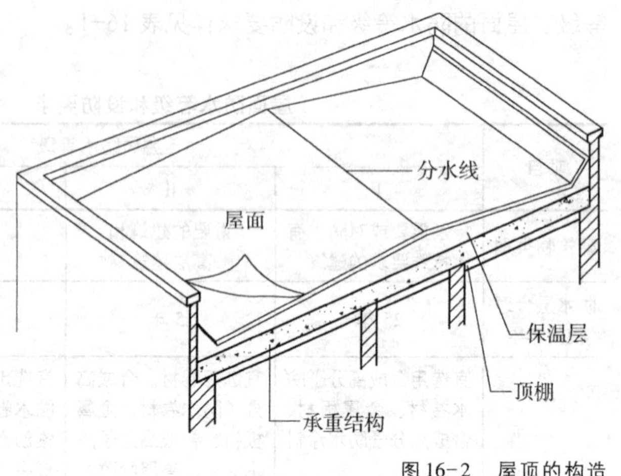

图16-2 屋顶的构造组成

16.2 平屋顶的构造

16.2.1 平屋顶的构造组成

平屋顶一般由顶棚、屋盖、隔汽层、找坡层、保温（隔热）层、找平层、防水层、保护层等组成。

16.2.2 平屋顶的排水组织设计

为了防止屋面雨水渗漏，除做好严密的防水层外，还应将屋面雨水迅速排除，这就需要进行排水组织设计。

16.2.2.1 确定排水坡度

1. 排水坡度的形式

屋顶排水坡度的形式一般有材料找坡和结构找坡两种。

1）材料找坡

材料找坡是将屋面板水平搁置，用轻质材料垫置出排水坡度（图16-3*a*）。一般采用轻质材料找坡，材料找坡可保证室内顶棚平整，但找坡距离较长，材料用量多，增加了屋面荷载。在民用建筑中一般采用材料找坡。

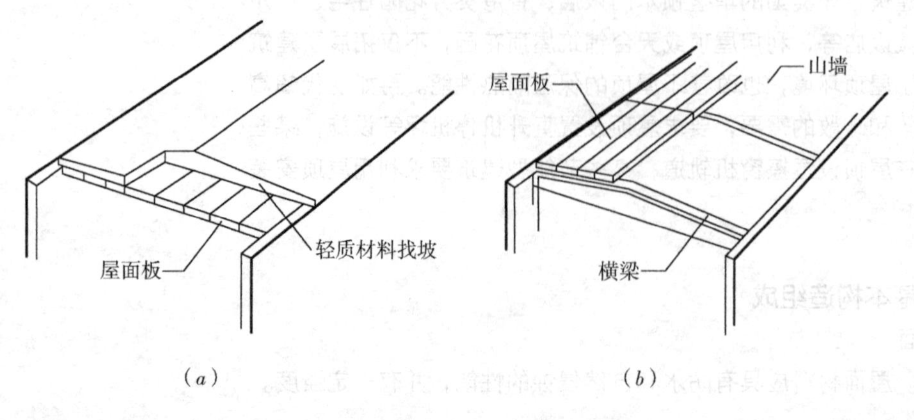

图16-3 屋顶排水坡度的形成

(*a*) 材料找坡；(*b*) 结构找坡

2）结构找坡

结构找坡是将平屋顶的屋面板倾斜搁置（如在上表面倾斜的屋架或屋面梁上安放屋面板或在顶面倾斜的山墙上搁置屋面板），形成所需的排水坡度，不在屋面上另做找坡层，结构找坡构造简单、省工省料、对屋面荷载影响不大，但房屋室内顶棚呈倾斜状，影响美观（图16-3*b*）。当建筑物跨度在18m及18m以上时，应优先选用结构找坡。

2. 排水坡度的大小

现行《民用建筑设计通则》规定屋顶排水坡度的大小应根据屋顶结构形式、屋面基层类别、防水构造形式、防水材料性能及当地气候等条件确定。卷材防水、刚性防水的平屋顶排水坡度为2%～5%。年降雨量大的地区，屋面渗漏的可能性大，排水坡度就应适当加大。当平屋顶采用结构找坡时，坡度不应小于3%；采用材料找坡时，坡度宜为2%；种植土屋面为1%～3%。屋面排水坡度通常可采用三种表示方法：角度法、斜率法、百分比法。

16.2.2.2　屋顶排水组织设计

1. 确定排水方式

1）排水方式的类型

平屋顶的排水方式分为无组织排水和有组织排水两大类。

（1）无组织排水

无组织排水又称自由落水，是指屋面雨水直接从檐口落至室外地面的一种排水方式。无组织排水构造简单、施工方便、造价低廉，但落水时，外墙面常被飞溅的雨水侵蚀，降低了外墙的坚固耐久性，而且从檐口滴落的雨水也可能影响人行道的交通。年降雨量小于或等于900mm的地区，且檐口高度不大于10m时，或年降雨量大于900mm的地区，檐口高度不大于8m时，可采用无组织排水。

（2）有组织排水

有组织排水是将屋面雨水经一定排水的途径（檐沟或天沟、雨水口、雨水斗、雨水管等）排至室外地面或地沟的一种排水方式。在年降雨量小于或等于900mm的地区，檐口高度大于10m时，或年降雨量大于900mm的地区，檐口高度大于8m时，应采用有组织排水方式。

有组织排水又可分为外排水和内排水或内外排水相结合等方式。

①外排水

根据建筑的檐口形式的不同，外排水通常有檐沟外排水、女儿墙内檐沟外排水、坡檐（女儿墙带檐沟）外排水三种方案。

檐沟外排水是将屋面雨水汇集到悬挑在墙外的檐沟内，再沿着檐沟内纵坡引向雨水口，从雨水管排下（图16-4）。雨水管间距不应超过20m，以免造成屋面渗水。

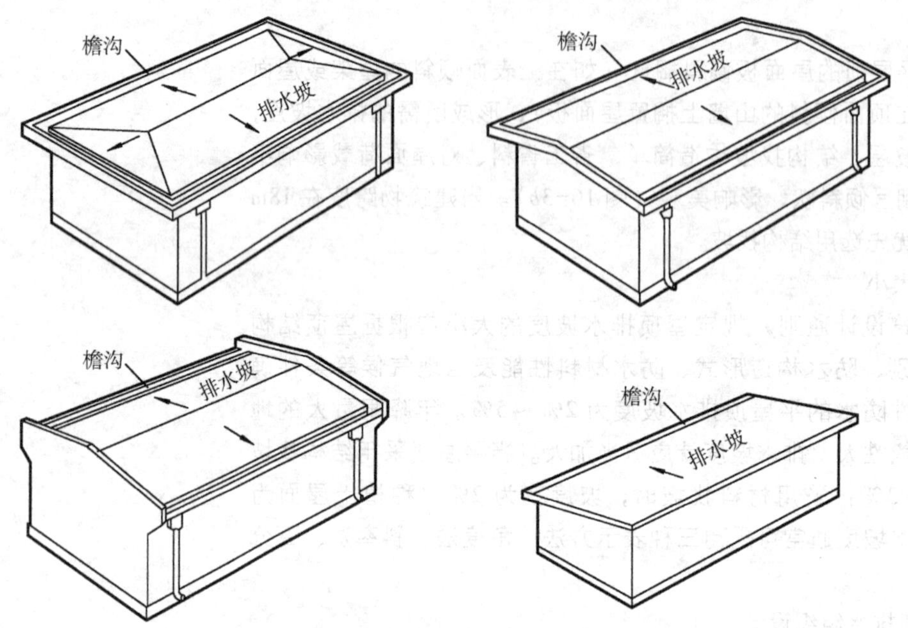

图 16-4　檐沟外排水方式

女儿墙内檐沟外排水是将外墙升起封住屋面，女儿墙与屋面交接处设内檐沟或女儿墙内垫纵向排水坡度。屋面雨水沿内檐沟或纵坡流向雨水口再流入外墙外面的雨水管（图 16-5）。

女儿墙带檐沟外排水方式，是檐沟外排水和女儿墙内檐沟外排水的组合形式。女儿墙与檐沟板之间铺放斜板，斜板外侧用瓦檐装饰形成坡檐。

②内排水

内排水是屋面雨水汇聚到天沟内，再沿天沟内的纵坡，经建筑物内部穿过雨水口流入室内雨水管排入地下管道至室外排水系统，这种排水方式雨水管占用室内空间，且雨水口易堵，倒流，故内排水多用于大面积、多跨、高层以及有特殊要求的建筑（图 16-6）。

2）排水方式选择的原则

现行《民用建筑设计通则》规定屋面排水方式宜优先选用外排水；高层建筑、多跨及集水面积较大的屋面宜采用内排水。一般有以下原则：

（1）等级较低的建筑，为了控制造价，宜优先采用无组织排水。

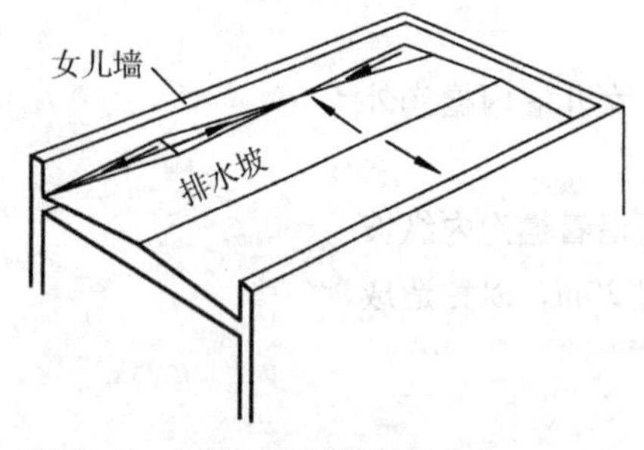

图 16-5　女儿墙内檐沟外排水方式

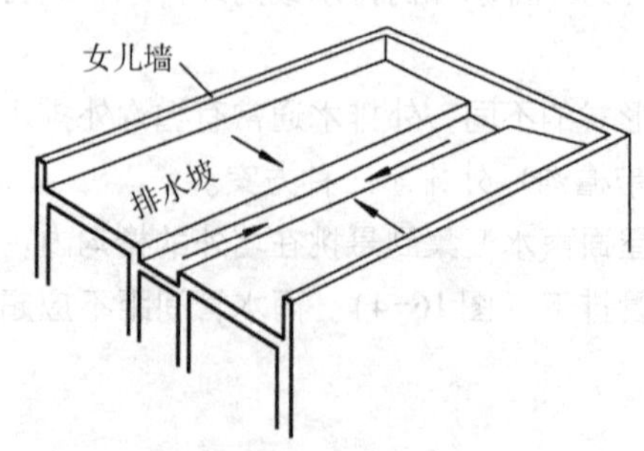

图 16-6　内排水方式

(2) 三层及三层以下或檐高小于10m的中、小型建筑物可采用无组织排水。

(3) 多层建筑、高层建筑、高标准层建筑、临街建筑应采用有组织排水。

(4) 严寒地区应先选用有组织排水。

(5) 降雨量大的地区宜选有组织排水。

(6) 湿陷性黄土地区尤其适宜用外排水。

2. 确定排水坡面数划分排水区

1) 确定排水坡面数

为避免水流路线过长，使防水层破坏，应合理地确定屋面排水坡面的数目。一般情况下，平屋顶屋面宽度小于12m时，可采用单坡排水；宽度大于12m时，可采用双坡排水或四坡排水。

2) 划分排水区

排水区划分应尽量规整，面积大小应与每个雨水管排水面积相适应，每块排水区的面积宜小于$200m^2$，以保证屋面排水通畅，防止屋面雨水蓄积。

16.2.2.3 确定排水系统

平屋顶的排水系统一般包括檐沟或天沟、雨水口、雨水斗、雨水管几部分。

1. 檐沟、天沟

檐沟是位于檐口部位的排水沟，天沟是位于屋面中部的排水沟。

檐沟或天沟的断面尺寸应根据地区降雨量和汇水面积的大小确定，净宽不小于200mm，出挑长度一般取400~600mm，檐沟外壁高度一般在200~300mm，分水线处最小深度不小于120mm。檐沟纵坡不小于1%。檐沟上口与分水线的距离应不小于120mm。

2. 雨水口

每一条檐沟或天沟，一般不宜少于两个雨水口，每一个雨水口的汇水面积不得超过当地降水条件计算所得的最大值。雨水口中心距端部女儿墙内边不宜小于0.5m。采用檐沟外排水雨水口的间距不宜大于24m，女儿墙内檐沟外排水、内排水雨水口的间距不大于15m。

3. 雨水管

雨水管应尽量均匀布置，充分发挥每个雨水管的排水能力。雨水管距离墙面不应小于20mm，并用管箍与墙面固定。雨水管经过的带形线脚、檐口线等墙面突出部分处宜采用直管，并应预留缺口或孔洞。当必须采用弯管绕过时，弯管的接合角应为钝角。

16.2.3 平屋顶的构造

16.2.3.1 柔性防水平屋顶的构造

柔性防水平屋顶是指采用防水卷材用胶结材料粘贴铺设而成的整体封闭的防水覆盖层。它具有一定的延性和韧性，并且能适应一定程度的结构变化，保持其防水性能（图16-7）。柔性防水平屋顶的构造层次包括找平层、保温层（隔热层）、找坡层、隔汽层、防水层和保护层等。

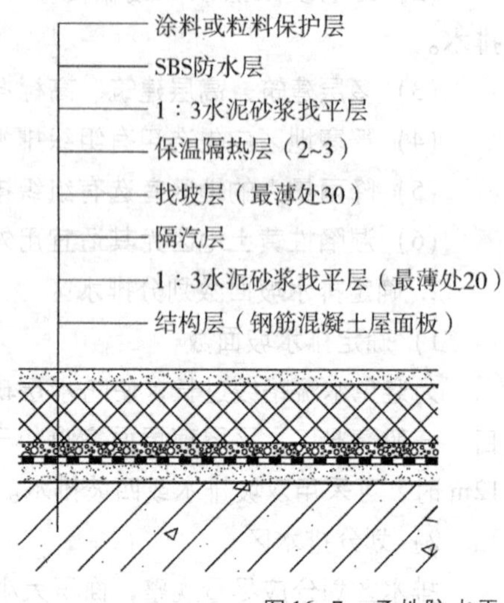

图16-7 柔性防水平屋顶的构造

1. 隔汽层

为防止室内水蒸气渗入保温层后，降低保温层的保温能力，对于纬度40°以北，且室内空气湿度大于75%或其他地区室内湿度大于80%的建筑，经常处于饱和湿度状态的房间（如公共浴室、厨房的主食蒸煮间），需在承重结构层上、保温层下设置隔汽层。隔汽层可采用气密性好的单层防水卷材或防水涂料。

2. 找平层

为保证平屋顶防水层有一个坚固而平整的基层，避免防水层凹陷和断裂。一般在结构层和保温层上，先做找平层。找平层宜设分格缝，并嵌填密封材料。分格缝应设在板端，其纵横向最大间距：水泥砂浆或细石混凝土找平层不宜大于6m，沥青砂浆找平层不宜大于4m。

3. 防水层

卷材防水层基本上有三大类：沥青类卷材防水层、高聚物改性沥青卷材防水层、合成高分子卷材防水层（表16-2）。

卷材防水层　　表16-2

卷材分类	常见品种	卷材胶粘剂
高聚物改性沥青防水卷材	SBS改性沥青防水卷材	热熔、自粘、配套胶粘剂
	APP改性沥青防水卷材	
合成高分子防水卷材	三元乙丙丁基橡胶防水卷材	丁基橡胶为主体的双组分A与B液1:1配比搅拌均匀
	三元乙丙橡胶防水卷材	
	氯磺化聚乙烯防水卷材	CX—401胶
	再生胶防水卷材	氯丁胶粘合剂
	氯丁橡胶防水卷材	CY—409液
	氯丁聚乙烯—橡胶共混防水卷材	胶粘剂配套供应
	聚氯乙烯防水卷材	胶粘剂配套供应

卷材防水层应按现行《屋面工程施工质量验收规范》要求，根据项目性质和重要程度以及所在地区的具体降水条件确定其屋面防水等级和屋面防水构造。例如，雨量特别稀少干热的地区，可以适当减少防水道数，但应选用能耐较大温度变形的防水材料和能防止暴晒的保护层，以适应当地的特殊气候条件。不同的屋面防水等级对防水材料的要求有所不同（表16-3）。

卷材厚度选用表　　　　表 16-3

屋面防水等级	设防道数	合成高分子防水卷材	高聚物改性沥青防水卷材
Ⅰ级	三道或三道以上	不应小于 1.5mm	不应小于 3mm
Ⅱ级	二道	不应小于 1.2mm	不应小于 3mm
Ⅲ级	一道	不应小于 1.2mm	不应小于 4mm
Ⅳ级	一道	—	—

卷材防水层应铺贴在坚固、平整、干燥的找平层上。铺贴时，应注意以下几点：

（1）铺贴方向。当屋面坡度小于3%时，卷材宜平行屋脊铺贴；当屋面坡度在3%～5%时，卷材可平行或垂直屋脊铺贴；当屋面坡度大于15%或屋面受震动时，沥青防水卷材应垂直屋脊铺贴，高聚物改性沥青防水卷材和合成高分子防水卷材可平行或垂直屋脊铺贴。

（2）上下层卷材不得互相垂直铺贴。同时，为保证屋面防水质量，铺贴卷材应采用搭接法，上下层及相邻两幅卷材的搭缝应错开，搭接宽度应根据卷材种类、铺贴方法等满足规范要求。铺贴的卷材应平整顺直，搭接尺寸准确，不得扭曲、皱折。

（3）卷材粘贴方法包括有冷粘法、热熔法、自粘法。

4. 找坡层

依据屋顶坡度选择合适的构造方式。

5. 保护层

保护层是屋顶最上面的构造层，其作用是减缓雨水对卷材防水层的冲刷力；降低太阳辐射热对卷材防水的影响；防止卷材防水层产生龟裂和渗漏现象，延长其使用寿命。保护层的做法应视屋面的使用情况和防水层所用材料而定。

1）不上人屋面

（1）沥青卷材防水屋面一般采用撒铺粒径3～5mm的绿豆砂做保护层；

（2）高聚物改性沥青防水卷材、合成高分子防水卷材防水层可采用与防水层材料配套的保护层或粘贴铝箔作为保护层。

2）上人屋面

（1）防水层上做水泥砂浆保护层或细石混凝土保护层；

（2）防水层上用砂、沥青胶或水泥砂浆铺贴预制缸砖、地砖等。

16.2.3.2　刚性防水平屋顶的构造

刚性防水屋面是以防水砂浆抹面或密实混凝土浇捣而成的防水层，它构造简单，施工方便，造价较低，但其对温度变化和结构变形较敏感，易产生裂缝而漏水，一般适用于防水等级为Ⅰ～Ⅳ级的屋面防水，不适用于有保温层、有较大振动或冲击荷载作用的屋面和坡度大于15%的建筑屋面，我国南方地区多采用（图16-8）。

刚性防水平屋顶的构造层次包括找平层、保温层（隔热层）、找坡层、隔离层、防水层和保护层等。

细石混凝土刚性防水层采用40mm厚，强度等级为C20，水泥∶砂子∶石子的重量比为1∶（1.5～2.0）∶（3.5～4.0）的密实细石混凝土。在混凝土中掺加膨胀剂、减水剂等外加剂，还宜掺入适量的合成短纤维，以提高和改善其防水性能。为防止细石混凝土的防水层裂缝，应采取如下措施。

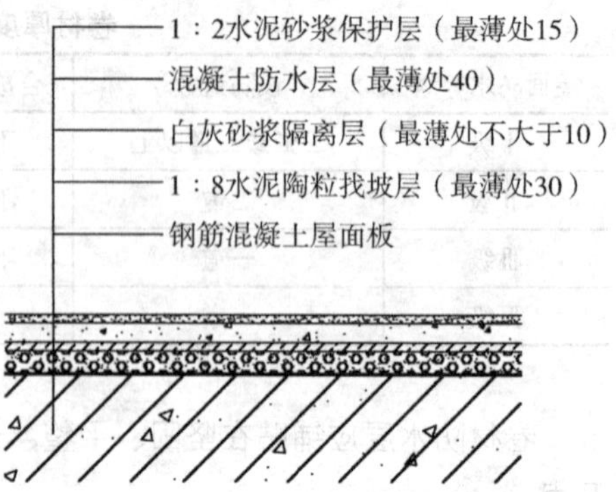

1∶2水泥砂浆保护层（最薄处15）
混凝土防水层（最薄处40）
白灰砂浆隔离层（最薄处不大于10）
1∶8水泥陶粒找坡层（最薄处30）
钢筋混凝土屋面板

图16-8　刚性防水平屋顶的构造

1. 配筋

为提高细石混凝土防水层的抗裂和应变能力，常配置双向钢筋网片，钢筋直径为4～6mm，间距100～200mm。由于裂缝易在面层出现，钢筋安装位置居中偏上，其上面保护层厚度不小于10mm。

2. 设置分仓缝

又称分格缝，是防止细石混凝土防水层不规则裂缝、适应结构变形而设置的人工缝（图16-9）。

分仓缝设置位置：屋面板的支承端、屋面转折处、防水层与突出屋面结构的交接处。

分仓缝构造做法：分仓缝宽度为20mm左右，其横向间距不宜大于6m，分仓缝有平缝和凸缝两种形式，分仓缝内嵌密封材料，缝口用卷材铺贴盖缝（图16-10）。

3. 隔离层

隔离层是在找平层上铺砂、铺低强度的砂浆或干铺一层卷材或刷废机油、沥青等。其作用是将刚性防水层与结构层上下分离，以适应各自的变形，减少温度变化和结构变形对刚性防水层的影响。

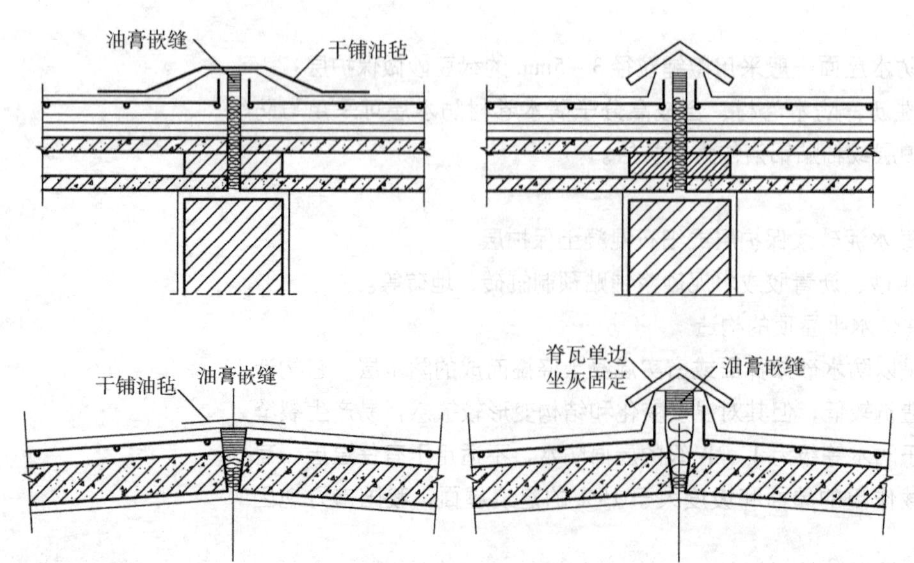

图16-9　刚性防水屋面分格缝做法

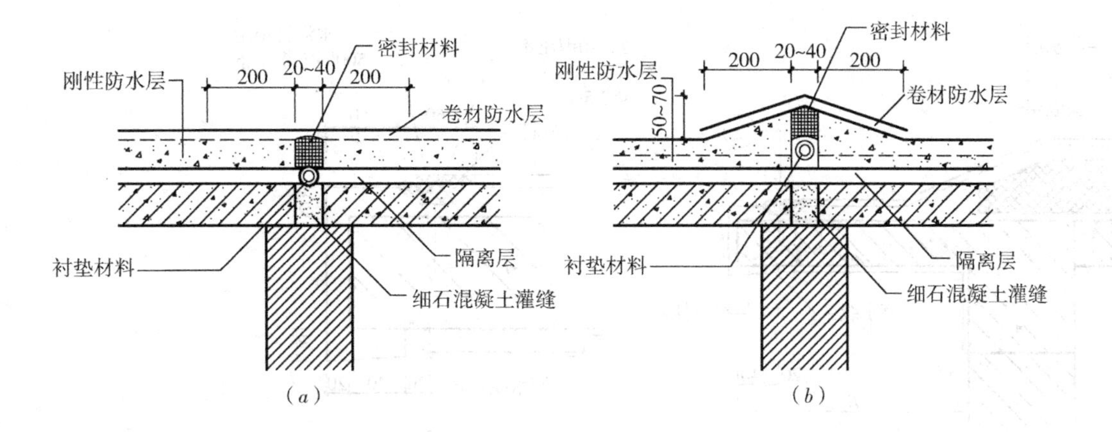

图 16-10 分仓缝构造
(a) 平缝；(b) 凸缝

16.2.3.3 涂膜防水屋面

涂膜防水层是采用可塑性和粘结力较强的高分子防水涂料，直接涂刷在屋面找平层上，形成一层不透水薄膜的防水层。一般有乳化沥青类、氯丁橡胶类、丙烯酸树脂类、聚氨酯类和焦油酸性类等。涂膜防水层具有防水性好、粘结力强、延伸性大、耐腐蚀、耐老化、冷作业、易施工等特点。但涂膜防水层成膜后要加以保护，以防硬杂物碰坏。

涂膜防水层的构造做法是在平整干燥的找平层上，分多次涂刷乳化型防水涂料，涂 3 遍，厚 1.2mm；溶剂型防水涂料，涂 4 ~ 5 遍，厚度大于 1.2mm。涂膜表面采用细砂、浅色涂料、水泥砂浆等作保护层。

16.2.4 平屋顶的细部构造

平屋顶的构造主要包括檐口构造、雨水口构造、屋顶花园、屋面变形缝处构造。

16.2.4.1 檐口构造

檐口构造是指屋顶与墙身交接处的构造做法。

1. 挑檐檐口

1）无组织排水挑檐檐口

无组织挑檐檐口即自由落水檐口，当平屋顶采用无组织排水时，为了雨水下落时不至于淋湿墙面，从平屋顶悬挑出不小于 400mm 宽的板。

（1）在卷材防水屋面中，为保证形成封闭的防水层，防止卷材翘起，从屋顶四周漏水，檐口 800mm 范围内卷材应采取满粘法，将卷材收头压入凹槽，采用金属压条钉压，并用密封材料封口，檐口下端应抹出鹰嘴和滴水槽（图 16-11）。

（2）在刚性防水屋面中，当挑檐较短时，可将混凝土防水层直接悬挑出去形成挑檐口，当所需挑檐较长时，为了保证悬挑结构的强度，应采用与屋顶圈梁连为一体的悬臂板形成挑檐（图 16-12）。

2）有组织排水挑檐檐口

有组织挑檐檐口即檐沟外排水檐口，也称为檐沟挑檐。

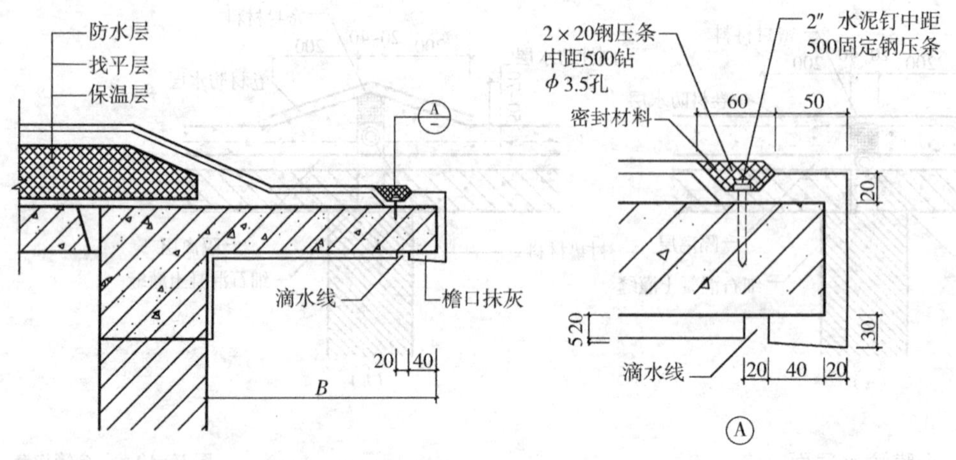

图 16-11　卷材防水屋面无组织排水挑檐檐口构造

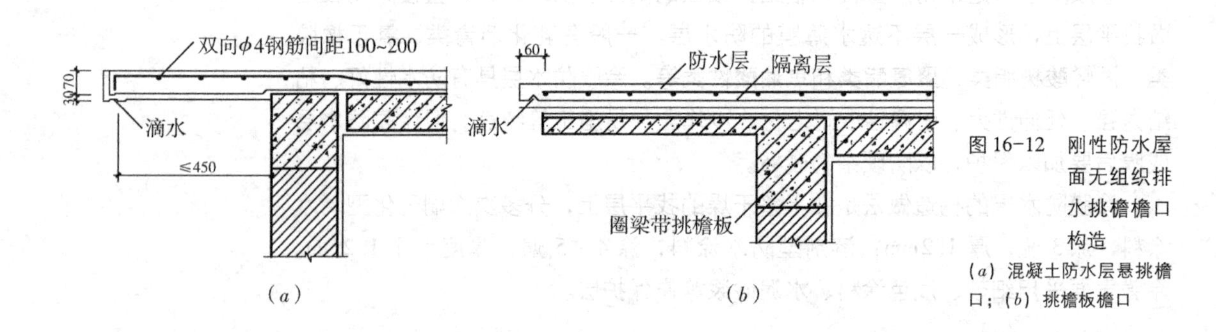

图 16-12　刚性防水屋面无组织排水挑檐檐口构造

(a) 混凝土防水层悬挑檐口；(b) 挑檐板檐口

（1）在卷材防水屋面中，檐沟外排水檐口在檐沟沟内应加铺一层卷材以增强防水能力，当采用高聚物改性沥青防水卷材或高分子防水卷材时宜采用防水涂膜增强层；卷材防水层应由沟底翻上至沟外檐顶部，在檐沟边缘，应用水泥钉固定压条，将卷材压住，再用密封材料封严；为防卷材在转角处断裂，檐沟内转角处应用水泥砂浆抹成圆弧形；檐口下端应抹出鹰嘴和滴水槽（图16-13）。

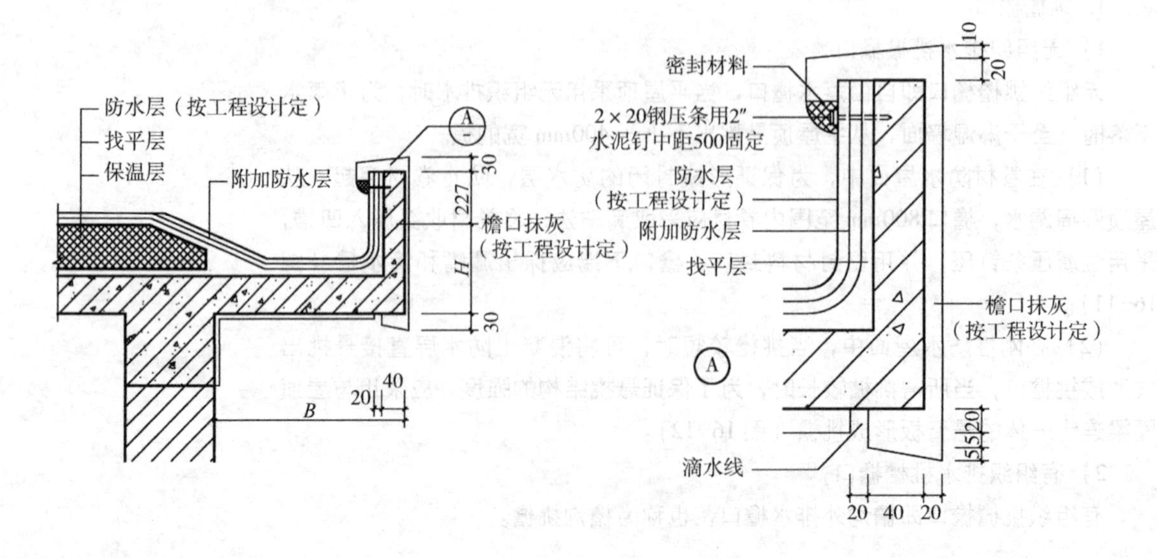

图 16-13　卷材防水屋面有组织排水挑檐檐口构造

（2）在刚性防水屋面中，刚性防水层应挑出50mm左右滴水线或直接做到檐沟内，设构造钢筋，以防止爬水（图16-14）。

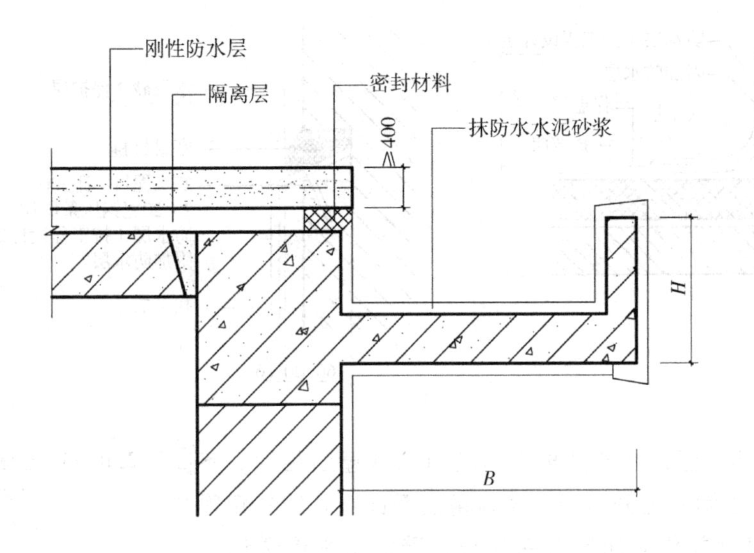

图16-14　刚性防水屋面有组织排水挑檐檐口构造

2. 女儿墙檐口

1）女儿墙高度

上人平屋顶女儿墙是用以保护人员安全的，其高度低层、多层建筑不应小于1.05m；高层建筑应为1.1～1.2m。不上人屋顶女儿墙，抗震设防烈度为6、7、8度地区无锚固女儿墙的高度，不应超过0.5m，超过时应加设构造柱及钢筋混凝土压顶圈梁，构造柱间距不应大于3.9m。位于出入口上方的女儿墙，应加强抗震措施。

2）女儿墙厚度

砌块女儿墙厚度不宜小于200mm，其顶部应设大于等于60mm厚的钢筋混凝土压顶，实心砖女儿墙厚度不应小于240mm。

3）女儿墙泛水

女儿墙泛水是指屋面防水层与垂直墙面相交处的构造。

（1）在卷材防水屋面中，将屋面的卷材防水层继续铺至垂直面上，形成卷材泛水，泛水高度不得小于250mm；在屋面与垂直面的交接处再加铺一层附加卷材，为防止卷材断裂，转角处应用水泥砂浆抹成圆弧形或45°斜面；泛水上口的卷材应作收头固定，一般做法是：

①对于砖墙上的卷材收头可直接铺压在女儿墙压顶下，压顶应进行防水处理。

②在垂直墙中凿出通长凹槽，将卷材的收头压入槽内，用防水压条钉压后再用密封材料嵌填封严，外抹水泥砂浆保护，凹槽距屋面找平层不应小于250mm，凹槽上部的墙体应进行防水处理（图16-15）。

③北方地区有保温的屋顶，根据节能要求，屋顶保温层与墙体保温应封闭，如卷材防水屋面女儿墙檐口保温构造（图16-16）。

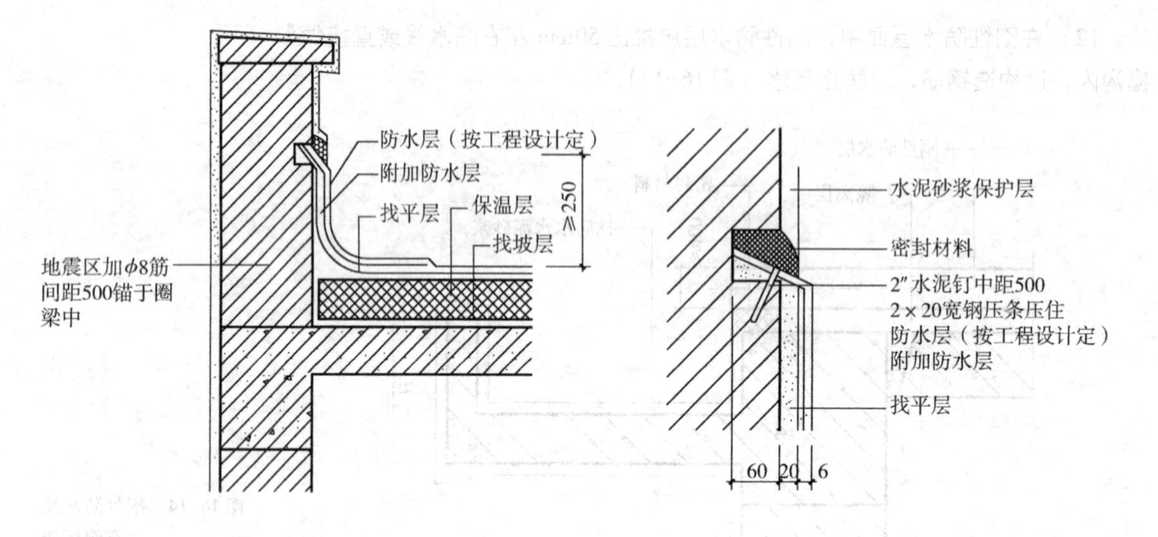

图 16-15　卷材防水屋面女儿墙泛水构造

（2）在刚性防水屋面中，泛水的构造要点与卷材防水屋面相同。不同之处是女儿墙与刚性防水层间应留分格缝，缝内用油膏嵌缝，缝外用附加卷材铺贴至泛水所需要高度并作好压缝收头处理，避免雨水渗透进缝内（图 16-17）。

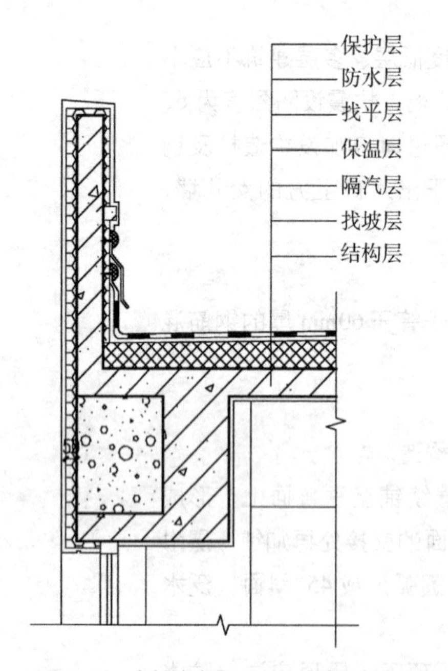

图 16-16　卷材防水屋面女儿墙檐口保温构造

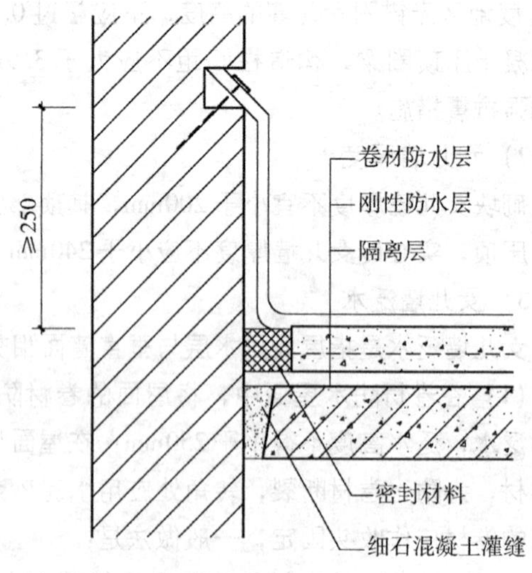

图 16-17　刚性防水屋面檐口构造

3. 女儿墙带挑檐檐口

女儿墙带挑檐檐口是将前面两种檐口相结合的构造处理。女儿墙与挑檐之间用盖板（混凝土薄板或其他轻质材料）遮挡，形成平屋顶的坡檐口（图 16-18）。由于挑檐的端部加大了荷载，结构和构造设计都应特别注意处理悬挑构件的抗倾覆问题。

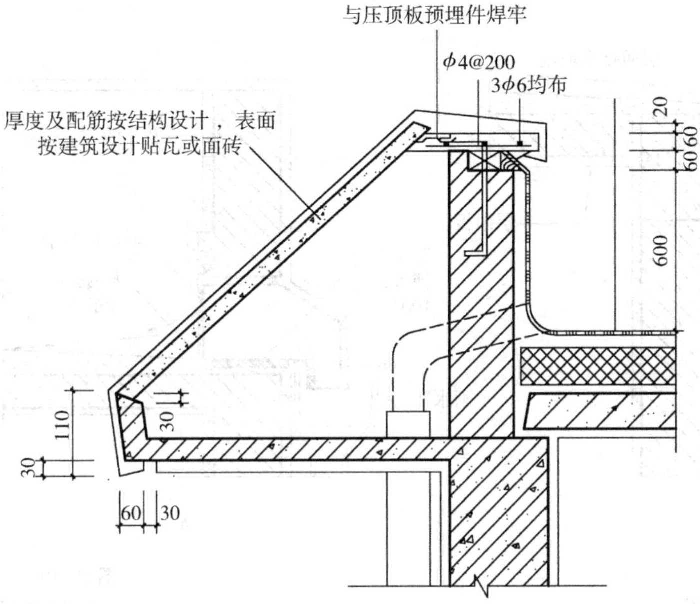

图 16-18　女儿墙带挑檐檐口构造

16.2.4.2　雨水口构造

雨水口是屋面雨水汇集并排至雨水管的关键部位，应满足排水通畅、防止渗漏和堵塞的要求。雨水口有水平雨水口和垂直雨水口两种形式。

1. 水平雨水口

采用直管式铸铁或 PVC 漏斗形的定型件，用水泥砂浆埋嵌牢固，雨水口四周须加铺一层卷材，并铺到漏斗口内，用沥青胶贴牢。缺口及交接处等薄弱环节可用油膏嵌缝，再用带箅铁罩压盖（图 16-19*a*）。雨水口埋设标高应考虑雨水口设防时增加的附加层和柔性密封层的厚度及排水坡度加大的尺寸。雨水口周围直径 500mm 范围内坡度不应小于 5%，并用防水涂料或密封材料涂封，其厚度不小于 2mm。

2. 垂直雨水口

垂直雨水口是穿过女儿墙的雨水口。采用侧向铸铁雨水口或 PVC 雨水口放入女儿墙所开洞口，并加铺一层卷材，铺入雨水口 50mm 以上用沥青胶贴牢，再加盖铁箅（图 16-19*b*）。垂直雨水口埋设标高要求同水平雨水口。

16.2.4.3　屋顶花园

屋顶花园是指在屋顶或天台上种植树木花卉，建造亭廊、花架、水池等形成园林。

屋顶花园具有美化环境、调节心情；改善生态；改善屋顶眩光，美化城市景观；隔热和保温功能；蓄积雨水的作用。

屋顶花园类型按空间开敞程度分为开敞式、半开敞式、封闭式；按绿化形式分有成片种植式（地毯式、自由式、苗圃式）、分散式、周边式、庭院式；按建造时间分有新建式、改建式。

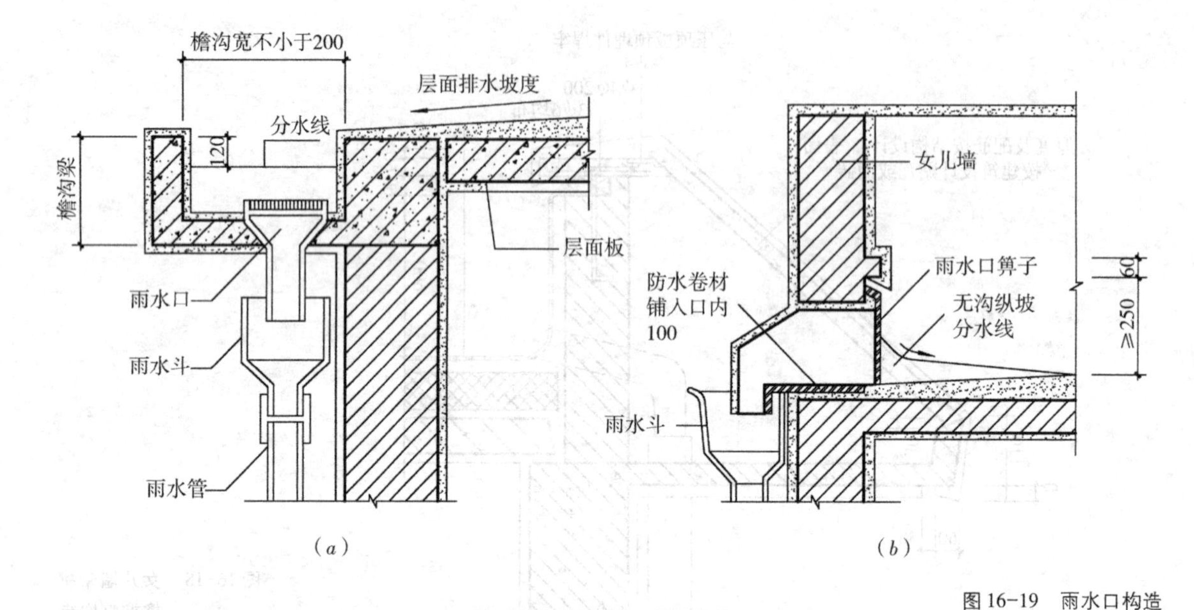

图 16-19　雨水口构造
(a) 水平雨水口；(b) 垂直雨水口

16.2.5　平屋顶保温与隔热

16.2.5.1　保温层

平屋顶设置保温层的目的是防止北方采暖地区冬季室内的热量散失太快，并且使围护构件的内部和表面不产生凝结水。平屋顶保温层的材料和构造方案是根据使用要求、气候条件、屋面的结构形式、防水处理方法、施工条件等综合考虑确定。

1. 正置式保温

是保温层设在结构层上、防水层下的构造做法，又称内置式保温（图16-20）。正置式保温的材料必须是空隙多、密度小、导热系数小的材料，一般有散料、现场浇筑的混合料、板块料三种。散料有矿渣、膨胀蛭石、膨胀珍珠岩等；现场浇筑的混合材料有水泥炉渣、水泥蛭石、水泥膨胀珍珠岩等；板块料有预制膨胀蛭石板、加气混凝土板、泡沫混凝土板和聚苯乙烯保温板等。

2. 倒置式保温

是保温层设置在防水层上的构造做法（图16-21）。其特点是防水层不受

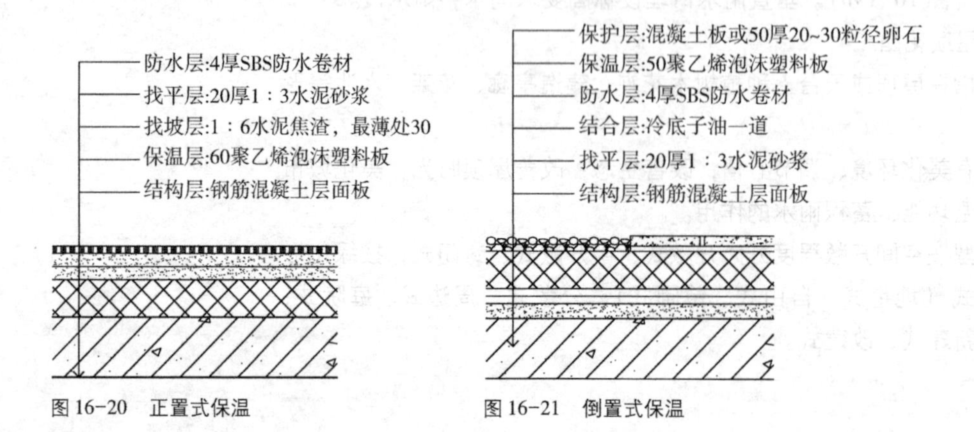

图 16-20　正置式保温　　图 16-21　倒置式保温

太阳辐射和剧烈气候变化的直接影响，不易受外来的损伤，但保温材料必须选用吸湿性低、耐气候性强的聚氨酯和挤塑聚苯乙烯泡沫塑料板、泡沫玻璃块作保温层，而且用较重的覆盖层压住，如预制混凝土块或卵石。

16.2.5.2　屋顶隔热层

平屋顶设置隔热层的目的是防止夏季南方炎热地区太阳的辐射热，影响室内生活和工作环境。平屋顶隔热层的设置形式有通风层、反射降温、植被隔热及蓄水隔热等。

1. 通风层隔热

通风层隔热是指在屋顶设置架空通风间层，使上层表面起着遮挡阳光的作用，利用风压和热压作用把间层中的热空气不断带走，以减少传到室内的热量，从而达到隔热降温的目的。通风层一般有架空层和顶棚通风层两种做法。

1）架空层

架空层是在防水层之上设置架空通风层，以预制板或大阶砖来架空，形成通风层，架空通风隔热屋面如图16-22所示。现行《民用建筑设计通则》中规定采用架空层隔热屋面，架空隔热屋面坡度不宜大于5%。架空隔热层高度应按屋面宽度或坡度的大小变化确定，架空层不得堵塞；当屋面宽度大于10m时，应设置通风屋脊；屋面基层上宜有适当厚度的保温隔热层。架空的空间高度宜为150～200mm，空气间层应有无阻滞的通风进、出口；架空板距山墙或女儿墙不得小于250mm；架空板的支点可以做成砖垄墙或砖墩，间距视架空板的尺寸而定。

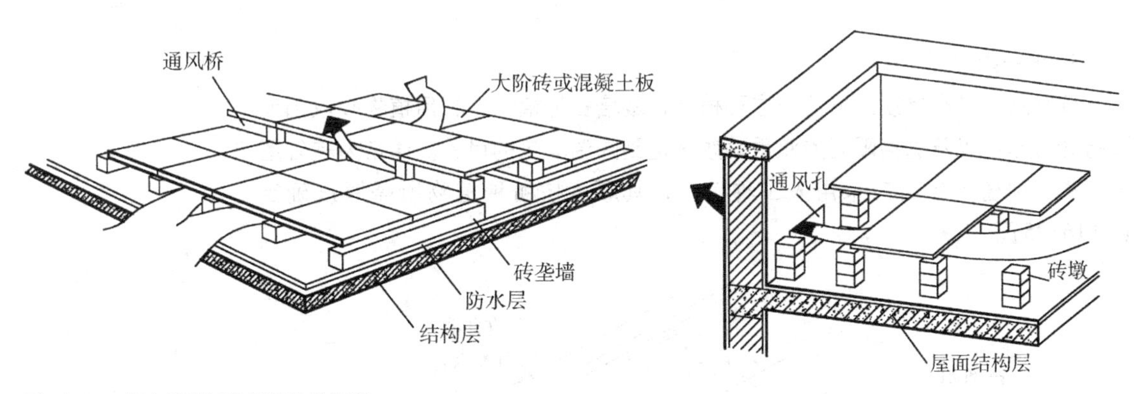

图16-22　架空通风隔热屋面构造示意

2）顶棚通风层

顶棚通风层是利用悬吊式顶棚与屋顶之间的空间作通风隔热层，可以起到架空通风同样的作用（图16-23）。顶棚通风层应有足够的净空高度，一般为500mm左右；必须设置一定数量的通风孔，以利空气对流；通风孔应考虑防止飘雨措施，当通风孔高度不大于300mm时，可将混凝

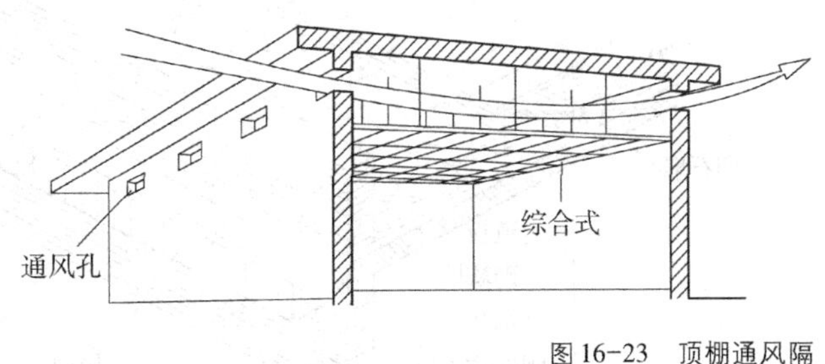

图16-23　顶棚通风隔热屋面示意

土花格在外墙内边缘安装，利用较厚的外墙洞口即可挡住飘雨，也可在通风孔上部挑砖或采取其他措施加以处理，当通风孔较大时，可以在洞口设百叶窗片挡雨；应注意解决好屋面防水层的保护问题，以避免防水层开裂引起渗漏。

2. 反射隔热层

反射隔热层是利用屋面材料的颜色和光滑度对热辐射的反射作用，将一部分热量反射回去从而达到降温的目的。例如屋面采用浅色的砾石、混凝土，或涂刷白色涂料，均可起到明显的隔热降温效果。如果在吊顶棚通风隔热的顶棚基层中加铺一层铝箔纸板，利用第二次反射作用，其隔热效果会更加显著，因为铝箔的反射率在所有材料中是最高的（图16-24）。

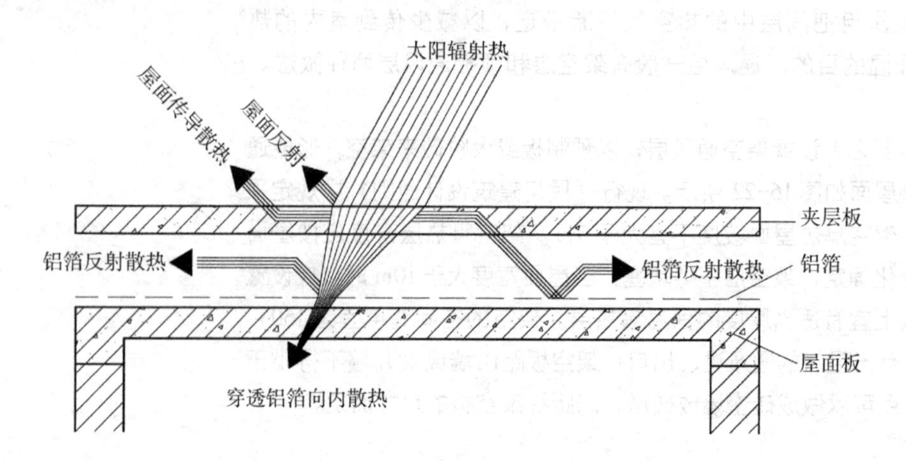

图16-24　铝箔反射屋面

3. 植被隔热

植被隔热是在屋顶上覆盖一层种植土，栽培各种植物，利用植物吸收阳光进行光合作用以及遮挡阳光的双重功效来达到降温隔热的目的。通常为减轻屋面荷载，种植土屋面应采用人工种植土，其厚度按所种植物所需厚度确定（图16-25）。

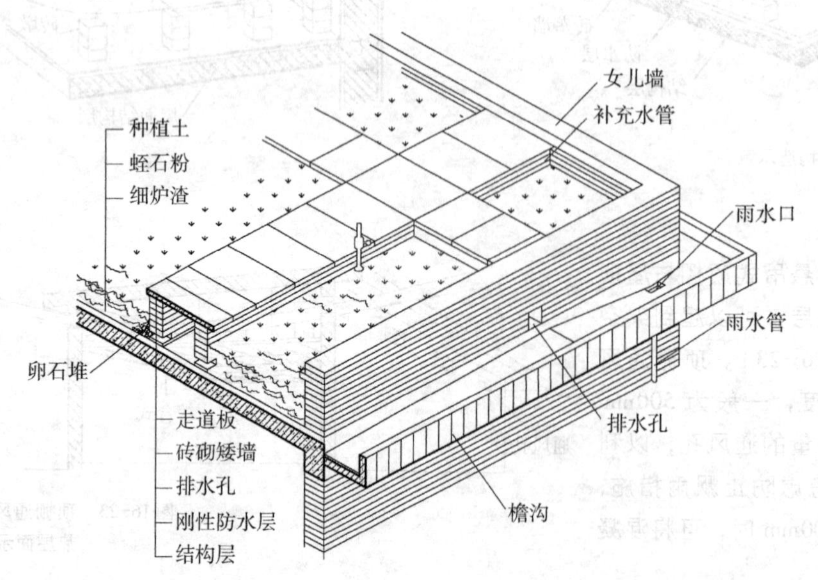

图16-25　植被隔热示意

4. 蓄水隔热层

蓄水隔热层是在平屋顶蓄积水，利用水蒸发时需要大量的汽化热，从而大量消耗晒到屋面的太阳辐射热，以减少屋顶吸收的热能，达到降温隔热的作用，同时水面还能反射阳光，减少太阳辐射对屋面的热作用。水层在冬季还有一定的保温作用。此外，水层长期将防水层淹没，可以减少由于湿度变化引起的开裂和防止混凝土碳化，延长其寿命（图 16-26）。蓄水深度应在 150 ~ 200mm；根据屋面面积划分成若干蓄水区，每区的边长一般不大于 10m；应有足够的泛水高度，至少高出溢水孔 100mm；合理设置溢水孔和泄水孔，并应与排水檐沟或雨水管连通，以保证多雨季节不超过蓄水深度和检修屋面时能将蓄水排除；注意作好管道的防水处理。

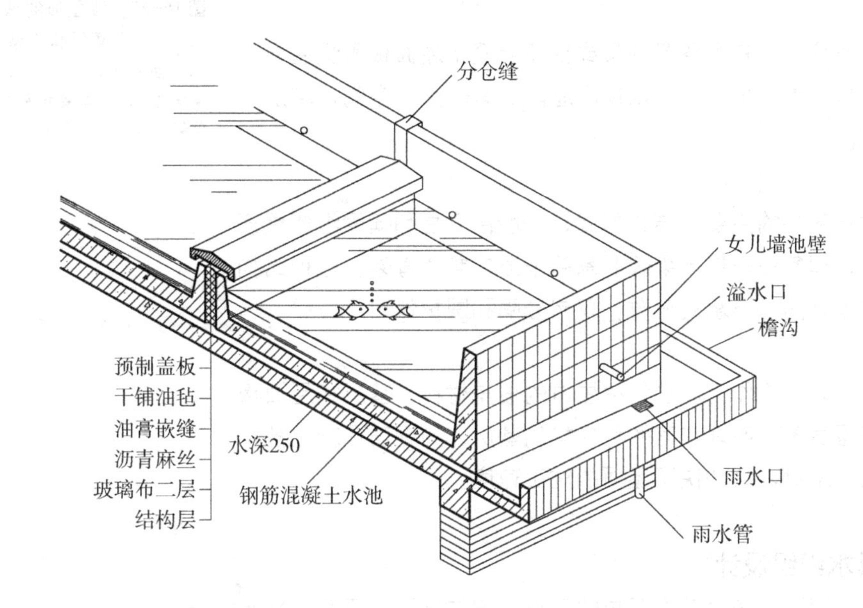

图 16-26　蓄水隔热层构造示意

16.3　坡屋顶的构造

16.3.1　坡屋顶的构造组成

坡屋顶由顶棚、承重结构、屋面及保温、隔热层等部分组成。

16.3.1.1　顶棚

坡屋顶的顶棚一般采用悬吊式顶棚。

16.3.1.2　承重结构

坡屋顶的承重结构承受屋面上传来的荷载，并把这些荷载传到墙或柱子上。常用的承重结构类型包括：横墙承重、屋架承重、梁架承重（图 16-27）。

1. 横墙承重

横墙承重也称硬山搁檩，是将建筑物的横墙上部砌成三角形，直接搁置檩条以承受屋顶的荷载，适用于房屋横墙间距（开间）较少，多数相同开间并列的建筑。

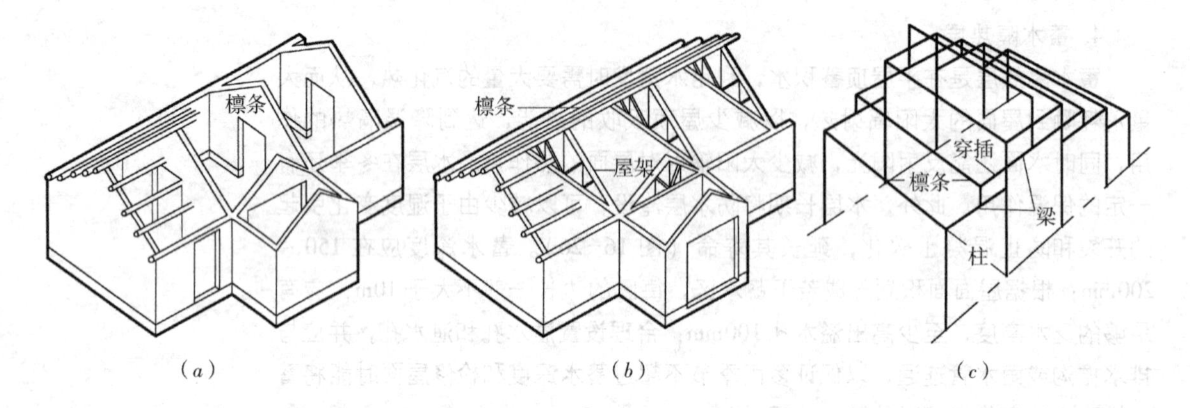

图 16-27　坡屋顶的承重结构类型
(a) 横墙承重；(b) 屋架承重；(c) 梁架承檩式屋架

2. 屋架承重

即屋架支承在纵墙或柱上，其上搁置檩条或钢筋混凝土屋面板承受屋面传来的荷载，屋架承重与横墙承重相比，可以使房屋内部有较大的空间，增加了内部空间划分的灵活性。

3. 梁架承重

梁架承重是我国古代建筑的主要的结构形式，一般由立柱和横梁组成屋顶和墙身部分的承重骨架，檩条把一排排梁架联系起来形成整体骨架。这种结构形式的内外墙填充在梁架之间，不承受荷载，仅起分隔和围护作用。

16.3.1.3　屋面

屋面有防雨、遮阳、防风等作用。它包括屋面的覆盖材料、基层和屋面板等。传统的基层以木基层居多，而现在有各种各样的基层，如钢筋混凝土挂瓦构件等，这样不但节约了木材，又加快了屋面的施工速度。

16.3.2　坡屋顶的排水组织设计

坡屋顶的排水是坡屋顶满足防水基本要求的重点，它与平屋顶不同，平屋顶由于屋面坡度较小，因此以防为主；而坡屋顶的屋面坡度较大，因此是以排为主，即将大量的雨水排走，用屋面本身的覆盖材料起到防水作用。

坡屋顶的排水坡度要求大于10%，表示方法可用百分比法或斜率法。现行《民用建筑设计通则》规定坡屋顶的排水坡度应符合表16-4所示规定。当坡屋顶采用卷材防水屋面时排水坡度不宜大于25%，大于25%时应采取固定和防止滑落的措施。排水坡度的形成一般采用结构找坡。

坡屋顶的排水坡度　　表16-4

屋面类别	屋面排水坡度（%）
瓦	20～50
波形瓦	10～50
油毡瓦	≥20
网架、悬索结构金属板	≥4
压型钢板	5～35

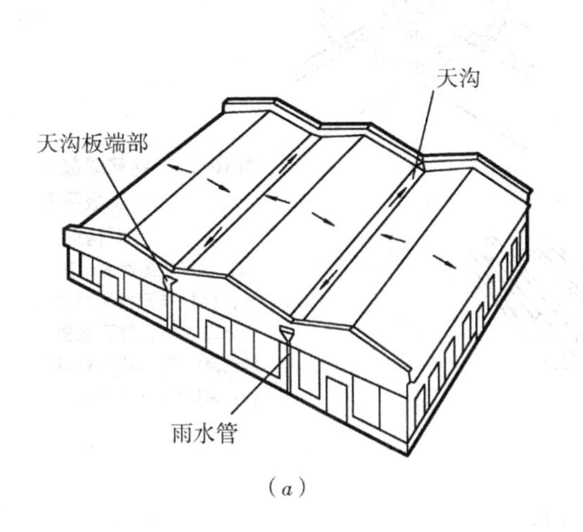

(a)

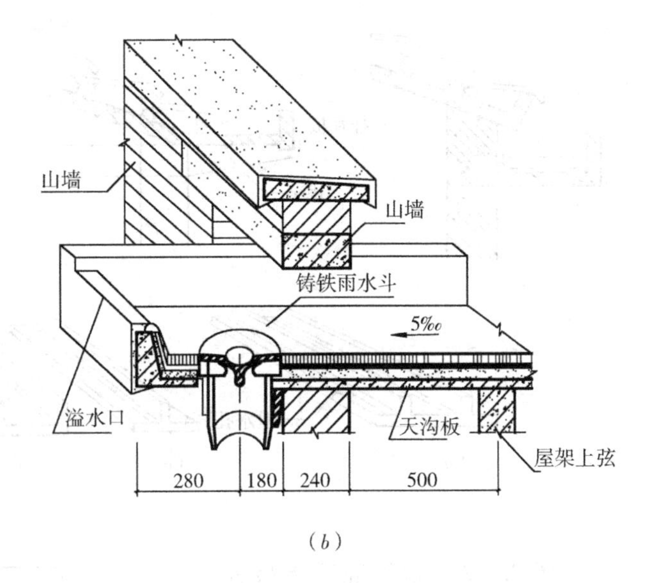

(b)

图 16-28　长天沟外排水方式
(a) 长天沟的位置;
(b) 长天沟雨水口构造

坡屋顶的排水方式包括无组织排水和有组织排水，其中有组织排水又包括外排水和内排水。坡屋顶女儿墙内檐沟外排水，排水不畅，极易渗漏，应用较少。当坡屋顶形成跨和跨之间的天沟，可以采用内排水或长天沟外排水方式，即沿着跨和跨中间的纵向天沟向房屋两端排水，这种方式避免了在室内设置雨水管，要求长天沟的纵向长度控制在100m以内（图16-28）。

坡屋顶进行排水组织设计时，应注意以下问题：

(1) 坡屋顶的排水方式应尽量选用无组织排水和有组织排水中的挑檐沟外排水；

(2) 在屋顶的排水坡面的数目应结合坡屋顶的建筑造型要求选择单坡、双坡或四坡排水；

(3) 坡屋顶的排水装置中天沟（檐沟）一般采用镀锌薄钢板直接铺于基层上，且伸入瓦片下面至少150mm，较少采用钢筋混凝土槽形天沟。

16.3.3　坡屋顶的屋面类型及构造

坡屋顶的屋面类型根据其覆盖材料的种类不同，可分为平瓦屋面、小青瓦屋面、波形瓦屋面和压型钢板瓦屋面。

16.3.3.1　钢筋混凝土挂瓦板平瓦屋面

钢筋混凝土挂瓦板平瓦屋面是将预制的钢筋混凝土挂瓦板构件直接搁置在横墙或屋架上，并在其上直接挂瓦。钢筋混凝土挂瓦板具有檩条、木望板、挂瓦条三者的作用，是一种多功能构件，挂瓦板断面呈Ⅱ形、T形、F形，板肋用来挂瓦，中距为330mm，且板肋根部应预留泄水孔，以便排除由瓦面渗漏下的雨水，板缝可采用1:3水泥砂浆嵌填。这种屋面可以节约大量木材，但制作挂瓦板应严格控制构件的几何尺寸，使之与瓦材尺寸配合，否则易出现瓦材搭挂不密合而引起漏水的现象（图16-29）。

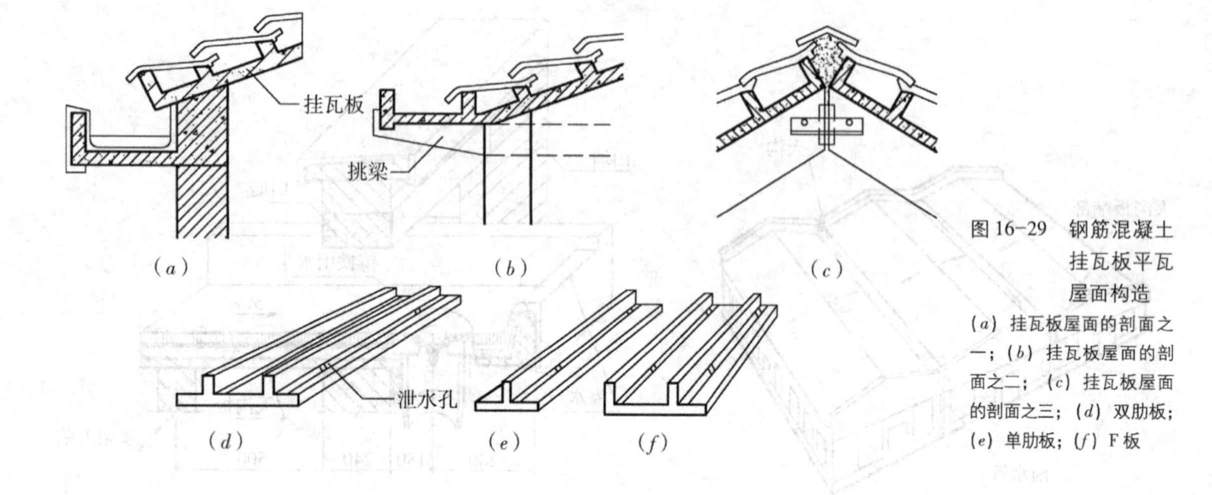

图 16-29　钢筋混凝土挂瓦板平瓦屋面构造

(a) 挂瓦板屋面的剖面之一；(b) 挂瓦板屋面的剖面之二；(c) 挂瓦板屋面的剖面之三；(d) 双肋板；(e) 单肋板；(f) F 板

16.3.3.2　钢筋混凝土板瓦屋面

平瓦屋面中由于保温、防火或造型等的需要，将现浇平板作为屋面的基层盖瓦。其构造做法有两种：第一种是在钢筋混凝土板的找平层上铺防水卷材一层，用压毡条钉嵌在板缝内的木楔上，再钉挂瓦条挂瓦；另一种是在钢筋混凝土板上直接粉刷防水水泥砂浆，并贴瓦或陶瓷面砖瓦或平瓦（图 16-30）。

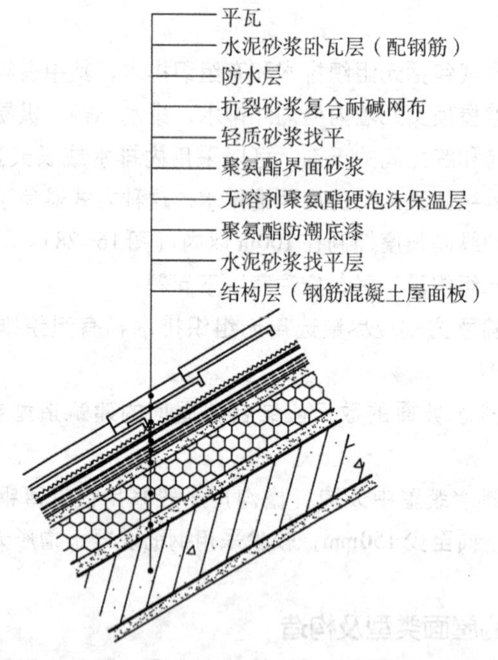

图 16-30　钢筋混凝土板瓦屋面砂浆贴瓦构造

16.3.3.3　金属瓦屋面

金属瓦屋面有彩色铝合金压型板、波纹板和彩色涂层钢压型板、拱形板等。彩色涂层钢压型板自重轻、强度高、施工安装方便，彩板色彩绚丽，质感好。可用于平直坡面的屋顶和曲面屋顶上。根据彩色涂层钢压型板的功能构造不同，有单层彩板和保温夹心彩板。

彩色涂层钢压型板瓦屋面，是将彩色涂层钢压型板直接支承于槽钢、工字钢或轻钢檩条上，檩条间距应由屋面板型号而定，为 1.5～3.0m。彩色涂层钢压型板与檩条的连接主要通过带防水垫圈的镀锌螺栓或螺钉，固定点应设在波峰上，并涂抹密封材料保护。彩板在固定时，应保证有一定的搭接长度，横向搭接不小于一个波，纵向搭接不小于 200mm。如彩板需挑出墙面，其长度不小于 200mm；如伸入檐沟内，其长度不小于 150mm；与泛水的搭接宽度不小于 200mm（图 16-31）。

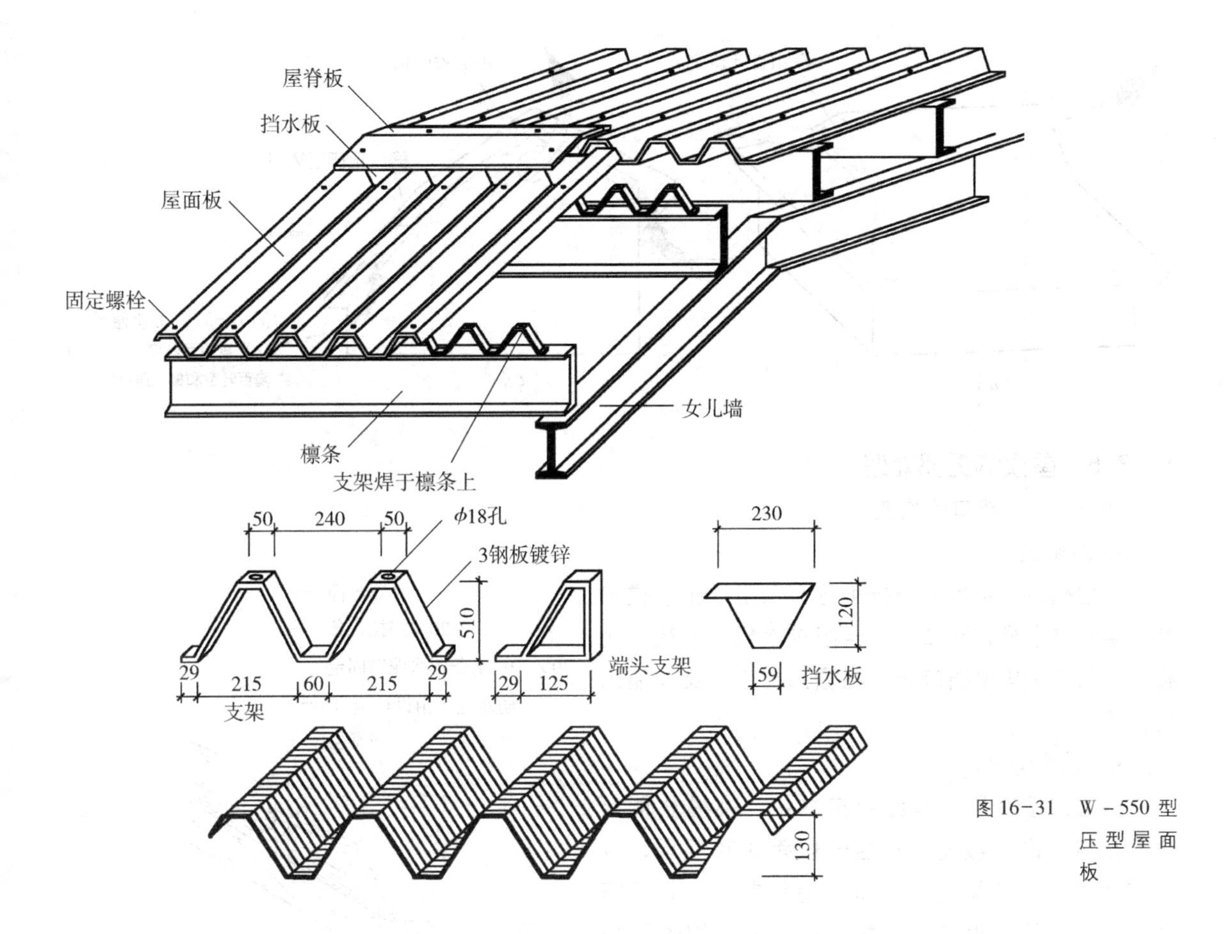

图 16-31　W－550 型压型屋面板

16.3.4　坡屋顶的保温与隔热

坡屋顶同样需要考虑保温、隔热等要求，保温构造同平屋顶。

坡屋顶的隔热措施一般有两种：

（1）屋面设置通风层，即将屋面做成双层，由檐口处进气，从屋脊处排气，利用空气流动带走屋顶的热量，降低温度，起到隔热作用（图 16-32）。

（2）利用吊顶棚与屋面间的空间，组织空气流动，形成自然通风，隔热效果明显，且对于木结构屋顶也起驱潮防腐的作用，一般通风口可设置在檐口、屋脊、山墙和坡屋顶上（图 16-33）。

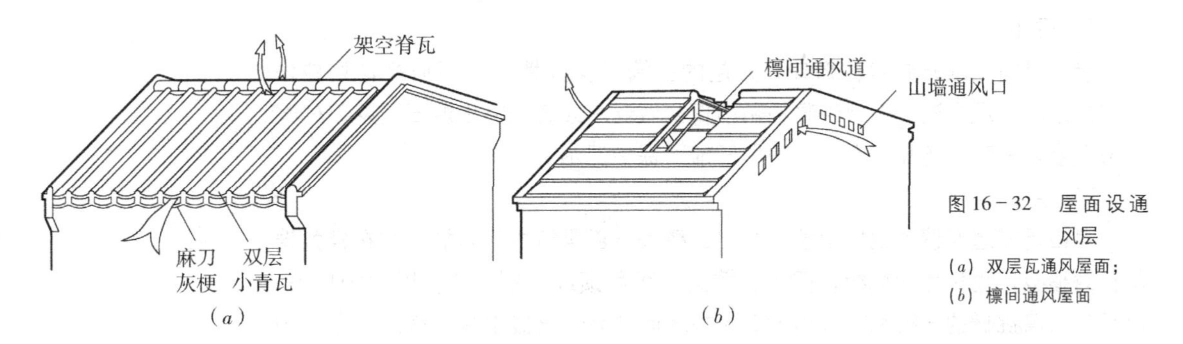

图 16－32　屋面设通风层
(a) 双层瓦通风屋面；
(b) 檩间通风屋面

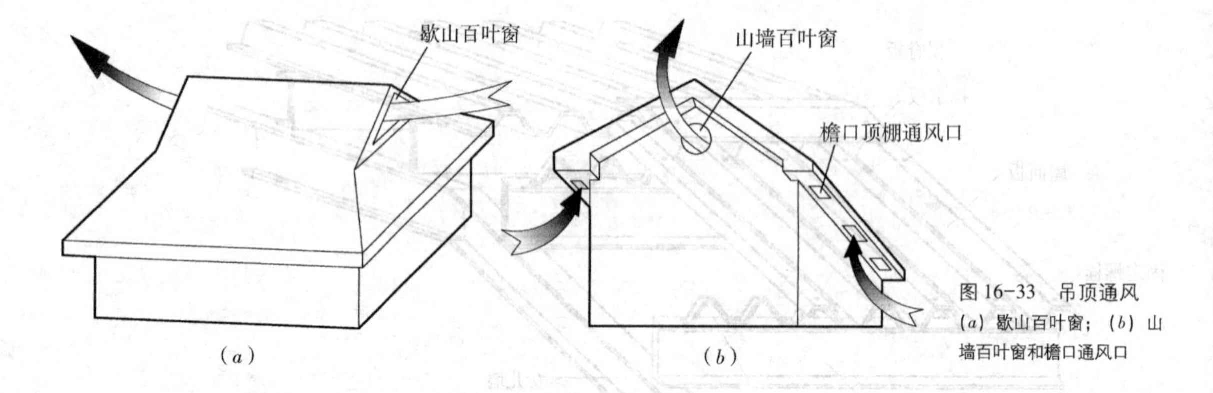

图 16-33　吊顶通风
(a) 歇山百叶窗；(b) 山墙百叶窗和檐口通风口

16.3.5　屋顶的细部处理

16.3.5.1　檐口的构造

1. 纵墙檐口

纵墙檐口与平屋顶一样可分为无组织排水檐口和有组织排水檐口构造。无组织排水檐口一般为挑檐板，有组织排水檐口分为挑檐沟檐口、女儿墙内檐沟檐口。

1）挑檐沟檐口

挑檐沟檐口是在有组织排水中，挑檐外侧都设有檐沟。由于坡屋顶挑檐一般都比较脆弱，故檐沟和雨水只能采用轻质耐水材料制作，如镀锌薄钢板、石棉水泥等，一般多选用易于制作和处理的镀锌薄钢板。檐沟内的坡度需通过结构找坡，即将镀锌薄钢板做成的檐沟倾斜搁置在相应的位置上（图 16-34）。

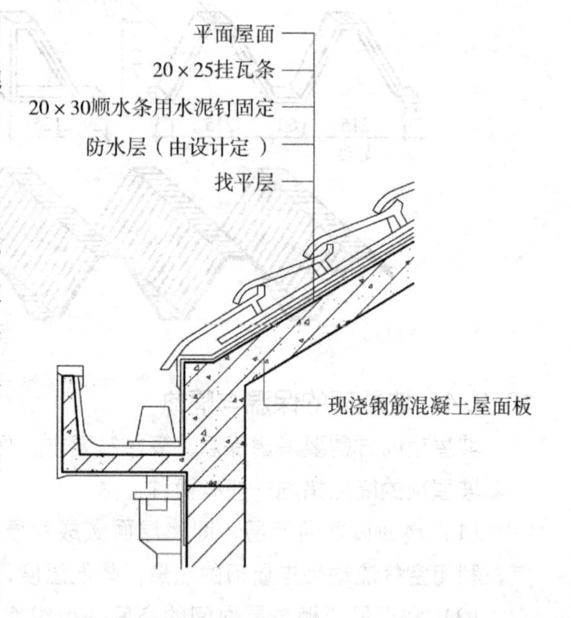

图 16-34　挑檐沟外排水檐口

2）女儿墙内檐沟檐口

坡屋顶如考虑建筑外形的要求，需设女儿墙内檐沟排水，构造同平屋顶，只是屋面板做成倾斜。

2. 山墙檐口

山墙檐口按坡屋顶形式分为硬山和悬山。

1）硬山

硬山是将山墙升起包住檐口，升起的山墙（女儿墙）与屋面交接处应作泛水处理。处理方法：采用砂浆粘贴小青瓦做泛水或直接将水泥石灰麻刀砂浆抹成泛水。同时，还需将女儿墙顶做压顶以保护泛水。

2）悬山

悬山是将屋面檩条挑出山墙，挑出的檩条端部需钉木板封檐，即在檩条端部钉封檐板，也称为博风板，同时，檩条下可吊顶或涂刷油漆，以保护檩条，而且沿山墙挑檐的一行瓦，应用 1∶2.5 的水泥砂浆做出披水线，将瓦固定（图 16-35）。

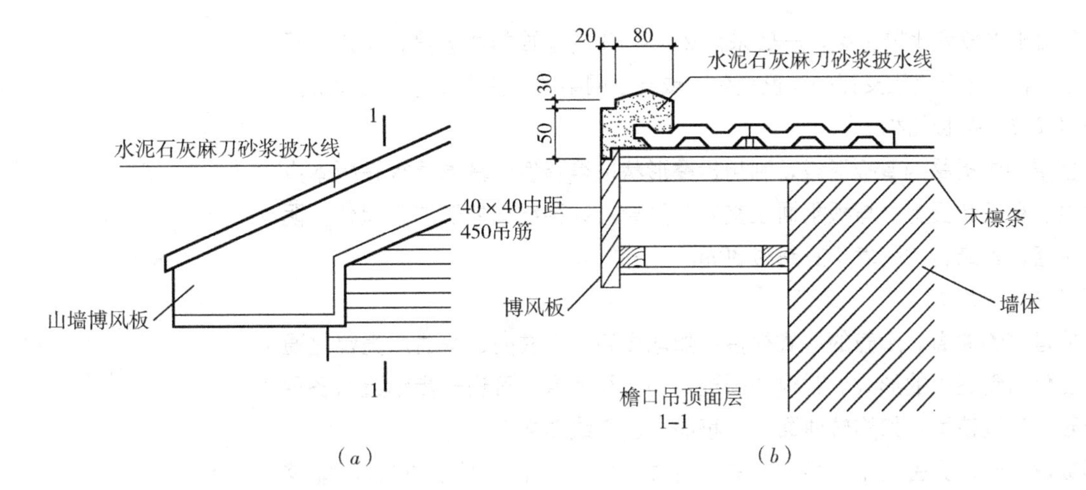

图 16－35 悬山檐口构造

(a) 悬山山墙封檐；

(b) 1－1 剖面图

16.3.5.2 天沟和斜沟构造

在等高跨或高低跨相交处，常常出现天沟，而两个相互垂直的屋面相交处则形成斜沟。沟应有足够的断面积，上口宽度不宜小于 300～500mm，一般用镀锌薄钢板铺于木基层上，镀锌薄钢板伸入瓦片下面至少 150mm。高低跨和包檐天沟若采用镀锌薄钢板防水层时，应从天沟内延伸至立墙（女儿墙）上形成泛水。

16.4 曲面屋顶的构造

16.4.1 曲面屋顶的特点

曲面屋顶结构形式独特，内力分布均匀合理，能充分发挥材料的力学性能，节约用材，建筑造型美观、新颖，但结构计算及屋顶构造施工复杂。一般多用于大跨度、大空间和造型有特殊要求的建筑。

16.4.2 屋顶的结构形式

曲面屋顶为适应不同水平空间扩展的需要，一般以采用空间结构体系为主。具体有以下几种结构形式。

16.4.2.1 空间网架

空间网架是由大量单个轴向受拉或受压的结构体组成的空间体系，整体性较强，稳定性好，空间刚度大，是一种有良好抗震性能的结构形式。适用于圆形、方形、多边形等建筑平面形状。网架是多向受力的空间结构，跨度一般可达 30～60m，甚至 60m 以上（图 16-36）。

图 16-36 网架结构

网架结构按外形可以分成平面网架和曲面网架。平面网架，也称平板网架，是由平行弦桁架交叉组成的，是双层平面网架。它所形成的屋顶为平屋顶，一般采用轻质屋面材料，如钢檩、木檩、望板、铝板等。屋面排水坡度比较平缓，一般采用2%～5%的屋面排水坡度，可通过网架本身起拱，或弦节点上支托的高度变化，或支承网架的柱变高度等方法解决。

16.4.2.2　折板结构

折板结构由折叠的薄板形成，利用折叠形状取得强度，基本薄板在板本身平面受拉、受压和受剪，与板平面正交方向受弯。这种结构外形波浪起伏，阴影变化丰富，其结构的跨度不宜超过30m。

16.4.2.3　壳体

壳体是薄的曲面。薄壳的形式很多：如球面壳、圆柱壳、双曲扇壳都是通过曲面变化而创造出的形式。若对曲面进行切割和组合，可进一步创造出各种奇特新颖的建筑造型，如旋转曲面、平移曲面、直纹曲面等。

形成薄壳必须具备两个条件：一是“曲面的”；二是“刚性的”，即能够抗压、抗拉和抗剪。钢筋混凝土壳体结构能够覆盖跨度几十米。

16.4.2.4　悬索结构

悬索结构由悬索、支撑结构等组成，结构完全受拉。它是大跨度屋盖的一种理想结构形式，在工程上最早应用于桥梁。而应用于房屋，最早可追溯到蒙古包、游牧民族的帐篷等。

16.4.2.5　索膜结构

索膜结构是以最轻、最省的预张力结构为主，以最科学的结构创造出最美的建筑形态，使结构与建筑、技术与艺术得到了完美的结合和高度的统一。它具有易建、易拆、易搬迁、易更新，充分利用阳光、空气，以及与自然环境融合等特点。索膜曲面可以随建筑师的想象而任意变化，多用于大跨度的建筑中。根据膜的支承方式不同分为拉张式、骨架式、充气式三大类，分别表示膜是由索、骨架和空气支承。

索膜结构除大空间中采用外，还常用于现代环境艺术设计中。在建筑的天井、动植物园、文化娱乐场所和停车场等处采用膜做屋面。由于膜材的透光性，白天阳光可以透过，形成漫射光，因此可使室内达到和室外几乎一样的自然效果。

16.5　采光屋顶的构造

采光顶是指屋面材料采用玻璃等透光材料，可以采光。采光顶可引进自然光，达到良好的空间效果，又可产生温室效应降低采暖费用。采光顶同其他屋顶一样要满足防水、排水、坚固耐久、保温隔热、安全和防结露要求。

16.5.1　设计要求

16.5.1.1　防水、排水

采光顶排水坡度越大，排水就越畅快，但坡度过大时会给施工与结构处理带来不便，所以一般采光顶坡度大于18°，小于45°。通常采用有组织排水，有组织排水通常分为内排水和外排水。内排水是将雨水排入设于室内的排水系统，通常出现在群体采光屋顶中。外排水是将雨水排入设于室外的排水系统中，常出现在单体玻璃采光屋面中。采光顶的防水主要是使用硅酮密封胶，将玻璃之间的接缝和玻璃与支承体系密封起来。

16. 5. 1. 2　安全性

采光顶通常用于公共活动空间上方，其安全至关重要。采光顶常用做法是最内侧使用一层安全玻璃，一般多用带 PVB 夹层、厚度大于 0. 76mm 的夹层玻璃，安全可靠，经久耐用，而且防火、隔热。

16. 5. 1. 3　防结露

冬季由于室内外存在温差较大，采光顶玻璃表面的温度会低于室内空气温度，表面就会出现结露。防止结露的方法有提高玻璃内表面的温度、利用构件排除冷凝水以及适合的玻璃品种这三种方法。

16. 5. 1. 4　防眩光

眩光是由于直射阳光照入室内形成的，良好的室内光照应避免眩光。常采用磨砂印花玻璃使光线经多次漫反射，或在玻璃下加吊有机玻璃、不锈钢、铝片等折光片顶棚。

16. 5. 2　采光顶的种类与构造

采光顶按开启方式分为固定式和开启式；按面层使用材料分为普通夹层玻璃和钢化玻璃等；按支承体系用料分为型钢玻璃采光顶、铝合金玻璃采光顶和玻璃框架采光顶；按其面积大小和平面形状不同分为单体和复合群体采光顶。

16. 5. 2. 1　单体玻璃采光顶的构造

单体玻璃采光顶即单个玻璃采光顶，其形式有多边形、锥体、圆泡形（图 16-37）。尖锥式采光顶是通过钢连接件将安装玻璃的椽子与结构相连，满足强

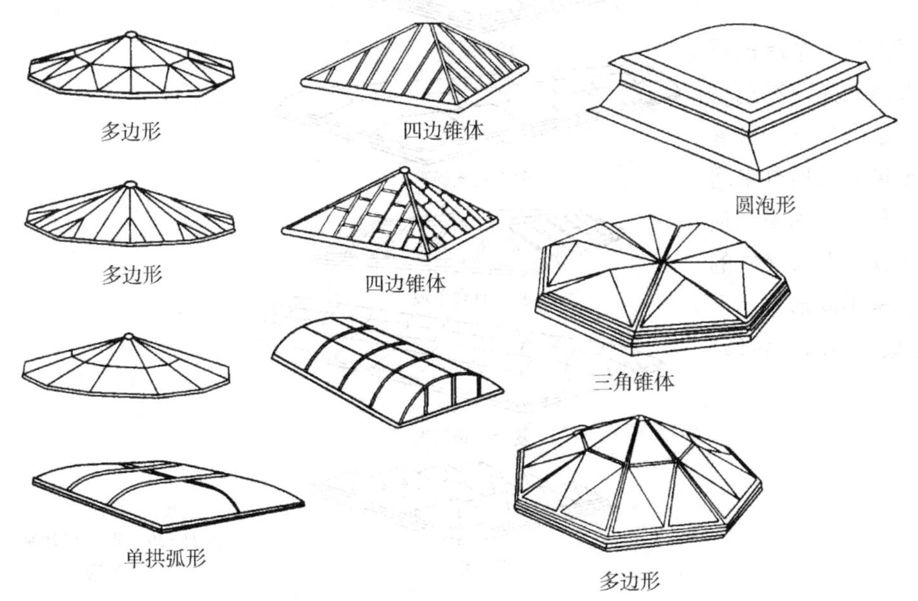

图 16-37　单体玻璃采光顶

度、刚度要求；在采光口与屋面相接处做泛水和防水层，以防漏水；安装玻璃的椽子应设泄水槽，以便玻璃上的雨水顺槽排出，防止雨水泄漏到室内（图16-38）。

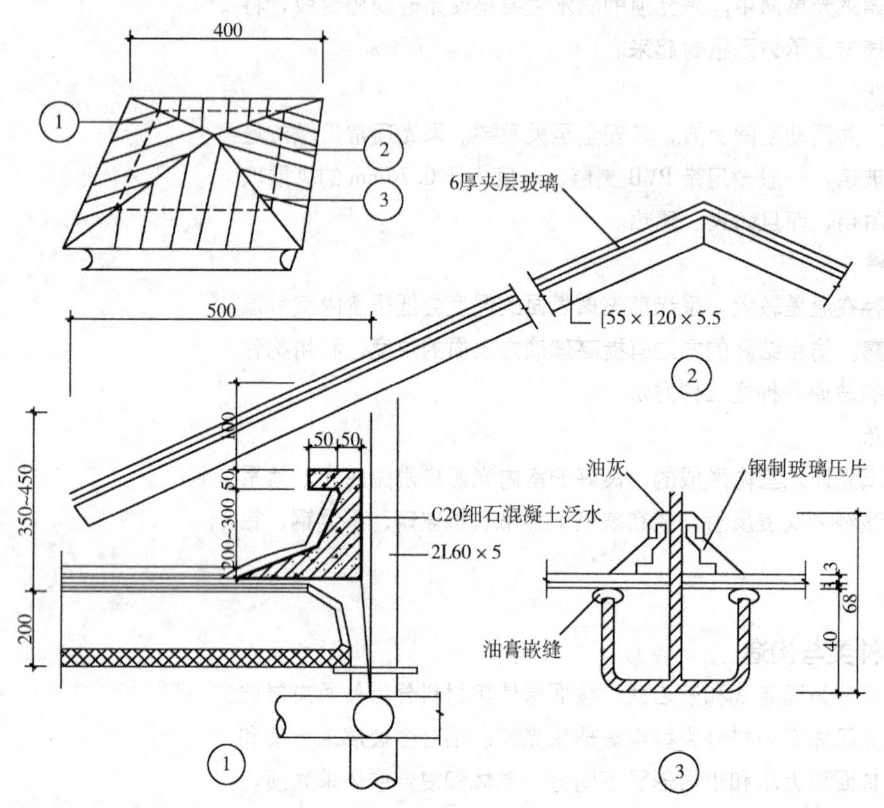

图16-38　尖锥采光顶构造

16.5.2.2　复合群体采光顶的构造

复合群体采光顶是在一个屋盖系统上，由若干单体玻璃采光顶在钢材或铝合金支承体系上组合成一个玻璃采光顶群。在一个玻璃采光顶群中间可以是一种形式、一种尺寸的采光顶组合；也可是一种形式、不同尺寸的采光顶组合；也可以是不同形式，不同尺寸的采光顶组合成的群体（图16-39、图16-40）。

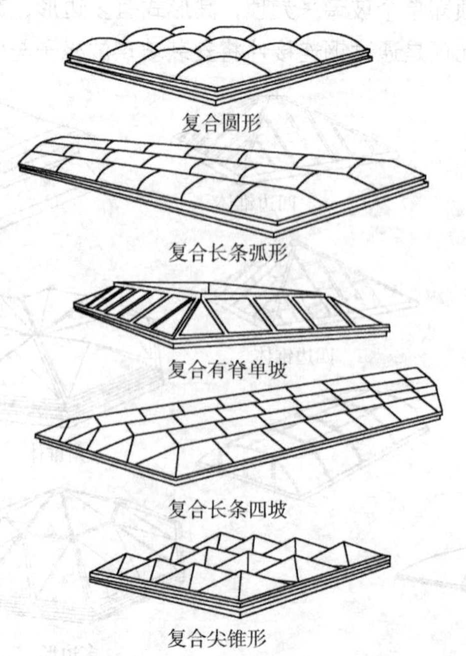

图16-39　复合群体采光顶

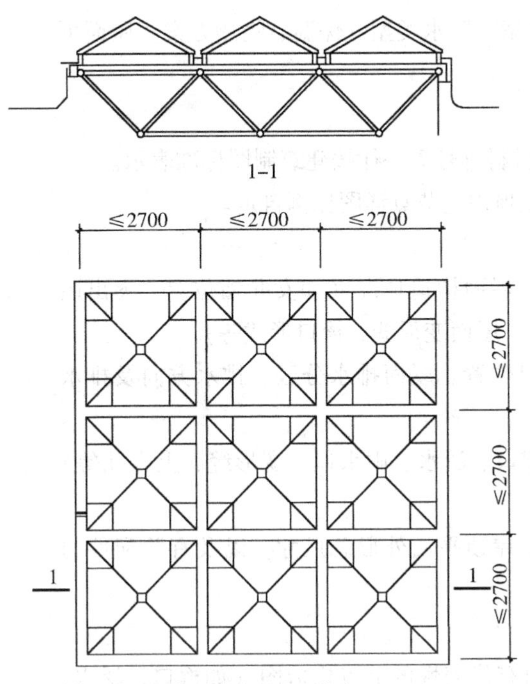

图 16-40　锥形铝合金玻璃采光顶构造

理论知识训练

1. 简述平屋顶和坡屋顶的各自特点及适用情况。
2. 简述卷材防水屋面的构造要点有哪些？
3. 简述刚性防水屋面的特点及适用情况。
4. 简述平屋顶保护层如何设置？
5. 平屋顶的排水方式有哪些？各自的适用范围是什么？
6. 简述屋顶花园的功能及注意的问题。
7. 简述坡屋顶是如何保温的？
8. 简述坡屋顶是如何隔热的？
9. 简述坡屋顶木望板瓦屋面的基本构造。
10. 平屋顶的构造组成有哪些？各组成部分的作用是什么？
11. 什么是泛水？其高度是多少？泛水收头的做法有哪几种？

实践课题训练

实训课题一：构造设计绘图题

1. 图示泛水的构造。
2. 图示卷材防水屋面的构造。
3. 图示坡屋顶女儿墙内檐沟檐口构造。

实训课题二：工程实例分析题

1. 条件：教师任选一屋顶建筑平面，给定尺寸，屋顶应采用现浇钢筋混凝土屋面板。试根据给定图示完成屋顶平面图及屋顶节点构造详图（学生可根据所在地气候条件选择屋面排水方案、防水类型、保温、隔热方案，屋面可以为上人或不上人屋面)。

2. 图纸要求及深度：

1）采用2号图纸，图中线条、材料符号等一律按建筑制图标准表示。

2）比例：屋顶平面图1∶200；屋顶构造节点详图比例自定。

3）深度：

（1）定位轴线、屋顶形状尺寸、屋面构造情况（如女儿墙位置、突出屋面的楼梯间、水箱、通风道、上人孔、屋面变形缝、檐口形式等)。

（2）屋脊、檐沟或天沟、雨水口位置、屋面排水分区、排水方向及排水坡度等。

（3）应标注构造复杂部位（如檐口、泛水、雨水口、变形缝、上人孔等）的详图索引符号。

（4）标注尺寸：定位轴线间距、屋顶平面外形总尺寸，以及有关配件的定位尺寸和定形尺寸。

（5）标注图名与比例。

3. 根据所选择的排水方案，画出有代表性的节点构造图（如檐口、泛水、雨水口、变形缝、上人孔等)。

实训课题三：屋顶排水组织平面图构造

一、实训目的

通过实训，使学生掌握屋顶排水设计方法和屋面细部构造，训练绘制和识读屋面排水组织平面图的能力。

二、实训条件

（1）住宅平屋顶。

（2）给出建筑层数、层高及平面图示意图。

（3）降雨量按所在地区的情况。

三、要求及深度

1）绘制屋顶排水组织平面图；比例1∶100和檐口、泛水的节点，比例1∶10。

2）2号图纸以铅笔或墨线笔绘制。

3）深度

（1）屋顶平面中应绘出四周主要定位轴线、房屋檐口边线（或女儿墙轮廓线)、分水线、天沟轮廓线、雨水口位置、出屋面构造的平面形状和位置。注出屋面各坡度方向和坡度道。

（2）标注雨水口距附近定位轴线的尺寸、雨水口的距离。

（3）标注详图索引号。

（4）详图应注明材料、做法和尺寸。与详图无关的连续部分可用折断线断开。绘出详图编号。

本章小结

屋顶是建筑物顶部构件，它既是承重构件，又是围护构件。屋顶一般由屋面、保温（隔热）层和承重结构三部分组成。其中承重结构的使用要求与楼板相似，而屋面和保温（隔热）层应具有能够抵御自然界不良因素的能力。另外，屋顶设计应考虑对建筑的体形和立面形象的影响。

屋顶的设计要做到结构安全，构造上满足保温、隔热、防水、排水等要求。

屋顶的基本构造组成主要有屋面和承重结构层，根据使用要求的不同，屋顶还可设顶棚、保温、隔热、隔声、防火等各种构造层次。

平屋顶隔热层的设置形式有通风层、反射降温、植被隔热及蓄水隔热等。

屋顶排水坡度的形成一般有材料找坡和结构找坡两种。屋顶的排水方式分为无组织排水和有组织排水两大类。

屋顶防水方法根据使用材料不同分为卷材防水层、刚性防水层和涂膜防水层等。

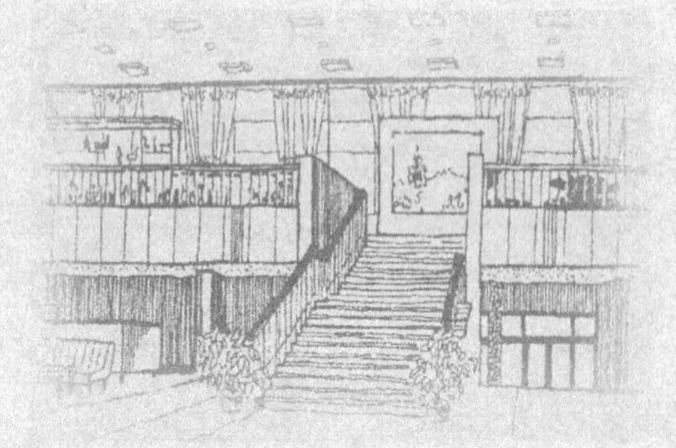

第 17 章　变形缝

17.1 变形缝类型及作用

建筑物由于受温度变化、地基不均匀沉降以及地震等因素的影响，结构内将产生附加的应力和变形，如不采取措施或措施不当，会使建筑物产生裂缝，甚至倒塌，影响使用与安全。为避免这种状态的发生，可以采取两种不同的措施加以解决。第一种是通过加强建筑物的整体性，使其具有足够的强度与刚度来克服这些破坏应力，不产生破坏；第二种是在变形敏感部位将结构断开，预留一定缝隙，使建筑物在这些部位，有足够的变形空间，能自由变形，不受约束，从而不造成建筑物的破损。建筑物中这种将建筑物垂直分割开来的预留缝称为变形缝。这种措施比较经济，常被采用，但在构造上必须对缝隙加以处理，满足使用和美观要求。

变形缝的材料及构造应根据其部位和需要分别采取防水、防火、保温、防虫害等保护措施，并保证在产生位移或变形时不受阻挡和破坏。高层建筑和防火要求较高的建筑物，室内变形缝四周的基层，应采用非燃烧体，饰面层应采用非燃烧体或难燃烧体。变形缝内不应敷设电缆、可燃气体管道和易燃、可燃液体管道，如必须穿过变形缝时，应在穿过处设非燃烧体套管，并应采用非燃烧体将套管两端空隙紧密填塞。

变形缝按其功能分三种类型，即伸缩缝、沉降缝和防震缝。

17.2 变形缝的设计原则

17.2.1 伸缩缝的设置

建筑物因温度变化的影响而产生热胀冷缩，在结构内部产生温度应力，其形状和尺寸发生变化。当建筑物长度超过一定限度，建筑平面变化较多或结构类型较多时，会因变形大而开裂。为预防这种现象，通常沿建筑物长度方向每隔一定距离或在结构变形较大处预留缝隙，将建筑物断开。这种为适应温度变化而设置的缝隙称为伸缩缝或温度缝。

伸缩缝要求将建筑物基础以上的墙体、楼地层、屋顶等构件全部断开，基础因受温度变化影响较小，不必断开。

伸缩缝的设置间距，即建筑物的容许连续长度与结构所用的材料、结构类型、施工方式、建筑所处位置和环境有关，详见有关规范。建筑结构设计规范对砌体建筑和钢筋混凝土结构建筑中伸缩缝最大间距所作的规定如表 17-1和表 17-2所示。

砌体建筑伸缩缝的最大间距　　表 17-1

砌体类型	层顶或楼层结构类别		间距（m）
各种砌体	整体式或装配整体式钢筋混凝土结构	有保温层或隔热层的屋顶、楼层	50
		无保温层或隔热层的屋顶	40

续表

砌体类型	层顶或楼层结构类别		间距（m）
各种砌体	装配式无檩体系钢筋混凝土结构	有保温层或隔热层的层顶、楼层	60
		无保温层或隔热层的屋顶	50
	装配式有檩体系钢筋混凝土结构	有保温层或隔热层的屋顶	75
		无保温层或隔热层的屋顶	60
黏土砖、空心砖砌体	黏土瓦或石棉水泥瓦屋顶、木屋顶或楼层、砖石屋顶或楼层		100
石砌体			80
硅酸盐块砌体和混凝土块砌体			75

注：1. 层高大于5m的砌体结构单层建筑，其伸缩缝间距可按表中数值乘以1.3，但当墙体采用硅酸盐砌块和混凝土砌块砌筑时，不得大于75m。
2. 温度较大且变化频繁地区和严寒地区不采暖的建筑物伸缩缝的最大间距，应按表中数值予以适当减小。

钢筋混凝土结构伸缩缝最大间距（m）　　表17-2

结构类别		室内或土中	露天
排架结构	装配式	100	70
框架结构	装配式	75	50
	现浇式	55	35
剪力墙结构	装配式	65	40
	现浇式	45	30
挡土墙、地下室墙等类结构	装配式	40	30
	现浇式	30	20

注：1. 当屋面板上部无保温或隔热措施时：对框架、剪力墙结构的伸缩缝间距，可按表中露天栏的数值选用；对排架结构的伸缩缝间距，可按表中室内栏的数值适当减小。
2. 排架结构的柱高低于8m时宜适当减小伸缩缝间距。
3. 伸缩缝间距应考虑施工条件的影响。必要时（如材料收缩较大或室内结构因施工时外露时间较长）宜适当减小伸缩缝间距。伸缩缝宽度一般为20～30mm。

17.2.2 沉降缝的设置

由于地基的不均匀沉降，结构内将产生附加的应力，使建筑物某些薄弱部位发生竖向错动而开裂。沉降缝就是为了避免这种状态的产生而设置的变形缝。下列情况均应考虑设置沉降缝（图17-1）：

（1）同一建筑物相邻部分的高度相差较大、荷载相差悬殊或结构形式不同，易导致不均匀沉降时；

（2）建筑物建造在不同地基上，且难于保证均匀沉降时；

（3）建筑物相邻两部分的基础形式不同、宽度和埋置深度相差悬殊，造成基础底面压力有很大差异，易造成不均匀沉降时；

（4）建筑物体形比较复杂、连接部位又比较薄弱时；

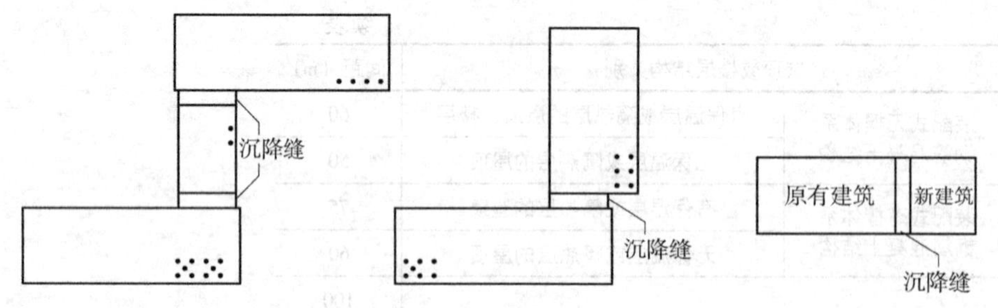

图 17-1　沉降缝设置位置示意图举例

（5）新建建筑物与原有建筑物相毗连时。

沉降缝要求将建筑物基础、墙体、楼层、屋顶等构件全部断开。由于沉降缝构造复杂，给建筑、结构设计和施工都带来一定的难度，所以在工程设计时，应尽可能通过合理的选址、地基处理、建筑体形的优化、结构选型和计算的调整，以及施工程序上的配合克服不均匀沉降，从而达到不设或少设沉降缝的目的。

17.2.3　防震缝的设置

在地震区建造房屋，必须充分考地震对建筑造成的影响。为此，我国制定了相应的建筑抗震设计规范。在地震烈度为 6～9 度的地区，当建筑物体形比较复杂或建筑物各部分的结构刚度、高度、重量相差较悬殊时，应在变形敏感部位设变形缝，将建筑物分割成若干规整的结构单元；每个单元的体形规则、平面规整、结构体系单一，为防止在地震波作用下相互挤压、拉伸，造成变形和破坏。

对多层砌体建筑来说，为了增强结构刚度，提高抗震能力，应优先采用横墙承重或纵横墙混合承重的结构体系，但遇下列情况之一时宜设防震缝：

（1）建筑立面高差在 6m 以上时；

（2）建筑错层，且楼层错开距离较大时；

（3）建筑物相邻部分的结构刚度、质量相差较大时。

17.3　变形缝的构造

为防止风、雨、冷热空气、灰砂等侵入室内，构造上对缝隙须予覆盖和装修。这些覆盖和装修同时必须保证变形缝能充分发挥其功能，使缝隙两侧结构单元的水平或竖向相对位移不受阻碍。

17.3.1　墙体变形缝的构造

17.3.1.1　墙体伸缩缝的构造

伸缩缝要求将建筑物基础以上构件全部断开，并留出适当的缝隙，以保证伸缩缝两侧的建筑构件能在水平方向自由伸缩，缝宽一般为 20～40mm。

根据墙的材料、厚度及施工条件不同，伸缩缝可做成平缝、错口缝和企口缝等截面形式（图 17-2）。

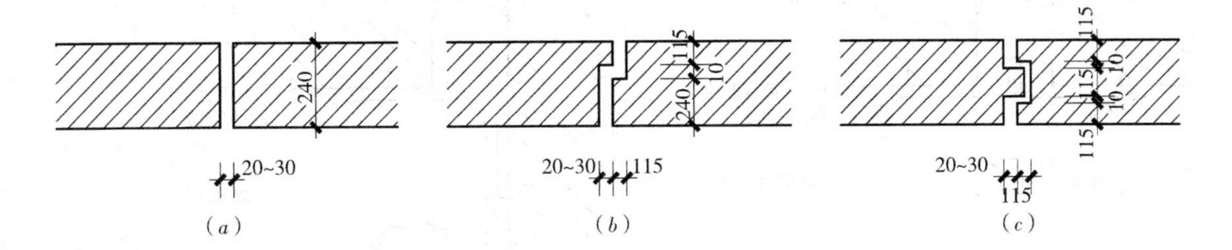

图 17-2　砖墙伸缩缝截面形式
(a) 平缝；(b) 错口缝；(c) 企口缝

外墙外侧缝口应填塞或覆盖具有防水、保温和防腐性能的弹性材料，如沥青麻丝、泡沫塑料条、橡胶条、油膏等。当缝口较宽时，还应用镀锌薄钢板、金属薄钢片、铝皮等金属调节片覆盖。如墙面作抹灰处理，为防止抹灰脱落，可在金属片上加钉钢丝网后再抹灰。考虑到缝隙对建筑立面的影响，通常将缝隙布置在外墙转折部位或利用雨水管将缝隙挡住，作隐蔽处理。外墙内侧及内墙缝口通常用具有一定装饰效果的金属片、塑料片等遮盖，并应固定在缝口的一侧。所有填缝或盖缝材料和构造应保证结构在水平方向的自由变形而不破坏（图 17-3）。

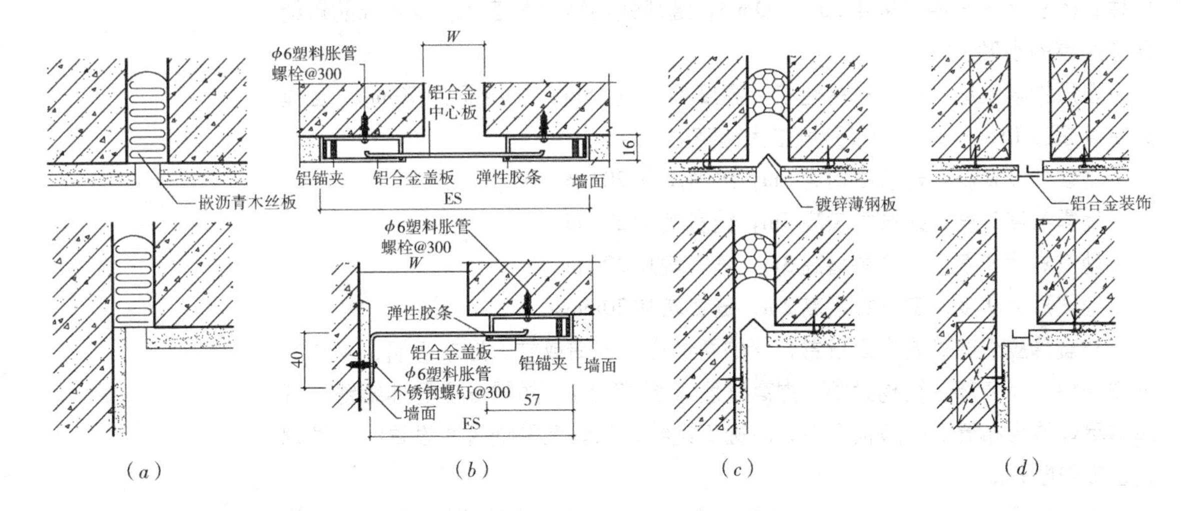

图 17-3　墙体伸缩缝的构造
(a) 沥青纤维；(b) 铝塑装饰板；(c) 金属片；(d) 铝合金装饰板

17.3.1.2　墙体沉降缝的构造

沉降缝应将建筑物从基础到屋顶所有构件全部设缝断开，使沉降缝两侧建筑物成为独立的单元，各单元在竖向能自由沉降，不受约束。沉降缝主要应满足建筑物各部分在垂直方向的自由沉降变形，一般沉降缝与伸缩缝合并设置，同时兼起伸缩缝的作用。

沉降缝的宽度应根据地基条件和建筑物高度确定。地基越软弱，建筑高度越大，缝宽也就越大。建于软弱地基上的建筑物，由于地基的不均匀沉陷，可能引起沉降缝两侧的结构倾斜，应加大缝宽。

沉降缝与伸缩缝的作用不同，构造上要求调节片或盖缝板在构造上两侧结

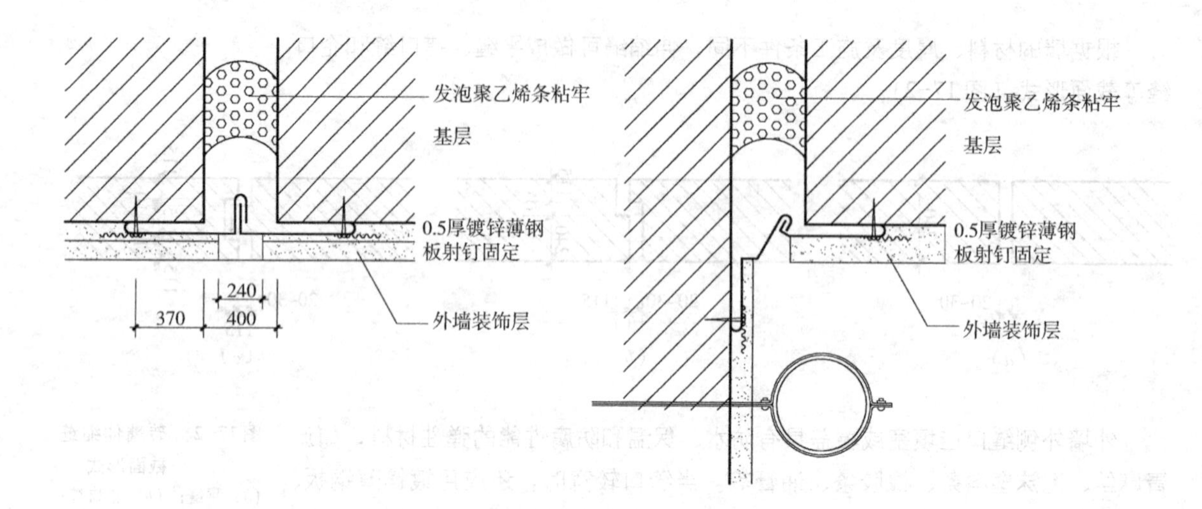

构能保证垂直变形（图 17-4）。

图 17-4　墙体沉降缝构造

17.3.1.3　墙体防震缝的构造

对于多层和高层钢筋混凝土结构房屋，应尽量选用合理的结构方案，不设防震缝。

防震缝的宽度根据建筑物高度和所在地区的地震烈度来确定。对于多层砌体建筑的防震缝宽度可采用 50～100mm，缝两侧均需设置墙体，以加强防震缝两侧房屋的刚度。

多层钢筋混凝土框架结构建筑，高度不超过 15m 时，缝宽为 70mm；当建筑高度超过 15m 时，按地震烈度增大缝宽。

地震烈度 6 度，建筑每增高 5m，缝宽增加 20mm；

地震烈度 7 度，建筑每增高 4m，缝宽增加 20mm；

地震烈度 8 度，建筑每增高 3m，缝宽增加 20mm；

地震烈度 9 度，建筑每增高 2m，缝宽增加 20mm。

防震缝应沿建筑物全高设置，缝的两侧应布置墙或柱，形成双墙、双柱或一墙一柱，使各部分结构封闭，提高刚度（图 17-5）。防震缝应同伸缩缝、沉降缝尽量结合布置。一般情况下，基础不设缝，如与沉降缝合并设置时，基础也应设缝断开。

由于防震缝一般较宽，构造处理应考虑盖缝条的牢固性以及适应变形的能力，通常采取覆盖做法。外缝口用镀锌薄钢板、铝片或橡胶条覆盖，内缝口常用木质、金属盖板遮缝。寒冷地区的外缝口尚须用具有弹性的软质聚氯乙烯泡沫塑料、聚苯乙烯泡沫塑料等保温材料填实。

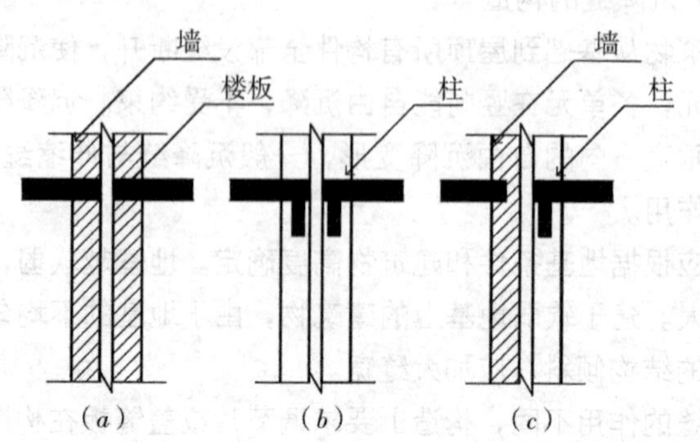

图 17-5　防震缝两侧结构布置

17.3.2 楼地层伸缩缝的构造

楼地层变形缝的位置和宽度应与墙身和屋顶变形缝一致，楼板层应考虑沉降变形对地面交通和装修带来的影响，缝内常用可压缩变形的材料（如油膏、沥青麻丝、橡胶金属或塑料调节片等）作封缝处理，上铺钢制活动盖板或其他地板，以满足地面平整、光洁、防滑、防水及防尘等功能（图17-6）。顶棚的缝隙盖板一般为木质或金属，木盖板一般固定在一侧以保证两侧结构的自由伸缩和沉降。对于有水房间的变形缝还应作好防水处理。

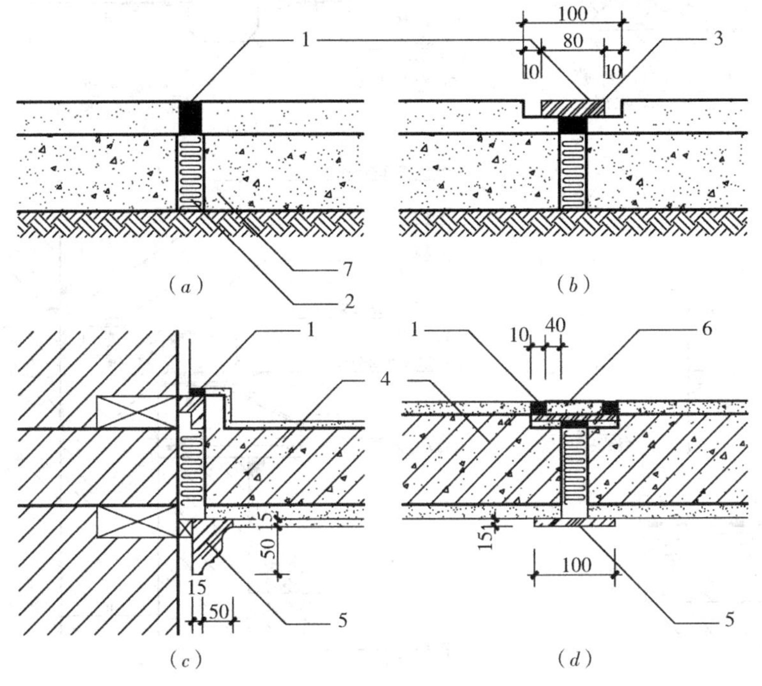

图17-6　楼地板变形缝构造

(*a*) 地层油膏嵌缝；(*b*) 地层钢板盖缝；(*c*) 楼层靠墙处变形缝；(*d*) 楼层变形缝

1—油膏嵌缝；2—沥青麻丝；3—钢板5mm厚；4—楼板；5—盖缝条；6—地面材料；7—垫层

17.3.3 屋顶变形缝的构造

屋顶变形缝的位置和宽度应与墙体、楼地层的变形缝一致。屋面变形缝的构造处理原则是既要保证屋盖有自由变形的可能，还应充分考虑不均匀沉降对屋面防水和泛水带来的影响，泛水金属皮或其他构件应考虑沉降变形与维修余地。屋顶变形缝一般有等高屋面变形缝和高低屋面的变形缝。

等高屋面不上人屋顶变形缝，传统做法是在缝的两边屋面板上砌筑矮墙，矮墙的高度应大于250mm，厚度为半砖墙厚，缝内用沥青麻丝、金属调节片等材料填缝，屋面卷材与矮墙的连接处理按屋面泛水构造要求将防水材料沿矮墙上卷，顶部缝隙用镀锌薄钢板、铝片、混凝土板或瓦片等覆盖，盖缝处应能允许自由伸缩而不造成渗漏（图17-7*a*）；上人屋顶则采用油膏嵌缝并作好泛水

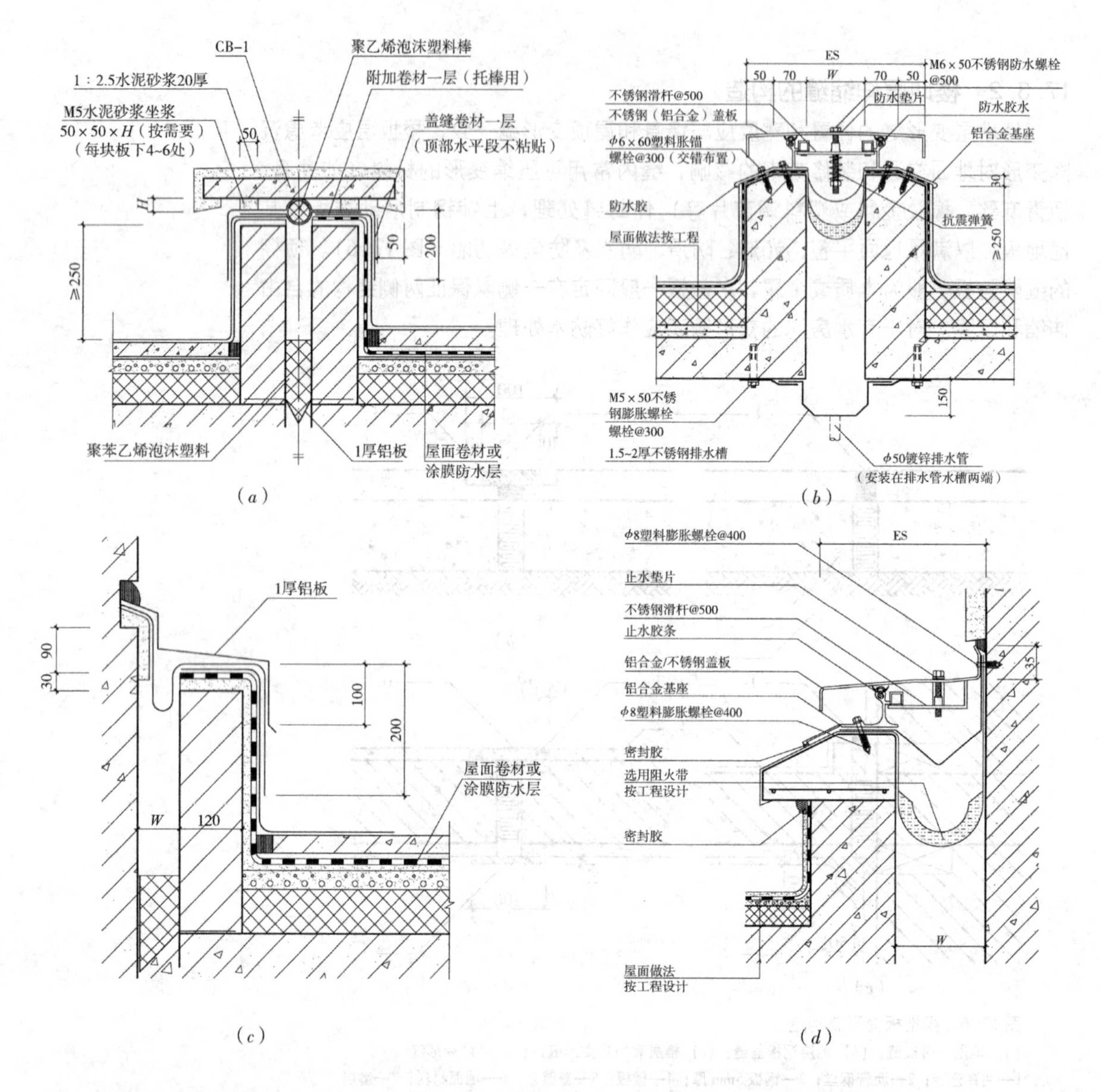

图17-7 卷材防水屋面变形缝构造

(a)、(b) 不上人屋面变形缝；(c)、(d) 高低缝处变形缝

处理。高低屋面的变形缝是在低侧屋面板上砌筑矮墙。当变形缝宽度较小时，可用镀锌薄钢板盖缝并固定在高侧墙上，做法同泛水构造，也可从高侧墙上悬挑钢筋混凝土板盖缝（图17-7*c*）。

由于镀锌薄钢板和防腐木砖的构造方式寿命有限，近年来逐渐出现采用涂层、塑钢、铝皮、不锈钢板和射钉膨胀螺钉等来代替（图17-7*b*、图17-7*d*）。

寒冷地区在缝隙中应填以岩棉、泡沫塑料或沥青麻丝等具有一定弹性的保温材料。刚性防水屋面和涂料板防水屋面的变形缝构造做法同柔性防水屋面相同。

17.3.4 基础沉降缝构造

基础沉降缝构造处理应避免因不均匀沉降造成的相互干扰。常见的砖墙条形基础处理方法有双墙双基础、挑梁基础和交叉式基础三种方案。

理论知识训练

1. 房屋的变形缝分为哪几类？变形缝的作用是什么？
2. 在什么情况下设置伸缩缝？一般砖混结构伸缩缝的最大间距是怎样的？
3. 什么情况下须设置沉降缝？沉降缝的宽度怎样确定？
4. 什么情况下须设置防震缝？各种结构的防震缝宽度如何确定？
5. 墙体伸缩缝的形式有哪几种？各有何特点？
6. 三种变形缝能否相互代替？为什么？
7. 图示外墙伸缩缝的构造。
8. 图示等高不上人柔性防水屋面变形缝的构造。
9. 图示楼地层、顶棚的变形缝构造。

实践课题训练

观察你身边的建筑物，说出其使用变形缝的类型，使学生掌握各类变形缝的作用、设置要求及采用的构造做法。

本章小结

变形缝按其功能分三种类型，即伸缩缝、沉降缝和防震缝。为适应温度变化而设置的缝隙称为伸缩缝或温度缝；沉降缝是由于地基的不均匀沉降，结构内将产生附加的应力，使建筑物某些薄弱部位发生竖向错动而开裂，为了避免这种状态的产生而设置的缝隙。在地震烈度为6～9度的地区，当建筑物体形比较复杂或建筑物各部分的结构刚度、高度、重量相差较悬殊时，应在变形敏感部位设缝，将建筑物分割成若干规整的结构单元；每个单元的体形规则、平面规整、结构体系单一，为防止在地震波作用下相互挤压、拉伸，造成变形和破坏设置的变形缝。

第 18 章　识读建筑施工图

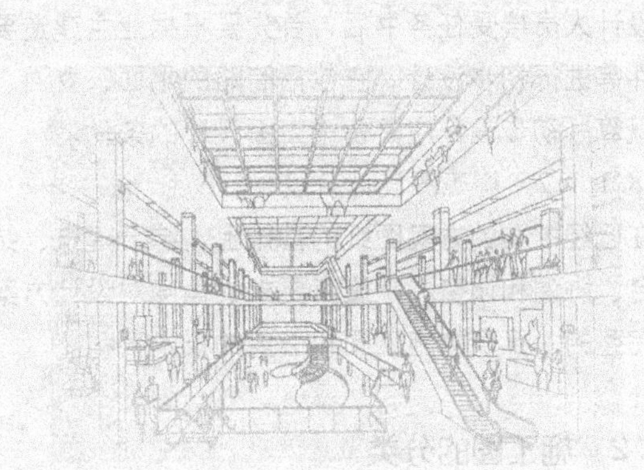

18.1 建筑施工图的内容与图例

18.1.1 施工图的产生

一般建设项目要按两个阶段进行设计，即初步设计阶段和施工图设计阶段。对于技术要求复杂的项目，可在两设计阶段之间，增加技术设计阶段，用来深入解决各工种之间的协调等技术问题。

18.1.1.1 初步设计阶段

设计人员接受任务书后，首先要根据业主建造要求和有关政策性文件、地质条件等进行初步设计。它包括简略的平面、立面、剖面等图样，文字说明及工程概算。初步设计应具备施工图设计的条件。

18.1.1.2 施工图设计阶段

在已经批准的方案图纸的基础上，综合建筑、结构、设备等工种之间的相互配合、协调和调整。从施工要求的角度对设计方案予以具体化，为施工企业提供完整的、正确的施工图和必要的技术资料。

18.1.2 施工图的分类

施工图由于专业分工的不同分为：建筑施工图，简称建施；结构施工图，简称结施；设备施工图，简称设施；设备施工图又分为给水排水施工图，简称水施；采暖通风施工图，简称暖施；电气施工图，简称电施。

一套完整的房屋施工图应按专业顺序编排。一般应为：图纸目录、建筑设计总说明、总平面图、建施、结施、设施等，应该按图纸内容的主次关系、逻辑关系有序排列。

18.1.3 施工图中常用符号及图例

为了使房屋施工图的图面统一而简洁，制图标准对常用的符号、图例画法作了明确的规定。

18.1.3.1 索引符号与详图符号

1. 索引符号

索引符号是用于查找相关图纸的。当图样的某一局部或构件未能表达清楚设计意图，而需另见详图，以得到更详细的尺寸及构造做法时，就要通过索引符号的索引表明详图所在位置（图 18-1*a*）。

索引符号由直径为 10mm 的圆和水平直径组成，圆及水平直径均应以细实线绘制。索引符号中上、下半圆应进行编号以表明详图的编号和详图所在图纸编号，编号规定为：

（1）索引出的详图，如与被索引出的详图同在一张图纸内，应在索引符号的上半圆中用阿拉伯数字注明该详图的编号，并在下半圆中间画一段水平细实线（图 18-1*b*）。

图 18-1 详图索引

(2) 索引出的详图，如与被索引出的详图不在一张图纸内，应在索引符号的上半圆中用阿拉伯数字注明该详图的编号，在索引符号的下半圆中用阿拉伯数字注明该详图所在图纸的编号（图 18-1*c*）。

(3) 索引出的详图，如采用标准图，应在索引符号水平直径的延长线上加注该标准图册的编号，在索引符号的上半圆中用阿拉伯数字注明该标准详图的编号，索引符号的下半圆中用阿拉伯数字注明该标准详图所在标准图册的页数（图 18-1*d*）。

索引符号如用于索引剖视详图，应在被剖切的部位绘制剖切位置线，并以引出线引出索引符号（图 18-2），引出线所在的一侧应为投射方向，图 18-2*a* 表示从右向左投影，索引符号的编写与图 18-1的规定相同。

2. 详图符号

详图符号是与索引符号相对应的，用来标明索引出的详图所在的位置和编号。详图符号的圆应以直径为 14mm 的粗实线绘制。详图符号的编号规定为:

(1) 详图与被索引的图样同在一张图纸内时，应在详图符号内用阿拉伯数字注明详图的编号（图 18-2*b*）。

(2) 详图与被索引的图样不在同一张图纸内时，应用细实线在详图符号内画一水平直径，在上半圆中注明详图编号，在下半圆中注明被索引的图纸的编号（图 18-2*c*）。

18.1.3.2 标高符号

标高是标注建筑物某一位置高度的一种尺寸形式。标高分为绝对标高和相对标高两种。

1. 绝对标高

以我国青岛黄海海平面的平均高度为零点所测定的标高称为绝对标高。

2. 相对标高

建筑物的施工图上要注明许多标高，如果都用绝对标高，数字就很繁琐，且不易直接得出各部分的高程。因此，一般都采用相对标高，即以建筑物底层室内地面为零点所测定的标高。在建筑设计总说明中要说明相对标高与绝对标高的关系，这样就可以根据当地的水准点（绝对标高）测定拟建工程的底层地面标高。

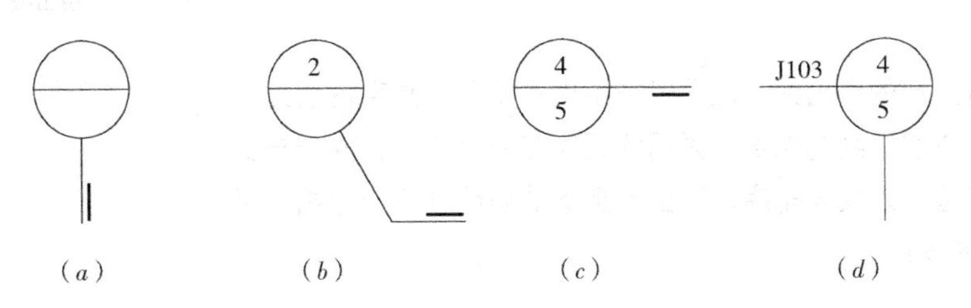

图 18-2 用于详图剖面的索引符号

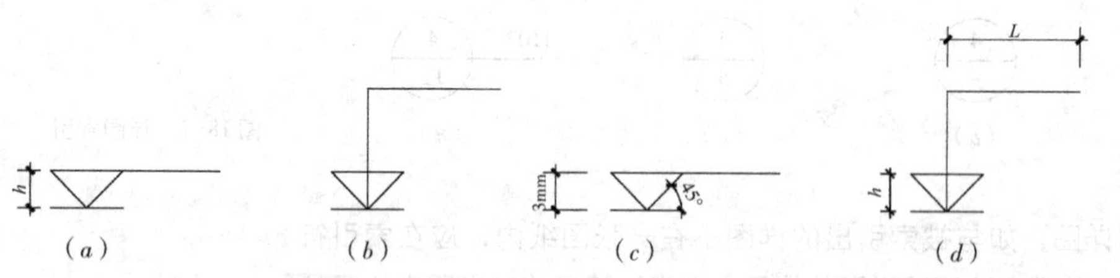

图 18-3 标高符号

标高符号为直角三角形，用细实线绘制（图 18-3*a*）。如标注位置不够时，也可按所示形式绘制（图 18-3*b*）。标高符号的具体画法（图 18-3*c*、图 18-3*d*），其中 h、L 的长度根据需要而定。

总平面图室外地坪标高符号，宜用涂黑的三角形表示（图 18-4*a*），具体画法如图 18-4*b* 所示。标高符号的尖端应指至被注高度的位置。尖端一般应向下，也可向上。标高数字应注写在标高符号的左侧或右侧（图 18-5）。

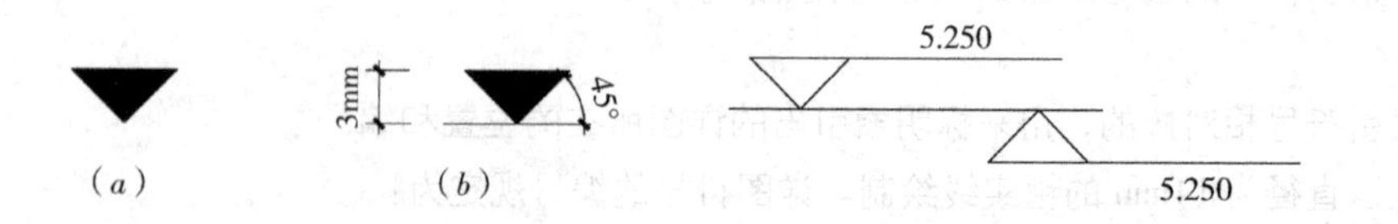

图 18-4 总平面室外地坪标高符号（左）

图 18-5 标高的指向（右）

标高的数字应以米为单位，注写到小数点以后第三位。零点标高应注写成 ±0.000，正数标高前一般不注“+”，负数标高前应注“-”，例如，3.000、-6.000 等。在图纸的同一位置需表示几个不同标高时，标高数字可按图 18-6 的形式注写。

18.1.3.3 引出线

（1）引出线应以细实线绘制，宜采用水平方向的直线，与水平方向成 30°、45°、60°、90°的直线，或经上述角度再折为水平线。文字说明宜注写在水平线的上方（图 18-7*a*），也可注写在水平线的端部（图 18-7*b*）。

（2）同时引出几个相同部分的引出线，宜互相平行（图 18-8*a*），也可画成集中于一点的放射线（图 18-8*b*）。

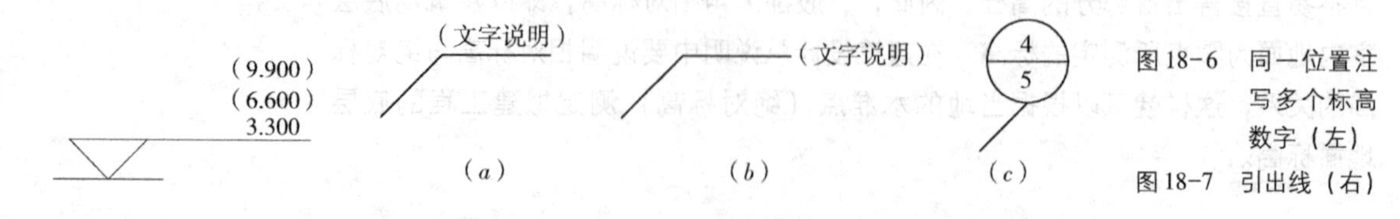

图 18-6 同一位置注写多个标高数字（左）

图 18-7 引出线（右）

多层构造或多层管道共用的引出线，应通过被引出的各层。文字说明注写在水平线的上方，或注写在水平线的端部，说明的顺序应由上至下，并应与被说明的层次相互一致；如层次为横向排序，则由上至下的说明顺序应与由左至右的层次相互一致（图 18-9）。

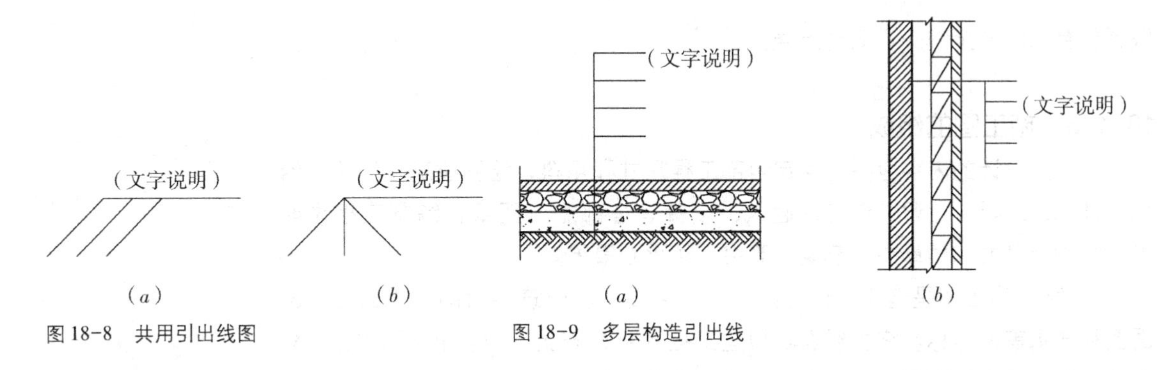

图 18-8　共用引出线图　　图 18-9　多层构造引出线

18.1.3.4　其他符号

1. 对称符号

对称符号由对称线和两端的两对平行线组成。对称线用细点画线绘制；平行线用细实线绘制，其长度宜为 6～10mm，每对的间距宜为 2～3mm；对称线垂直平分于两对平行线，两端超出平行线宜为 2～3mm（图 18-10）。

2. 连接符号

应以折断线表示需连接的部位。两部位相距过远时，折断线两端靠图样一侧应标注大写拉丁字母表示连接编号。两个被连接的图样必须用相同的字母编号（图 18-11）。

3. 指北针

指北针是用于表示房屋朝北的符号。指北针的形状如图 18-12 所示，其圆的直径为 24mm，用细实线绘制；指北针尾部的宽度宜为 3mm，指针头部注“北”或“N”字。需要较大直径绘制指北针时，指针尾部宽度宜为直径的 1/8。

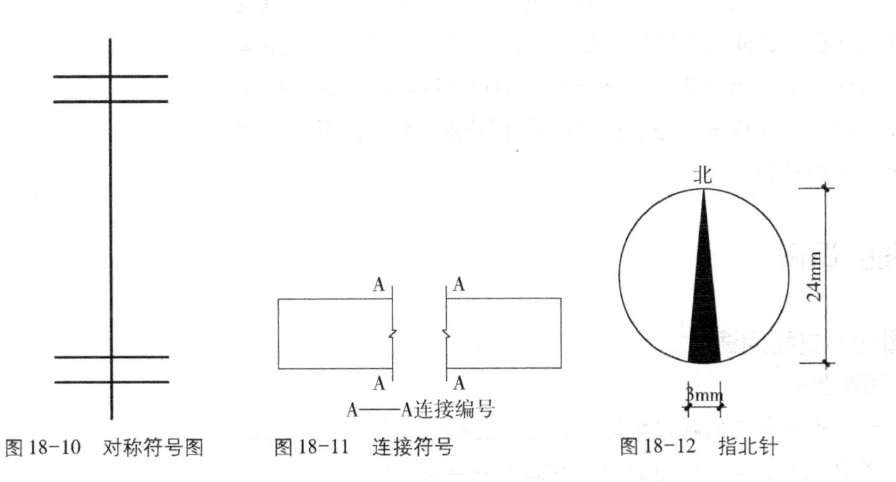

图 18-10　对称符号图　　图 18-11　连接符号　　图 18-12　指北针

18.1.4　施工图的含义

施工图是建筑设计的最后成果，按照实际施工要求，在初步设计或技术设计的基础上，综合建筑、结构、设备各工种，相互交底核实，深入了解材料供应、施工技术、设备等条件，把满足工程施工的各项具体要求反映在图纸中，做到整套图纸齐全统一，明确无误。

18.1.5 施工图的组成

施工图设计的内容包括：确定全部工程尺寸和用料，绘制建筑、结构、给水、排水、采暖、空调、电气、通风、设备等全部施工图纸，编制工程说明书、结构计算书和预算书、节能计算书、防火专篇等。

1）建筑施工图是建筑设计总说明、总平面图、建筑平面图、立面图、剖面图和详图等的总称。它主要表明拟建工程的平面布置，以及各部位的大小、尺寸、内外装修情况和构造做法等。建筑施工图包括：

（1）首页图：包括设计说明、图纸名称、目录等；

（2）建筑总平面图比例 1∶500，1∶1000；

（3）各层平面图比例 1∶100；

（4）立面图比例 1∶100；

（5）剖面图比例 1∶100；

（6）详图及大样图比例 1∶20，1∶10，1∶5。

2）各工种相应配套的施工图：如基础平面图和基础详图、楼板及屋面排水组织平面图和节点详图，结构及设备施工图和说明书，电器照明以及暖气或空调等设备施工图。

3）结构及设备的计算书。

4）工程预算书。

18.1.6 设计说明

设计说明主要是对建筑施工图上不易详细表达的内容，如设计依据、建设地点、建设规模、建筑面积、人防工程等级、抗震设防烈度、主要结构类型等工程概论方面内容、构造做法、用料选择、该项目的相对标高与总图绝对标高的关系等。此外，还包括防火专篇等一些有关部门要求明确说明的内容。设计说明一般放在一套施工图的首页。

18.2 总平面图的识读

18.2.1 总平面图的形成和用途

18.2.1.1 总平面图的形成

总平面图是描绘新建房屋所在的建设地段或建设小区的地理位置以及周围环境的水平投影图。图 18-13 为某学校行政楼所在地域总平面图示例。

18.2.1.2 总平面图的用途

总平面图主要反映新建房屋位置、朝向、绝对标高（相对标高）、道路、占地面积及周边环境。总平面图是新建房屋定位、布置施工现场的依据，同时也是室外水、暖、电等设备管线布置的主要依据。

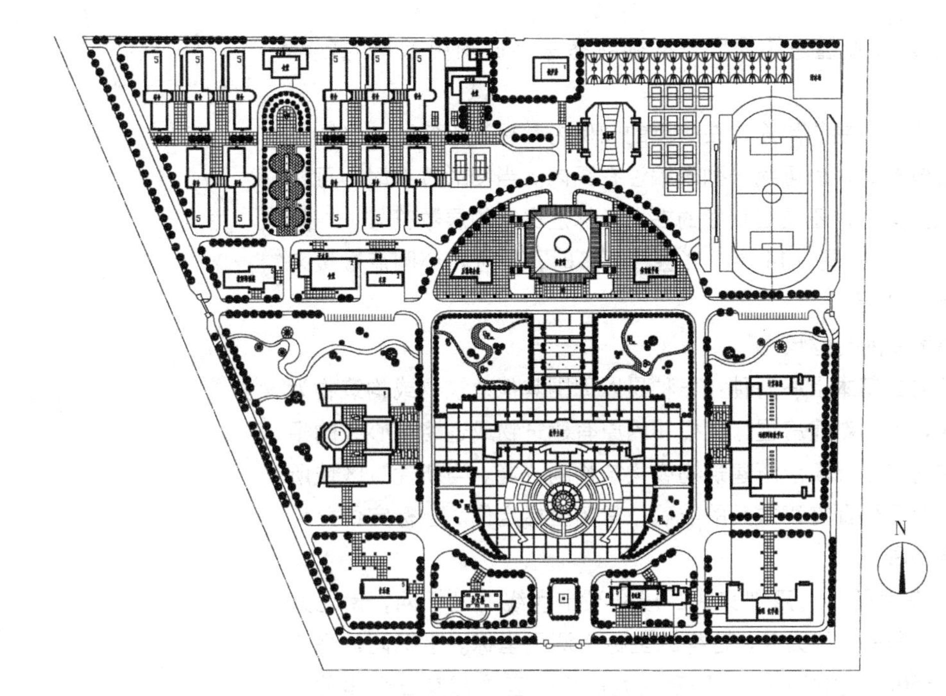

图 18-13　总平面图

18.2.2　总平面图的内容

（1）表明新建区的总体布局：如占地范围、各建筑物及构筑物的具体位置、道路管网的布置等。

（2）确定建筑物的平面位置：一般根据原有房屋或道路定位，并以米为单位注出定位尺寸。成片建筑物和构筑物、较大的公共建筑、工厂或地形复杂时，用坐标确定房屋及道路转折点的位置。对地形起伏较大的地区，还需画出等高线。

（3）表明绝对标高（相对标高）、定位、地貌、周围建筑，标明测量坐标网、建筑坐标值、场地施工坐标网。

（4）详细标明基地上建筑物定位施工坐标和相互关系尺寸、名称或编号。

（5）表明室内设计标高及层数。

（6）表明道路、绿化、设施等位置与尺寸。

（7）注明指北针及风玫瑰图，并附说明。

18.2.3　总平面图的识读

18.2.3.1　图名、比例及有关文字说明

由于总平面图包括的区域较大，所以绘制时比例较小。通常选用的比例为1∶500、1∶1000、1∶2000等。总图中的尺寸（如标高、距离、坐标等）以米（m）为单位，并应至少取至小数点后两位，不足时以“0”补齐。

18.2.3.2　了解新建工程的性质和总体布局

了解各种建筑物及构筑物的位置、道路和绿化的布置等。由于总平面图的比例较小，各种有关物体均不能按照投影关系如实反映出来，只能用

图例的形式进行绘制。要读懂总平面图，必须熟悉总平面图中常用的各种图例。

总平面图中为了说明房屋的用途，在房屋的图例内都标注出名称。当图样比例小或图面无足够位置时，也可编号列表编注在图内。当图形过小时，可标注在图形外侧附近处。同时，还要在图形的右上角标注房屋的层数符号，一般以数字表示，如14表示该房屋为14层，当层数不多时，也可用小圆点数量来表示，如“::”表示为4层。

18.2.3.3　新建房屋的定位尺寸

新建房屋的定位方式基本上有两种：一种是以周围其他建筑物或构筑物为参照物。实际绘图时，标明新建房屋与其相邻的原有建筑物或道路中心线的相对位置尺寸。另一种是以坐标表示新建筑物或构筑物的位置。当新建筑区域所在地形较为复杂时，为了保证施工放线的准确，常用坐标定位。坐标定位分为测量坐标和建筑坐标两种。

（1）测量坐标：在地形图上用细实线画成交叉十字线的坐标网，南北方向的轴线为X，东西方向的轴线为Y，这样的坐标为测量坐标。坐标网常采用100m×100m或50m×50m的方格网。一般建筑物的定位宜注写其三个角的坐标，如建筑物与坐标轴平行，可注写其对角坐标（图18-14）。

（2）建筑坐标：建筑坐标就是将建设地区的某一点定为“0”，采用100m×100m或50m×50m的方格网，沿建筑物主轴方向用细实线画成方格网通线。垂直方向为A轴，水平方向为B轴。适用于房屋朝向与测量坐标方向不一致的情况（图18-15）。

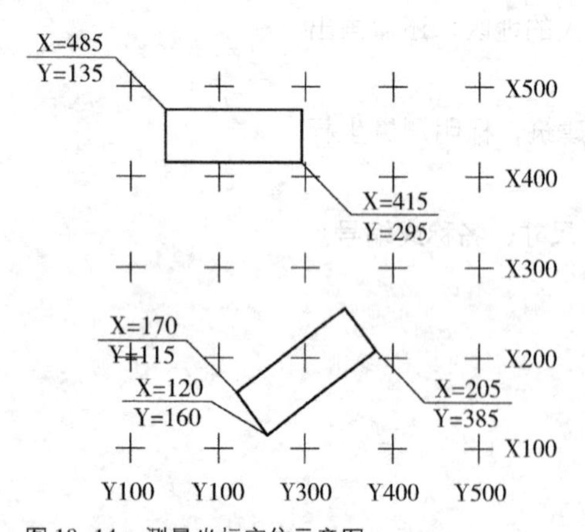

图18-14　测量坐标定位示意图

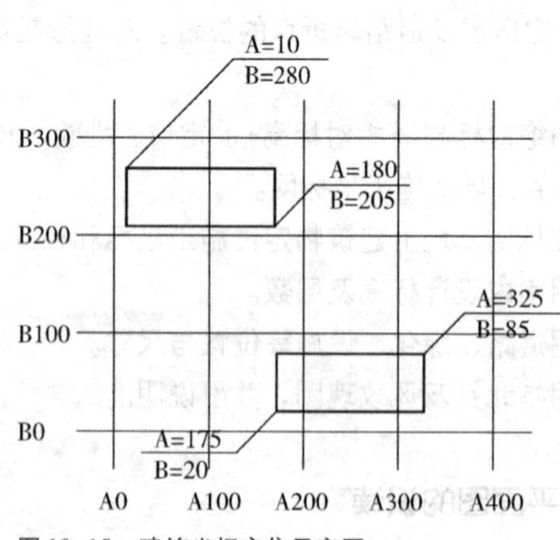

图18-15　建筑坐标定位示意图

18.2.3.4　新建房屋底层室内地面和室外地面的标高

总平面图中的标高均为绝对标高，如标注相对标高，则应注明相对标高与绝对标高的换算关系。

18.2.3.5　总平面图中的指北针

明确建筑物及构筑物的朝向，有时还要画上风向频率玫瑰图，来表示该地区的常年风向频率。

18.3 建筑平面图的识读

18.3.1 建筑平面图的形成和用途

18.3.1.1 建筑平面图的形成

建筑平面图的形成是用一个假想的水平的剖切平面，沿着门窗洞口部位(窗台以上，过梁以下的空间）将房屋全部切开，移去上半部分后，把剖切平面以下的物体投影到水平面上，所得的水平剖面图，即为建筑平面图（简称平面图)。

18.3.1.2 建筑平面图的用途

建筑平面图主要表示房屋的平面形状，内部平面功能布局及朝向。在施工中，是放线、砌墙、安装门窗、室内装修及编制预算的主要依据，是施工图中的重要图纸。

18.3.2 建筑平面图的内容

一般来说，房屋有几层，就应画出几个平面图，并在图的下方注明该层的图名，如底层平面图、二层平面图、三层平面图……顶层平面图。但在实际建筑设计中，多层建筑往往存在许多平面布局相同的楼层，对于这些相同的楼层可用一个平面图来表达这些楼层的平面图，称为“标准层平面图”或“×—×层平面图”。另外，还应绘制屋顶平面图。

18.3.2.1 底层平面图

底层平面图也叫一层平面图或首层平面图，是指±0.000地坪所在的楼层的平面图。它除表示该层的内部形状外，还画有室外的台阶（坡道)、花池、散水和雨水管的形状和位置，以及剖面的剖切符号，以便与剖面图对照查阅。为了更加精确地确定房屋的朝向，在底层平面图上应加注指北针，其他层平面图上可以不再标出。

18.3.2.2 标准层平面图

标准层平面图除表示本层室内形状外，还需要画出本层室外的雨篷、阳台等。

18.3.2.3 顶层平面图

顶层平面图也可用相应的楼层数命名，其图示内容与中间层平面图的内容基本相同。

18.3.2.4 屋顶平面图

屋顶平面图是指将房屋的顶部单独向下所做的俯视图。主要用来表达屋顶形式、排水方式及其他设施的图样。

18.3.3 建筑平面图的绘制

(1) 按照所绘房屋的复杂程度及大小，选定合适的绘图比例。

（2）根据开间和进深画定位轴线。

（3）画墙身线、柱，定门窗洞口的位置。

（4）画其他构配件的细部，如台阶、楼梯、卫生设备、散水、雨水管等。

（5）检查核对无误后按建筑图标准规定的线型要求，描粗加深图线。

（6）标注尺寸、房间用途，注写定位轴线编号、门窗代号、剖切符号等。

18.3.4 屋顶平面图绘制

（1）画定位轴线、屋顶形状及尺寸、屋面构造情况（如女儿墙位置、突出屋面的楼梯间、水箱间、通风道、上人孔、屋面变形缝、檐口形式等）。

（2）画屋脊、檐沟或天沟、雨水口位置、屋面排水分区、排水方向及排水坡度。

（3）标注构造复杂部位（如檐口、泛水、雨水口、变形缝、上人孔等）的详图索引符号。

（4）标注定位轴线间距、屋顶平面外形总尺寸，以及有关配件的定位尺寸和定形尺寸。

（5）注写定位轴线编号、标注图名与比例。

屋顶平面图根据屋顶的檐口形式、排水方式不同，有檐沟外排水屋顶平面图、女儿墙内檐沟外排水屋顶平面图、坡檐外排水屋顶平面图、内排水屋顶平面图（图 18-16）。屋顶平面图随屋顶平面外轮廓及排水坡度等不同而有所变化。

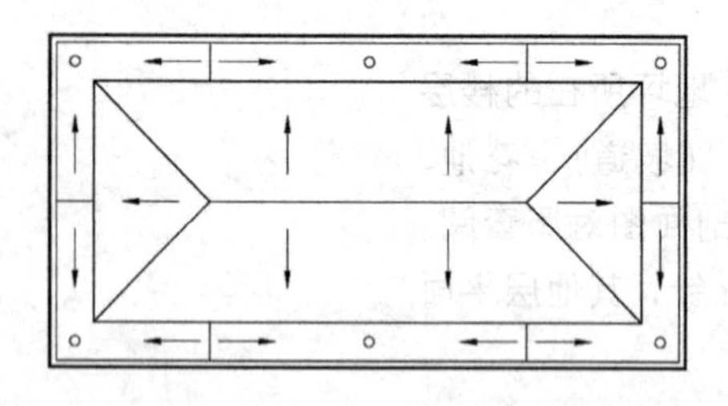
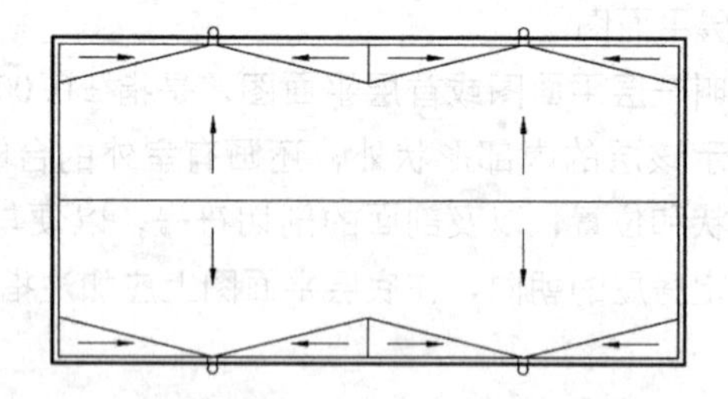
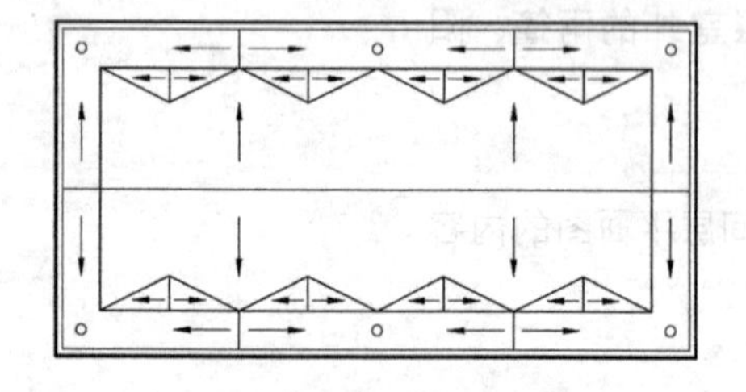
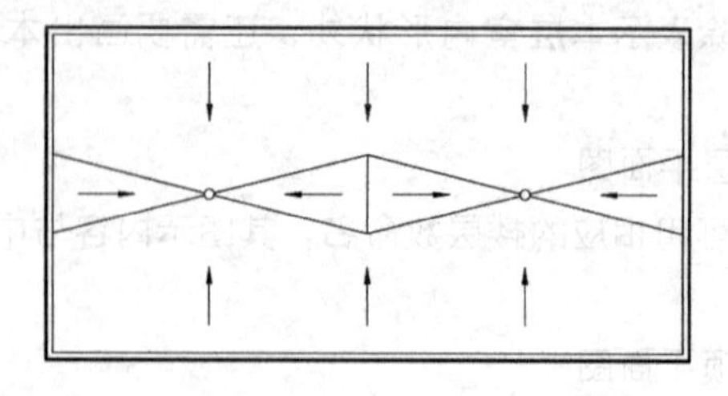

图 18-16 屋顶平面的类型

18.3.5 建筑平面图的识读

18.3.5.1 看图名、比例

了解平面图层次及图例，绘制建筑平面图的比例有 1∶50、1∶100、1∶200、1∶300，常用的比例是 1∶100。

18.3.5.2　看图中纵横向平面定位轴线编号

了解各组成构件的位置（墙、柱、梁等）及房间的大小，以便于施工时定位放线和阅读图纸。

18.3.5.3　看图中房屋平面形状和内部墙的分隔情况

从平面图的形状与总长、总宽尺寸，可计算出房屋的用地面积，从图中墙的分隔情况和房间的名称，可了解到房屋内部各房间的分布、用途、数量及其相互间的联系情况。

18.3.5.4　看图中平面图的各部分尺寸

平面图中标注的尺寸分内部尺寸和外部尺寸两种，主要反映建筑物中房间的开间、进深的大小、门窗的平面位置及墙厚、柱的断面尺寸等。

1. 外部尺寸

外部尺寸一般标注三道尺寸。最外一道为总尺寸，表示建筑物的总长、总宽，即从一端外墙皮到另一端外墙皮的尺寸。中间一道尺寸为定位尺寸，表示轴线尺寸，即房间的开间与进深尺寸。最里面一道为细部尺寸，表示各细部的位置及大小，如外墙门窗的大小及与轴线的平面关系。

2. 内部尺寸

内部尺寸用来标注内部门窗洞口和宽度及位置、墙身厚度以及固定设备大小和位置等。一般用一道尺寸线表示。

18.3.5.5　看图中楼地面标高

平面图中标注的楼地面的标高为相对标高，且是完成面的标高。一般在平面图中地面或楼面有高度变化的位置都应标注标高。

18.3.5.6　看图中门窗位置、编号和数量

图中门窗除用图例画出外，还应注写门窗代号和编号。门的代号通常用汉语拼音字母门的字头“M”表示，窗的代号通常用汉语拼音字母窗的字头“C”表示，并分别在代号后面写上编号，用于区别门窗类型，统计门窗数量，如 M-1、M-2 和 C-1、C-2……。对一些特殊用途的门窗也有相应的符号进行表示，如 FM 代表防火门、MM 代表密闭防护门、CM 代表窗连门。

为便于施工，在首页图上或在本平面图内，附有门窗表，列出门窗的编号、名称、尺寸、数量及其所选标准图集的编号等内容。

18.3.5.7　看图中剖面图剖切符号及指北针

在底层平面图中了解剖切部位，了解建筑物朝向。

18.4　建筑立面图的识读

18.4.1　建筑立面图的形成和用途

（1）建筑立面图是在与建筑物立面平行的投影面上所作的正投影图（简称立面图）。

（2）建筑立面图的用途：

立面图主要用于反映建筑物的体形和外貌，表示立面各部分配件的形状及相互关系，反映建筑物的立面装饰要求及立面造型等。

18.4.2 建筑立面图的内容

房屋有多个立面，为便于与平面图对照阅读，每一个立面图下都应标注立面图的名称。立面图名称的标注方法为：对于有定位轴线的建筑物，宜根据两端的定位轴线号编注立面图名称，如①~⑨轴立面图。对于无定位轴线的建筑可按平面图各面的朝向确定名称，如南立面图。

平面形状曲折、变化较多的建筑物，可绘制展开立面图。圆形或多边形平面的建筑物，可分段展开绘制立面图，但必须在图名后加注“展开”二字。

立面图的数量是根据房屋各立面的形状和墙面的装修要求决定的。当房屋各立面造型不同、墙面装修不同时，就需要画出所有立面图。

18.4.3 建筑立面图的绘制

（1）确定比例、图幅。比例、图幅一般和平面图相同。

（2）室外地坪、两端的定位轴线、外墙轮廓及屋顶线。

（3）细部位置，包括门窗、窗台、阳台、檐口、雨篷、雨水管等。

（4）检查无误后，按线型要求加深图线，外轮廓线为粗实线，中间轮廓线为中粗实线，门窗及分格线为细实线。

（5）标注标高，注明各部位装修做法等。

18.4.4 建筑立面图的识读

18.4.4.1 图名、比例

了解该图与房屋哪一个立面相对应及绘图的比例。立面图的比例与平面图应一致。

18.4.4.2 房屋立面的外形、门窗、檐口、阳台、台阶等形状及位置

在建筑物立面图上，相同的门窗、阳台、外檐装修、构造做法等可在局部重点表示，绘出其完整图形，其余部分只画轮廓线。

18.4.4.3 看立面图中的标高尺寸

立面图中应标注必要的尺寸和标高。注写的标高尺寸部位有室内外地坪、檐口、屋脊、女儿墙、雨篷、门窗、台阶等处的标高。

18.4.4.4 看房屋外墙表面装修的做法和分格线等

在立面图上，外墙表面分格线应表示清楚，文字说明分格线做法、各部位所用材料和颜色。

18.5 建筑剖面图的识读

18.5.1 建筑剖面图的形成和用途

18.5.1.1 建筑剖面图的形成

假想用一个平行于投影面的剖切平面，将房屋剖开，移去观察者与剖切平面之间的房屋部分，作出剩余部分的房屋的正投影，所得图样称为建筑剖面图（简称剖面图）。

18.5.1.2 建筑剖面图的用途

建筑剖面图主要表示房屋的内部结构、分层情况、各层高度、地面和楼面的构造以及各配件在垂直方向上的相互关系等内容。在施工中，可作为进行分层、砌筑内墙、铺设楼板、屋面板和内装修等工作的依据，是与平、立面图相互配合的不可缺少的重要图纸。

18.5.2 建筑剖面图的内容

剖面图的剖切部位，应根据图样的用途或设计深度，在平面图上选择能反映全貌、构造特征以及有代表性的部位剖切。

当建筑规模较小或室内空间较简单时，建筑剖面图通常只有一个。当建筑规模较大或室内空间较复杂时，则要根据实际需要确定剖面图的数量。

18.5.3 建筑剖面图的绘制

（1）确定合适比例，通常与平面、立面相一致。

（2）绘制定位轴线、墙身线、室内外地坪线、楼面线、屋面线。

（3）绘制出内、外墙身厚度、楼板、屋面构造厚度。

（4）绘制出可见的构配件的轮廓线及相应的图例，包括门窗位置、楼梯梯段、台阶、阳台、女儿墙等。

（5）核对无误后，按线型要求加深图线；剖到的线加粗，看到的为细线。

（6）标注尺寸、标高、定位轴线、索引符号及必要的文字说明。

18.6 建筑详图的识读

18.6.1 建筑详图的用途

由于建筑平、立、剖面图一般采用较小比例绘制，许多细部构造、尺寸、材料和做法等内容很难表达清楚。为了满足施工的需要，常把这些局部构造用较大比例绘制成详细的图样，这种图样称为建筑详图（也称为大样图或节点图）。常用比例为1:2、1:5、1:10、1:20、1:50。

18.6.2 常用的建筑详图

建筑详图可以是平、立、剖面图中局部的放大图。对于某些建筑构造或构件的通用做法，可采用国家或地方制定的标准图集（册）或通用图集（册）中的图纸，一般在图中通过索引符号注明，不必另画详图。

常见建筑详图包括墙身剖面图和楼梯、阳台、雨篷、台阶、门窗、卫生间、厨房、内外装修等详图。

18.6.3 建筑详图的识读

现以墙身剖面详图和楼梯详图为例说明建筑详图的图示内容及特点。

18.6.3.1 墙身剖面详图

1. 墙身剖面详图的形成

墙身剖面详图主要用以详细表达地面、楼面、屋面和檐口等处的构造，楼板与墙体的连接形式，以及门窗洞口、窗台、勒脚、防潮层、散水和雨水口等的细部做法。

2. 墙身剖面详图的用途

墙身剖面详图与平面图配合，作为砌墙、室内外装修、门窗立口的重要依据。

3. 墙身剖面详图的内容及阅读方法

墙身剖面详图可根据底层平面图的剖切线的位置和投影方向来绘制，也可在剖面图的墙身上取各节点放大绘制。常用绘图比例为1∶20。通常将窗洞中部用折断符号断开；当中间各层的情况相同时，可只画底层、顶层和一个中间层；但在标注标高时，应在中间层标注出所代表的各中间层的标高。

（1）看图名，了解所画墙身的位置；

（2）看墙身与定位轴线的关系；

（3）看各层楼中梁、板的位置及墙身的关系；

（4）看各层地面、楼面、屋面的构造做法；

（5）看门窗立口与墙身的关系；

（6）看各部位的细部装修及防水防潮做法（如散水、防潮层、窗台、窗檐等）；

（7）看各主要部位的标高、高度尺寸及墙身突出部分的细部尺寸。

18.6.3.2 楼梯详图

楼梯详图主要表示楼梯的结构形式、构造做法、各部分的详细尺寸、材料，是楼梯施工放样的主要依据。楼梯详图包括楼梯平面图和楼梯剖面图。

1. 楼梯平面图

楼梯平面图的形成与建筑平面图一样，楼梯平面图一般分层绘制，有底层、中间层和顶层平面图。如果中间各层中某层的平面布置与其他层相差较多，应专门绘制，绘制常用比例1∶50。

（1）画出楼梯间的轴线和墙身线、定出平台的宽度、楼梯的长度和宽度。

（2）用等分平行线间距的方法画出踏步面数，踏步面数等于 $n-1$，n 表示每一梯段的踏步数。

（3）画其他细部，核对无误后，按线型要求加深图线，标注梯段上、下方向。

（4）标注尺寸及标高，楼梯间的尺寸要求：标注轴线间尺寸、梯段宽度尺寸、休息平台的宽度尺寸、踏步宽度尺寸以及平面图上应标注的其他尺寸。标高要求注写出楼面、地面及休息平台的标高。

2. 楼梯剖面图

楼梯剖面的形成与建筑剖面图相同，楼梯剖面图的剖切符号应标在底层平面图上。楼梯剖面图，应反映楼层、梯段、平台、栏杆等构造及其之间的相互关系。标注出各层楼（地）面的标高，楼梯段的高度及其踏步的级数和高度。

（1）根据楼梯底层平面图中标注的剖切位置和投射方向，画出墙身定位轴线、室内外地面线、各层楼面、平台的位置。

（2）用等分平线距离的方法，画出楼梯踏步及墙身厚度、平台厚度等。

（3）画细部。如门窗、梁、栏杆、扶手等。

（4）核对无误后，按线型要求加深图线。

（5）标注尺寸、标高、轴线编号等。

理论知识训练

1. 建筑施工图的作用是什么？包括哪些内容？
2. 试说明索引号与详图符号的绘制要求及两者之间的对应关系。
3. 建筑工程设计一般分成几个阶段，施工图通常由哪些专业的图纸组成？
4. 何为绝对标高？何为相对标高？
5. 用文字描绘指北针的正确画法。
6. 查阅相关规范，绘出天然石材、普通砖、钢筋混凝土、金属材料的图例。
7. 建筑总平面图的作用是什么？
8. 建筑总平面图包括哪些内容？
9. 建筑平面图是怎样形成的？其主要内容有哪些？
10. 建筑平面图中的尺寸标注主要包括哪些内容？
11. 建筑平面图为何要标注三道尺寸？
12. 用文字描述门窗编号的基本原则。
13. 建筑立面图的命名规则是什么？
14. 建筑剖面图的主要内容有哪些？
15. 墙身节点详图主要是用来表达建筑物哪些部位的？
16. 楼梯详图的主要内容是什么？

实践课题训练

一、题目：建筑施工图识读

（一）实训目的

通过实际建筑施工图的识读，使学生了解建筑施工图的内容及绘制要求。

（二）实训条件

任课教师选定本地区有代表性的砖混结构和框架结构工程的建筑施工图，

给出认识参观大纲及要求。

（三）实训内容及深度

（1）任课教师带领学生进行识读。

（2）使学生认识建筑工程图中的图例。

二、题目：建筑总平面图识读

（一）实训目的

通过实际建筑施工图的识读，使学生了解建筑总平面图的内容及绘制要求。

（二）实训条件

任课教师选定本地区有代表性的总平面图，给出认识参观大纲及要求。

（三）实训内容及深度

（1）任课教师带领学生进行识读。

（2）使学生认识建筑总平面图中的内容。

三、题目：建筑平面图识读

（一）实训目的

通过实际建筑施工图的识读，使学生了解建筑平面图的内容及绘制要求。

（二）实训条件

任课教师选定本地区有代表性的公共建筑和住宅建筑平面图，给出认识参观大纲及要求。

（三）实训内容及深度

（1）任课教师带领学生进行识读。

（2）使学生认识建筑各层平面图中应反映的内容。

四、题目：建筑立面图识读

（一）实训目的

通过实际建筑施工图的识读，使学生了解建筑立面图的内容及绘制要求。

（二）实训条件

任课教师选定本地区有代表性的公共建筑和住宅建筑立面图，给出认识参观大纲及要求。

（三）实训内容及深度

（1）任课教师带领学生进行识读。

（2）使学生认识建筑立面图中应反映的内容。

五、题目：建筑剖面图识读

（一）实训目的

通过实际建筑施工图的识读，使学生了解建筑剖面图的内容及绘制要求。

（二）实训条件

任课教师选定本地区有代表性的公共建筑和住宅建筑剖面图，给出认识参观大纲及要求。

（三）实训内容及深度

（1）任课教师带领学生进行识读。

（2）使学生认识建筑剖面图中应反映的内容。

六、题目：建筑详图识读

（一）实训目的

通过实际建筑施工图的识读，使学生了解建筑详图的作用、内容及绘制要求。

（二）实训条件

任课教师选定本地区有代表性的框架结构建筑和砖混结构建筑墙身大样和楼梯节点详图，给出认识参观大纲及要求。

（三）实训内容及深度

（1）任课教师带领学生进行识读。

（2）使学生认识建筑各详图中应反映的内容。

（3）按教师给出条件绘出某建筑墙身剖面详图。

（4）按教师给出条件绘出楼梯的首层、标准层、顶层平面图及楼梯剖面图。

本章小结

房屋施工图由于专业分工的不同，一般分为：建筑施工图，简称建施；结构施工图，简称结施；设备施工图，简称设施；设备施工图又分为给水排水施工图，简称水施；采暖通风施工图，简称暖施；电气施工图，简称电施。建筑施工图包括：首页图、建筑、结构设计及设备等说明书、建筑总平面图、各层平面图、立面图、剖面图及详图等。

总平面图主要反映新建房屋位置、朝向、绝对标高（相对标高）、道路、占地面积及周边环境。总平面图是新建房屋定位、布置施工现场的依据，同时也是室外水、暖、电等设备管线布置的主要依据。

建筑平面图主要表示房屋的平面形状、功能布局及朝向。在施工中，是放线、砌墙、安装门窗、室内装修及编制预算的主要依据，是施工图中的重要图纸。

立面图主要用于反映建筑物的体形和外貌，表示立面各部分配件的形状及相互关系，反映建筑物的立面装饰要求及构造做法等。

建筑剖面图主要表示房屋的内部结构、分层情况、各层高度、楼面和地面的构造以及各配件在垂直方向上的相互关系等内容。在施工中，可作为进行分层、砌筑内墙、铺设楼板、屋面板和内装修等工作的依据，是与平、立面图相互配合的不可缺少的重要图样之一。

常见建筑详图包括墙身剖面图和楼梯、阳台、雨篷、台阶、门窗、卫生间、厨房、内外装修等详图。

参考资料

[1] 民用建筑设计通则（GB 50352—2005）. 北京：中国建筑工业出版社，2005.
[2] 建筑设计防火规范（GB 50016—2006）. 北京：中国建筑工业出版社，2006.
[3] 高层民用建筑设计防火规范（GB 50045—1995）. 北京：中国建筑工业出版社，2005.
[4] 建筑防火设计规范图示. 国家建筑标准设计图集 05SJ811.
[5] 高层建筑防火设计规范图示. 国家建筑标准设计图集 06SJ812.
[6] 建筑内部装修设计防火规范（GB 50222—1995）. 北京：中国建筑工业出版社，2005.
[7] 屋面工程质量验收规范（GB 50207—2002）. 北京：中国建筑工业出版社，2002.
[8] 民用建筑节能设计标准（采暖居住建筑部分）（JGJ 26—1995）. 北京：中国建筑工业出版社，1996.
[9] 汽车库建筑设计规范（JGJ 100—1998）.
[10] 旅馆建筑设计规范（JGJ 62—1990）. 北京：中国建筑工业出版社，2002.
[11] 饮食建筑设计规范（JGJ 64—1989）. 北京：中国建筑工业出版社.
[12] 城市道路和建筑物无障碍设计规范（JGJ 50—2001）. 北京：中国建筑工业出版社.
[13] 汽车库、修车库、停车场设计防火规范（GB 50067—1997）. 北京：中国建筑工业出版社.
[14] 建筑模数协调统一标准（GBJ 2—1986）. 北京：中国建筑工业出版社.
[15] 公共建筑节能设计标准（GB 50189—2005）. 北京：中国建筑工业出版社，2005.
[16] 建筑抗震设计规范（GB 50011—2001）. 北京：中国建筑工业出版社.
[17] 中小学校建筑设计规范（GBJ 99—1986）. 北京：中国建筑工业出版社，1987.
[18] 办公建筑设计规范（JGJ 67—2006、J 556—2006）. 北京：中国建筑工业出版社，2007.
[19] 建筑设计资料集. 北京. 中国建筑工业出版社，1994.
[20] 住宅建筑规范（GB 50368—2005）. 北京：中国建筑工业出版社，2005.
[21]（罗马尼亚）契·勒席莱斯库. 旅馆建筑. 上海：上海科学技术出版社，1980.
[22]（日）高木干朗著. 宾馆、旅馆. 北京：中国建筑工业出版社，2002.
[23] 住宅设计规范（GB 50096—1999）. 北京：中国建筑工业出版社，2003.
[24] 来增祥，陆震纬. 室内设计原理. 北京：中国建筑工业出版社，1996.
[25] 全国民用建筑工程设计技术措施节能专篇（建筑），2007.
[26] 邬宏，王强主编. 建筑工程基础. 北京：机械工业出版社，2006.
[27] 刘学贤，张伟星等. 建筑师设计指导手册. 北京：机械工业出版社，2006.
[28] 建筑识图与构造. 北京：中国建筑工业出版社，1999.
[29] 张泽蕙等. 中小学校建筑设计手册. 北京：中国建筑工业出版社，2001.
[30] 王学谦等著. 建筑防火. 北京：中国建筑工业出版社，2000.

[31] 张宗尧，李志民．中小学建筑设计．北京：中国建筑工业出版社，2000.
[32] 张宗尧．中小学校建筑实录集萃．北京：中国建筑工业出版社，2000.
[33] 顾馥保．城市住宅建筑设计．第二版．北京：中国建筑工业出版社，2007.
[34] 武勇．住宅平面设计指南及实例分析．北京：机械工业出版社，2005.
[35] 武勇，刘丽．办公建筑．北京：中国建筑工业出版社，2004.
[36] 姜忆南．房屋建筑学．北京：机械工业出版社，2001.
[37] 王强，张小平．建筑工程制图与识图．北京：机械工业出版社，2004.
[38] 房志勇．房屋建筑构造学．北京：中国建材工业出版社，2003.
[39] 孙殿臣．民用建筑构造．北京：机械工业出版社，2003.
[40] 丁春静．建筑识图与房屋构造．重庆：重庆大学出版社，2003.
[41] 刘建荣．房屋建筑学．武汉：武汉大学出版社，1991.
[42] 李必瑜．房屋建筑学．武汉：武汉工业大学出版社，2000.
[43] 舒秋华．房屋建筑学．第二版．武汉：武汉理工大学出版社．
[44] 彭一刚．建筑空间组合论．北京：中国建筑工业出版社，1998.
[45] 朱昌廉等．住宅建筑设计原理．第二版．北京：中国建筑工业出版社，1999.
[46] 建筑设计资料集编委会．建筑设计资料集．第二版．北京：中国建筑工业出版社，1994.
[47] 张文忠．公共建筑设计原理．第二版．北京：中国建筑工业出版社，2001.
[48] 李必瑜，魏宏杨．建筑构造．北京：中国建筑工业出版社，2005.
[49] 樊振和．建筑构造原理与设计．第二版．天津：天津大学出版社，2006.

尊敬的读者：

感谢您选购我社图书！建工版图书按图书销售分类在卖场上架，共设22个一级分类及43个二级分类，根据图书销售分类选购建筑类图书会节省您的大量时间。现将建工版图书销售分类及与我社联系方式介绍给您，欢迎随时与我们联系。

★建工版图书销售分类表（详见下表）。

★欢迎登陆中国建筑工业出版社网站www.cabp.com.cn，本网站为您提供建工版图书信息查询，网上留言、购书服务，并邀请您加入网上读者俱乐部。

★中国建筑工业出版社总编室　电　话：010—58337016
传　真：010—68321361

★中国建筑工业出版社发行部　电　话：010—58337346
传　真：010—68325420
E-mail：hbw@cabp.com.cn

建工版图书销售分类表

一级分类名称（代码）	二级分类名称（代码）	一级分类名称（代码）	二级分类名称（代码）
建筑学（A）	建筑历史与理论（A10）	园林景观（G）	园林史与园林景观理论（G10）
	建筑设计（A20）		园林景观规划与设计（G20）
	建筑技术（A30）		环境艺术设计（G30）
	建筑表现・建筑制图（A40）		园林景观施工（G40）
	建筑艺术（A50）		园林植物与应用（G50）
建筑设备・建筑材料（F）	暖通空调（F10）	城乡建设・市政工程・环境工程（B）	城镇与乡（村）建设（B10）
	建筑给水排水（F20）		道路桥梁工程（B20）
	建筑电气与建筑智能化技术（F30）		市政给水排水工程（B30）
	建筑节能・建筑防火（F40）		市政供热、供燃气工程（B40）
	建筑材料（F50）		环境工程（B50）
城市规划・城市设计（P）	城市史与城市规划理论（P10）	建筑结构与岩土工程（S）	建筑结构（S10）
	城市规划与城市设计（P20）		岩土工程（S20）
室内设计・装饰装修（D）	室内设计与表现（D10）	建筑施工・设备安装技术（C）	施工技术（C10）
	家具与装饰（D20）		设备安装技术（C20）
	装修材料与施工（D30）		工程质量与安全（C30）
建筑工程经济与管理（M）	施工管理（M10）	房地产开发管理（E）	房地产开发与经营（E10）
	工程管理（M20）		物业管理（E20）
	工程监理（M30）	辞典・连续出版物（Z）	辞典（Z10）
	工程经济与造价（M40）		连续出版物（Z20）
艺术・设计（K）	艺术（K10）	旅游・其他（Q）	旅游（Q10）
	工业设计（K20）		其他（Q20）
	平面设计（K30）	土木建筑计算机应用系列（J）	
执业资格考试用书（R）		法律法规与标准规范单行本（T）	
高校教材（V）		法律法规与标准规范汇编/大全（U）	
高职高专教材（X）		培训教材（Y）	
中职中专教材（W）		电子出版物（H）	

注：建工版图书销售分类已标注于图书封底。